E C O L O G I C A L E N G I N E E R I N G

우효섭, 정진호, 김정규, 남경필 편집

생태공학

원리와 응용

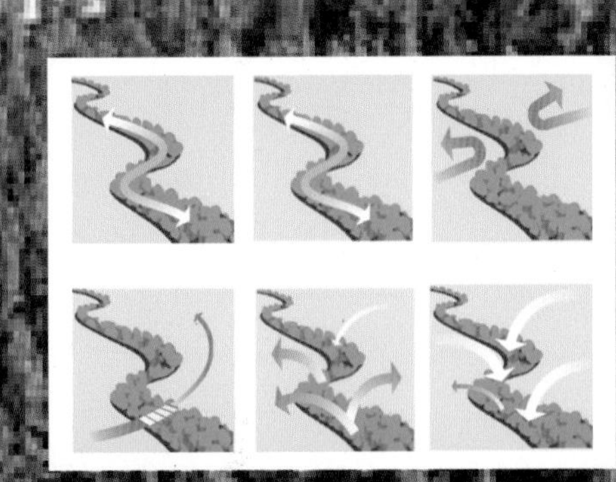

청문각

머리말

우리가 환경을 바라보는 관점은 동서양의 고대철학으로부터 오늘에 이르기까지 그 시대에 따른 인류사회와 자연환경의 상호작용의 모습에 따라 지속적으로 변화해 왔다. Thoreau가 '월든'에서 그린 자연찬미로부터 Carson이 '침묵의 봄'에서 경종을 울린 유기화학물질의 독성, 자원의 한계를 새롭게 부각시킨 로마클럽의 '성장의 한계', 새로운 합성화학물질의 나쁜 영향을 알린 Colborn의 '빼앗긴 미래'는 환경을 바라보는 20세기의 보편적 관점으로 자리 잡았다.

Diamond는 '문명의 붕괴'에서 문명의 유지에 관여하는 다섯 가지 주요 요인으로 환경파괴, 기후변화, 공격적인 이웃, 친화적인 교역상대, 환경문제에 대한 그 사회의 반응을 열거하였다. 첫 번째와 마지막 두 가지가 환경과 관련된 요인인 것은 환경문제에 대한 접근 방식이 그 사회의 지속성을 유지하는 데에 중요하다는 것을 강조한 것이라 할 수 있다. 그리고 새천년생태계평가(MA)가 제기한 지구 전체 규모에서 환경변화와 그에 대한 대응의 필요성은 20세기가 깊어지면서 국경을 넘는 산성비의 영향, 오존층 파괴, 기후변화 등의 현상과 함께 지구적 관심사로 대두되었다.

유엔은 2015년 제70차 총회에서 '지속가능한 발전 목표(SDG's)'를 정식으로 채택하였다. SDG's는 1992년 브라질 리우 데 자네이루에서 열린 유엔환경회의에서 채택된 '환경적으로 건전하고 지속가능한 개발(ESSD)'에 기원하고 있다. 여기서 ESSD는 미래 세대의 욕구 충족을 저해하지 않으면서 현재 세대의 필요를 충족하는 환경적으로 건전한 개발이다. SDG's는 지속가능성의 개념을 환경은 물론, 경제, 사회 등으로 확대하여 인류의 보편적인 복지를 지향하고 있다.

생태공학은 생태학적 지식을 바탕으로 인간과 자연 모두를 위해 인간 영향으로 훼손된 생태계를 복원하거나 지속가능한 생태계를 조성하는 설계기술이다. 이는 생태적 지속가능성과 함께 경제사회적 지속가능성을 추구하는 SDG's 달성에 유용한 도구가 될 것이다. 나아가 응용생태공학은 기존의 생태공학 범주를 포함하여 생태공학적 방법론을 특히 국토, 건설 분야에 구체적으로 응용하는 기술이라는 점에서 생태공학의 응용 및 확장이라 할 수 있다.

이 책은 생태공학에 필요한 생태학적 기초 이론과 응용생태공학에 필요한 공학적 기술을 담고 있다. 제1부는 생태계의 기능과 서비스, 생태공학의 기초이론, 생태공학 모델링, 생태공학의 리질리언스를 다루고 있다. 제2부는 자연환경인 물, 토양과 경관생태를 대상으로 생태기술의 적용을 다루고 있으며, 제3부는 국토환경인 하천, 도로, 도시의 지속가능성을 위한 생태기술의 응용편이다.

이 책은 생태학자, 토목공학자, 환경공학자, 조경학자 등이 공동으로 집필한 것으로서, 생태공학과 관련된 미국, 유럽, 일본의 사례를 충분히 검토하여 국내 여건에 맞는 장 · 절을 선정하여 집필하였다. 이 책은 생태공학 분야에서 국내 최초로 출간된 것으로서, 아직 생태공학의 경험이 충분하지 않은 여건상 모험적인 도전이다. 따라서 생태공학 지식과 응용이 축적되면서 지속적으로 보완, 개선되어야 할 것이다. 이 책을 대학에서 강의 교재로 이용하는 경우 제1부의 1~3장과 제2부가 주로 이용될 수 있을 것이며, 대학원에서 이용하는 경우 모든 장들이 이용될 수 있을 것이다. 마지막으로 이 책이 우리나라 생태공학의 미래를 이끌어갈 수 있는 초석이 될 수 있기를 기대한다.

우효섭, 정진호, 김정규, 남경필
2017. 1. 31.

차례

01 생태공학의 이해

03 생태공학과 국토환경

1 생태공학의 이해

Ecological Engineering

제1부는 생태공학의 의미와 생태공학의 이론적 기반인 생태학과 생태계에 대하여 개괄하며 아울러 생태공학 모델링과 리질리언스에 대한 기초이론을 소개한다. 1장에서는 생태공학의 정의와 의미를 이론의 출발점과 발전과정을 추적하며 소개한다. 국제적 동향과 아울러 우리나라에서의 생태공학과 응용생태공학의 설립과정과 그 의의를 소개한다. 2장에서 인류와 지구생태계의 미래를 핵심적으로 상징하는 지속가능성(sustainability)과 밀접한 연관을 가지는 생태계의 기능과 서비스에 대하여 다룬다. 3장에서는 생태공학의 기반이 되는 생태학 이론을 다루어, 생태학을 전공하거나 그렇지 않은 독자들에게 생태학 기초를 습득할 수 있게 한다. 4장에서는 3장에서 다룬 이론적 기반을 바탕으로 생태계의 변화나 생태기술의 적용성 검토 및 그 결과의 예측에 사용되는 생태공학 모델이론과 그 사례를 소개한다. 5장에서는 생태계가 가지는 복잡적응계(Complex Adaptive System)로서의 특성을 이해하기 위한 리질리언스(resilience) 이론에 대해 설명하여, 생태계의 작동 메커니즘에 따르는 생태공학적 사고의 의미와 그 해석 방법에 대하여 소개한다.

제 1 장
서 론

지구생태계를 유지하는 두 가지 큰 흐름은 태양에너지의 전달과 물질의 순환이다. 두 가지 흐름에 이상이 발생하고 그 결과가 인류에게 나쁜 영향을 미치게 되면 환경문제가 된다. 인류가 지구에 미친 영향은 산업혁명 이후 20세기까지 특정 지역을 벗어나지 못했지만, 20세기 중후반부터 전 지구적인 영향으로 범위가 증가하고 강도가 커지고 있다. 환경과 생태 그리고 인류사회의 지속성을 위해서 새로운 사고와 접근방법이 필요하고, 생태공학은 이에 대응하는 가치있는 철학과 구체적인 기술적 방법을 제시한다.

1.1 생태공학의 정의와 의의

생태공학은 인간사회와 자연환경 모두의 이익을 위해 이 둘을 통합하는 지속가능한 자연 및 인공생태계의 설계이다(Mitsch 1998; Jørgensen 2009). 즉 생태공학은 인간의 활동으로 훼손된 생태계를 복원하고, 인류와 자연 모두에게 좋은 지속가능한 새로운 생태계를 조성하는 것을 목적으로 한다. 그러기 위해서 우리는 자연을 이해해야 하고, 자연자원과 생태계의 지속가능한 발전을 담보할 수 있어야 하며, 동시에 자연자원을 인류사회를 위해서 올바르게 사용할 수 있어야 한다. 자연과 인류의 상호작용은 서로 분리할 수 없으며 자연의 균형과 지속가능성에 대한 깊은 이해를 바탕으로 해석되어야 한다(Jørgensen 2009).

Odum(1962)은 '생태공학(ecological engineering)'이란 단어를 처음 도입하였다. 그는 생태공학을 '자연자원이 주요 에너지를 공급해 움직이는 시스템에 사람이 추가적으로 소량의 에너지를 사용함으로써 제어하는 것'이라고 정의하였다. Odum은 이 정의를 더 발전시켜서 '새로운 생태계의 설계공학인 생태공학은 주로 자기설계(self organization)에 의해 움직이는 시스템을 이용하는 분야'라는 개념으로 성립시켰다. Straskraba는 생태공학(혹은 생태기술, ecotechnology)을 더 넓은 의미로 정의하여 '깊은 생태적 이해를 바탕으로 환경에 대한 위험과 대책에 필요한 소요경비를 최소화하기 위하여 생태계 관리를 위한 기술적 수단을 사용하는 것'이라고 하였다. 그가 말하는 생태기술은 생태공학이란 용어와 거의 같은 의미를 가진다.

생태공학은 인공 혹은 자연생태계나 생태계의 일부를 포함하는 생태계를 설계하기 때문에 공학이다. 다른 공학 분야와 마찬가지로 기초 학문을 바탕으로 하는데, 바로 생물학, 생태학, 시스템생태학이 이론적 근거가 된다. 생태공학은 생물을 이용한다는 점에서 생태학 이론의 구체적인 적용으로 구현된다. 이런 의미로 생태공학을 '생태계 서비스(ecosystem service)의 보전, 복원, 창출을 위하여 시스템을 설계하는 과정'이라고 정의를 내리기도 한다(생태계 서비스에 대한 자세한 내용은 2.4절 참조). 즉, 생태공학자는 생태계로부터 얻을 수 있는 인간에게 필요한 재화나 서비스를 가리키는 생태계 서비스를 설계한다.

생태공학은 세 가지 주된 공리를 바탕으로 한다.

- 모든 것은 연결되어 있다.
- 모든 것은 변화한다.
- 우리(인간과 자연)는 모두 한 몸이다.

앞의 두 가지는 Odum(1988)이 그의 저서 '시스템 생태학'에서 언급한 기초 원리이며 생태적 설계의 기반이다. 이것은 적절한 설계전략의 개발을 위한 이해와 개념화 작업에 필수적이다. 모든 생물학적 및 비생물학적 과정과 반응들은 생물권 전반에 걸쳐서 서로 연결되어 직간접적인 영향을 주고받는다. 도시에서의 토지 이용은 기후를 비롯하여 수리 특성과 생

물다양성에 이르기까지 각각의 모든 생태계 기능에 영향을 준다(Matlock과 Morgan 2011). 생태계 구성 요소 모두는 변화한다. 생물권의 변화는 지구 기후의 변화, 토지 이용, 인구 등의 요인에 의하여 발생된다. 세 번째 공리는 생태계 구성 요소를 개별적이 아닌 통합적으로 이해하고 다루어야 한다는 점을 나타내고 있다.

지속가능한 생태계를 보전하고 이용하기 위해서는 이러한 생태공학의 세 가지 공리를 바탕으로 접근해야 한다. '지속가능성(sustainability)'은 미래 세대의 수요가 훼손되지 않으면서 현 세대의 수요를 충족시키는 것을 의미한다(WCED 1987). 이 정의에 기반하여 지속가능성의 윤리를 정의하는 것은 어려운 일이다. 따라서 Cuello(1997)는 지속가능한 발전(sustainable development)을 달성하기 위한 일곱 가지 원칙을 다음과 같이 정리하였다.

- 모두가 공개적이고 투명하게 의견을 개진할 수 있을 것
- 미래 세대의 권리 존중
- 인류와 인류가 기대어 살고 있는 생태계와의 관계 재정의
- 생태계 서비스의 한계에 대한 과학적 이해
- 최종 재화의 생산에 이르는 모든 공급과정과 다양한 차원의 공간 사이의 연결로부터 발생하는 활동에 따른 영향의 상호연결성 이해
- 집락(community) 단위에서 자기 충족(self-sufficiency)의 개선
- 변화하는 조건에 대한 시험, 개선, 적응을 위한 실용적 실천

일곱 가지 원칙은 세계 경제를 구성하는 특정 분야마다 지속가능성에 대한 특정한 목표를 설정하는 데 지침이 될 수 있다. 생태공학의 지속가능한 목표는 지속가능성에 대한 이들 원칙에 대응하는 정책으로 구성된다.

1.2 생태공학의 태동과 발전과정

국외 생태공학 발전과정

생태공학은 1962년 Odum이 최초로 만든 용어로 지금은 전 세계적으로 널리 사용되고 있으며, 21세기의 주도적인 설계원리로 떠오르고 있다. 생태공학은 설계원리의 제안으로부터 학회지 발행과 학회 결성에 이어서 전문 교육과정의 설립 단계로 발전되어 왔다. 생태공학의 기반은 Odum의 정량적 시스템 생태학 개념에 뿌리를 두고 있다. 이후 Mitsch는 폐수처리에 생태공학 설계를 적용한 습지처리공법을 구현시키면서 이론을 확장 · 발전시켰다. Odum의 이론은 넓게는 생물권(biosphere)으로부터 좁게는 광합성세포(Kangas 2003)까지 광범위하게 적용되고 있다. 그렇지만 이러한 광범위한 적용성은 자칫 생태공학을 모든 것에 맞추어 정의할 수 있게 만들 위험 요소를 가지게 한다(Matlock과 Morgan 2011). 생태공학에 대한 개념과 정의의 발달과정을 살펴보아야 하는 이유이다.

Odum은 초기에 생태공학을 '인간이 공급하는 에너지의 크기가 자연의 에너지보다 적지만 자연에 나타나는 변화나 반응에 큰 영향을 줄 정도로 충분하다면'(Odum 1962), '자연을 움직이는 주요한 힘은 자연이 공급하는 에너지이지만 인간이 추가적으로 소량의 에너지를 투입함으로써 환경을 제어하는 것(environmental manipulation)'(Odum 등 1963)이라고 정의하였다. Odum은 또한 '환경, 동력, 사회(environment, power, and society)'에서 '생태공학은 자연 관리에 있어서 기존의 공학에 보조적인 독특한 요소를 가지는 시도'라고 하면서 '자연과의 협력'이 중요한 의미이고, '새 생태계를 설계하는데 자기조직화 시스템(self-organizing system)을 이용하는 분야'라고 표현하였다(Odum 1971). Odum이 1960년대에 생태공학이라는 새로운 개념을 제시한 후, 유럽과 중국 등 각기 다른 지역에서 그 지역의 특성에 부합하는 개념, 이론, 실용기술이 발전해왔다.

생태공학은 인간사회와 자연생태계를 분리하지 않고 통합하여 다룬다

는 점에서 동양적 사고방식에 더 가깝다. 중국에서는 1960년대에 Ma Shijun을 중심으로 농업생태공학(agroecological engineering)이라는 용어를 사용하기 시작하였다. Ma Shijun은 생태공학을 '물질을 여러 단계에 걸쳐 사용할 수 있도록 시스템공학 기술을 채택하고 신기술과 전통적 생산방법을 함께 적용함으로써 생태계에 나타나는 생물종의 공생과 물질의 순환 재생에 관한 원리를 적용해 특별하게 설계한 생산시스템'이라고 하였다(Ma 1988). 주로 농업생산성과 수자원관리에 초점을 둔 중국의 생태공학 적용 사례는 1980년대 말에 약 2,000여 곳에서 Ma Shijun의 이론을 바탕으로 정리되었다. 중국에서는 농업생태기술에 더해서 어류양식 통합관리에 생태공학 이론을 적용하기도 하였다. 그즈음에 중국에서는 생태학이 관측과 실험생태학으로부터 폭넓게 지식을 축적하고 생태공학의 주 임무인 생태계 설계를 통해 지구 차원의 환경문제에 기여할 수 있는 위치에 도달하였다는 평가도 있다(Qi와 Tian 1988). Ma Shijun이 언급한 생태공학 시스템 혹은 기술(Ma 1985)은 우리나라나 일본에서 접근하고 있는 전통기술로부터 발전시키는 생태기술의 의미와 유사하다.

유럽에서는 1980년대 중반부터 생태공학이라는 용어보다는 '생태기술(ecotechnology)'이라는 용어를 사용하면서 발전해왔다. Uhlman(1983), Straskraba(1984; 1985), Straskraba와 Gnauek(1985)는 생태기술을 '관리가 환경에 대해 미치는 피해와 소요되는 비용을 최소화하기 위해서 깊은 생태적 이해를 바탕으로 생태계 관리에 기술적 수단을 사용하는 것'으로 정의했다. Straskraba(1993)는 생태기술을 '생태원리에서 생태관리로 전환하는 것'이라고 했다. Mitsch와 Jørgensen(2003)은 생태공학과 생태기술은 의미가 비슷하지만 '생태공학'이 생태계의 창조와 복원이라는 의미를, '생태기술'은 생태계 관리라는 의미를 더 많이 포함한다고 하였다. 이 책에서는 '생태기술'이라는 용어를 '생태공학'과 같은 의미로 보고 '생태공학'이라는 용어 한 가지로 서술하고자 한다. 생태공학을 '생태계 서비스, 즉 생태계 공익기능을 보전, 복원, 창출하는 시스템 설계 과정'이라는 의미로 파악하고 기술할 것이다.

생태공학은 초기에 강과 호소 등 수생태계에 적용되는 기술 위주로 발전하였고, 이후 토양(Matlock과 Morgan 2011; Saad 등 2011), 유역(Wu 등 2013), 바다(Borsje 등 2011)를 아우르는 생태계 전반으로 확장되었다. 그리고 유관 학문들과 융합(Gosselin 2008; Stouffer 등 2008)하면서 확대되었으며, 적용되는 생태계와 목적에 따라 매우 다양한 생태공학 이론과 기술들이 구축되었다. 생태공학의 미래(Jones 2012)는 윤리적, 관계적, 지적의 세 가지 도전에 직면하고 있다. 윤리적 도전은 '생태계와 인간사회의 상호공통의 이익'을 어떻게 정의하고 관리할 것인가의 문제이다. 관계적인 도전은 생태기술의 실현을 위해서는 필수적으로 관련 학문 분야와의 관계와 산업, 정책, 교육, 훈련의 하모니를 이루어내는 것이다. 마지막으로 지적 도전은 생태학과 공학뿐 아니라 사회과학과 인문과학 등의 인접 학문과의 융합이 필수적인데 각 학문 사이의 소통과 융화가 그것이다.

국내 생태공학 발전과정

미국에서는 생태공학이 인간사회와 자연환경의 공존을 위한 설계기술이며 훼손된 생태환경의 복원과 새로운 생태환경의 창조를 포함한다면, 우리나라에서 논의되고 있는 생태공학은 생태학적 지식을 토목 및 건설 분야와 접목할 수 있는 매개체로서의 역할에 주안점을 두고 있다. 건설사업의 계획, 설계, 시공, 유지관리 등 전 단계에서 자연환경을 훼손할 수 있는 요인을 회피, 완화하거나 훼손된 자연환경을 복원하고 창조하는 설계기술을 의미하며, 이는 생태계의 건전성을 유지함과 동시에 인간에게는 그로 인한 어메니티 또는 생태계 서비스를 향상시키는 최적 대안을 마련하여 제공하는 기술로 보고 있다(Woo 2005; 박제량 등 2015).

우리나라에서 생태공학 관련 학회 활동은 다방면에서 생태공학과 인접 학문 분야가 융합되면서 이루어지고 있다. 각 학회는 초기의 명칭을 유지하거나 개편되면서 발전해오고 있는데, 생태공학과 관련이 있는 학회와 설립연도 또는 현재의 명칭으로 변경된 해는 다음과 같다. 한국환경생태학회(1999), 한국환경복원기술학회(2008), 한국인간식물환경학회(1998), 한국생태공학회(2009), 한국산업생태학회(2009), 복원생태학회(2010) 등이 있다. 비교적 최근에 출범한 응용생태공학회(2013)는 생태공학에 기반하여 생태학과 토목공학 등 건설공학을 융합한다는 취지에 맞추어 생물, 생태전문가와 토목, 건축, 도시, 조경전문가들이 같이 활동하는 융합 학술단체이다. 이 단체는 그 이름에서 유추할 수 있듯이 미국생태공학회(AEES)보다는 유럽의 국제생태공학회(IEES)나 일본 응용생태공학회에 그 성격이 가깝다. 한편 독립적인 학회는 아니지만 학회 내부에 생태공학 관련 위원회로 한국물환경학회의 생태분과위원회(1999)와 대한토목학회의 생태공학분과위원회(2003)가 있다.

생태공학과 응용생태공학

생태공학의 목적을 달성하기 위한 기술적 특성을 확보하기 위해서는 이론생태학과 응용생태학뿐 아니라 생태경제학의 범주가 포함되어야 한다. 진화론, 군집사회학, 생태계생태학, 경관생태학이 이론생태학의 범주라면, 자원관리, 영향평가, 환경모니터링, 생태독성학, 위해성평가 등은 응용생태학의 범주이다. 여기에 사회학적 생태경제학이 포함되어야 비로소 생태공학의 기반이 되는 학문 분야가 되며, 이를 통해서 생태계의 설계, 복원, 창조로 갈 수 있다. 생태공학이 생태학을 바탕으로 인간과 자연 모두를 위해 훼손된 생태계를 복원하거나 새로운 생태계를 조성하는 설계기술이라면, 생태공학은 생태학의 응용 · 확장이라 할 수 있다.

응용생태공학은 기존의 생태공학 범주를 포함하여 생태공학적 방법론을 특히 국토, 건설 분야에 구체적으로 응용하는 기술로, 응용생태공학 또한 생태공학의 응용 · 확장이라 할 수 있다. 예를 들어서, 습지의 생태서비스 기능을 응용하여 하수처리장 처리수의 이차처리를 위해 습지를 설계, 조성하는 것이 대표적인 생태기술이듯이, 도로건설로 인해 단절된 동물서식지를 부분적으로 보상하기 위해 동물 이동통로를 설계, 건설하는 것이 응용생태기술이다. 여기서 생태공학이 습지 설계에 초점을 맞춘다면, 응용생태공학은 동물 이동통로의 위치와 형태 및 식생의 설계는 물론 구조적 설계를 포함한다. 따라서 응용생태공학은 처리용 습지조성 같은 전형적인 생태공학의 범주를 포함하여 근래 들어 국토관리와 건설 분야에서 요구되는 '생태적 지속가능성'을 실현하는 데 필요한 기술이다.

한편 응용생태공학의 중요 장르로 떠오른 그린 인프라(Green Infra)는 물, 토지, 식생을 대상으로 하는(또는 이용하는) 일종의 사회기반시설로서, 전통적인 콘크리트를 이용한 그레이 인프라(Grey Infra)에 대응하는 용어이다(응용생태공학회 2016). 이 개념은 1980년대 중반 미국에서 도시지역의 호우로 인한 홍수, 토양침식, 지하수 대수층 충진 등 수량적인 문제에서 시작하여, 1987년 개정된 '맑은 물법(Clean Water Act)'에 도시화로 인한 비점오염물질의 공공수역 유입 문제를 해결하기 위하여 오염물질의 발생원(begin-of-pipe)에서부터 처리하는 방안으로 처음 대두되었다. 그린 인프라는 도시화로 인하여 왜곡된 물순환 과정의 복원을 통하여 도시역의 수질/수량 보전과 도시생물권의 복원을 꾀하는 새로운 개념의 '사회기반시설'이다. 유럽(EU)은 그린 인프라를 미국식의 도시와 물에 국한하지 않고 조성환경(built environment) 전체로 확대 · 적용하고 있다. 즉, 미국식 그린 인프라 개념을 확대하여 도시 지역은 물론 일반 토지의 물순환 과정의 복원과 생태축 보전 · 복원까지 고려한 것이다. 나아가 유럽은 그린 인프라 정책에 홍수 문제의 해소를 위해 전통적인 제방 · 댐과 같은 그레이 인프라 정책보다는 해안역 복원, 홍수터 연결, 습지복원, 농업지역 저류지 조성, 도시역의 함수능력 증대 등을 통해 자연의 함수능력을 복원 · 증대하는 것으로까지 확대하고 있다. 결과적으로 그린 인프라는 도시, 국토 차원의 그레이 인프라를 보완, 대체하기 위해 생태계 서비스 기능을 이용, 보완, 확대하는 것으로서, 21세기 응용생태공학의 중요한 영역으로 등장하고 있다.

1.3 국토환경과 생태공학

국토는 국가의 주권이 미치는 영역으로서, 외부의 침입으로부터 보호되어야 할 배타적인 영역이며, 국민의 경제 영위 공간이자 삶의 터전이다. 구체적으로 국토는 국민의 거주 및 경제활동 공간이며, 경관생태 관점에서 산, 들, 강, 해안 · 해양, 대기 등 자연환경(natural environment)과 논, 밭 등 농업환경(agri-environment) 그리고 도로 · 철도, 댐 · 저수지, 도시 · 단지, 항만 · 공항 등 조성환경(built environment)으로 구성되어 있다. 국토환경은 국토의 자연환경, 농업환경, 조성환경을 망라하며, 따라서 국토기술은 건전하고 지속가능한 국토환경의 관리와 개발에 필요한 기술이라 할 수 있다. 여기서 지속가능한 국토환경관리란 사회적 정의와 지속가능한 경제 등 사회 · 경제적 측면을 담보하면서, 특히 환경적 또는 생태적 지속가능성을 추구하는 행위라 할 수 있다.

국토기술은 기존의 전통적인 관련 기술 및 학문 분야, 예를 들어 토목, 도시, 조경, 환경, 농업, 생태, 지리, 경제 각각의 영역의 기여는 기본일 것이다. 그러나 세계 조류에 호응하는 국토기술을 위해서는 1990년대부터 시작하여 지금 세계적인 키워드가 된 '지속가능성'이 밑바탕이 되어야 한다. 이를 국토기술에 적용하면 자연환경의 보전 · 복원기술, 지속가능한 농업환경기술, 그리고 지속가능한 사회 인프라 기술로 정리할 수 있을 것이다.

지구 차원의 지속가능성

2015년 9월 26일 유엔은 제70차 총회를 열고 '지속가능한 발전 목표(Sustainable Development Goals, SDG's)'를 정식으로 채택하였다. SDG's는 2000년 들어 유엔이 채택한 '새천년 발전목표'(Millenium Development Goal's, MDG's)가 2015년 종료됨에 따라 MDG's의 후속 성격으로서 post-MDG's라고도 불린다. 이번 SDG's의 핵심 단어는 사람, 지구, 번영, 평화, 연대 등으로서, 17개의 대목표 아래 169개의 이행목표가 있다. 유엔은 매년 각료회의와 4년 주기의 정상회의를 통해 SDG's에 대한 각국의 이행 정도를 점검한다.

SDG's는 1992년 브라질 리우 데 자네이루에서 열린 유엔환경회의에서 채택된 '환경적으로 건전하고 지속가능한 개발(Environmentally Sound and Sustainable Development, ESSD)'에서 그 기원을 찾을 수 있다. 여기서 ESSD는 거슬러 올라가 1983년 유엔총회에서 채택된 '환경과 개발에 대한 세계위원회(WCED)'의 보고서인 'Our Common Future'(일명 브룬트란트 보고서)에서 제시된 환경과 개발의 조화를 위한 방안들을 세계 정상들이 리우 환경정상회의에서 합의한 것이다. 당초 브룬트란트 보고서에서는 ESSD를 미래 세대의 욕구 충족을 저해하지 않으면서 현재 세대의 필요를 충족하는 환경적으로 건전한 개발이라 정의하였다.

역사적으로 보면 1980~90년대 ESSD 개념은 환경과 생태에 초점을 맞춘 반면에, 2000~10년대 MDG's와 SDG's는 ESSD 중에서 'SD(지속가능성)' 개념을 환경은 물론, 경제, 사회 등 세 영역으로 확대하여(그림 1.1) 인류의 보편적인 복지를 지향한 것이다.

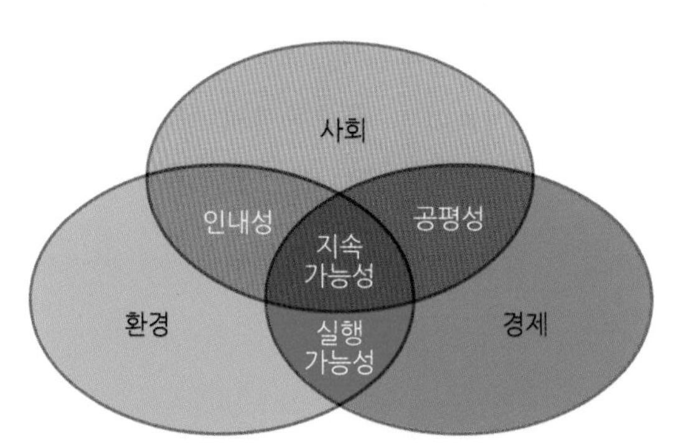

그림 1.1 지속가능성의 세 영역(축) (Adams 2006)

SDG's는 다음과 같은 17개 대목표로 되어 있다.

- 목표 1: 빈곤퇴치(2030년까지 하루 1.25달러 미만의 절대 빈곤층 완전 퇴치)
- 목표 2: 기아해소, 식량안보와 영양개선 달성 및 지속가능한 농업의 증진
- 목표 3: 모든 세대에 건강한 삶의 보장과 복지의 증진
- 목표 4: 모든 사람에게 보편적, 공평한 양질의 교육보장 및 평생교육 기회 향상
- 목표 5: 성평등의 달성과 모든 여성 및 소녀들의 역량 강화
- 목표 6: 모든 사람에게 물과 위생 제공과 지속가능한 관리 보장
- 목표 7: 모든 사람에게 적당한 가격으로 믿을 수 있고, 지속가능한 현대식 에너지 보급
- 목표 8: 모든 사람에게 지속적 · 포용적이고 지속가능한 경제성장과 완전하고 생산적인 고용과 품위있는 일자리 증진
- 목표 9: 리질리언스(회복탄력성)를 갖춘 기반시설의 건설, 포용적이고 지속가능한 산업화의 확대와 혁신의 창출
- 목표 10: 국가 내, 국가 간 불평등의 감소
- 목표 11: 도시와 인간정주지의 보편성, 안전성, 리질리언스와 지속성 확보
- 목표 12: 지속가능한 소비와 생산 증진
- 목표 13: 기후변화 대응
- 목표 14: 지속가능한 개발을 위한 해양, 바다와 해양자원의 보전 및 이용
- 목표 15: 육지생태계의 지속가능성 보호, 복원 및 증진
- 목표 16: 지속가능한 발전을 위한 평화적이고 포용적인 사회 증진과 제도 구축
- 목표 17: 범세계적 이행수단과 협력관계 강화

UN은 위와 같은 17개 목표들을 그림 1.2와 같이 상징적으로 제시하고 있다. 이같은 다양한 목표들은 결국 1) 지구촌의 빈곤과 기아퇴치(# 1, 2)부터 시작하여, 2) 사회발전(# 3, 4, 5, 10, 16), 3) 자연환경(자원포함)의 지속가능성 보장(# 7, 13, 14, 15), 4) 사회환경의 지속가능성(# 6, 11, 12) 그리고 이를 위한 5) 경제성장(# 8, 9)으로 구성되어 있다(강상인 2015). 마지막으로 # 17은 16개 대목표의 실천을 위한 소프트웨어의 구축을 위한 것이다. 위 16개 각 목표는 상호 유기적인 관계가 있으므로 각 목표 달성을 위해서는 목표 간 '총합적'인 접근이 필요할 것이다.

그림 1.2 UN의 SDG's에서 제시된 17개 대목표들의 엠블럼(http://www.un.org/sustainabledevelopment/)

위와 같은 16개의 목표 달성을 위해서 목표 #17에서는 재정, 기술, 능력함양, 교역 등을 강조하고 있으며, 기술 분야에서 이른바 환경적으로 건전한 기술의 개발, 이전, 전파 및 확산을 강조하고 있다. 따라서 저환경 영향, 저에너지소비, 신생태공간 창출을 기치로 하는 생태공학은 기술 측면에서 목표 # 2, 6, 7, 9, 11, 13~15 등의 달성에 기여할 수 있다. 그러나 이와 같이 생태공학이 지향하는 목표와 SDG's의 세부 목표를 직접적으로 연결시키는 것도 중요하지만, 그보다는 Mitsch와 Jørgensen (1998)이 정의하였듯이 '인간사회와 자연환경 모두에게 이익이 되는 둘을 통합한 지속가능한 생태계의 설계기술'이 생태적 지속가능성을 담보하면서 경제사회적 지속가능성을 추구하는 SDG's 달성에 유효한 도구가 될 것이다. 생태기술은 상당수 경우 사람중심적이고, 인터넷 등을 통해 자유스럽게 얻을 수 있는 '개방적 소스의 적정기술(OSAT)'의 형태로 나타난다. 이 점에서 생태기술은 개방성, 공평성 등을 강조하는 UN 차원의 목표 달성에 특히 기여할 수 있는 기술이다.

국토 차원의 지속가능성

국토 차원의 지속가능성을 이해하기 위해서는 정부의 국토환경관리 주요 내용을 확인할 필요가 있다. 일반적으로 자연환경은 환경 담당 부처가, 조성환경은 국토교통 담당 부처가, 농업환경은 농림축산 담당 부처가 담당한다. 조성환경과 농업환경 모두의 영역에서 규제 행위는 환경부가 담당한다. 국토교통부의 국토관리는 주로 도시, 토지, 주택, 교통, 하천 등을 대상으로 하며, 환경부의 국토관리는 물, 대기, 토양, 환경위해성 등 생활환경, 생태공간, 생물자원 등 자연환경 그리고 환경영향평가 등을 대상으로 하고 있다.

위와 같은 다양한 국토환경관리 대상의 지속가능성을 담보하기 위해서는 관리행위의 구체적인 실행요소인 계획, 개발, 규제 등의 성과가 시대간, 지역 간 지속가능해야 할 것이다. 여기서 생태기술의 의의를 찾을 수 있다. 생태기술은 생태공학적(저환경영향, 저에너지소비, 신생태공간 창출) 계획, 설계, 시공, 유지관리 및 복원기술을 이용하여 국토환경의 지속가능성을 높이는 것이다. 예를 들면, 생태기술의 대표적인 사례 중 하나인 인공습지를 이용한 하폐수 처리기술은 전통 환경기술인 하폐수처리장에 비해 효율은 낮을 수 있지만 새로운 습지환경을 조성하고, 화석연료 비사용에 따른 이산화탄소 배출량 '제로'를 구현할 수 있다.

생태기술의 의의는 어느 대상의 지속가능성을 정량적으로 표시하는 '지속가능지표'를 통해 알 수 있다. 예를 들어, 국토개발사업의 지속가능성 평가지표로 개발사업으로 인한 환경부하량(pressure)과 그 부하량을 보상하는 대응량(response) 간 비율을 이용한다(KEI 2007). 여기서 개발

부하량은 이산화탄소 발생량으로, 환경대응량은 개발사업지역에 보전, 조성되는 녹지가 저장 · 흡수할 수 있는 이산화탄소량으로 설정할 수 있다. 신도시개발에서 저영향개발(LID) 기술을 적용하여 녹지상태인 토지를 도시로 개발함에 따른 물순환 과정의 왜곡(빗물침투 저하, 수분함양녹지 감소 등)을 최소화하고 나아가 개선할 수 있다. 그에 따라 도시홍수 저감, 도시하천 유량 확보 등 기술적 편익은 물론 시멘트 등 개발사업 재료 사용을 줄이고 녹지 조성 등을 통해 이산화탄소 발생과 흡수 능력을 향상시킬 수 있다. LID는 도시환경에 적용하는 생태기술이다.

결론적으로, 지속가능한 국토환경관리는 그 행위의 구체적인 실행요소인 계획, 개발, 규제 등의 성과가 특히 환경적(생태적)으로 시대 간, 지역 간 지속가능한 관리이다. 그림 1.1에서 알 수 있듯이 환경과 경제 영역 간에는 실현가능성을, 환경과 사회 영역 간에는 인내성을 담보하면서 지속가능성을 지향하기 위해서 인간사회 및 경제와 자연환경 모두에게 이익이 되는, 둘을 통합한 지속가능한 인간과 자연환경이 공존하는 생태계의 설계기술인 생태공학은, 현재의 기술수준에서는 물론 앞으로 새로운 기술수준에서 매우 유용한 도구가 될 것이다.

1.4 주요 내용

생태공학은 생태학을 바탕으로 하는 설계기술이고, 응용생태공학은 나아가 공학적 지식을 필요로 하는 기술이므로, 이를 이해하기 위해서는 우선 생태계와 생태학을 이해하는 것이 필요하다. 제2장 생태계 기능과 서비스에서 생태학과 생태계의 정의부터 시작하여 생태계의 구조와 기능, 생태계에 미치는 교란 그리고 생태계가 인간사회에 주는 서비스 기능을 설명한다. 이 장은 생태학이나 생물학을 전공한 독자가 생태공학을 공부하는 데는 물론, 특히 생태학에 기초가 없거나 부족한 공학도들에게 중요하다. 제3장 생태공학 기초이론에서는 생태기술에 밑받침이 되는 기초

이론을 소개하고, 생태공학의 설계원칙와 기술를 설명한다. 제4장은 특히 시스템 생태학 입장에서 생태모델링을 설명한다. 생태모델링에는 먼저 모델의 개발과정을 설명하고 여러 여건에 따른 모델 유형을 구체적으로 설명한다. 마지막으로 생태모델링의 국내외 사례를 소개한다. 제5장은 생태 시스템의 리질리언스를 설명하는 장으로서 비교적 새롭게 대두되는 분야이다. 이 장에서는 리질리언스의 개념과 대체안정상태와 임계전이 이론을 설명한다. 다음 임계둔화현상과 소결이라는 조기경보시그널을 설명하며, 마지막으로 경쟁적 목초지 시스템 등 국내외 사례를 소개한다.

제2부와 제3부에서는 구체적인 생태공학의 대상을 자연환경 영역별, 조성환경 영역별로 나누어 각 영역 내에서 주요 대상을 구체적으로 소개한다. 이 두 부에서는 특히 응용생태공학의 성격이 강한 내용들을 다룬다. 구체적으로 제2부는 물, 대기, 토양, 녹지경관 등 자연환경 요소 중에서 아직 생태공학의 주요 대상이 안 되는 대기 요소를 제외하고 생태공학 관점에서 순서대로 설명한다.

제6장 물환경에서는 입문 성격으로 수생태계의 개요, 수생태계의 기능, 호소생태계 관리와 수질 관계 등을 설명한다. 다음 물환경 분야에서 구체적인 생태기술인 수변완충대, 인공습지, 인공부도 등의 정의, 유형과 기능, 작동원리, 구조 및 형태, 국내외 사례 등을 소개한다. 제7장 토양환경에서는 토양생태계의 이해부터 식생정화, 식물 및 토양 미생물을 이용한 지반개량, 토양 생산성 향상 기술 등을 설명한다. 제8장 경관생태환경에서는 경관생태학의 정의, 대상, 활용 분야, 생태네트워크, GIS와 RS의 정의와 원리, GIS와 RS의 활용 등 경관생태학의 이해부터 시작하여 도시와 자연의 공생계획, 자연과 생물의 공생계획, 환경생태계획 등 생태 관점에서 본 경관계획과 환경생태계획, 비오톱 등의 주요 요소를 설명한다. 마지막으로, 자연생태환경의 복원 사례를 국립공원, 도시관리, 주거단지 등으로 나누어 소개한다.

제3부는 하천, 도로, 도시 등 대표적인 조성환경 요소에 대해 생태공학 관점에서 각각 한 장씩 할애하여 설명한다. 제9장 하천환경에서는 먼저

하천의 공학적, 환경적 기능을 설명하고, 특히 하천환경기능을 서식지, 수질자정, 친수(어메너티) 등으로 나누어 구체적으로 설명한다. 제6장 물환경이 자연환경의 하나인 '물' 관련 생태공학을 설명한 것이라면, 이 장은 도로, 도시 등 조성환경 성격의 국토환경의 일부로서 하천을 다룬 것이다. 하천은 자연환경인 동시에 국토환경이다. 이 장에서는 하천환경의 3대 요소인 수량, 수질, 공간 중에서 수질을 제외하고 환경유량으로 대표되는 수량적 요소와 하천복원으로 대표되는 공간적 요소를 설명한다. 하천의 수질적 요소는 전통적인 환경공학에서 주로 다루고 있다. 제10장 도로환경에서는 도로와 환경영향, 환경을 고려한 도로 등을 먼저 설명하고, 이어서 환경영향을 최소화하는 노선설계 기술, 서식지 단절을 최소화하는 도로기술, 그리고 로드킬과 생태공학적 대책으로서 생태통로 기능과 설계, 생태통로 유형, 대체서식지 등을 설명한다. 마지막으로 국내외 생태도로시설의 설계, 시공, 운영 사례를 소개한다. 제11장 도시환경에서는 도시개발과 환경문제, 도시화와 불투수율 증가에 따른 생태계, 물순환, 비점오염물질 유출, 열섬현상 등을 설명하고, 이어서 도시화 문제 해결 방안을 위한 생태공학적 접근 방안에 대해 설명한다. 다음 도시환경에 적용되는 대표적인 생태기술로서 저영향개발 기법에 대해 설명하고, 마지막으로 LID 기법의 세부설계 및 적용사례를 구체적으로 소개한다.

마지막으로 '온고이지신' 관점에서 한국의 전통생태기술을 이해하는 것도 이 책에서 주로 다루는 구미식 생태기술을 이해하고 발전시키기 위해 필요하다. 이에 대해서는 한국의 전통생태학(이도원 2004) 등을 참고할 수 있을 것이다.

참고문헌

강상인. 2015. 유엔 지속가능한 발전목표 채택과 국내 대응방안. 대한토목학회 제9회 미래정책포럼.

김정규와 이우균. 2016. 응용생태공학 교육의 임무와 내용. 응용생태공학회지 2(1): 1-11.

박제량, 정진호, 남경필, 이애란, 조강현. 2015. 우리나라 대학에서 응용생태공학 교육의 현황과 개선. 응용생태공학회지 2(1): 12-21.

안소은. 2013. 의사결정 지원을 위한 생태계서비스의 정의와 분류. 환경정책연구 12(2): 3-16.

이도원. 2004. 한국의 전통생태학. 사이언스북스, 서울.

KEI(한국환경정책평가연구원). 2007. 국토개발사업의 지속가능성 평가 - 평가체계 정립과 녹지총량관점의 실험평가. 한국환경정책평가연구원.

Adams, W.M. 2006. The future of sustainability: Re-thinking environment and development in the twenty-first century. Report of the IUCN Renowned Thinkers Meeting.

Borsje, B.W., van Wesenbeeck, B.K., Dekker, F., Paalvast, P., Bouma, T.J., van Katwijk, M.M. and de Vries, M.B. 2011. How ecological engineering can serve in coastal protection. Ecological Engineering 37: 113-122.

Cosatnaza, R., d`Agre, R., de Groot, R., Farber, S., Grasso, M., Hannon, B., Limburg, K., Naeem, S., O`neill, R.V., Pauelo, J., Raskin, R.G., Sutton, P. and van den Belt, M. 1997. The value of the world's ecosystem services and natural capital. Nature 387: 253-260.

Cuello, C. 1997. Toward a holistic approach of the ideal of sustainability. Techné: Research in Philosophy and Technology 2(2): 79-83.

Daily, G.C. 1997. Nature's services: Societal dependence on natural ecosystems. Island Press, Washington D.C., USA.

de Grrot, R.S., Wilson, M.A. and Boumans, R.M.J. 2002. A typology for the classification, description and valuation of ecosystem functions, goods, and services. Ecological Economics 41: 393-408.

Diamond, J. 2005. Collapse: How societies choose to fail or succeed. Viking Press, USA.

Ehrlich, P.R. and Ehrlich, A.H. 1981. Extinction: The causes and consequences of the disappearance of species. Random House, New

York, USA.

Gatte, D.K., McCutcheon, S.C. and Smith, M.C. 2003. Ecological engineering: The state-of-the-field. Ecological Engineering 20(5): 327-330.

Gosselin, F. 2008. Redefining ecological engineering to promote its integration with sustainable development and tighten its links with the whole of ecology. Ecological Engineering 32: 199-205.

Gunderson, L.H., Allen, C.R. and Holling, C.S. 2010. Foundations of ecological resilience. Island Press, Washington D.C., USA.

Jones, C.G. 2012. Grand challenges for the future of ecological engineering. Ecological Engineering 45: 80-84.

Jørgensen, S.E. 2009. Applications in ecological engineering. Academic Press, San Diego, USA.

Kangas, P. 2003. Ecological engineering: Principles and practice. Lewis Publishers, New York, USA.

Ma, S. 1985. Ecological engineering: Application of ecosystem principles. Environmental Conservation 12: 331-335.

Ma, S. 1988. Development of agro-ecological engineering in China. In, Proceedings of International Symposium on Agro-ecological Engineering. Ecological Society of China, Beijing, China.

Matlock, M.D. and Morgan, R.A. 2011. Ecological engineering: Restoring and conserving ecosystem services. John Wiley & Sons Inc, New York, USA.

MEA(Millenium Ecosystem Assessment). 2005. Ecosystems and human well-being: Synthesis. World Resource Institute, Islands Press, Washington D.C., USA.

Mitsch, W.J. 1998. Ecological engineering: The seven-year itch. Ecological Engineering 10: 119-138.

Mitsch, W.J. and Jørgensen, S.E. 2003. Ecological engineering: A field whose time has come. Ecological Engineering 20(5): 363-378.

Odum, H.T. 1962. Man in the ecosystem. In, Proceedings of Lockwood Conference on the Suburban Forest and Ecology. pp. 57-75.

Odum, H.T. 1971. Environment, power, and society, John Wiley & Sons Inc, New York, USA.

Odum, H.T. 1983. Systems ecology. John Wiley & Sons Inc, New York,

USA.

Odum, H.T. and Odum, B. 2003. Concept and methods of ecological engineering. Ecological Engineering 20(5): 339-362.

Odum, H.T., Siler, W.L., Beyers, R.J. and Armstrong, N. 1963. Experiments with engineering of marine ecosystems. Publications of the Institute of Marine Science University of Texas 9: 374－403.

Qi, Y. and Tian, H. 1988. Some views on ecosystem design. In, Proceedings of International Symposium on Agro-ecological Engineering. Ecological Society of China, Beijing, China.

Saad, R., Margni, M., Koellner, T., Wittstock, B. and Deschêne, L. 2011. Assessment of land use impacts on soil ecological functions: Development of spatially differentiated characterization factors within a Canadian context. International Journal of Life Cycle Assessment 16: 198-211.

Stouffer, D.B., Ng, C.A. and Amaral, L.A.N. 2008. Ecological engineering and sustainability: A new opportunity for chemical engineering. American Institute of Chemical Engineering Journal 54: 3040-3047.

Straskraba, M. 1985. Simulation models as tools in ecotechnology systems: Analysis and simulation. Vol. II, Akademie Velag, Berlin, Germany.

Straskraba, M. 1993. Ecotechnology as a new means for environmental management. Ecological Engineering 2: 311-331.

Straskraba, M. and Gnauck, A.H. 1985. Freshwater ecosystems: Modelling and simulation. Elsevier, Amsterdam, Netherlands.

Uhlmann, D. 1983. Entwicklungstendenzen der okotechnologie. Wissenschaftliche Zeitschrift der Technischen Universität Dresden 32: 109-116.

Wu, M., Tang, X., Li, Q., Yang, W., Jin, F., Tang, M. and Scholz, M. 2013. Review of ecological engineering solutions for rural non-point source water pollution control in Hubei Province, China. Water, Air, and Soil Pollution 224: 1-18.

제 2 장 생태계 기능과 서비스

생태계는 상호작용하는 생물과 주변의 비생물적 환경을 말하는 것으로 이러한 생태계를 연구하는 학문이 생태학이다. 따라서 생태학의 관심은 생물체가 아니라 생물과 주위 환경과의 관계로서 생물 군집의 구조와 에너지의 흐름 및 물질의 생지화학적 순환을 이해할 필요가 있다. 그리고 인간 활동으로 인한 생태계 교란과 생물다양성 감소의 심각성은 생태계가 제공하고 있는 기능과 서비스에 대한 새로운 인식을 요구하고 있다.

2.1 생태학의 이해

생태학과 생태계의 정의

생태학(ecology)의 어원은 고대 그리스어로 '사는 곳'을 의미하는 'oikos'와 '학문'을 의미하는 'logos'로부터 유래하였으며, 1866년 독일 생물학자인 Ernst Haeckel이 발표한 논문 '생물체의 일반 형태론'에서 처음 사용되었다(Haeckel 1866). Haeckel은 '동물학의 진화과정과 그 문제점에 관하여'라는 논문에서 생태학을 다음과 같이 설명하였다(Haeckel 1869).

> "우리는 생태학이라는 용어를 자연계의 질서와 조직에 관한 전체 지식으로 이해한다. 즉, 동물과 생물적 및 비생물적 외부 세계와의 전반적인 관계에 대한 연구이며, 한걸음 더 나가서는 외부 세계와 동물 그리고 식물이 직접 또는 간접적으로 갖는 친화적 혹은 불화적 관계에 대한 연구라고 볼 수 있다."

따라서 생태학은 생물과 환경 간의 상호작용을 연구하는 과학적 학문으로, 환경은 생물의 주변을 구성하는 비생물적(abiotic) 요소(물리화학적 환

경)뿐만 아니라 생물적(biotic) 요소(동종 또는 이종 구성원)를 포함한다.

생태계(ecosystem)는 1935년 영국의 생태학자 Tansley가 처음 제안한 용어로서 상호작용하는 생물과 그들과 서로 영향을 주고받는 주변의 비생물적 환경을 하나로 묶어서 부르는 말이다. 그리고 이러한 생태계를 연구하는 학문을 생태학이라고 할 수 있다. 상호의존성과 완결성은 하나의 생태계를 이루는데 꼭 필요한 요소로서, 같은 지역에 살면서 서로 의존하는 생물 집단이 완전히 독립된 체계를 이루면 생태계라고 부를 수 있다. 하나의 생태계 안에 사는 생물은 먹이사슬을 통해 서로 밀접하게 연관되어 있으며, 이를 통하여 영양물질이 순환하고 에너지도 함께 이동하게 된다. 이런 점에서 생태계는 어떤 지역의 모든 생물이 비생물적 환경과 상호작용을 하면서 뚜렷한 에너지 흐름과 물질순환을 만들고 있는 계이다.

생물과 환경의 상호작용

생태학의 정의에서 알 수 있듯이 생태학의 관심 대상은 생물체가 아니라 생물과 주위 환경과의 관계(상호작용)이다. 생물을 둘러싸고 있는 모든 물리적 환경(온도, 습도, 빛 등)은 생물의 생존과 생장에 결정적인 기본 생리과정에 영향을 미친다. 생물은 주위 환경에서 필수적인 자원과 에너지를 얻어야 하며, 다른 생물에게 포식되지 않도록 스스로를 보호해야 한다. 특히 생명체의 궁극적 목표인 다음 세대로의 유전자 전달에 성공하기 위해서는 친구와 적을 인지하고 잠재적 배우자와 포식자를 구별해야 한다.

생물이 생존경쟁을 수행하는 환경은 시공간적인 물리적 장소로서 함께 공존하는 많은 생물을 포함하고 있는 생태계이다. 하천과 같은 자연생태계의 비생물적 요소는 대기, 기후, 토양, 물이며, 생물적 요소는 하천에 서식하는 식물, 동물, 미생물이라고 할 수 있다. 다양한 생물은 하천생태계의 고유한 서식지에서 생산과 소비, 분해의 기능을 수행하며 살고 있다. 생태계가 유지되기 위해서는 우선 빛이 필요한데, 빛에서 나오는 에너지는 가장 먼저 식물(예를 들어, 조류)의 광합성 작용을 통해 유기물질

로 고정된다. 이렇게 식물에 의해 고정된 유기물은 동물(예로 물벼룩)의 먹이 에너지가 되며, 그 동물이 다시 더 큰 동물(예로 물고기)에게 포식됨으로써 최종 소비자에게 전달된다. 한편, 생물들은 물, 공기, 토양과 같은 환경으로부터 무기물을 얻으며, 세균 또는 곰팡이 등과 같은 분해자는 식물과 동물의 사체를 다시 유기물이나 무기물로 되돌아가게 한다. 이와 같이 물질의 순환은 생산자, 소비자, 분해자 사이의 먹이사슬을 통해 이루어지며, 이들의 균형이 생태계의 지속성을 보장할 수 있다.

하천생태계의 예로 가평천은 경기도 가평군 북면 도대리에 위치하고 있는 하천으로 북한강 수계 의암댐 중권역에 속한다(그림 2.1, 환경부 2009). 가평천 상류는 모두 산지와 접해있어 산지형 목본류가 발달하였고, 하상은 큰돌과 자갈로 이루어져 있으며 수변에서 떨어진 낙엽이 축적되어 있다. 중류는 전반적으로 산지형 식생이 수변과 연접하고 있으며, 상류에 비해 하천폭이 넓다. 하류는 중상류에 비해 수변식생이 잘 발달하여 있으며, 하상은 대체적으로 고운 사질토양이나 일부 자갈이 분포하고 있다. 생산자인 부착조류(규조류)는 총 12종으로 대부분 호청수성종이고, *Achnanthes minutissima*, *Cocconeis placentula* var. *lineata*, *Cymbella minuta* 등이 출현한다. 이 중 *A. minutissima*는 유기오염에 대해 넓게 분포하는 종이며,

그림 2.1 가평천(환경부 2009)

*C. minuta*는 물살이 빠른 여울 지역과 정체된 정수 지역 모두에서 흔히 출현한다. 1차 소비자인 저서성 대형무척추동물은 총 16종으로, 유속이 빠른 여울 지역을 선호하는 바수염날도래, 부채하루살이, 수염치레각날도래, 한국강도래 등이 출현한다. 이 중 바수염날도래는 A등급 지표종으로 산간계류나 큰 바위 밑에서 살며, 한국강도래는 용존산소가 풍부한 곳의 큰 돌에 붙어서 생활한다. 2차 소비자인 어류는 고유종인 금강모치, 꺽지, 몰개, 쉬리 외 7종으로, 많이 출현하는 종은 주로 물살이 빠른 곳에 사는 금강모치와 쉬리이다. 금강모치는 A등급 지표종으로 수서곤충과 부착조류를 먹고 산다. 쉬리는 B등급 지표종으로 저서생물이나 작은 동물을 주로 섭식하며, 작은 무리를 이루어 바닥 가까이에서 헤엄치며 바위틈을 은신처로 숨어 지낸다.

생태계의 계층

생태계의 다양한 생물(개체)들의 생존은 상호의존적이기 때문에 집단을 이루어 생활한다. 생태학에서 개체군(population)은 주어진 한 지역에 서식하는 동종 개체들의 집단이다. 개체군은 개체 사이의 다양한 상호작용으로 인하여 개체 단위와는 다른 특성을 보이게 된다. 개체군 연구의 주요 대상은 개체군 밀도(일정한 공간에서 생활하는 개체수 또는 생체량), 개체수 변화(시간을 두고 주기적으로 변화하는 개체수의 증가나 감소), 개체들의 상호관계(먹이, 생활공간, 배우자 등에 대한 경쟁 및 생태적 지위 형성) 등이 있다. 생태계에서 개체군은 서로 독립적이지 않으며, 어떤 개체군은 다른 개체군과 먹이, 물, 공간 등의 제한된 자원에 대해 경쟁한다. 그리고 한 개체군은 다른 개체군의 먹이가 될 수 있으며, 두 개체군이 서로 도움을 주면서 공생하기도 한다. 이와 같이 한곳에 여러 종류의 개체군이 모여 긴밀한 상호작용을 하면서 생활하는 생물의 집단을 군집(community)이라 한다. 군집 연구의 주요 대상은 종풍부도(군집에 있는 종의 수), 종다양도(종풍부도와 함께 종들 간의 개체수 배분을 고려한 지수), 우점종(개체수가 가장 많은 종), 핵심종(개체수에 비례하지 않게 군집에 큰 영향을 주는 종), 먹이사슬(군집 내 종들 간의 섭식관계) 등이 있다.

생태계는 생물과 물리적 환경으로 이루어진 다양한 수준의 계층으로 이루어져 있다(그림 2.2). 생물 개체는 비생물적 환경에 반응하고 영향을 주기도 하면서 생존, 성장 및 번식한다. 이들 개체들이 모여 개체군을 이루며, 개체군의 증가와 감소 또는 유지는 주요한 관심사가 된다. 나아가 개체군의 개체들은 같은 종 및 다른 종들과 상호작용하며 군집을 이룬다. 군집 내에서 개체들은 제한된 자원을 두고 경쟁하며, 먹이사슬에 따라 초식동물들은 식물을 소비하고, 포식자는 피식자를 먹고, 분해자들은 생물의 시체들을 분해한다. 군집을 구성하는 모든 생물은 특정 지역에서 비생물적 환경과 상호작용을 하면서 뚜렷한 에너지 흐름과 물질 순환을 만드는 생태계를 이룬다. 모든 생태계는 생태계들의 조각모음(patchwork)으

개체
금강모치의
생존, 성장,
번식

개체군
금강모치
개체군의 증가
및 감소

군집
금강모치와
다른 동물 및
식물종들과의
상호작용

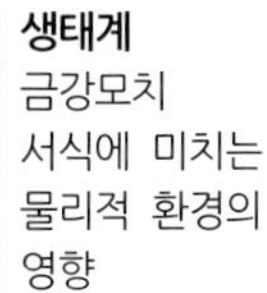

생태계
금강모치
서식에 미치는
물리적 환경의
영향

경관
금강모치
군집에 미치는
토지이용
변화의 영향

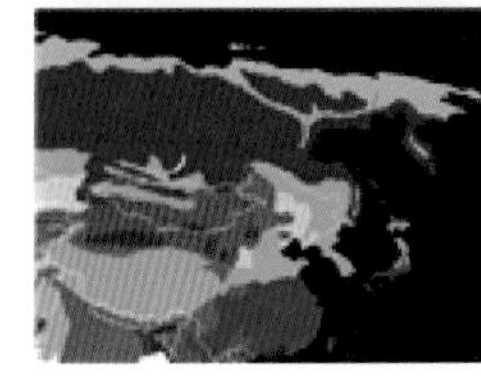

생물군계
금강모치
분포에 미치는
동아시아 지역
기후의 영향

생물권
금강모치
서식에 미치는
지구적
기후변화 영향

그림 2.2 생태계의 계층 및 연구 대상

로 구성된 넓은 지역인 경관이라는 보다 큰 공간적 환경에 존재하며, 생물의 분산, 물질과 에너지의 교환과 같은 과정들을 통해 연결된다. 유사한 지질적, 기후적 조건(기온, 강수량, 계절성 등)을 갖는 지리적 지역들은 유사한 생태계를 유지한다. 이와 같이 유사한 생태계 유형들이 우점하는 광역의 지역을 생물군계(biome)라고 한다. 유사한 생물군계는 식물 구조(나무, 관목, 풀 등)나 잎의 형태(침엽수, 활엽수), 식물의 간격(숲, 삼림, 사바나), 기후(열대, 아열대, 온대 등)와 같은 요인들에 의해 정의된다. 예를 들어, 온대 지역은 열대와 한대 사이에 위치하고 있으며 기온과 강수량의 계절성이 뚜렷하다. 일반적으로 기온이 온화하고 습윤하여 식물 성장에 적합하고, 낙엽과 일년생 초본의 유기물 공급으로 비옥한 토양을 가지고 있다. 생태계 구성의 가장 높은 수준은 모든 생물을 부양하는 지구의 얇은 층인 생물권(biosphere)이다. 생태계는 지구의 대기권, 수권, 지권과 물질 및 에너지를 교환하면서 상호작용한다.

2.2 생태계의 구조와 기능

군집 구조

일정 지역의 서식지를 공유하면서 직접 또는 간접적으로 상호작용을 하는 생물의 집단을 군집이라고 한다. 그리고 모든 군집은 특유한 생물적(종수, 각 종의 상대 풍부도, 먹이사슬 등) 및 물리적(식물의 생육형 등) 구조를 가지고 있다. 군집의 생물적 구조는 그 군집을 구성하는 생물종의 수(종풍부도, species richness)와 종의 상대적인 개체수 백분율(상대풍부도, relative abundance)로 규정할 수 있다. 일반적으로 종풍부도가 높고 종들의 상대풍부도가 균등할수록 종의 다양성이 높다고 할 수 있다. 이러한 종다양성을 정량화하기 위하여 다양한 다양도 지수(diversity index)가 개발되었다. 이 중에서 가장 단순하고 널리 사용되는 것은 심슨 지수(Simpson's index, *D*)이다. 심슨 지수는 한 표본에서 임의로 추출된 두

개체가 같은 종에 속할 확률을 나타낸다.

$$D = \Sigma(N_i/N)^2 \quad (2.1)$$

여기서 N_i는 종 i의 개체수이며, N은 모든 종의 개체수이다. 심슨 지수는 0에서 1의 값을 가지며, 이 값이 커질수록 다양도가 낮아지게 된다. 따라서 심슨 다양도 지수는 $1-D$로 표시할 수 있으며, 다양도 증가와 함께 값이 커지게 된다. 또 다른 다양도 지수로는 샤논 지수(Shannon index, H)가 있으며 다음과 같이 계산된다.

$$H = -\Sigma(P_i)(\log_2/P_i) \quad P_i = \frac{N_i}{N} \quad (2.2)$$

여기서 P_i는 종 i의 상대적 풍부도를 나타내며, 샤논 지수가 커질수록 다양도는 높아지게 된다.

대부분의 군집은 개체군 밀도가 높은 소수의 종과 개체군 밀도가 낮은 다수의 종으로 구성된다. 군집 내에서 하나의 종 혹은 소수의 종이 우세할 때 이들을 우점종(dominant species)이라고 한다. 일반적으로 우점종은 개체수가 가장 많은 종을 의미하지만, 생물량이 가장 많거나, 서식 공간을 대부분 점유하고 있거나, 에너지 흐름이나 물질순환에 가장 많은 기여를 하거나 아니면 다른 방법으로 군집의 나머지 구성원을 조절하거나, 구성원에게 영향을 주는 생물이 될 수도 있다. 일례로 정량적으로 채집된 생물의 출현종과 개체수에 근거하여 우점도 지수(dominance index, DI), 다양도 지수 (diversity index, H'), 풍부도 지수(richness index, RI), 균등도 지수(evenness index, J')를 산출할 수 있다(표 2.1). 우점도 지수는 환경의 변화가 악화될수록 특정종의 우세가 나타난다는 점에서 환경의 변화에 대한 명료한 지표로서 이용될 수 있다. 다양도 지수는 군집의 종풍부도와 개체수의 상대적 균형성을 뜻하는 것으로 군집의 복잡성을 나타낸다. 풍부도 지수는 총 종수와 총 개체수로 군집의 상태를 표현하는 지수로서, 값이 커질수록 종의 구성이 풍부하다는 것을 의미한다. 균등도 지수는 군집 내 종구성의 균일한 정도를 나타내며, 군집 내 모든 종의 개체수가 동일할 때 최대가 된다.

표 2.1 군집 분석을 위한 군집 지수 산출 방법

군집 지수	산출식	참고문헌
우점도 지수	$DI = \frac{N_1 + N_2}{N}$	McNaughton(1967)
다양도 지수	$H' = -\Sigma P_i(\log_2 P_i),\ P_i = \frac{N_i}{N}$	Shannon과 Weaver(1949)
풍부도 지수	$RI = \frac{S-1}{\ln N}$	Margalef(1958)
균등도 지수	$J' = \frac{H'}{\ln S}$	Pielou(1975)

주) S = 총 종수, N = 총 개체수, N_i = i 종의 개체수
N_1 = 우점종의 개체수, N_2 : 아우점종의 개체수

예를 들어, 하수처리장 방류수로부터 오염된 하천에 서식하는 저서성 대형무척추동물의 군집 지수를 산출하여 환경오염의 영향을 파악할 수 있다(표 2.2). 우점도 지수는 0.43(상류) - 0.84(유입)의 범위로 상류 지점에서 가장 안정한 군집 양상을 보이고 있으며, 유입 지점에서 가장 불안정한 것으로 분석된다. 상류 지점은 꼬마줄날도래, 유입 지점은 깔따구류 sp.2, 하류 지점은 개똥하루살이가 우점하고 있다. 이들은 모두 교란에 내성이 강하고 유기영양염을 먹이원으로 선호하는 종들이다. 다양도 지수는 1.03(유입) - 2.40(상류)의 범위로 유입 지점에서 생물 다양성이 가장 낮고 상류 지점에서 가장 높은 안정된 군집 구조를 유지하고 있다. 우점도 지수와 다양도 지수는 서로 상반되는 값으로, 유입 지점에서 우점도가 높고 다양성이 낮은 불안정한 군집 구조를 나타내고 있다. 균등도 지수는 0.45(유입) - 0.78(상류)의 범위로, 유입 지점을 제외한 모든 지점에서 저서성 대형무척추동물이 비교적 균등하게 분포하고 있는 것으로 나타난다. 풍부도 지수는 1.58(유입) - 3.87(상류)의 범위로 유입 지점에서 종풍부성이 가장 낮은 것으로 분석된다. 결과적으로 상류 지점에서 가장 안정된 군집 구조

를 유지하고 있으며, 유입 지점은 교란에 내성이 강한 특정종이 차지하는 비율이 높아 군집 구조가 가장 불안정한 것으로 나타난다.

표 2.2 하수종말처리장 방류수 유입 하천의 저서성 대형무척추동물 군집 구조(환경부 2016)

조사 지점	우점종	아우점종	우점도 지수	다양도 지수	균등도 지수	풍부도 지수
상류	꼬마줄날도래	깔따구류 sp.3	0.43	2.40	0.78	3.87
유입	깔따구류 sp.2	왼돌이 물달팽이	0.84	1.03	0.45	1.58
하류	개똥하루살이	깔따구류 sp.3	0.70	1.67	0.70	1.90

군집 내 종들 간의 섭식관계(포식자와 피식자)를 표현하는 먹이사슬(food chain)은 군집 구조 연구의 또 다른 관심사이다. 자연에서의 섭식관계는 1차 생산자에서 출발하여 여러 소비자로 연결되는 복잡한 먹이망(food web)으로 엮어진 많은 먹이사슬로 이루어져 있다. 먹이망의 종들은 크게 기저종(basal species), 중간종(intermediate species), 최상위 포식자(top predator)로 구별할 수 있다. 기저종은 일반적으로 식물로서 다른 종을 먹지 않고 다른 종에 잡혀 먹히기만 한다. 중간종은 다른 종을 먹기도 하지만, 다른 종에게 잡혀 먹히기도 한다. 최상위 포식자는 다른 종에 잡혀 먹히지 않고 중간종 또는 기저종을 잡아먹는다. 일반적으로 군집 내 종들의 먹이망은 매우 복잡하기 때문에 먹이 에너지를 얻는 방법에 따라 영양 단계(trophic level)로 단순화시킬 수 있다. 하천생태계(stream ecosystem)의 경우 생산자는 조류(algae)와 대형식물, 소비자는 저서성 대형무척추동물, 어류 및 양서류 그리고 분해자는 박테리아와 곰팡이 같은 미생물로 대표된다. 하천생태계는 이들 생산자, 소비자 및 분해자의 각 영양 단계가 서로 유기적 관계로 연결되어 먹이사슬을 이루고, 이들이 망처럼 얽혀서 먹이망을 형성한다.

하천생태계의 먹이사슬의 근간을 구성하는 1차 생산자로서 부착조류는 생태계 내 에너지 전달의 기초를 담당하고 있으며, 돌, 식물, 모래, 진흙 등 다양한 기질에 부착하여 살아간다. 이들 중에서 돌말류는 넓은 범위의 오염농도에서 발견되며, 환경적 변화와 서식지 조건에 민감한 종들은 생태학적으로 유용한 생물지표로 이용된다. 저서성 대형무척추동물(특히 수서곤충)은 하천생물 중에서 가장 다양하고 풍부한 무리이며, 영양 단계의 저차 소비자(1차 또는 2차 소비자가 대부분)의 역할을 하고 있다. 이들은 하천생태계의 다양한 환경요인과 서식지에 따라 적응 방식이 다양하고, 수질환경에 대하여 민감하게 반응하는 종이 많으므로 생물지표종로 널리 이용되고 있다. 어류는 하천생태계 내 먹이망의 최상위 단계로 다양한 영양 단계(잡식성, 초식성, 충식성, 육식성)를 대표하는 일정한 범위의 종들로 군집이 구성된다. 이들은 비교적 오래 살고 이동성이 있기 때문에 광범위한 서식지 조건을 대표하고 장기간의 영향을 나타내는 생물지표이다. 하천의 식생은 하천 지역에 서식하는 모든 소비자들의 영양구조의 바탕을 구성하는 1차 생산자의 역할을 담당하고 있다. 하천의 특성에 따른 고유의 식생이 발달하여 분포하고 있으므로 하천의 식생은 하천 지역의 입지적 특성을 잘 반영하고 있을 뿐만 아니라, 소비자에 해당하는 동물들의 서식 지역을 결정하는 중요한 지표가 된다.

유사한 방식으로 먹이 에너지를 얻는 종들의 무리를 구분하는 영양 단계를 더 세분화하여 한 공통 자원을 유사한 방식으로 이용하는 종들의 무리인 길드(guild)로 구분할 수 있다. 예를 들어, 저서성 대형무척추동물은 썰어 먹는 무리(shredders), 긁어 먹는 무리(scrapers), 걸러 먹는 무리(filtering-collectors), 주워 먹는 무리(gathering-collectors), 포식자(predators)와 같은 별개의 섭식 길드로 분류될 수 있다. 이와 같은 동일한 길드 내의 종들은 공통된 한 자원에 의존하므로 구성원들 간의 상호작용이 강할 가능성이 높다. 또한 길드의 개념을 확장하여 생물의 기능에 근거하여 종을 분류하기도 한다. 기능형(functional type)은 환경, 생활사 특성 또는 군집 내의 역할에 대한 공통적 반응에 근거하여 구분될 수 있다. 예를 들어, 저서성 무척추동물은 서식 기능에 따라 헤엄치는 무리(swimmers), 기는 무리(sprawlers), 붙는 무리(clingers), 굴파는 무리(burrowers), 기어오르는 무리(climbers)로 구분할 수 있다. 이렇게 종을 길드로 조직화하고 기능형에 따라 분류함으로써 생태학자는 연구에 다루기 용이한 단위로 군집의 구조를 단순화시키고 군집을 조직화하는 요인에 대한 연구를 할 수 있다.

군집은 생물적 구조뿐만 아니라 물리적 구조에 따라서도 특징지어진다. 군집의 물리적 구조는 생물적(식생의 크기나 높이, 개체군의 밀도나 공간분포 등) 혹은 비생물적(수심, 유속, 산소, 온도, 빛 등) 요인에 의해 규정되며, 독특한 수직 구조를 가지고 있다(그림 2.3, 강혜순 등 2011). 수환경과 육상환경 모두 바닥층에서 분해와 재생이 일어나며 상층부에서 에너지 고정이 일어난다. 일반적으로 수생군집에서 육상군집 그리고 삼림으로 갈수록 군집의 층화와 복잡성이 증가한다. 수생군집의 물리적 구조는 주로 비생물적 요인인 빛, 용존산소, 수온에 따라 좌우된다. 특히 깊은 수체는 빛의 침투 정도에 따라 층화가 일어나는데, 혼합이 잘 이루어지는 표수층, 수온이 급히 바뀌는 수온약층인 중수층, 고밀도의 저산소수층인 심수층으로 구분할 수 있다. 또한 빛이 잘 투과되어 광합성이 활발한 투광대, 빛이 투과되지 않는 깊은 층의 무광대, 유기물 분해가 가장 활발한 바닥층인 저서대로 나눌 수 있다. 일반적으로 개방수면과 비교하여 부엽식물과 정수식물 군집은 더 높은 종다양성을 부양할 수 있다. 육상군집은 주로 우점 식생(초본, 관목 등)이 군집의 물리적 구조를 규정한다. 이들 식물군집은 온도, 수분, 빛 등의 미기후 조건들에 영향을 주며, 다양한 유형의 동물이 적응해 살아가는 물리적 틀을 제공한다. 삼림은 4－5개의 층(임관, 하층식생, 관목층, 초본층, 임상)으로 형성되어 있기 때문에 두 층만 있는 초지에 비하여 훨씬 많은 종을 부양할 수 있다. 맨 위의 임관은 광합성이 일어나는 주된 장소로서, 임관의 구조는 하층식생과 관목의 발달(빛 사용)에 큰 영향을 미친다. 초본층은 토양수분과 영양소 조건, 사면의 위치, 임관과 하층식생의 밀도, 경사방향에 따라 발달 정도가 달라진다. 마지막으로 임상은 미생물에 의해 유기물의 분해가 일어나는 장소로서, 삼림식생에 재사용되는 무기 영양소를 공급하는 곳이다.

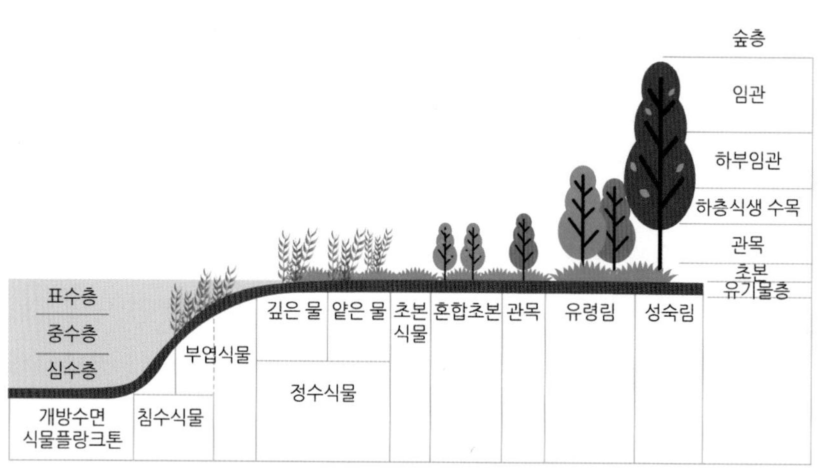

그림 2.3 수환경에서 육상환경까지 군집의 수직 단면도(강혜순 등 2011)

에너지 흐름

지구로 복사되는 태양의 빛에너지는 지구에 존재하는 수많은 생태계를 유지하고 있다. 이런 점에서 모든 생태적 과정은 에너지 전달에 의해 일어나며 생태계는 에너지 흐름을 지배하는 물리적 법칙에 의해 지배된다. 에너지는 일을 할 수 있는 능력으로 두 종류의 열역학 법칙이 에너지의 소비와 저장을 지배한다. 열역학 제1법칙(에너지 보존의 법칙)은 에너지가 한 형태에서 다른 형태로 전환은 가능하지만, 창조되거나 소멸되지 않는다는 것을 말한다. 예를 들면, 빛에너지는 경우에 따라 일이나 열 혹은 먹이 속의 잠재 에너지 등으로 전환이 가능하지만 이들 중 어느 것도 소멸되지 않으므로 총 에너지에는 득도 실도 없다. 열역학 제2법칙(엔트로피 증가의 법칙)은 에너지가 전달되거나 변형될 때 에너지의 일부는 더 이상 사용이 불가능한 형태(엔트로피의 증가)로 변한다는 것을 말한다. 예를 들면, 에너지가 먹이의 형태로 한 생물에서 다른 생물로 전달되면, 일부는 생물의 조직에 에너지로 저장되지만 대부분의 에너지는 열로 발산된다. 이렇듯 생명체 내부의 엔트로피는 감소하지만 외부의 엔트로피는 증가하기 때문에 닫힌 생태계는 시간이 지남에 따라 최대 엔트로피로 가는 경향이 있다. 그러나 태양의 빛에너지가 계속적으로 공급되는 지구의 생태계는 열린계로서 위와 같은 엔트로피의 포화를 피할 수 있다.

지구 표면에 도달하는 태양의 복사에너지 중 약 30%는 우주로 다시 반사되고, 약 46%는 열로 변하여 지표의 온도를 유지하며, 약 23%는 지상 혹은 해상의 물을 증발시켜 물의 순환을 일으킨다. 이 중 생물이 이용할 수 있는 형태의 에너지인 유기물로 전환되는 비율은 약 0.8%로 1%를 넘지 못한다. 한편, 지구 표면에 입사되는 태양에너지의 양은 그 지역의 위도 및 경도 그리고 계절 및 시간에 따라 다를 뿐 아니라 생태계 안에서도 층에 따라 크게 변한다. 온대 지방의 경우 생태계의 독립영양층에 매일 유입되는 태양에너지는 일반적으로 100－800(평균 300－400) cal/cm^2 정도이다. 태양의 복사에너지가 녹색식물의 광합성 과정에 의하여 유기물로 그 형태가 바뀌고, 이 유기물을 먹은 초식동물이 크거나 그 숫자가 늘어나고 그리고 초식동물을 먹은 육식동물이 크거나 숫자가 늘어나는 것을 일반적으로 생산(production)이라고 한다.

태양의 복사에너지를 저장하는 최초의 과정인 광합성에 의해 복사에너지가 유기물로 전환되는 속도를 1차 생산력이라 한다. 여기서 총 1차 생산력(gross primary productivity, GPP)은 독립영양생물에 의한 총 광합성률이며, 호흡(Respiration, R)에 의해 소비된 에너지를 제외하고 남은 유기물로서의 에너지가 저장되는 속도는 순 1차 생산력(net primary productivity, NPP)이라고 한다.

순 1차 생산력(NPP)
＝총 1차 생산력(GPP) － 독립영향생물의 호흡(R) (2.3)

생산력은 일반적으로 단위 시간과 단위 면적당의 에너지($kcal/m^2/yr$)나 유기물 건조 질량($g/m^2/yr$)으로 나타낸다. 육상생태계에서 순 1차 생산력을 측정하는 가장 일반적인 방법은 일정 기간 동안 변화된 현존량(standing crop biomass, SCB)을 추정하고, 식물 사망에 의한 생물량 손실(death, D)과 소비자 생물의 섭식에 의한 생물량 손실(consumption, C)을 고려하여 계산할 수 있다.

순 1차 생산력(NPP)

$$= \text{현존량 변화}(\Delta \text{SCB}) + \text{사망}(\text{D}) + \text{소비}(\text{C}) \quad (2.4)$$

육상생태계의 1차 생산력은 온도, 물, 영양소에 영향을 받는다. 온도는 흡수되는 태양 복사에너지와 직접적으로 관련이 있기 때문에 광합성의 속도와 기간에 영향을 준다. 그리고 이용가능한 물의 양은 광합성 속도와 유지될 수 있는 잎의 양(증산작용하는 표면적) 모두를 제한한다. 따라서 따뜻한 온도와 증산을 위한 적절한 수분 공급은 최대의 1차 생산력을 위한 필수 조건으로, 따뜻하고 습한 열대우림은 가장 생산적인 생태계로 알려져 있다. 기후뿐 아니라 식물생장에 요구되는 필수영양소(질소 등)의 가용성도 1차 생산력의 속도에 직접적인 영향을 준다. 수생태계의 1차 생산력을 제한하는 주요인은 빛으로, 빛이 투과하는 깊이는 1차 생산이 일어나는 지역을 결정한다. 바다에서는 깊은 물속에 있는 영양소(질소, 인, 철 등)가 표면으로 운반되어야 하므로, 1차 생산력은 영양소 가용성에 의해 가장 큰 영향을 받는다. 이러한 영양소 가용성은 정수(lentic)생태계인 호수에서도 순 1차 생산력을 제한하는 주된 요소이다. 그러나 1차 생산력이 낮은 유수(lotic)생태계인 강과 하천에서는 주변의 육상생태

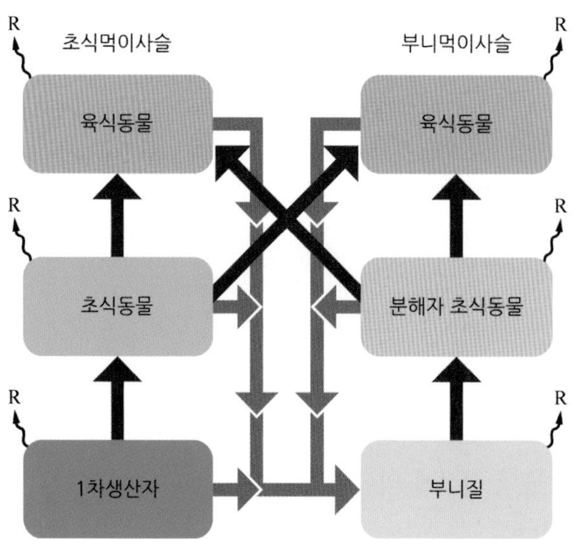

그림 2.4 생태계의 초식먹이사슬과 부식먹이사슬(강혜순 등 2011)

계에서 유입되는 유기물이 가장 중요한 에너지원이다. 일반적으로 가장 생산적인 수생태계는 영양소가 풍부한 해안가의 얕은 물, 산호초, 강어귀 등이다.

순 1차 생산력은 생태계의 종속영양생물(소비자와 분해자)들이 이용가능한 에너지이다. 종속영양생물에 의해 소비되어 동화된 에너지는 몸 유지와 생장, 번식, 배설물, 소변 등으로 전환되며, 종속영양생물의 체중 변화(생장률)와 번식(출생률) 모두를 포함한 생물량의 변화를 2차 생산이라고 한다. 생태계 내에서 생물이 소비한 에너지를 2차 생산으로 전환하는 효율은 소비자 생물에 따라 크게 다르다. 소비자가 먹이로부터 에너지를 추출하는 효율인 동화효율(assimilation efficiency)은 섭식량(ingestion, I)에 대한 동화량(assimilation, A)의 비(A/I)이다. 그리고 소비자가 동화한 에너지를 2차 생산에 통합시키는 효율인 생산효율(production efficiency)은 동화량에 대한 생산(production, P)의 비(P/A)이다. 일반적으로 몸 유지에 많은 에너지를 사용하는 항온동물은 동화효율은 높지만 생산효율은 낮은 반면, 많은 에너지를 생장에 투입하는 변온동물은 동화효율은 낮지만 생산효율은 높다. 식물에 의해 고정된 에너지는 먹이사슬이라고 알려진 여러 에너지 전달 단계를 통해서 생태계를 통과한다. 먹이사슬 내의 섭식관계는 영양 단계로 구분되며, 1차 영양 단계는 독립영양생물(1차 생산자), 2차 영양 단계는 초식동물(1차 소비자), 그 보다 상위 단계는 육식동물(2차 소비자)에 속한다. 일반적으로 생태계의 에너지 흐름은 초식(grazing) 먹이사슬과 부식(detrital)먹이사슬을 따라 흐른다(그림 2.4, 강혜순 등 2011). 이 두 먹이사슬은 초식동물의 에너지원이 살아있는 식물인지 아니면 죽은 유기물인지에 따라 구분된다.

먹이사슬의 개념적 모델을 이용하여 생태계를 통한 에너지 흐름을 정량화할 수 있다. 어떤 주어진 영양 단계에서 사용가능한 에너지는 바로 전 하위 단계의 생산(P_{n-1})이며, 이 에너지를 소비에 사용한 양인 소비효율(consumption efficiency)은 생산에 대한 섭식의 비(I_n/P_{n-1})로 나타낸다. 따라서 각 영양 단계에서 에너지 교환효율은 가용성 에너지 중 섭취된 에너지를 나타내는 소비효율, 섭취된 에너지 중 동화된 에너지를 나타내는 동화효율, 동화된 에너지 중 호흡이 아닌 생장으로 전환된 에너지를 나타내는 생산효율로 정의할 수 있다(그림 2.5, 강혜순 등 2011).

소비효율은 생태계를 통한 에너지 흐름을 결정하는데, 대부분의 육상생태계에서는 부식먹이사슬이 지배적이며, 초식동물은 1차 생산력의 극히 일부만을 소비한다. 그러나 호수와 바다 등의 정수생태계에서는 초식동물이 1차 생산력의 많은 부분을 소비하는 초식먹이사슬이 우세하다. 한편 하천과 강과 같은 유수생태계에서는 1차 생산력이 극히 낮아 초식먹이사슬이 미약하며, 육상생태계에서 유입되는 유기물에 의존하는 부식먹이사슬이 우세하다. 일반적으로 한 영양 단계에 유입된 에너지는 먹이사슬의 다음 단계로 전달되면서 그 양이 감소한다. 이러한 영양 단계 사이의 에너지 전달효율을 나타내는 영양효율(trophic efficiency)은 어떤 주어진 영양 단계의 생산력과 바로 전 하위 단계의 생산력의 비(P_n/P_{n-1})

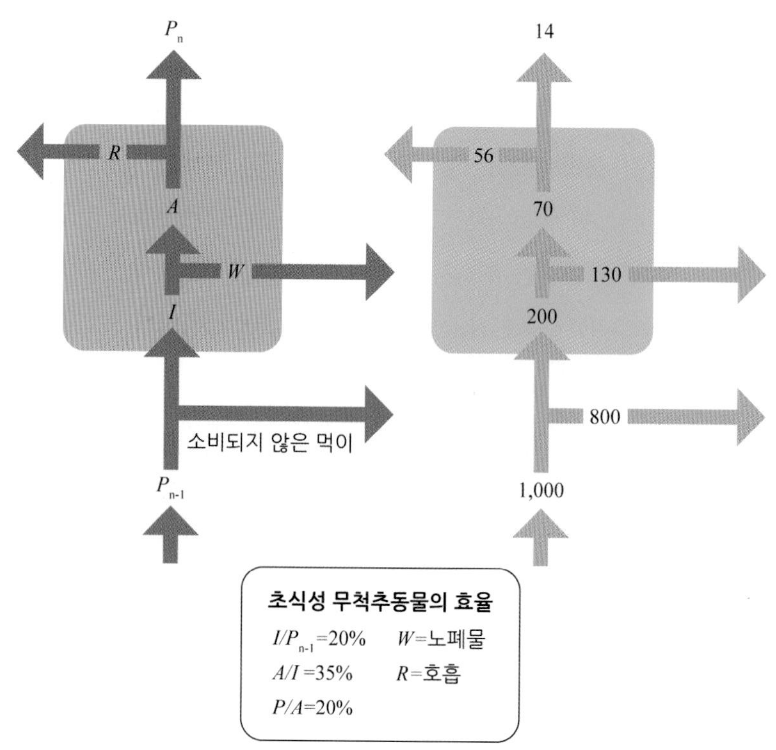

그림 2.5 초식성 무척추동물의 정량적인 에너지 흐름 예(강혜순 등 2011)

로 나타낸다. 경험적으로 주어진 영양 단계의 생물량(에너지)의 10%만이 다음 영양 단계로 전환되며, 일반적으로 각 영양 단계에 있는 개체들의 총 생물량이나 에너지를 순서대로 도표화하면 피라미드 모양이 된다.

생지화학적 순환

생태계 내의 모든 영양소는 생물학적 요소(먹이사슬)에 의해 내부순환이 일어날 뿐 아니라 비생물학적 요소(대기, 물, 토양 등)에서 일어나는 화학반응들에 의하여 끊임없는 순환하는데, 이것을 생지화학적 순환(biogeochemical cycle)이라고 한다. 생지화학적 순환에는 산소, 탄소, 질소로 대표되는 기체형 순환과 황과 인으로 대표되는 퇴적물형 순환이 있다. 기체형 순환의 풀은 대기와 해양이며, 퇴적물형 순환의 주요 풀은 토양, 암석 및 광물이다. 퇴적물형 순환을 하는 무기염은 풍화를 통하여 물순환에 들어와 생태계의 다양한 경로를 통과하고 최종적으로 퇴적화 과정을 거쳐 지각으로 돌아간다. 일반적으로 모든 영양소 순환은 공통적으로 유입, 내부 순환, 유출이라는 세 가지 기본 요소로 구성되어 있다(그림 2.6, 강혜순 등 2011).

광합성에 의한 에너지 고정과 관련된 탄소 순환은 에너지 흐름과 분리

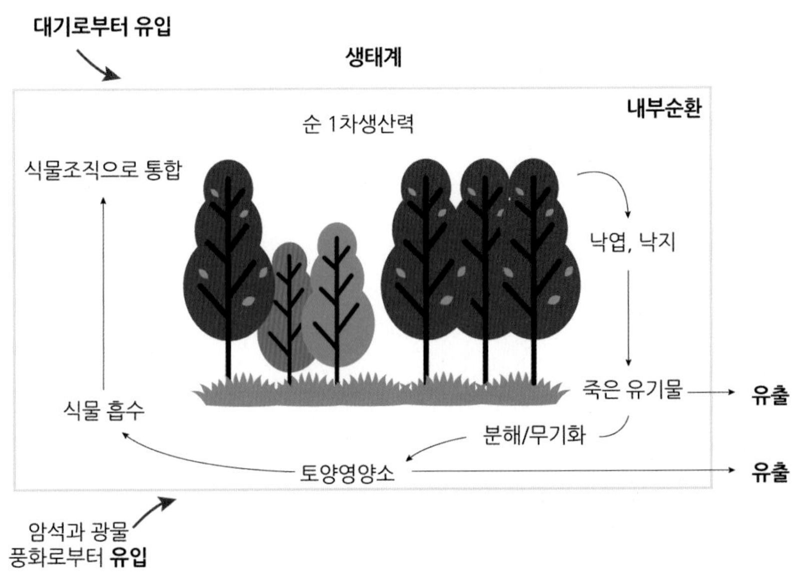

그림 2.6 일반적인 생지화학적 순환 모델(강혜순 등 2011)

될 수 없다. 모든 탄소의 공급원은 지구의 대기와 물속에 있는 이산화탄소(CO_2)로서 식물에 의해 동화되며, 종속영양생물에 의해 소비되고 호흡을 통하여 방출되며, 분해자에 의해 무기화되고, 궁극적으로 죽은 유기물 저장고로 간다(그림 2.7, 강혜순 등 2011).

일반적으로 생태계의 탄소 순환 속도는 1차 생산력과 분해 속도에 달려 있으며, 따뜻하고 습한 생태계에서 빠르게 진행된다. 특히 습지나 늪에서 유기물은 완전하게 분해되지 않아 이탄 등으로 축적되며, 지질학적 작용에 의해 석탄, 석유, 천연가스 등의 화석연료를 형성한다. 지구적 탄소 순환에 관련된 탄소 저장량은 약 55,000기가톤($Gt = 10^{15}$ g)으로 추정되는데, 대기에는 약 750 Gt, 화석연료에는 약 10,000 Gt, 해양에는 주로 중탄산(HCO_3^-)과 탄산(CO_3^{2-}) 이온 형태로 약 38,000 Gt, 육상생태계

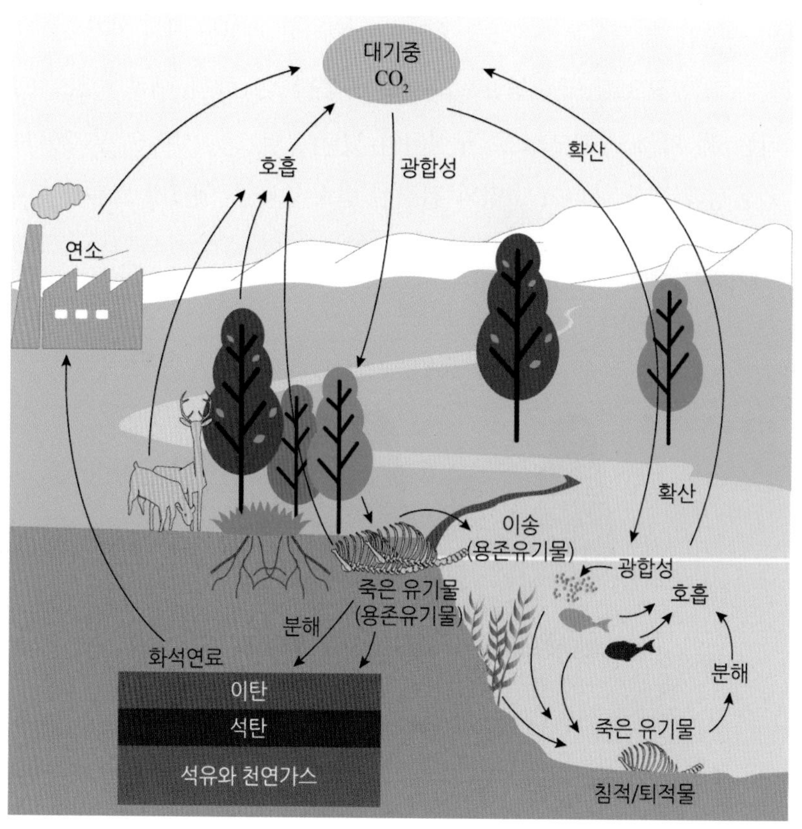

그림 2.7 생태계의 탄소 순환(강혜순 등 2011)

에는 죽은 유기물로 1,500 Gt, 살아있는 생물로 약 560 Gt이 있다. 육상 생태계가 대기의 이산화탄소를 흡수하는 것은 총 생산(광합성)에 의해 좌우된다. 이산화탄소의 손실은 독립영양생물과 종속영양생물의 호흡에 의해 결정되며, 종속영양생물의 호흡은 미생물 분해자가 우점하고 있다. 바다의 표층수는 대기와 바다 사이의 탄소 교환이 일어나는 주요 장소로서, 표층수가 이산화탄소를 흡수하는 능력은 이산화탄소가 탄산 이온과 반응하여 중탄산염을 형성하는 것에 크게 좌우된다.

일반적으로 식물은 대기의 질소(N_2) 가스를 이용할 수 없으며, 암모늄(NH_4^+)과 질산(NO_3^-) 이온 형태의 질소만을 이용할 수 있다. 따라서 질소 순환은 질소 고정 세균과 시아노박테리아에 의한 대기 질소 고정(nitrogen fixation)으로 특징지을 수 있다(그림 2.8, 강혜순 등 2011).

질소 고정은 질소(N_2)와 수소(H_2)를 결합하여 암모니아(NH_3)를 생성하

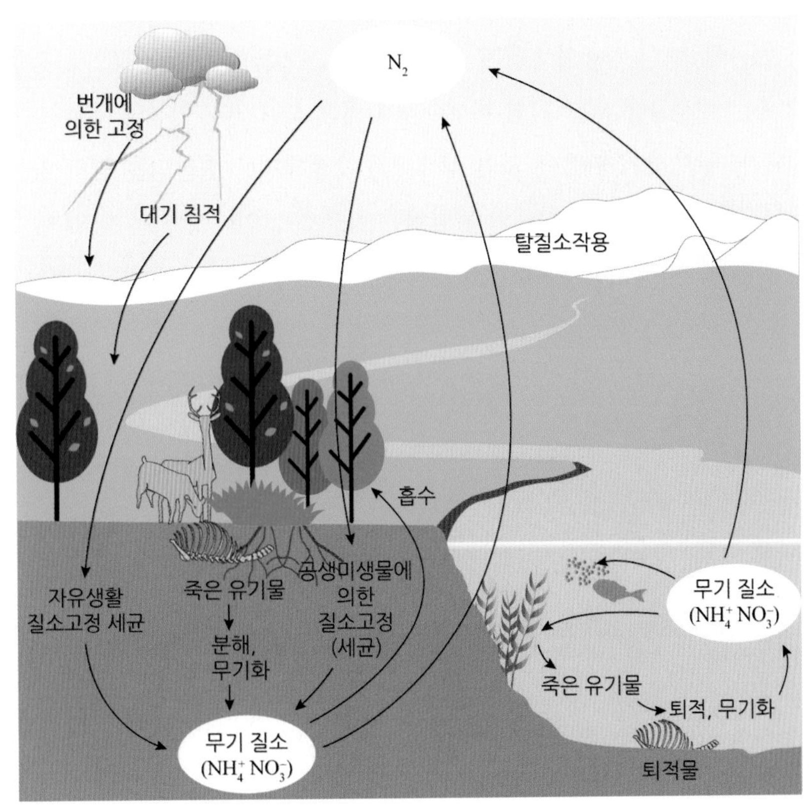

그림 2.8 생태계의 질소 순환(강혜순 등 2011)

는 과정이다. 다른 과정으로는 미생물의 유기물 분해에 의해 암모니아를 생산하는 암모니아화작용(ammonification), 암모니아가 호기성 미생물(*Nitrobacter*)에 의해 아질산(NO_2^-)과 질산(NO_3^-) 이온으로 산화되는 질산화작용(nitrification), 질산 이온이 혐기성 미생물(*Pseudomonas*)에 의해 질소 가스로 환원되는 탈질소작용(denitrification)이 있다. 대기(3.9×10^{21} g)는 질소의 가장 큰 저장고이고, 육상생태계의 생물(3.5×10^{15} g)과 토양($95\text{-}140 \times 10^{15}$ g)에는 상대적으로 적은 양의 질소가 있다. 그리고 해양의 질소는 주로 강물(36×10^{12} g/y)과 빗물(30×10^{12} g/y)에 의해 공급된다.

인은 주로 인산마그네슘($Mg(H_2PO_4)_2$, $MgHPO_4$, $Mg_3(PO_4)_2$)과 인산칼슘($Ca_3(PO_4)_2$) 광물의 풍화, 용탈, 침식 그리고 농업용 비료로 사용되기 위해 채광된 후 인산(PO_3^{3-}) 이온 형태로 방출된다(그림 2.9, 강혜순 등 2011). 육상생태계에서 식물은 총 인의 극히 일부인 인산 이온만을 이용하기 때문에, 인의 가용성은 주로 유기형(죽은 유기물)에서 무기형으로 전환해 주는 미생물에 의한 인의 내부순환에 의해 조절된다. 인산염 광물의 용해도가 매우 낮기 때문에 자연 상태에서 수생태계로 전달되는 인의 양은 매우 적다. 그러나 인 비료의 광범위한 사용으로 인하여 많은 양의 인이 수생태계로 유입되고 있다. 수생태계의 인 순환은 입자태 유기인산염, 용

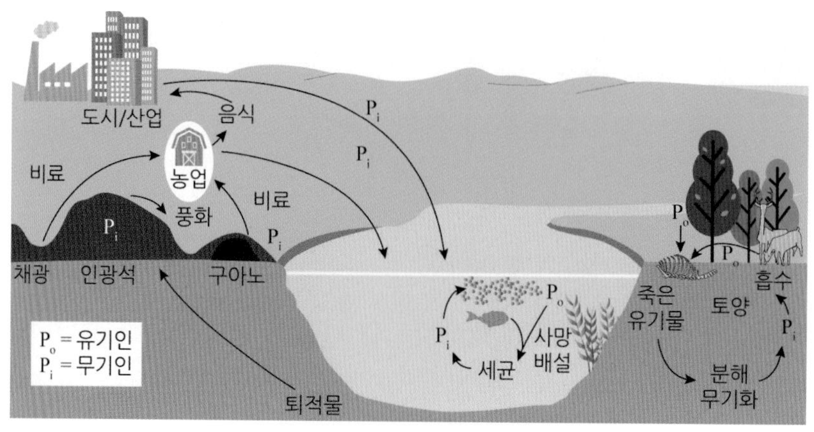

그림 2.9 생태계의 인 순환(강혜순 등 2011)

존태 유기인산염, 무기 인산염의 세 가지 상태를 통해 이동한다. 인산염은 식물플랑크톤에 의해 흡수되거나 세균에 의해 분해되고, 이들은 동물플랑크톤과 미생물섭식자에게 먹힘으로써 다시 배설된다. 인의 주요 저장고는 암석과 천연 인산염 퇴적물로서, 대기에 존재하는 인의 양은 매우 적다.

황은 기체형과 퇴적물형 순환을 통하여 이동한다(그림 2.10, 강혜순 등 2011). 대기로 유입되는 황 중 많은 양이 화석연료를 태우는 과정에서 생기는 황화수소(H_2S)이다. 황화수소는 대기 중에서 급속히 산소와 반응하여 이산화황(SO_2)이 되고, 최종적으로 빗물에 용해되어 황산(H_2SO_4)으로 지표면에 돌아온다. 수용성 황산(SO_4^{2-}) 이온은 식물에 의해 흡수되어 아미노산에 통합되고 먹이사슬을 통하여 동물에게 전달된다. 생물체의 황은 배설과 사망을 통해 퇴적되고, 세균에 의해 황화수소(황환원 세균)나 황산 이온(황산화 세균) 형태로 배출된다. 또한 황은 황산칼슘($CaSO_4$)과 황화철(FeS_2)과 같은 광물의 풍화를 통화여 배출된다. 특히 황화철은 물과 접촉하여 산화되면 황산철(F_2SO_4)과 황산을 생산한다. 기체형 황의 공급원들은 유기물 분해와 바다로부터의 증발, 화산폭발 등이며, 퇴적물형 황은 암석 풍화와 배출수, 유기물 분해에서 유래한다.

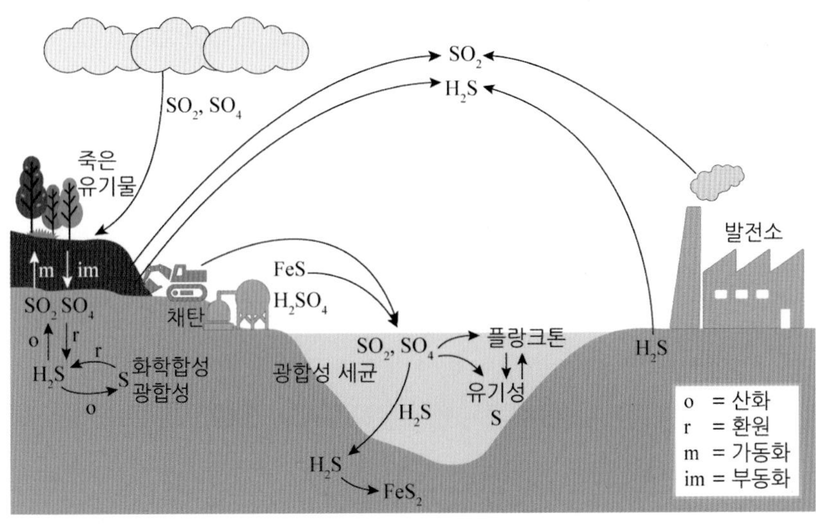

그림 2.10 생태계의 황 순환(강혜순 등 2011)

2.3 생태계 교란과 생물다양성

생태계 교란

생태계는 무생물적인 요소와 생물적인 요소가 서로 상호작용하면서 평형 상태를 이루고 있다. 그런데 이러한 평형 상태가 어떤 원인으로 인하여 새로운 평형으로 바뀌게 되는 것을 생태계 교란이라고 한다. 생태계 교란을 일으키는 원인에는 기후변화와 같은 비생물적인 요인도 있지만, 외래종의 이입이나 토착종의 이출 혹은 멸종과 같은 생물적인 요인도 있다. 이 중에서 다양한 인간의 활동들은 생태계 교란을 유발하는 가장 큰 요인이라고 할 수 있다.

새천년생태계평가(Millenium Ecosystem Assessment, MA)[1]는 인류가 지난 50년간 지구를 변화시킨 결과들을 다음과 같이 보고하였다(Matlock과 Morgan 2011).

- 1700년부터 1850년 사이의 150년간보다 1950년 이후 30년 동안에 더 많은 토지가 경작지로 변했다.
- 최근 수십 년 사이에 전체 산호초의 20%가 사라졌고, 20%는 훼손되었다.
- 최근 수십 년 사이에 맹그로브숲의 35%가 사라졌다.
- 저수지의 저수량은 1960년 이후 네 배로 증가하였다.
- 1950년에서 1990년까지 여섯 가지 주요 생물서식지 중 다섯 가지의 5 - 10% 면적이 다른 서식지로 바뀌었다.
- 여섯 가지 생물서식지 중에서 두 가지 서식지의 3분의 2, 네 가지 서식지의 반 이상의 면적이 경작지로 개간되었다.
- 1960년 이후 육상생태계에서 생물학적으로 유용한 질소의 양은 두 배로 증가하였다.

1) MA는 유엔환경계획(UNEP) 주도하에 2001-2005년에 걸쳐 전 세계 1,300여 명의 연구자가 참여한 지구생태계 진단 보고서로 4권의 부문별보고서, 요약보고서, 평가 방법론 설명서를 포함 총 6권으로 구성되어 있으며, 2005년 최종보고서가 발간되었다(안소은 2013).

- 지구상의 생물종의 분포는 더욱 균질화되였다.
- 개체군의 크기나 분류체계 상의 우점생물종의 범위가 감소하였다.
- 지구 역사를 통한 전형적인 생물종 멸종 배경속도의 1,000배가 넘는 속도로 사람이 생물종을 멸종시켰다.
- 포유류, 조류, 양서류의 10 – 30%가 멸종 위기에 놓여있다.

기후변화와 생태계

지구의 대기에 존재하는 많은 화합물(수증기, 이산화탄소, 오존 등)은 지구 표면이나 대기에서 방사되는 복사열을 흡수하는데, 이러한 현상을 온실효과(greenhouse effect)라고 한다. 특히 인간의 활동으로 인하여 지난 100년간(1905 – 2005년) 온실가스인 이산화탄소의 농도가 25% 이상 증가하여, 지구의 표면 온도는 평균 0.74°C 증가하였다(IPCC 2007). 따라서 기후변화로 인한 생태계 영향 및 변화는 이미 사람들이 인지할 수 있을 정도로 급격하게 진행되었다.

생활과 가장 밀접한 농작물의 변화를 살펴보면, 1980년대부터 2010년까지 국내 농작물의 재배는 온대과일에서 열대과일로 급격하게 변화되고

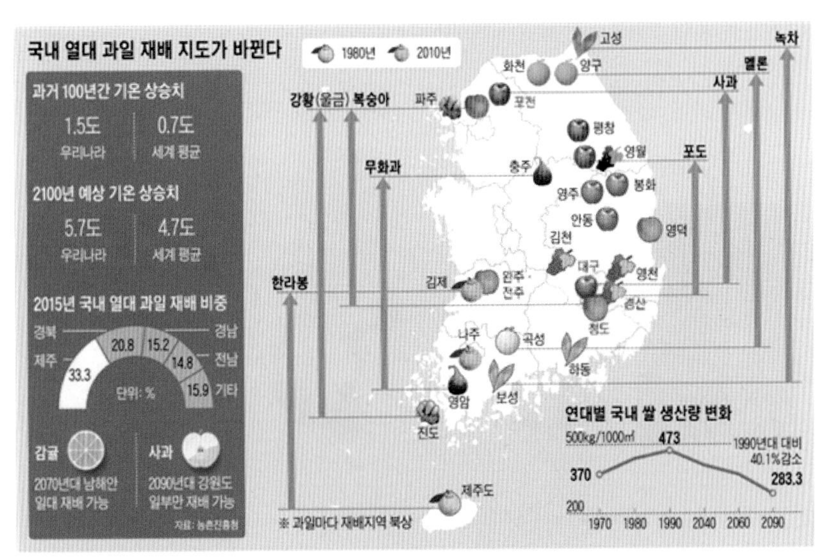

그림 2.11 기후변화로 인한 과일 재배 적지 변화(http://news.chosun.com/site/data/html_dir/2016/07/01/2016070100225.html)

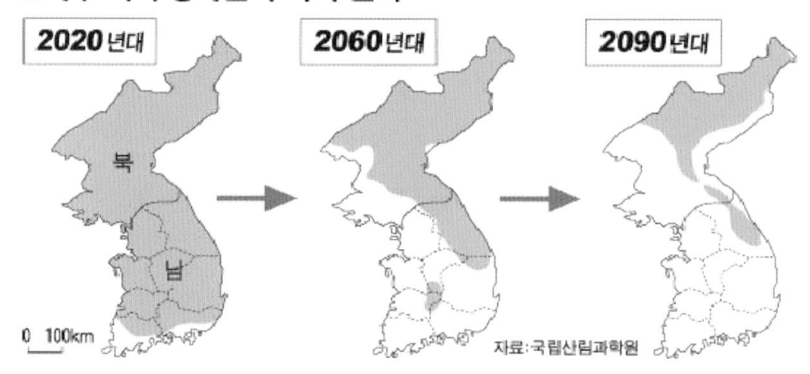

그림 2.12 소나무 최적 생육번식 적지 변화(권태성 등 2014)

있음을 알 수 있다(그림 2.11). 그리고 우리나라의 주 작물인 쌀 생산량 변화는 IPCC 5차 보고서와 기상청에서 제공하는 12.5 km 해상도의 RCP 8.5 시나리오를 기반으로 예측한 결과, 2090년대에는 1990년대와 비교하여 40.1%가 감소할 것으로 전망되고 있다(김준환 2016).

기후변화에 의한 산림 부분의 영향은 우리나라의 주요한 온대림이 아열대림으로 변화할 것이며 이로 인해 소나무의 최적 생육번식 지역이 남한 백두대간의 극히 일부 지역에만 분포할 것이라는 연구결과가 제시되고 있다(그림 2.12, 권태성 등 2014).

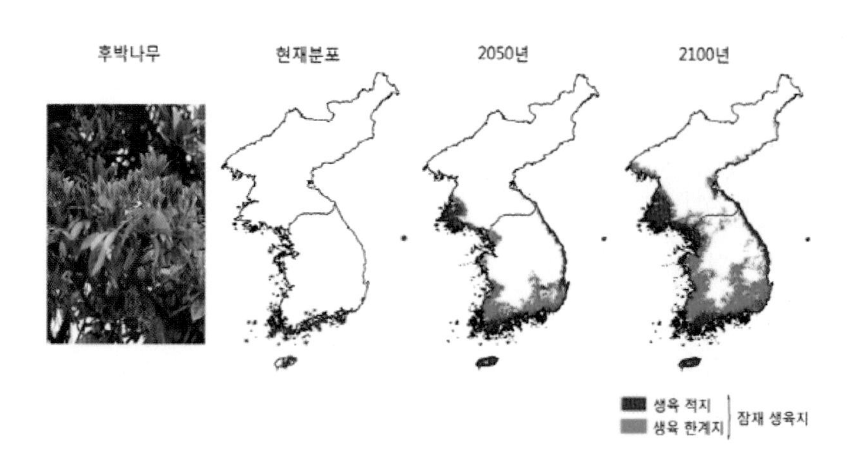

그림 2.13 기후변화로 인한 후박나무 생육적지 변화(이병윤 등 2013)

난대 상록수 식물인 후박나무의 경우는 남해안 지역과 서해안 도서 일부 지역에서만 생육이 가능한 곳이었으나, 기후변화의 영향으로 2100년에는 생육 적지와 생육 한계지가 상당 부분 북상하여, 남해안 이외에 서해안과 동해안, 접경지역을 넘어 북한 지역까지 확대되는 결과를 보여 주고 있다(그림 2.13, 이병윤 등 2013).

생물다양성과 서식지 소실

생물다양성은 생태계다양성, 종다양성, 유전자다양성을 포함하는 개념이다. 생태계다양성은 사막, 산림, 습지, 호수, 강, 연안 등의 생태계에 속하는 모든 생물과 무생물적 환경 간의 상호작용에 관한 다양성을 의미한다. 종다양성은 식물, 동물 및 미생물의 다양한 생물종으로 이해할 수 있는데, 일반적으로 일정 지역에서 종의 다양성 정도와 분류학적 다양성을 의미한다. 그리고 유전자다양성은 종 내의 유전자 변이를 말하는 것으로 같은 종 내의 여러 집단을 의미하거나 한 집단 내 개체들 사이의 유전적 변이를 의미한다.

생태계를 구성하는 생물의 종류와 수가 급격히 변하지 않고 안정된 상태를 유지하는 것은 생태계다양성과 종다양성에 있어서 중요하다. 생물종이 다양한 생태계에서는 어느 한 종이 사라져도 그 포식자는 다른 종을 먹이로 섭취할 수 있으므로 사라지지 않기 때문에 생태계의 평형이 깨지지 않는다. 그러나 생물종이 단순한 생태계에서는 어느 한 종이 사라지면 그 포식자는 먹이가 없어지기 때문에 절멸할 수 있다. 한편, 자연생태계는 토양형성, 대기와 물, 기후 조절 및 정화기능을 하고 있는데, 생물다양성은 생태계가 제공하는 이러한 서비스들의 기반이 된다. 또한 생물다양성은 지구 기후변화에 대한 대응, 지속가능한 에너지 자원의 확보, 인간의 삶의 질 개선 및 녹색성장에 있어서 핵심적인 요소이다.

현재 지구의 생물다양성은 그 어느 때보다 우려스러운 상황이다. UN 환경프로그램보고서(2000)에 따르면 전 세계 생물종은 1,400만 종으로 추정되고, 이 중 약 175만 종(13%)이 확인되고 있다. 현재 서식지 감소,

기후변화 등으로 생물종은 급격히 감소하고 있는데, UN의 제3차 생물다양성 전망보고서(GBO-3, 2010)는 생물종 감소가 자연 상태와 비교하여 1,000배 이상 빨리 진행되고 있다고 평가하였다. 이러한 생물다양성 감소의 주요 원인은 도시 팽창으로 인한 서식지 파괴와 단편화 및 오염, 그리고 외래식물의 도입 및 남획 등이 있다.

생물의 서식지 파괴는 궁극적으로 생물의 멸종으로 이어지게 된다. 생물의 서식지 소실의 주요 원인은 인구 및 인간활동(삼림 벌채, 습지 매립, 준설, 도시 건설 등)의 증대이며, 가장 큰 원인은 증가하는 인구의 식량을 해결하기 위한 농경지의 확장이다. 이러한 멸종 위기의 종들을 보전하기 위하여 국제자연보호연맹(IUCN)은 절멸확률에 근거한 정량적 분류를 제시하고 있다.

- 심각한 절멸위기종(critically endangered species): 10년 내와 3세대 내 중 더 긴 기간에서 절멸확률이 50% 이상인 종
- 절멸위기종(endangered species): 20년 내와 5세대 내 중 더 긴 기간에서 절멸확률이 20% 이상인 종
- 취약종(vulnerable species): 100년 내의 절멸확률이 10%이상인 종

2.4. 생태계 서비스

생태계 서비스 정의

생태계 서비스를 정의하기에 앞서 생태계 서비스를 제공하는 자연자산(Natural Capital)에 대한 이해가 필요하다. 자연자산은 한 생태계 안에 포함된 물질이나 정보들의 양(Stock)으로써 자연물(Natural Resource)을 경제적 재화 및 서비스로 이용가능한 상태로 인식하는 개념이다(Costanza 1997; Mace 2012; Robinson 등 2013). 우리나라에서는 「자연환경보전법」에 자연자산을 '인간의 생활이나 경제활동에 이용될 수 있는 유형 · 무형

의 가치를 가진 자연상태의 생물과 비생물적인 것의 총체'라고 정의하고 있다. 생태계 서비스는 인간복지에 초점을 둔 생태계와 인간후생 간의 상관관계로 정의할 수 있으며(Bennet 등 2009; de Groot 등 2010), 그림 2.14와 같이 생태계 기능과 서비스가 편익으로 이전되어 경제적인 가치로 연결된다. 여기서 생태계 기능은 과정에 초점을 맞춘 생태계의 특성, 구조 등의 상호작용이다.

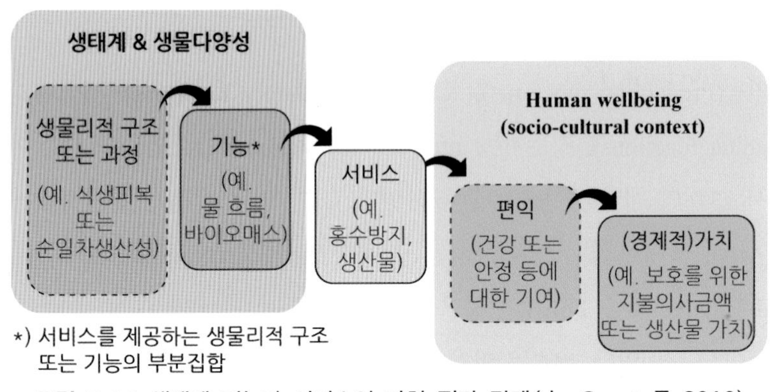

그림 2.14 생태계 기능과 서비스의 가치 평가 단계(de Groot 등 2010)

생태계 서비스는 다양하게 정의되는데, Costanza(1997) 등은 인간이 생태계 기능으로부터 직접 또는 간접적으로 이끌어내는 편익으로, Daily (1997)는 인간생활 충족을 위해 요구되는 생물다양성과 재화의 생산을 유지하기 위한 자연생태계의 조건과 과정으로, de Groot 등(2002)은 인간의 필요를 충족시키기 위한 자연적 과정과 요소의 생산능력으로 정의한 것이 대표적이다. 생태계 서비스는 이 외에도 다양한 분야에서 여러 가지 의미로 사용되어 왔으나, 생태계 서비스를 명확히 정의하고자 하는 노력은 상대적으로 부족한 상황이라 할 수 있다(안소은 2013). 특히 생태계는 인간의 영향과 관심 속에 직간접적인 영향을 받기 때문에 자연자산의 규모나 순수한 생태적 서비스에 대한 정의와 평가는 한계가 있는 실정이다(Robinson 등 2013; Mace 등 2012). 그러나 지속가능한 생태계 관리 측면에서는 생태계 기능과 서비스의 평가를 지도화하여 정부 및 민간의 의사결정을 지원하는 것이 중요해지고 있다(Robinson 등 2013; Crossman 등 2013).

생태계 기능과 서비스 분류 체계

Costanza 등(1997)은 생태계 서비스가 생태계의 기능으로부터 파생된다는 명시 하에 기능에 기초한 17개의 개별 서비스를 포함하는 분류체계를 제시하였다(표 2.3). 그리고 de Groot 등(2002)은 생태계 서비스를 대신하여 생태계 기능이라는 용어를 사용하여 생태계가 가지는 기능을 생산기능(Production functions), 조절기능(Regulatory functions), 서식지기능(Habitat functions), 정보기능(Information functions)으로 범주화하고, 이를 다시 23개의 개별 기능으로 분류하였다. 초기 연구 이후 새천년생태계평가(MA), 생태계 및 생물다양성의 경제학(The Economics of Ecosystems and Biodiversity, TEEB)[2] 등을 통해 생태계 서비스 및 그 가치에 대한 인식이 정립되었다. MA는 인간이 생태계로부터 얻는 편익인 생태계 서비스를 역할에 따라 공급서비스(Provisioning service), 조절서비스(Regulating service), 지원서비스(Supporting service), 문화서비스(Cultural service)로 구분하고, 24개의 개별 서비스로 분류하였다(MA 2005), 그리고 TEEB는 MA의 4개 범주 중 지원서비스를 서식지서비스(Habitat service)로, 문화서비스를 문화 및 어메니티서비스(Cultural and amenity service)로 변경하고, 하위에 개별서비스 22개로 분류하였다(TEEB 2010).

MA의 개념적 체계에 기초한 IPBES(Intergovernmental Platform on Biodiversity and Ecosystem Services)[3]는 생물다양성 및 자연자산이 가지고 있는 생태계 기능을 직·간접적 인자로써 분류하고 있다(박용하 등

2) TEEB는 2007년 유엔환경계획(UNEP)과 G8 국가의 주도하에 이루어진 국제연구로 생태계 서비스의 경제적 가치를 이해하고, 그 가치를 계산하기 위한 경제적 체계 제공을 목표로 2단계로 구성된 연구이다. 1단계 보고서는 2010년 제10차 생물다양성 당사국총회에서 생태계 가치평가와 정책에 반영하는 방향을 발표하였다(구미현 등 2013).

3) IPBES는 2012년 4월에 독립적인 정부 간 기구로 설립되었으며, UN 회원국이면 모두 가입이 가능하며, 전 세계 생물다양성과 사회에 제공하는 생태계 서비스를 평가하기 위한 주도적인 정부 간 기구로 설립되었다(박용하 외 2013).

표 2.3 생태계 서비스 분류체계 변화(Costanza 등 1997; de Groot 등 2002; MA 2005; TEEB 2010)

Costanza 등(1997)	de Groot 등(2002)	MA(2005)	TEEB(2010)
	생산기능	공급서비스	공급서비스
식료품 생산	식량	식량	식량
물(수자원)공급	물(수자원)공급	담수	물(수자원)
원료공급	원료	섬유질	원료
유전자원	유전자원	유전자원	유전자원
	의약품자원	생화학물질	의약품자원
	장식자원	장식물	장식자원
	조절기능	조절서비스	조절서비스
가스조절	가스조절	대기정화	대기정화
기후조절	기후조절	기후조절	기후조절
외부로부터의 교란조절	외부로부터의 교란조절	자연재해 조절	교란방지
물(수자원) 조절	물(수자원) 조절	물(수자원) 조절	유수량 조절
폐기물 처리	폐기물 처리	수질정화 및 폐기물 처리	폐기물 처리
침식방지 및 침전물 보유	토양유지	침식조절	침식조절
토양형성	토양형성	토양형성	토양비옥도의 유지
수분	수분	수분	수분
생물학적 조절	생물학적 조절	인간질병 조절	생물학적 조절
		해충조절	
	서식지기능	지원서비스	서식지서비스
영양분 순환	영양분 조절	영양분 순환	
	양성기능	일차적 생산	이주하는 종을 위한 서식지
		광합성	유전적 다양성의 유지
피난처(서식지)	동식물 서식지 제공		
	정보기능	문화서비스	문화 및 어메니티서비스
	경관미적 정보	경관미	경관미적 정보
휴양	휴양	휴양/생태관광	휴양/생태관광
문화	문화/예술 정보	문화적 다양성	문화, 예술, 디자인에 대한 영감
	영적, 역사적 정보	영적, 종교적 가치	영적경험
	과학/교육	교육적 가치	인지발달을 위한 정보

2013). 자연에 직접적으로 영향을 미치는 직접적 요인에는 자연적인 요인들과 인위적인 요인들을 포함하고 있다. 자연적 요인들은 인간 활동의 결과들을 포함하지 않고 지진, 화산 활동, 쓰나미, 가뭄과 같은 기후 및 해양과 관련된 사건들을 나타낸다. 인위적인 요인들은 기관 및 거버넌스, 다른 간접적인 요인들의 의사결정 결과로 나타나는 요인들로써, 서식지 전환, 개발, 기후변화, 오염 및 외래종 도입 등을 포함하며, 서식지 복원, 외래종들을 제거하기 위한 자연적인 천적 도입과 같은 긍정적인 영향들도 포함할 수 있다.

표 2.4 CICES 생태계 서비스 분류 및 기능(Haines-Young과 Potschin 2013)

	부문	그룹
공급	영양	바이오매스
		물(수자원)
	원료	바이오매스, 섬유질
		물(수자원)
	에너지	바이오매스 기반 에너지원
		역학에너지
조절 및 유지	폐기물, 독성 물질 및 기타	생물에 의한 조정(mediation)
		생태계에 의한 조정
	유동 조정	질량 유동
		유체 유동
		가시/공기흐름
	물리적, 화학적, 생물학적 조건의 조절 및 유지	생애주기 유지, 서식지 및 유전자 풀 보호
		병해충 및 질병 조절
		토양 형성 및 구성
		물의 상태
		대기조성 및 기후조절
문화	생태계 및 토양/해양경관과의 물리적 및 지적 상호작용(환경 설정)	물리적 및 경험의 상호작용
		지적 및 대표적인 상호작용
	생태계 및 토양/해양경관과의 영적, 상징적 및 기타 상호작용(환경 설정)	영적 그리고(또는) 상징
		기타 문화적 결과

최근에는 유럽환경청(European Environment Agency, EEA)이 UN 환경경제통합계정(System of Integrated Environmental and Economic Accounts, SEEA)과 연계한 국제표준생태계서비스분류체계(Common International Classification of Ecosystem Services, CICES)[4]를 발표하였다(표 2.4). CICES는 기존 분류체계를 기반으로 생태계 서비스 규모에 초점을 두고 있으며, 생물적 및 비생물적 결합과정을 제공하고 있다. CICES는 중간재를 계상하지 않음으로써 이중계산을 피하고 있으며, 간접적인 과정이나 기능은 생태계 서비스에 포함하고 있지 않는 특징이 있다.

대표적인 생태계 서비스의 국제분류체계인 MA, TEEB와 CICES는 넓은 범위에서 공급, 조절, 문화서비스로 나눌 수 있으며, 내용적인 측면에서 큰 차이가 없다고 볼 수 있다(TEEB 2010; MA 2005). MA는 생태계 서비스에 관해 생태계 보전과 지속가능한 이용을 위한 과학적 근거와 함께 최초로 정의를 내리면서 정책결정에 높은 영향력을 제시하고 있으나, 중간 및 최종 서비스 사이의 차이가 없어 환경계정 또는 자연자산 가치 추정 시 중복계산이 될 수 있다는 한계가 있다(표 2.5). TEEB는 생태계 최종 서비스에 초점을 맞추어 중복계산을 피할 수 있으나, 중간 서비스에 관한 정의가 부족하며, CICES는 국민계정체계(System of National Accounts,

표 2.5 생태계 서비스 분류체계 강점과 약점(Brouwer 등 2013)

	강점	약점
MA	• 생태계 서비스에 관한 최초 정의 • 높은 정책 영향력	• SNA과 접근 방식이 다름 • 중간 및 최종 서비스 사이 차이 없음
TEEB	• 최종 서비스에 초점을 맞추어 중복계산을 회피 가능 • 서식지서비스 별도 범주에 포함	• 중간 서비스 없음 • SNA 접근 방식과 다름
CICES	• SNA와 연계 • SNA와 같이 중간 및 최종 서비스를 구분함으로써 중복계산을 회피 가능	• EU 회원국 내 생태계 서비스 우선순위를 위한 정보 필요

4) 2013년 1월 기준 버전 4가 완성되었으며, SEEA는 생태계 서비스계정 시범사업을 진행 중에 있다(unstats.un.org/unsd/envaccounting/default.asp).

SNA)[5]와 연계가 가능하여 중간 및 최종 서비스를 구분함으로써 중복계산을 피할 수 있다는 특징이 있다.

현재도 생태계 서비스 분류체계에 관한 논의는 지속적으로 진행 중이다. 특히 생태계로부터 받는 전체 혜택을 평가할 때 최종 서비스와 중간 구성요소를 구분하여 중복계산이 되지 않도록 하는 것이나(Boyd 2007), MA 체계에서 조절서비스인 수질과 침식조절서비스를 인간에게 직접 제공되는 서비스가 아니며, 공급서비스로 음용수를 만들고 식량과 목재자원을 공급하는 과정으로 재정의 하거나(Wallace 2007), 인간복지에 혜택을 주고 혜택의 수혜자가 있는 최종 서비스(깨끗한 물 공급, 폭풍우 보호, 상시유량 확보) 등으로 생태계 서비스를 분류하는 등의 논의가 있다(Fisher 2009).

국내의 경우 이진규 등(1989), 이경학(1995), 정영관 등(1996), 정주상 등(1999), 박종민(2009), 김종호 등(2012)이 산림을 중심으로 그림 2.15와 같이 생태계 기능을 분류하고 평가하였다. 특히 김종호 등(2012)은 수원함양기능, 산림정수기능, 토사유출방지기능, 토사붕괴방지기능, 대기정화기능, 산림휴양기능, 야생동물보호기능의 7가지 기능으로, 박종민(2009)은 생명유지기능(수원함양, 기후조절, 대기정화, 산사태 및 홍수방지, 야

이진규 등 (1989)	이경학 (1995)	정영관 등 (1996)	정주상 등 (1999)	박종민 (2009)	김종호 등 (2012)
목재생산 수원함양 임지재해방지	목재생산 수원함양 국토보전 보건휴양 자연보존	목재생산 수원함양 산지재해방지 보건휴양	목재생산 수원함양 산지재해 산림휴양 생태보전	수원함양 기후조절 대기정화 산사태 및 홍수방지 야생동물의 서식지 제공 보건·휴양적 생환환경개선	수원함양 산림정수 토사유출방지 토사붕괴방지 대기정화 산림휴양 야생동물보호

그림 2.15 국내 산림생태계 평가 사례

5) SNA는 국민경제의 각종 경제활동과 경제주체들의 상호작용을 종합적·체계적으로 측정·기록하기 위한 국제통계기준으로 UN 등 5개 국제기구가 작성하고 있다(통계청 보도자료 2011.9.9.).

생동물의 서식지 제공)과 보건환경기능(보건 · 휴양적기능, 생활환경개선 기능)으로 분류하는 등 다양한 기능들에 대한 분류와 평가가 시도되었다.

생태계 기능과 서비스 계량화

국가단위 생태계 서비스 평가는 초기 개발 단계로서 육상생태계에 초점을 맞추고 있으며, MA 또는 TEEB 이후인 2000년대 후반에서 2010년대 초반에 연구가 착수되어 진행되고 있다. 생태계 서비스의 평가 분류 체계는 MA 또는 TEEB 관점을 각 국가에 맞게 적용되었으며(Brouwer 등 2013), 이를 바탕으로 다양한 가치평가 방법이 활용되었다. 대표적으로 영국은 도시, 산림, 해안 등을 포함한 8개 유형에 대하여 포괄적인 생태계 서비스 (가치) 평가를 진행하였으며, 그 외에도 아일랜드(생물다양성), 체코(초지) 등이 1차 연구를 완료하였다(표 2.6). 독일, 오스트리아, 벨기에, 네덜란드, 노르웨이, 이탈리아 등은 국가단위 생태계 서비스 평가 초기 개발 단계에 있다. 생태계 서비스 평가범위는 대부분의 국가에서 공급, 조절 및 문화 서비스이고 일부 지원서비스를 포함하고 있으며, 자료 가용성과 적용성을 고려한 평가가 진행되고 있다(Brouwer 등 2013).

국내 자연자산의 생태계 기능 계량화 연구는 우리나라에서 가장 넓은 면적을 차지하면서 다양한 기능을 제공하고 있는 산림을 대상으로 많은 연구가 이루어졌다. 통계자료 및 현장조사 결과를 이용하여 공익적 기능을 계량화하였는데, 산림의 공익적 기능에 대한 가치평가 초기 연구는 산림청 국립산림과학원(舊 임업연구원)에서 1991년부터 1993년까지 3년에 걸쳐 진행되었다. 주요하게 다뤄진 기능으로는 산림휴양기능, 이산화탄소 흡수기능, 환경개선기능, 수원함양기능, 국토보전기능(토사유출방지기능, 토사붕괴방지기능), 야생동물보호기능 등이며, 이와 관련한 평가모델들이 개발되었다(김종호 등 2012; 오동하와 여운상 2011; 임업연구원 1991; 임업연구원 1992; 임업연구원 1993). 김종호 등(2010)과 오동하와 여운상 (2011)은 산림이 제공하는 다양한 서비스 중 수원함양기능, 산림정수기능, 토사유출방지기능, 토사붕괴방지기능, 대기정화기능, 산림휴양기능, 야생

표 2.6 주요 국가의 생태계 서비스 평가(Brouwer 등 2013)

	평가단계	연구 기간	생태계 서비스		생태계 서비스 평가 분류	가치평가
			유형	서비스 또는 기능		
네덜란드	진행 중	2011 ~2012	생태계	공급, 조절, 문화, 지원 서비스	진행중	시장가치(기회비용), 비시장 가치평가
노르웨이	초기개발 단계	2012 ~2014			진행중	
독일	초기개발 단계	2012 ~2015	생태계	진행 중		
리투아니아	진행 중	2010 ~2014	산림, 초지, 습지, 육수생태계, 재배/농업토지, 도시주변	공급, 조절, 문화, 지원 서비스	TEEB, MA	시장가격, 비용기반(대체)가격, 조건부 가치평가, 가치(편익) 이전, 여행비용, 헤도닉 가격 방법
벨기에	초기개발 단계		육상생태계	결정 단계	TEEB	Liekens 등(2012)의 방법 적용 예정
스페인	국가단위 MA 평가 완료		육상생태계	공급, 조절, 문화 서비스	MA	Valuation of Natural Capital(VANE) 개발 목적의 제한된 평가 진행
아일랜드	생물다양성 편익과 비용에 관한 연구 완료	~2008	농업, 산림, 해양환경, 수자원, 습지	문화서비스 중심(레크레이션 제외)		가치이전
영국	국가단위 생태계평가 완료, 후속평가 진행 중	2007 ~2011	육지 및 해양 서식지	14개 ES(공급, 조절, 문화서비스 포함)	MA	시장가격, 방지된 손해비용, 생산기능, 진술선호평가, 헤도닉 가격방법, 메타분석 가치이전, 대체비용
오스트리아	초기개발 단계	2012 ~현재			TEEB	
체코	초지 생태계 연구 완료	2010 ~2011	초지	식품공급, 기후조절, 침입외래종, 침식조절, 유수 및 정수, 레크리에션 및 관광	TEEB	시장가격, 한계저감비용, 유지보수비용, 방지된 손해비용, 대체비용, 진술선호 가치
이탈리아	산림생태계 진행중	2012 ~현재	산림	진행중		

동물보호기능의 7가지 기능에 대해 계량화 및 가치를 평가하여 산림관리 정책 지표로 활용할 수 있는 방안을 마련하였다.

김종호 등(2010)은 전국 산림을 대상 2008년 말 통계를 기준으로 하고, 일부 현지조사 결과를 통계적 방법을 이용하여 전국의 공익적 기능을 각각 계량화하였다. 수원함양기능은 산림이 물을 저장할 수 있는 저류량을 산출하여 계량화하였으며, 저류량 산출은 모암별 토심과 조공극량에 의해 1992년도 저류량을 기준으로 임령 증가에 따른 임목생장과 숲 가꾸기에 의한 증가, 산지전용 및 임도개설에 따른 감소 등을 계산하여 2008년도 저류량을 계량화하였다(표 2.7). 산림정수기능은 산림이 자연정수기 역할을 한다고 가정하여 무립목지(unstocked forest land) 유출수내 부유물질 정수비로 편익을 평가하였다. 이때 개벌지의 총 부유물질 유출량은 부유물질 농도에 유출량을 곱하여 구하였으며, 개벌 후 단위강수량과 유출량과의 관계식에 의해 유출률을 구하였다.

표 2.7 산림의 수원함양기능 계량화(2008년 기준) (김종호 등 2012)

저류증감량		임목생장과 숲 가꾸기에 의한 저류량 증가					저류량 감소	저류량 증가
		침엽수	활엽수	혼효림	숲가꾸기	소계	산지전용, 임도개설	
면적(ha)		2,769,803	1,659,173	1,853,447	709,863	-	68,861	-
조공극률 변화량(%)	A	2.6	1.1	2.2	2.5	7.6	22.5	-
	B	0.7	2.5	5.7	2.5	10.1	-	-
저유 증감량 (억 톤)	A	1.4	0.4	0.9	0.3	3.0	0.5	2.5
	B	0.9	2.0	5.3	0.5	8.7	0.4	8.3
총저류량(억 톤)		-	-	-	-	-	-	190.6

토사유출방지기능은 전국의 107개 저수지 조사 자료 중 2003년 기준 65개를 선별하여, 모암, 영급, 토사유출량과의 관계를 회귀식으로 도출하여 모암별 임령 증가에 따른 토사유출 방지량을 산출하였다. 토사붕괴방지기능은 경기 안성, 포천 등 전국의 363개소 산사태 현황조사로부터 산

출한 값을 이용하여, 1,000 ha당 입목지와 무립목지의 붕괴발생면적 및 붕괴량을 산정, 그 차이를 이용하여 산림의 토사붕괴 방지량을 산출하였다(표 2.8).

표 2.8 1,000 ha당 입목지와 무립목지 산사태 발생면적 및 붕괴량(김종호 등 2012)

구분	개소당 크기		1,000 ha당 산사태 크기 (1993년)			1,000 ha당 산사태 크기 (2008년)	
	면적 (㎡)	붕괴량 (㎥)	발생 개소수	면적 (ha)	붕괴량 (㎥)	면적 (ha)	붕괴량 (㎥)
무립목지(A)	733	783	225	16,493	176,175	16,493	176,175
입목지(B)	741	724	138	10,226	99,912	10,235	99,998
차이(A-B)	-8	59	87	6,267	76,263	6,258	76,177

대기정화기능은 이산화탄소 흡수, 산소생산 및 대기오염물질(SO_2, NO_2, PM10) 흡수량으로 계량화하였으며, 그 결과는 표 2.9와 같다. 산림휴양기능은 산림휴양 여행비용 가치평가로 계량화하였으며, 야생동물보호기능은 야생동물보호기능 가치평가로 계량화하였다.

표 2.9 산림의 대기정화기능 계량화(2008년 기준) (김종호 등 2012)

구분	계량화 결과
산림면적(1,000 ha) (무립목지 제외)	6,192
년간 총 CO_2 순흡수량(1,000 tonCO_2/년)*	46,477
년간 총 O2 순생산량(1,000 tonO_2/년)*	33,802
SO_2 흡수량(톤)	51,838
NO_2 흡수량(톤)	95,942
PM10 흡수량(톤)	25,700

* ha당 환산 시 CO_2 순흡수량은 7.51 tonCO_2/ha/년이며 O_2 순생산량은 5.46 tonO_2/ha/년이다

오동하와 여운상(2011)은 김종호 등(2010)의 평가방법을 이용하여 GIS 자료를 구축하였으며, 부산시 산림을 대상으로 임상별 공익기능을 그림 2.16과 같이 계량화하고 지도화하였다.

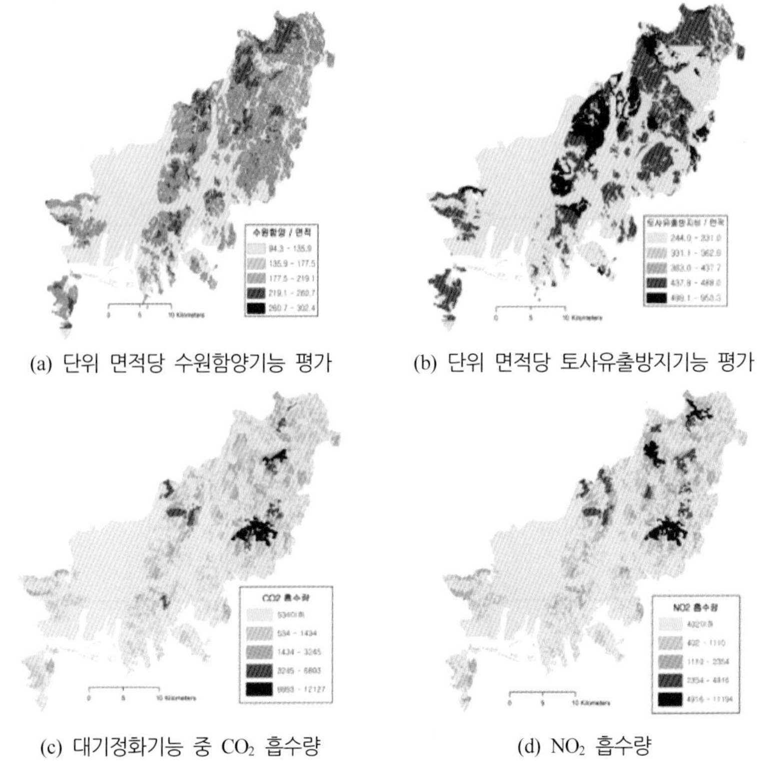

(a) 단위 면적당 수원함양기능 평가 (b) 단위 면적당 토사유출방지기능 평가

(c) 대기정화기능 중 CO_2 흡수량 (d) NO_2 흡수량

그림 2.16 부산시 산림의 공익기능 계량화(오동하와 여운상 2011)

전성우 등(2013, 2014, 2015)은 우리나라의 특성을 고려하여 자연자산(산림, 초지, 습지)을 유형화하였다. 산림은 질적 특성을 고려하여 15개 유형, 초지는 지리정보 자료를 활용하여 13개 유형으로 구분하였고, 국가습지정보를 활용하여 습지를 6개 유형으로 구분하였다. 이같은 유형분류를 기반으로 MA의 생태계 기능 및 서비스 분류체계를 참고하여 산림과 초지는 11가지, 습지는 9가지 기능 및 서비스로 구분한 후 생태계 기능 및 서비스 계량화를 실시하였다. 이 결과 산림은 수원함양, 대기정화, 기후조절, 수질정화, 토사붕괴방지, 침식조절, 서식지제공기능 등 7개 기능, 초지 및 습지는 수원함양, 서식지제공기능 등이 정량적으로 산출 가능함을 도출하였다. 최종적으로 생태계 세부 유형에 따라 생태계 서비스 기능 평가를 위해 국립산림과학원의 통계기반모형, InVEST 모형, 종분포모형 등을 활용하여 공간화 및 정량적 계량화를 실시하였다(그림 2.17).

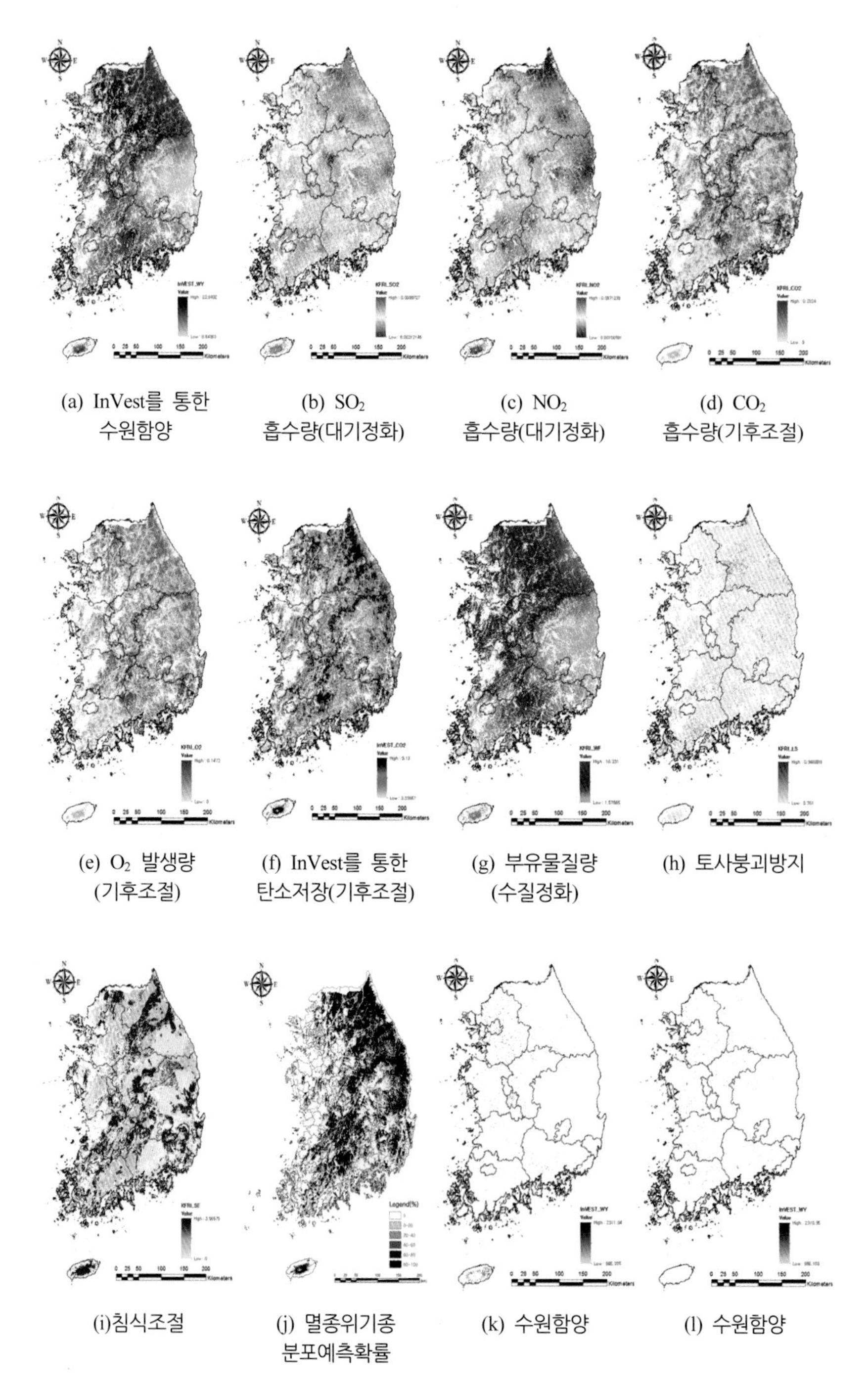

그림 2.17 (a~j) 산림 부분, (k) 초지 부분, (l) 습지 부분 생태계 기능 산정 결과 (전성우 등 2015)

자연자산의 경제적 가치평가를 위한 단계 및 적정 할인율을 설정하고 생태계 기능 및 서비스 계량화 결과에 근거한 유형별 단위가치를 산출하였다. 그리고 자연자산의 가치를 정책적으로 활용하기 위한 시범 사례로 환경영향평가 대상항목과 산림, 습지, 초지의 기능 매트릭스를 작성하였다. 표 2.10은 환경영향평가 항목과 산림 생태계 서비스 기능의 영향관계를 보여 주고 있다.

표 2.10 환경영향평가 항목과 산림의 생태계 서비스 기능 매트릭스(전성우 등 2015)

환경영향평가 항목		산림의 생태계 서비스 기능				
대분류	항목	수원함양	기후조절	수질정화	토사붕괴방지	토사유출방지
대기환경	기상	○	○			
	대기질		●			
	악취		○	○		
수환경	수질	○		●		○
	수리 · 수문	●		●		○
	해양환경			○	○	○
토지환경	토지이용	●		●	●	●
	토양	●		○	●	●
	지형 · 지질				●	●
자연 · 생태환경	동 · 식물상	●	○	○	○	○
	자연환경자산	●	○	○	○	○
생활환경	폐기물					
	소음 · 진동					
	위락 · 경관	●		○	○	○
	위생 · 보건	○	○	●		
	전파장해					
	일조장해		●			
사회 · 경제환경	인구	○		○	○	○
	주거	○	○	○	○	○
	산업	○	○	○	○	○

주) ●: 직접적인 관련, ○: 간접적인 관련

전성우 등(2015)은 산림자원이 제공하는 생태계 서비스의 기능을 수원함양, 수질정화, 기후조절, 침식조절, 토사붕괴방지, 생물다양성, 휴양, 문화에 대한 기능으로 선정하였다. 산림자원의 가치추정 결과를 사용가치와 비사용가치로 나누어서 분석하였을 때, 가치추정 결과 비사용가치(63%)가 가장 높게 평가되었고, 그 다음으로 간접사용가치(24%), 직접사용가치(13%) 순으로 나타났다.

산림자원의 생산서비스는 직접사용가치를 추정하였고, 수원함양, 대기정화, 기후조절, 수질정화, 토사붕괴방지, 침식조절 등과 같은 기능은 간접사용가치값이 추정되었다. 생물다양성 기능의 경우 비사용가치가 추정되었으며, 휴양 및 생태관광 기능은 직접사용가치, 문화 및 전통유산 기능은 직접사용가치와 비사용가치가 모두 추정되었다. 분석결과 산림자원이 연간 제공하는 기능별 단위 면적당 가치 추정액은 표 2.11과 같다.

표 2.11 산림자원의 기능별 단위가치 단위: 원/(m^2 · 년)

생태계 서비스	서비스별 기능		사용가치		비사용가치	비고***
			직접	간접		
공급	수원함양		— **	286.80	—	RCM
	생산	임목	18.40	-	—	순임목생장액
		단기	40.92	-	—	단기임산물생산액
	유전자원		3.70	-	—	
조절	대기정화		—	18.20		
	기후조절		—	68.00	—	RCM
	수질정화		—	121.00	—	RCM
	토사붕괴방지		—	96.10	—	RCM, CVM
	침식조절		—	263.20	—	RCM
지원	서식지제공		—	—	366.70	CVM
문화	휴양/생태관광		116.90	—	—	CVM
	문화/전통유산		279.00	—	1,815.10	CVM
가치*			458.92	853.30	2,181.80	
산림자원의 총가치			3,494.02			

* 2012년 기준으로 할인율(5.5%) 적용
** 현재 해당 선행연구가 존재하지 않음
*** CVM: 가상가치평가법, RCM: 대체비용법

산림자원의 기능별 가치 추정 결과, 산림자원이 제공하는 가치는 연간 약 3,500원/m^2으로 나타났으며, 사용가치는 약 1,300원/m^2, 비사용가치는 약 2,200원/m^2으로 나타났다. 이는 산림을 바라보는 관점이 직접적인 이용보다는 간접적인 이용에 중점을 두는 것으로 볼 수 있고, 생산관리의 측면보다는 보전관리에 높은 가치를 두는 것으로 나타났다. 이 결과를 이용한다면 현재의 생태계보전협력금의 단위 면적당 부과액은 현행 250원/m^2에서 약 3,500원/m^2까지 증가시킬 수 있을 것이나, 급격한 부담금 증가에 의한 경제 위축 등을 감안할 경우 사용가치에 해당하는 1,300원/m^2으로라도 점진적으로 증가시키는 근거로 활용가능하다. 이와 같이 생태계 기능, 서비스, 가치, 편익은 생태계가 제공하는 여러 가지 기능을 정책에 활용하는 데 과학적인 근거를 제시한다.

참고문헌

강혜순, 오인혜, 정근, 이우신. 2011. 생태학. 라이프사이언스, 서울, 한국.

구미현, 이동근, 정태용. 2013. 정책형성단계에서 생태계서비스에 관한 이론적 고찰. 환경복원녹화 15(5): 85-102.

권태성 등. 2014. 기후변화에 따른 산림생태계 영향평가 및 적응 연구. 국립산림과학원.

김종호, 김기동, 김래현, 박찬열, 윤호중, 이승우, 최형태, 김재준. 2010. 산림의 공익기능 계량화 연구. 국립산림과학원.

김종호, 김래현, 윤호중, 이승우, 최형태, 김재준, 박찬열, 김기동. 2012. 산림 공익기능의 경제적 가치평가. 한국산림휴양학회지 16(4): 9-18.

김준환. 2016. 농촌진흥청 보도자료.

박용하, 오일찬, 심창섭, 최현아, 정민곤. 2013. IPBES 아태지역 평가 워크숍 개최지원 연구보고서. 환경부.

박종민. 2009. 산림복원의 효과분석 및 종합대책 마련을 위한 연구. 산림청.

안소은. 2013. 의사결정지원을 위한 생태계서비스의 정의와 분류. 환경정책연구 12(2): 3-16.

오동하와 여운상. 2011. 산림의 가치평가를 통한 공익기능 향상 방안. 부산발전연구원.

이경학. 1995. 산림기능잠재력평가 및 분류시스템. 산림과학논문집 41: 124-137.

이병윤 등. 2013. 기후변화 적응 생물종다양성 관리 연구. 국립생물자원관

이진규, 김종호, 서옥화. 1989. 산림기능분류 및 평가방법 연구. 산림청.

입업연구원. 1991. 산림의 공익적 기능의 계량화 연구(Ⅰ). 과학기술처.

입업연구원. 1992. 산림의 공익적 기능의 계량화 연구(Ⅱ). 과학기술처.

입업연구원. 1993. 산림의 공익적 기능의 계량화 연구(Ⅲ). 과학기술처.

전성우 등. 2013. 자연자산가치평가기법 개발(Ⅰ). 한국환경산업기술원.

전성우 등. 2014. 자연자산가치평가기법 개발(Ⅱ). 한국환경산업기술원.

전성우 등. 2015. 자연자산가치평가기법 개발(Ⅲ). 한국환경산업기술원.

정영관, 손영모, 이광수, 강진택, 정수영. 1996. GIS기법을 이용한 산림의 다목적 기능 개발. 산림경제연구 4(2): 15-28.

정주상, 김의경, 이헌호, 신원섭. 1999. 산림기능평가에 관한 연구. 산림청.

환경부. 2009. 건강한 하천 아름다운 하천 50선. 환경부.

환경부. 2016. 방류수 수온으로 인한 수생태계 영향실태 조사 및 관리방안 연구(I). 환경부.

Bennett, E.M., Peterson, G.D. and Gordon, L.J. 2009. Understanding relationships among multiple ecosystem services. Ecology Letters 12: 1394-1404.

Boyd, J. and Banzhaf, S. 2007. Classification of ecosystem services: Problems and solutions. Ecological Economics 63: 616-626.

Brouwer, R., Brander, L., Kuik, O., Papyrakis, E. and Bateman, I. 2013. A synthesis of approaches to assess and value ecosystem services in the EU in the context of TEEB. VU University, Amsterdam, Netherlands.

Costanza, R., d'Arge, R., de Groot, R.S., Farber, S., Grasso, M., Hannon, B., Limburg, K., Naeem, S., O'Neill, R.V., Paruelo, J., Raskin, R.G., Sutton, P. and van den Belt, M. 1997. The value of the world's ecosystem services and natural capital. Nature 387(6630): 253-260.

Crossman, N.D., Burkhard, B., Nedkov, S., Willemen, L., Petz, K., Palomo, I., Drakou, E.G., Martin-Lopez, B., McPhearson, T., Boyanova, K., Alkemade, R., Egoh, B., Dunbar, M. and Maes, J. 2013. A blueprint for mapping and modeling ecosystem services. Ecosystem Services 4: 4-14.

Daily, G.C. 1997. Nature's services societal dependence on natural ecosystems. Island Press, Washington D.C., USA.

de Groot, R.S., Alkemade, R., Braat, L., Hein, L. and Willemen, L. 2010. Challenges in integrating the concept of ecosystem services and values in landscape planning, management and decision making. Ecological Complexity 7: 260-272.

de Groot, R.S., Wilson, M.A. and Boumans, R.M. 2002. A typology for the classification, description and valuation of ecosystem functions goods and services. Ecological Economics 41(3): 393-408.

Fisher, B., Turner, R.K. and Morling, P. 2009. Defining and classifying ecosystem services for decision making. Ecological Economics 68: 643-653.

Haeckel, E.H.P.A. 1866. Generelle morphologie der organismen. G. Reimer, Berlin, Germany.

Haeckel, E.H.P.A. 1869. Über den organismus der schwämme und ihre verwandtschaft mit der corallen. Jenaische Zeitschrift 5: 207-254.

Haines-Young, R. and Potschin, M. 2013. Common international classification of ecosystem services(CICES): Consultation on Version

4. August-December 2012. EEA Framework Contract No EEA/IEA/09/003.

IPCC (Intergovernmental Panel on Climate Change). 2007. Climate change 2007. Geneva, Switzerland.

Mace, G.M., Norris, K. and Fitter, A.H. 2012. Biodiversity and ecosystem services: A multi layered relationship. Trends in Ecology and Evolution 27(1): 19-26.

Margalef, R. 1958. Information theory in ecology. General Systems 3: 36-71.

Matlock, M.D. and Morgan R.A. 2011. Ecological engineering design: Restoring and conserving ecosystem services, John Wiley & Sons Inc, Hoboken, USA.

McNaughton, S.J. 1967. Relationship among functional properties of California grassland. Nature 216: 114-168.

Mitsch, W.J. and Jørgensen, E.S. 2004. Ecological engineering and ecosystem restoration. John Wiley & Sons Inc, Hoboken, USA.

Pielou, E.C. 1975. Ecological Diversity. John Wiley & Sons Inc, New York, USA.

Real, L.A. and Brown, J.H. 2012. Foundations of ecology: Classic papers with commentaries. University of Chicago Press.

Robinson, D.A., Holckley, N., Cooper, D.M., Emmett, B.A., Keith, A.M., Lebron, I., Reynolds, B., Tipping, E., Tye, A.M., Watts, C.W., Whalley, W.R., Black, H.I.J., Warren, G.P. and Robionson, J.S. 2013. Natural capital and ecosystem services, developing an appropriate soils framework as a basis for valuation. Soil Biology and Biochemistry 57: 1023-1033.

Shannon, C.E. and Weaver, W. 1949. The mathematical theory of communication. University of Illinois Press, Urbana, USA.

TEEB. 2010. The economies of ecosystems and biodiversity: Ecological and economic foundations. Kumar P. (ed.), Earthscan, London, UK.

UNEP. 2005. Millennium ecosystem assessment ecosystems and human well-being. Island Press, Washington D.C., USA.

Wallace, K.J. 2007. What are ecosystem services? The need for standardized environmental accounting units. Biological Conservation 139: 235-246.

권장도서

강혜순, 오인혜, 정근, 이우신. 2011. 생태학. 라이프사이언스, 서울, 한국.
전성우 등. 2005. 경관생태학. 보문당, 서울, 한국.
전성우 등. 2005. 환경생태계획론. 보문당, 서울, 한국.

제 3 장
생태공학 기초이론

생태공학은 공학이다. 생태공학이 인공 혹은 자연생태계나 생태계의 일부를 포함하는 생태계를 '설계'하기 때문이며, 이때 생물학, 생태학, 시스템 생태학이 이론적 바탕이 된다. 생물종들은 생태공학에 응용되는 요소이다. 생태공학은 생태학 이론의 구체적인 적용으로 구현된다. 생태공학을 '생태계 서비스(ecosystem service)의 보전, 복원, 창출을 위하여 시스템을 설계하는 과정'이라고 정의하는 이유이다. 즉, 생태공학자는 생태계로부터 얻어내는 인간에게 필요한 재화나 서비스를 가리키는 생태계 서비스를 설계한다.

3.1 기초이론

생태공학은 "1. 모든 것은 연결되어 있다. 2. 모든 것은 변화한다. 3. 우리(인간과 자연)는 모두 한 몸이다."라는 세 가지 공리를 가진다. 1. 2의 공리는 Odum(1988)이 그의 저서 '시스템 생태학'에서 언급한 기초 원리이며, 생태적 설계의 기반이다. 적절한 설계전략의 개발을 위한 이해와 개념화 작업에 필수적이다. 모든 생물학적/비생물학적 과정과 반응들은 생물권 전반에 걸쳐서 서로 떨어져 있지 않고 연결되어 직간접적인 영향을 주고받는다. 도시에서의 토지 이용이 기후를 비롯하여 수리 특성과 생물다양성에까지 이르는 각각의 모든 생태계 기능에 영향을 준다(Matlock과 Morgan 2011). 생태계 구성 요소 모두가 변화한다. 생물권의 변화는 지구 기후의 변화, 토지 이용, 인구 등의 요인에 의하여 발생된다. 세 번째의 공리는 생태계를 구성요소 각각이 아니라 한 몸으로 바라보고 다루어야 한다는 점을 나타내는 말이다. 지속가능한 생태계를 유지 · 보전 · 이용하기 위해서는 생태공학의 세 가지 공리를 바탕으로 접근해야 한다.

생태공학 원리는 물질과 에너지 보존법칙 및 열역학의 제반 원리를 따른다. 즉, 화학공학, 기계공학, 전기공학이 열역학의 원칙을 따르는 것과 같다. 생태계는 열린 시스템으로 생태계의 구조와 기능이 유지되기 위해서는 에너지가 외부로부터 끊임없이 유입되어야 한다. 생태계의 구조와 기능에 있어서 가장 중요한 두 가지는 에너지의 흐름과 물질의 순환이다.

에너지 흐름

태양으로부터 지구로 전달되는 에너지는 생태계의 구조와 기능을 유지하는 데 필수적이다. 지구로 도달되어 전이되는 에너지는 열역학의 원칙에 따라 엔트로피, 불안정성을 증가시키는 방향으로 움직인다. 인위적인 시설이나 화석연료에 의해 움직이는 시설들은 반대로 규칙성이나 질서가 유지되도록 강제된다. 생태계는 태양에너지에 의해 가동되는 광합성에 의존한다. 생물적 에너지(biological-energy)의 흐름은 생산(일차생산량이나 바이오매스축적(biomass accumulation))과 호흡(생산을 위해 사용한 에너지)의 비율로 측정할 수 있다. 물리적 에너지는 물, 바람, 퇴적물 등과 같은 유체와 고체의 운동에너지와 퍼텐셜에너지에 따른 유기물과 무기물의 이동, 전이, 퇴적 등으로 측정할 수 있다. 생물적 에너지와 물리적 에너지는 질량과 에너지 보전법칙에 따른다. 생태계는 생물계와 물질계가 상호작용하는 것이므로 생물적 에너지와 물리적 에너지 두 형태의 에너지가 모두 관여한다. 모든 단계의 전이과정에서 에너지의 손실이 일어나며, 동시에 열역학 제2법칙에 따라 엔트로피가 증가하는데 국지적으로는 증가되는 곳도 생길 수 있다. 생태계의 자기조직화 혹은 에머지(emergy)의 특징이다.

Odum이 고안한 에머지는 태양에너지를 기반으로 하는 공통의 단위체계로 모든 자연적 · 인위적 생산을 포괄할 수 있도록 하는 개념이며 용어이다. 에머지는 생산이나 서비스를 만들어내기 위한 입력값을 측정한다. 에머지는 과거에 사용되었던 에너지를 측정한 값이고, 현재의 에너지 사용량과는 다르다. 인공적인 재화나 서비스를 창출하는 데 사용된 비용과 생태적 재화나 서비스를 만드는 데 사용된 비용을 특정할 수 있게 해준다. 생태공학은 재생가능한 에너지의 이용을 최대화하려고 하며 재생불가능한 자원의 이용은 최소화하려 한다.

물질순환

영양소와 물질의 순환은 또 하나의 생태적 원리이다. 물질은 연속적인 물질의 재사용과 생지화학적 순환을 통해서 유기물과 무기물의 상태로 전환되면서 보존된다. 생태계 안에서의 유기물과 무기물 순환은 다른 장소와 시간을 통해서 나타난다. 폐기물 처리는 생태계가 제대로 기능하는 경우에 한 생태계에서 발생되어 다른 생태계에서 사용되기 때문에 큰 문제가 되지 않는다. 물질은 자연스러운 생지화학적 순환을 통해 대기권, 수권, 생물권, 암석권에서 이동성을 획득하고 수송되며 저장된다. 생산자, 소비자, 분해자는 유기물질과 영양소를 자신들의 몸을 통해 수송, 저장한다. 사람이 고안한 수많은 공학설계에 의해서 원래의 생지화학 순환에서 재이용되지 않고, 다른 반응이나 과정에 오염을 일으키는 폐기물이 축적되어 왔다. 생태공학은 폐기물의 발생을 최소화하려고 하며 설계의 주요 기능이 아닌 물질인 폐기물을 재이용하려고 한다. 하폐수처리에 습지를 이용하거나 오염된 토양을 정화하는 식물이용 정화기술들은 폐기물정화를 위해 생태적 과정이나 반응을 이용하는 사례이다.

자기설계와 자기조직화

전통적 공학설계에서는 기능요건(functional requirements)의 독립성을 유지시키려고 한다. 기능요건은 설계가 제공하고자 하는 특정한 기능들이다. 엔지니어는 각각의 기능요건을 달성하기 위하여 특정한 물리적 요소(설계 특성 design features)를 선택한다. 최종 설계에서 각각의 기능요건은 다른 기능요건에 의존하지 않고 각각 하나의 해결책을 가진다. 이는 어떤 디자인 요소를 바꾸더라도 오직 한 가지 기능요건만 영향을 받는다는 것을 뜻한다. 복수의 기능요건에 설계특성이 결합되거나 상호작용하지 않는다는 것이다. 프로그램의 안전성이나 수행능력에 아무런 영향이 없이 개개의 모듈이 작동될 수 있다는 소프트웨어 설계에서 모듈성 개념이 그 예이다.

공학적 설계는 좁은 내성 범위와 견고하고 안정하여 변화하지 않는 시스템을 지향한다. 자연상태로 남아있는 것이 없이 모두 사전에 미리 설계된다. 시스템이나 구성요소가 작동불량이 되면 독립적인 백업 시스템이나 구성요소가 구조적 잉여로 제공될 수 있다. 하위시스템 사이에서의 독립적인 관리라는 전통적인 공학적 접근법은 생태계의 복잡성이나 상호작용을 고려하지 않는다.

자연은 사람이 하는 방식대로 설계하고 만들어내지 않는다. 자연에는 목적하는 최종 제품을 만들어내기 위한 단계를 창조하는 외부 설계, 엔지니어, 건축 설계사가 없다. 자기조직화를 가능하게 하는 열린 시스템을 통해 흐르는 에너지와 물질의 흐름이 그런 역할을 한다. 생태계는 복잡하게 연결되어 있는 시스템이다. 모든 것은 모든 것과 연결되어 있다. 생태계의 구조와 기능은 아주 다양한 조건과 폭넓은 내성 범위에서 아주 많은 경로를 통해 작동되는 과정과 반응에 의해 유지될 수 있다.

자기조직화는 생태계의 천이과정을 통해서 살펴볼 수 있다. 예를 들어, 연못이 습지, 초원, 관목림, 양수림, 음수림, 극상림으로 이어지는 천이과정의 각 단계에서 긴 시간 동안 주어진 물리적, 화학적, 생물학적 환경에 생물들이 적응해가면서, 자연선택과 진화의 과정이 쌓이고 생태계의 모습이 변화되는 메커니즘이 자기조직화이다. 천이과정에서 일반적인 방향은 예견할 수 있지만 출현하거나 우점하는 생물종을 특정하거나 각 단계의 정확한 기간이나 모습을 예측하는 것은 불가능하다.

생태공학자는 자기조직화 능력에 큰 장점을 부여할 수 있다. 생태공학 설계는 자연과 함께 작업하며 자연으로 하여금 명확하게 특별히 정해진 최종 결과물을 충족시키는 것이 아니라 무엇인가 '공학적인 일 engineering'을 하도록 만드는 것이다. 생태공학에서는 한 가지가 아닌 복수의 결과물이나 상태가 만들어질 수 있다고 생각한다.

생태공학은 기본적으로 생태계의 자기설계(self-design) 능력에 기반을 두고 있으며, 생태학 이론을 검증하는 도구로 사용될 수 있다. 생태공학은 시스템 접근법을 이용하며 재생불가능한 자원의 이용을 줄이도록 하는 데 관점을 두며 생태계가 보존될 수 있도록 하는 것이다.

생태계 조성과 복원에서 생태계의 자기설계와 자기조직화(self-organizing)는 매우 중요한 특성이며 개념이다. 생태공학에서 자기설계와 자기조직화는 가장 근원적인 개념이다. 자기조직화는 불안정하고 불균일한 환경조건에서 스스로 조직을 다시 구성하는 시스템의 일반적 특성이다. 생태계를 구성하는 종들이 끊임없이 도입되고 사라지며, 종과 종이 서로 작용하여 서식지에서의 우점도를 바꾸고 환경까지도 변화하는 생태계에서는 아주 잘 작동하는 메커니즘이다.

자기설계나 자기조직화 과정은 모든 생태계에서 끊임없이 작동된다. 어떤 점에서 자기조직화는 외부의 자극이나 힘에 의해서 발생하는 것이 아니라 시스템 내부에서 구성요소들 사이의 피드백을 통해서 발생한다. 소규모 모델 생태계와 새로 조성한 생태계에서 자기조직화 현상을 관찰할 수 있는데, 초기의 경쟁적 정착이 끝난 후에 우점하는 종은 영양염류의 순환, 번식 지원, 공간 다양성 조절, 개체군 조절, 기타 방법을 통해 다른 종의 생존을 뒷받침하는 종이라는 것을 보여 준다(Odum 1999).

생태공학에서는 종종 생태계의 반응을 알아보려고 중규모 모델 생태계(mesocosm)를 사용하거나 새로운 생태계를 조성한다. 생태계의 자기조직화 능력은 생태학자에게는 호기심을 가지고 파고드는 현상이며, 생태공학자에게는 실제 적용에서 근간이 되는 개념이다.

자기조직화는 강력한 상위 단계의 조절이나 외부 영향(강제조직화)과 자기조직화 두 가지가 있다(Pal-Wosl 1995). 표 3.3에 두 가지 조직화 방식을 비교하였다. 기존의 공학기술에서 사용하는 강제조직화는 경직된 구조를 가지고 있으며, 변화에 대한 적응 잠재력은 거의 없는 시스템이 된다. 교량, 용광로, 빌딩과 같은 안전하고 신뢰할 수 있는 구조물이 필요한 공학설계에서는 바람직하다.

그렇지만 자기조직화는 새로운 상황에 대한 적응능력이 훨씬 뛰어난 유연한 네트워크를 만들어낸다. 우리가 직면하고 있는 많은 생태문제를 해결하는 데 바람직한 방식이다. 생물권이 관련된 경우 외부 변수나 내부의 피드백 작용에 대응해 변화하고 적응하며 성장할 수 있는 생태계의 능력은 아주 중요하다.

표 3.1 조직의 유형을 이용해 구분한 시스템의 종류(Mitsch와 Jϕrgensen 2003)

특성	강제조직화	자기조직화
조절	외부 요소에 의한 중앙집중식 조절	내부 요소에 의한 분산형 조절
경직성	경직된 네트워크	유연한 네트워크
적응 잠재력	잠재력 거의 없음	잠재력 높음
적용 기술	기존 공학	생태공학
사례	기계 독재사회나 사회주의 사회 농업	생물체 민주주의 사회 자연생태계

자기설계는 '생태계의 설계에 자기조직화를 적용하는 것'으로 정의할 수 있다. 생물종이 자연적인 방법이나 인위적으로 생태계에 도입된 후에 생존여부는 인간이 아니라 그 생태계의 자연에 달려있는 경우가 많다. 도입된 생물종 중에서 일부만이 선택받는 현상이 모든 생태계에 나타나는 기능적인 발달의 핵심이 된다. 자기설계는 생태계의 기능이다. 생태계를 복원하는 경우 등에서 다양한 생물종을 도입시키는 것은 자기조직화나 자기설계에서 선택과정을 빠르게 진행시키도록 하는 수단이다(Odum 1989).

생태계가 인위적이나 자연적인 수단을 통해 충분하게 생물종과 번식체를 도입할 수 있도록 열려 있다면 생태계 스스로 그 조건에 가장 적합한 생물종의 조합을 선택함으로써 자신의 설계를 최적화할 것이다. 생태계는 '최대의 성과를 달성할 수 있는 형태로 인위적 요소와 자연생태적 요소의 조합을 설계하며, 이는 다양한 생물종과 인간활동이 제공하는 대안 가운데 가장 최적인 과정을 강화하기 때문이다(Odum 1989).

교란과 문턱

모든 생태계는 그 생태계의 현재 모습에 영향을 미친 교란의 과거 역사를 가진다. 자연선택과 진화와 협력하여 작동하는 자기조직화는 과거로부터의 환경조건과 교란이 반영된 현재의 생태계를 만들어낸다. 어떤 생물종은 상대적으로 안정한 조건에서 성공적으로 적응하며, 어떤 종은 역동적이고 변화무쌍한 환경에 잘 적응한다. 산불, 홍수, 밀물과 썰물, 계절, 지각운동과 같은 주기적인 교란은 생태계의 구조를 다양한 시공간적 규모로 재정립시킨다. 교란이 생물적·비생물적 환경에 거대한 변화를 일으키면 생태계는 원래의 상태로 되돌아갈 수 없는 문턱을 넘어서게 된다. 다시는 회복되지 못하는 토양 비옥도의 손실, 사막화로 치닫는 지하수위의 변동, 핵심 생물종의 소멸, 낯선 병이나 생물종의 유입과 같은 교란으로 문턱을 넘어설 수 있다.

사람이 관리하는 시스템은 대개 구조적·기능적 다양성이 없다. 농경지, 육림지, 도시처럼 공간적·시간적으로 균일하다. 산불방지와 홍수예방과 같이 자연적 순환에 대한 대책은 생태계의 운동을 교란시키고 서식지의 복잡성을 감소시키고 결국 종다양성을 낮춘다. 균질도가 증가함에 따라 교란에 대한 내성은 감소된다. 산림, 도시림, 농경지와 같이 넓은 공간에 펼쳐진 단일 식물종의 재배는 단 한 가지의 바이러스 전염으로 파괴될 수 있다. 단일 작물은 유전적 동질성을 가지므로 병에 대한 내성을 가질 수 없고 병은 순식간에 식물군 전체로 퍼져나갈 수 있다.

사람이 관리하는 시스템의 이러한 균질성은 공학적 리질리언스(engineering resilience)와 생태적 리질리언스(ecological resilience) 사이의 극명한 차이점이다. 공학적 리질리언스를 추구하는 전통적 공학설계는 안전성과 지속성을 추구한다. 높은 공학적 리질리언스를 가지는 시스템은 교란 후에 신속하게 원래의 상태로 되돌아간다. 생태계는 변화가 적은 평형점 부근에 존재하지 않는다. 생태적 리질리언스는 생태계가 얼마나 큰 교란을 흡수하고, 원래의 구조와 기능을 유지할 수 있는 능력을 의미한다. 화산폭발, 빙하의 진퇴, 어류의 남획, 해수면의 상승이나 하강과 같이 장기적이거나 일시적인 큰 교란은 생태계가 문턱을 넘게 하는 원인이 될 수 있다. 생태계의 생태적 리질리언스를 이러한 주요 교란이 압도할 수 있다. 문턱을 넘어서게 되면 생태계에는 종의 구성에 드라마틱한 변화를 가져오고 달라진 비생물적 환경조건에 대응하는 새로운 자기조직화가 시작된다.

생태공학은 시공간적으로 교란을 예측하는 것이 불가능하다는 것을 인식하고, 설계의 목표에 부합하는 대응성을 가지는 복수의 상태를 설계하려고 한다. 그럼으로써 사람에게 이롭고 자연환경도 보호하고자 한다. 생태공학자나 기술자는 재화와 서비스를 지속적으로 만들어내기 위해 생태계를 관리해야만 한다는 생각은 오만한 것이라고 생각한다. 생태공학 설계는 자연경관 중의 생물종의 구성과 자연의 변화과정이 시간적 · 공간적으로 다양하다는 사실을 고려한다.

전통적인 공학 설계는 설계 변수에서 안전계수를 고려한다. 위해도 분석(risk analysis)은 설계의 실패 확률을 평가하고 사람이나 기반시설에 나쁜 영향을 나타낼 실패를 방지하기 위해 에너지와 자원을 이용한다. 소위 실패 – 안전 설계(fail-safe design)이다. 예측성에 차이는 있지만 위해는 파악될 수 있다. 효율성, 지속성, 예측성이 전통적 공학을 이끄는 원리이다. 생태공학자는 그 어떤 가능한 설계라도 시간이 지나면 자연의 힘에 지배된다고 인식한다. 지속성, 변화, 예측불가성은 생태학 이론의 특성이다. 생태계는 수많은 변수로 이루어진 복잡계이고 위해도는 알거나 인식할 수 있는 원인이 아니라 미지의 혹은 인식할 수 없는 원인에 의해 발생한다. 때문에 생태공학은 안전 – 실패 설계를 추구한다. 이러한 설계기법은 설계가 실패했을 때 실패는 사람이나 기반시설에는 심한 피해를 주지만 생태계에는 피해를 최소화하는 것이다. 설계대안을 고려함에 있어서 생태공학자나 기술자는 나쁜 조건들 중에서 가장 피해가 적은 대안을 선택한다.

3.2 생태공학 설계

설계원칙

Mitsch와 Jϕrgensen이 초기에 제시한 13가지 생태학적 개념으로부터 발전해오면서 Straskraba(1993)가 7가지 원리를 발표하며 이를 바탕으로 17가지 법칙이 수립되었고, Bergen 등(2001)이 추가적으로 5가지 원리를 제공했으며, Zalewski(2000)이 생태수리학적 개념을 제시하며 19가지 기본 원칙으로 정리되었다.

1. 생태계의 구조와 기능은 생태계의 외부변수에 의해 결정된다.

이 원칙은 생태공학 모델의 실질적인 기본 원리이다. 생태계는 물질과 에너지를 외부 환경과 서로 교환한다. 모든 생태계는 개방되어 있으므로 주위의 다른 생태계로 연결되어 하나의 생태계가 영향을 받으면 연결된 또 다른 생태계가 영향을 받는다. 농업에 투입되는 자재가 농업생태계는 물론이고 연결된 하류의 생태계에도 영향을 준다. 생태계는 상호연결되어 서로 영향을 주고 받는데, 결국 외부변수에 의해 그 영향의 강도나 범위가 결정되며, 생태계는 그 영향에 대응하여 자기설계를 통하여 모습을 갖춘다.

2. 생태계에 유입되는 에너지와 이용가능한 물질의 양은 한계를 가진다.

모든 생태공학 적용기술이나 방법은 이 원칙을 따라야 한다. 이 원칙은 물질과 에너지 보존법칙에 따르는 조항이다. 생태계를 움직이는 근원적인 에너지는 태양에너지이며 그 양은 태양이 지표면에 내리는 밀도에 의해 결정된다. 습지처리에서 식물의 1차 생산량을 증가시키기 위해 비료의 추가 사용이 시도되기도 하지만 지속적인 유지를 달성하기 어려우며, 비료의 사용으로 발생한 영양염을 제거하기 위해 인공습지를 사용하면서 추가로 비료를 투입하는 것은 모순적이다.

3. 생태계는 열려있고 에너지를 소산시키는 시스템이다.

이 원칙은 모든 생태계는 인접한 생태계에 의해 의존된다는 점을 내포한다. 열역학 제2법칙에 따라 생태계는 외부로부터의 지속적인 에너지 유입이 있어야 지탱할 수 있다. 생태계는 에너지 보존법칙을 따르는 바와 같이 열역학 법칙을 포함한 과학적 기본 법칙을 따른다. 유입된 에너지는 생태계의 유지, 호흡, 증발산 작용에 필요한 에너지를 충당하는 데 이용된다. 한 생태계에 유입된 에너지나 물질은 인접한 생태계로의 물질과 에너지의 흐름과 이어진다.

4. 생태계는 한 가지 또는 몇 가지의 제한인자를 가진다.

이 원칙은 Liebig의 최소율의 법칙(Liebig's minimum law)에 근거한다. 생태계의 항상성 유지를 위해서는 생물적 기능과 외부변수의 화학적 조성이 맞아야 한다. 생화학적 기능은 생물의 화학적 조성을 결정한다. 생태계를 통한 물질의 흐름은 생화학적 화학양론과 반드시 맞아야 한다. 생태계를 통한 영양염의 흐름은 일반적으로 평균 41:7:1의 비를 나타낸다(Redfield 비율). 이에 의하면 식물이 10 g의 인을 흡수하였다면 탄소는 410 g 고정된다는 것이다. 이 비율보다 높고 낮음에 따라 인의 고정이나 배출이 결정된다. 어떤 생태계를 대상으로 이 원칙에서처럼 물질의 수지를 근거로 관리할 경우 생산과 정화대책 등의 효율을 동시에 관리할 수 있다.

5. 생태계는 일정 정도의 항상성을 가진다.

항상성은 한계를 가지고 그 한계를 넘어서면 시스템이 붕괴된다. 생물계에는 여러 가지 항상성이 있다. 온혈동물의 체온 유지와 같은 기능이다. 생태계가 가지는 완충능력 개념은 이러한 항상성 능력을 나타낼 수 있다. 항상성 능력이 한계를 보이면 완충능력 또한 한계를 보인다. 생태계의 완충능력의 범위 내에서 환경을 관리하지 못하면 생태계는 급격한 변화를 나타내고 붕괴에 이르게 될 수 있다.

6. 생태계는 필수원소를 재순환시킨다.

이 원칙은 원칙 2와 밀접한 관련이 있다. 재순환이란 생태계 내에서 어떤 원소가 다양한 형태로 존재한다는 것을 의미한다. 예를 들어, 질소는 질산, 암모늄, 죽은 생명체의 유기물 중의 질소, 살아있는 생명체 중의 질소 등과 같이 다양한 형태로 존재한다. 질산 형태의 질소는 생태계 내에서 이동성이 높지만 암모늄은 토양에 흡착되기 때문에 그렇지 못하다. 살아있는 생명체 중의 질소는 이동성이 거의 없고, 죽어있는 생물 중의 질소는 이동성을 확보하기 위해서는 분해되어야 한다. 필수원소는 생태계 내에서 생물로의 흡수 동화과정을 통해 이동성이 낮아지고 반대로 분해되면서 이동성이 높아진다. 생태공학에서는 이러한 원소의 순환과정을 이용한다.

7. 생태계는 펄스현상을 나타내는 시스템이다.

밀물과 썰물의 영향을 받는 갯벌은 펄스현상을 나타내는 전형적인 생태계의 사례 중 하나이다. 지속적으로 조건이 바뀌는 갯벌은 그 변화 속에서도 생산과 소비를 이루며 안정된 생태계의 모습을 유지한다. 조수간만이라는 자연적 펄스에 적응한 생태계가 갯벌의 형태로 나타나 안정적인 시스템을 구축한 것이다. 생태공학에서 지속성의 확보를 위해서는 자연의 펄스현상을 포함하여 구축되어야 한다.

8. 생태계는 자기설계 시스템이다.

이 원칙은 일반적으로 환경공학적 방법에 비하여 유지관리에 노력이 덜 들어야 한다는 것을 의미한다. 따라서 생태기술은 발전도상국가에 유리한 기술이다. 모든 생태기술은 자기설계 원칙을 포함하며, 자연 혹은 반자연적 생태계를 오염문제의 해결에 이용하고자 할 경우나 자연을 모방하는 생태기술에서 이 원칙을 적용한다.

9. 생태계는 특정적인 공간 및 시간 범주를 가진다.

자연경관은 수많은 작은 생태계나 서식지를 포함하는데, 한 생태계에서 다른 생태계로 전이되는 과정에서도 작은 생태계나 서식지가 관여한다. 생물다양성을 유지하기 위해서는 일정한 공간분포의 특성이 가지는 역할이 고려되어야 한다. 호수와 습지 그리고 숲의 생태계는 서로 연결되어 있고, 토양의 수분함량과 영양분의 농도경사가 존재한다. 그 공간적 · 시간적 분포는 생물상을 결정한다. 생태계를 설계관리할 때 이러한 공간과 시간적 분포패턴을 고려해야만 한다.

10. 생태계의 자기설계에는 다양성이 필수적이다.

화학적, 생화학적, 생물학적 다양성은 생태계의 자기설계에 필수적이다. 높은 다양성은 자기설계를 발달시키는데 기여하는 더 많은 과정과 요소가 존재함을 의미한다. 높은 다양성이 높은 완충능력에 필수적인 것은 아니지만 더 다양한 완충능력을 발달시킬 수 있는 더 넓은 스펙트럼을 만들어준다. 더 많은 반응과정과 요소는 외부충격을 완화시킬 수 있는 반응과정과 요소를 더 많이 갖출 수 있게 해준다.

11. 두 가지 생태계의 점진적 전이에 전이대를 이용한다.

자연에서 인접된 생태계는 칼로 무 자르듯 구별되지 않는다. 생태계와 인접한 생태계 사이에는 전이대(transition zone)가 존재하며, 전이대는 두 생태계 사이에 나타나는 급격한 변화를 흡수하는 완충대 역할을 한다.

12. 생태계의 구성요소들은 연결되어 있고 서로 영향을 주고 받는다.

생태계를 구성하는 요소들은 네트워크로 연결되어 있고 상호작용을 주고 받는다. 이 네트워크를 통해서 구성요소들은 생태계의 전반적인 모습을 만들어낸다. 네트워크의 높은 다양성은 더 높은 복잡성을 부여하며 효과적이고 상조적인 네트워크의 발달을 가져올 수 있다. 완충지대를 구성요소로 하는 생태기술에서는 이 원칙이 중요하다.

13. 생태계는 분리되지 않고 다른 생태계와 연동되어 작용한다.

생태계의 각 구성요소는 서로 연결되어 상호작용하며, 연결망을 형성하므로 생태계를 설계할 때 직접효과만이 아니라 간접효과도 고려해야 한다.

14. 생태계는 각각 고유한 역사를 가진다.

생태계의 역사는 한 생태계가 역사를 반영한 각 구성요소를 가진다는 의미이다. 어떤 강이 낮은 다양성을 가진다면 그 전에 독성물질의 유입에 기인하는 경우가 있다는 말이다. 강변연안지대에 대형조류가 번성했다면 주변의 농경지 등으로부터 대량의 영양염의 유입이 있었기 때문이다. 어떤 생태계의 현재 모습은 과거의 생태계에 나타난 교란 등의 결과이다. 또한 현재의 모습은 미래의 생태계 모습에 영향을 준다.

15. 생태계와 생물종은 지리학적 경계에서 가장 취약하다.

생태기술을 적용함에 있어서 생태계에 존재하는 생물종의 지리학적 경계를 살피는 것이 중요하다. 지리학적 경계에 있는 종을 사용하는 것은 삼가야 한다.

16. 생태계는 계층구조를 가지는(panarchy) 시스템이다.

생태계는 모든 구성요소, 특히 생물학적 구성요소에 의존되는데, 모든 구성요소는 경관에 의존하며, 경관은 지역에, 지역은 전체 생태권에 의존된다. 생태권은 다시 지역과 경관에 의해 모습이 결정된다. 따라서 생태공학에서는 공간적 · 시간적 범주의 모든 것을 포함하여 고려하는 것이 필수적이다. 생태권, 지역, 경관, 단위 생태계는 모두 자기설계적으로 움직이며 생태공학에서는 이 점을 반드시 고려해야 한다.

17. 물리적 · 생물적 반응과정은 상호작용한다.

물리적 과정이 변화하면 생물적 반응과정도 변화하고 반대로 생물적 반응과정이 변화하면 물리적 과정도 변화한다. 이는 어떤 반응과정의 변화는 다른 과정의 변화를 촉발시킨다는 것을 의미한다. 물리적 및 생물적 반응과정의 상호과정을 이해하고 적절하게 이해하는 것은 생태공학에서 중요하다.

18. 생태계는 각 구성요소의 합을 넘어서는 특성을 가진다.

생태계의 모든 구성요소와 반응과정이 상호작용하며 자기설계를 통해 모습을 갖추어가기 때문에 구성요소 하나하나의 특성을 모두 합한 것 이상의 특성을 내포한다. 따라서 생태공학에서 시스템을 하나로 다루어야 한다.

19. 생태계는 자신의 구조 속에 생태계의 거대한 정보를 축적한다.

생태계의 구조는 모든 생물과 경관의 물리적 구성요소를 내포한다. 생태공학에서 높은 수준의 생물의 유전정보뿐 아니라 물리적 정보를 모든 구성요소의 네트워크 내에 유지하도록 설계하는 것이 중요하다. 외부의 교란에 대응할 수 있는 정보가 그 안에 존재하기 때문이다.

일반적 설계 순서

화학의 주기율표나 강철이나 콘크리트 특성 설계표와 같은 변수나 상수 모음집과 같은 책은 생태공학 분야에는 없다. 전통공학과 생태공학의 설계 개념과 특징을 표 3.4에 정리하였다.

생태공학자나 기술자는 생태 시스템에서 활발하게 움직이는 과정들을 인식하고 이용하려고 한다. 생태학에 대한 이해를 바탕으로 설계의 목표에 부합되는 생태기능이나 반응을 이용하는 것이다. 다양한 시공간 스케일에서의 교란, 다양성, 이질성, 변화, 자기조직화를 설계에 포함시킨다. 표준적 설계 순서에 따르면 생태공학이 생태학의 이론들을 사용할 수 있게 해준다. 다음 순서들은 생태공학적 설계를 만들어내는 데 필요한 적절

표 3.2 전통적 공학과 생태공학 설계의 개념과 특징(Bolton 2008)

전통적 공학	생태공학
기능의 효율성	기능의 유지
안정성 추구	변화 불가피성 인정
교란 억제	교란 흡수와 회복
하나의 평형점	다수의 불안정한 평형
구조의 잉여성(redundancy of structure)	기능 잉여성(redundancy of function)
단일 출력 수용가능	복수 출력 수용가능
시공간적 균일성	시공간적 다양성
자연의 힘 제어 시도	자연의 힘으로 작동
예측성	불가측성
실패 – 안전	안전 – 실패
좁은 내성	넓은 내성
재생불가능 에너지 물질 고의존성	재생가능 에너지와 물질 최대 이용
견고한 경계와 변두리	신축적인 경계와 변두리
설계로부터의 폐기물 발생 비고려	다른 설계나 공정에서 발생되는 폐기물 최소화 또는 재사용
연역적	귀납적
공학적 리질리언스	생태적 리질리언스

한 생태정보를 얻을 수 있게 해준다. 이러한 정보들에 기초하여 최종 설계를 얻어낼 수 있다.

1. 대상 생태계를 움직이는 생물적, 비생물적 요인 파악

- 잠재적인 기후변화 영향과 생물의 존재 유무
- 대상 생태계의 물리적, 화학적, 생물적 요소들에 대한 역사
- 에너지 흐름과 물질순환의 통로와 생물을 제어하는 현재의 생물/무생물 요인
- 설계는 현재 상태와 부합해야 하며, 물질순환과 에너지 흐름의 통로와 생물의 지속성을 증강시킬 수 있어야 한다.

2. 현존하는 교란의 종류 파악; 시간(장기/단기), 생물/무생물

- 설계는 현존하는 교란에 대해 생태적 리질리언스를 갖추어야 한다.
- 설계는 안전 – 실패이어야 한다.
- 설계는 시스템 내에서 시공간적 이질성을 유지해야 한다.

3. 생태계가 제공해야 할 재화와 서비스의 파악

- 재화와 서비스의 생산은 유지되거나 개선되어야 한다.
- 인공적 물질의 투입은 동화용량(assimilation capacity)을 초과하지 않아야 한다.
- 발생하는 모든 폐기물은 다른 설계에서 이용될 수 있어야 한다.
- 설계에 소요되는 에너지는 재생불가능 자원의 이용을 최소화해야 한다.
- 재생가능 자원의 추출은 재생속도보다 낮아야 한다.

4. 설계와 그 유지에 도움을 주기 위해 자연력을 사용한다.

5. 모든 설계는 기존의 조건을 어느 정도 교란시킨다는 점을 인식한다.

- 완전한 설계는 없다. 잠재적 문제에 대한 정확한 평가는 영향의 최소화 혹은 수용성을 확보하게 해준다.
- 가능한 곳에서는 이웃한 생태계와의 연결성을 유지시키거나 통로 또는 생태네트워크를 통해 증강시키도록 한다.

6. 설계의 전체 과정, 변수, 결과의 모니터링을 세밀하고 완전하게 기록한다. 장래 설계를 개선시키는 데 도움을 준다.

3.3 생태기술

생태공학은 인간에 의해 교란된 생태계를 지속가능하도록 복원시킴과 아울러 인간과 생태계의 공통가치를 가지는 새로운 지속가능한 생태계를 개발하는 것이 목적이라 할 수 있다. 이를 위해서 생태공학 또는 생태기술은 (1) 생태계의 자기설계 능력에 기반을 두고, (2) 생태학 이론의 시험법이 될 수 있어야 하며, (3) 시스템적 접근에 의하여, (4) 재생불가능한 에너지와 자원을 보전하고, (5) 생태계 보전을 뒷받침할 수 있어야 한다.

현장에 적용되는 생태기술은 그림 3.1에 나타낸 바와 같이 5가지 요소를 만족할 수 있어야 한다. 생태계가 가지는 기능의 복원이나 이용을 통해 목적을 달성하는 기술의 특성에 맞추어 생태학의 기본 원리에 부합되는 기술이어야 하며, 그렇기 때문에 지역마다의 독특한 환경에 어울리는 기술이어야 하고, 단순한 오염물질의 저감이나 정화가 아니라 생태계의 구성요소들이 가지는 기능의 회복이 이루어져야 한다. 생태기술이 가지는 자기조직화(self-organizing)나 자기지지성(self-supporting)을 확보하기 위해서는 대상이 되는 생태계 내에서 에너지와 정보가 효율적으로 확산될 수 있어야 한다. 마지막으로 생태계의 가치와 사회의 수요를 만들어

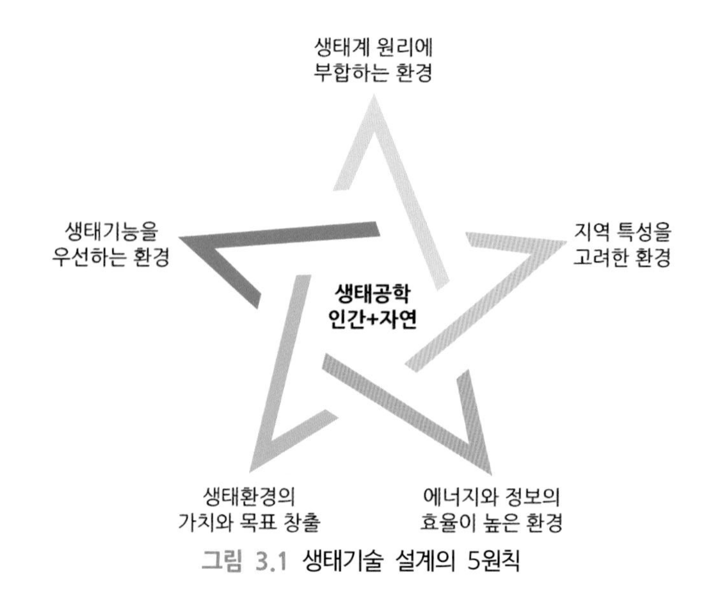

그림 3.1 생태기술 설계의 5원칙

낼 수 있어야 한다.

생태공학은 앞에서 살펴본 바와 같이 각 지역에서 특색을 가지고 발달해 왔고, 다양한 기술이 개발·적용되고 있는데, 지금까지 개발·적용되고 있는 기술들은 표 3.3과 그림 3.2와 같이 대략 네 가지의 큰 기술로 분류될 수 있다. 2000년대 초기에 Mitsch와 Jϕrgensen(2003)은 다섯 가지로 기술을 분류했었다. 표 3.1의 세 가지에 네 번째 기술을 현존하는 생태계를 생태적으로 건전하게 변화시키는 기술과 생태계 균형을 유지하면 이용하

표 3.3 생태기술의 분류(Jørgensen 등 2009)

기술 유형	사례		기존 환경기술
	환경기술 제외	환경기술 병합	
인간사회와 다른 생태계에 해로운 환경오염 문제를 생태계를 이용하여 해결/감소시키는 기술	오염확산 저감을 위한 습지처리	슬러지 농경지 투입	슬러지 소각
환경오염 문제를 해결/감소하기 위해 생태계를 모방하거나 복사하는 기술	오염확산 저감을 위한 인공습지처리	식물근권 이용 처리	전통적 폐수처리공정
심각한 교란 이후에 생태계를 복원하는 기술	하천, 호수 복원	오염토양의 제자리 복원(in situ)	오염토양의 탈현장 처리
생태계의 균형을 유지하면서 인간사회를 위해서 생태계를 이용하는 기술	농림업기술 (Agroforestry)	환경적으로 건전한 자원채굴 계획	

주) Applications in Ecological Engineering으로부터 수정

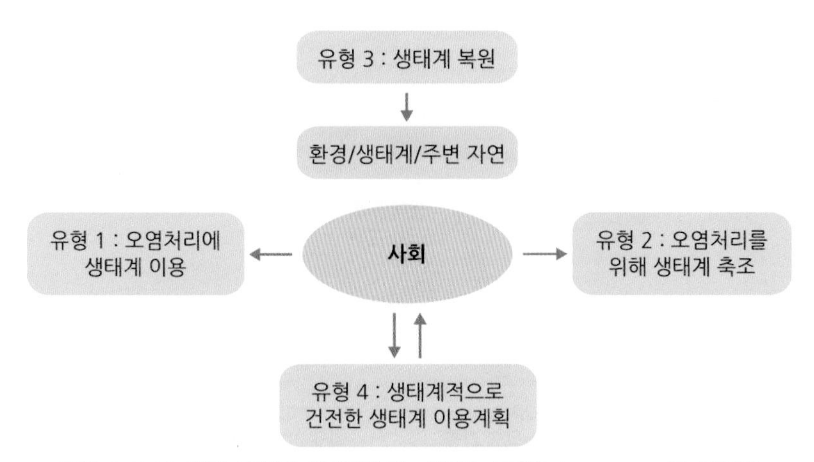

그림 3.2 네 가지 유형의 생태기술을 요약한 그림(Jϕrgensen 등 2009)

는 기술 두 가지로 나누어 다섯 가지로 분류하였지만, Jϕrgensen(2011)이 이를 하나로 묶어서 분류한 것이다.

오염의 해결과 감소를 새로운 생태적 기술을 적용하는 것과 자연을 모방한 기술 두 가지로 나누고, 교란 후의 생태계 복원기술과 생태계의 균형을 유지하며 이용하는 기술로 대별한 것이다. 각각의 기술은 생태공학적 기술로만 구성된 사례와 환경공학 기술을 병합시킨 기술 사례로 나누어 살필 수 있는데, 일반적으로 병합된 기술이 적용되고 있다.

유역으로부터 영양염류 등의 오염물질의 호수 유입과 하류유역 확산을 방지하기 위해 사용되는 습지처리 기술은 오염문제 해결에 관한 대표적인 생태기술의 한 예이다. 환경공학적으로는 폐수처리와 화학적 처리로 대응되던 것을 유입부에서 식생대 등을 이용하여 비점오염원의 유입을 차단 혹은 경감시키는데 자연의 기능을 활용하는 것이다. 인공적으로 습지를 조성하면 두 번째 분류에 해당하는 인공습지처리 기술이 된다.

기존에 하폐수처리시설에서 발생하는 슬러지는 소각이나 매립에 의해 공학적으로 처리되어 왔는데, 농경지나 녹지에 유기물 자원으로 투입하면 생태공학적 처리 기술이 된다. 우리나라에서는 슬러지에 함유된 중금속 함량이 비료관리법에서 정한 부산물 비료의 중금속 기준에 부합되지 않아서 실용화 단계로 이어지지는 못하지만, 외국에서는 토양으로의 투입이 생태기술의 하나로 적용되고 있다.

자연을 모방한 기술로는 갈대 등의 식물을 이용한 질소정화 기술을 들 수 있다. 하폐수에 포함된 질소를 정화하기 위해서 공학적으로는 탈질이나 이온교환 등의 기술을 적용해야 하지만, 생태공학적으로는 갈대 등의 식물을 재배함으로써 식물이 질소를 흡수 동화하고, 뿌리가 생육하고 있는 지하부로 지상부의 식물체로부터 산소를 공급함으로써 탈질반응을 제어하는 질산화반응을 촉진시킴으로써 탈질속도를 높일 수 있다. 또한 수산양식에 투입되는 먹이에 비례해서 발생하는 물고기의 분 등을 섭식하는 수생생물을 함께 양식하면 먹이연쇄과정을 복잡하게 만들어 잔류하는 유기물의 양을 줄여 먹이뿐 아니라 수자원의 이용률을 높이고 생산할 수 있는 상품도 다양하게 만들 수 있다.

훼손된 생태계를 원래 상태와 유사하게 복원하는 경우에도 유사한 모양을 갖춘 생태계를 기준으로 삼아 투입해야 하는 생물종의 종류나 밀도를 설계하는 데에 참고하도록 할 수 있고, 호수 등의 생태계가 외부의 자극에 대한 반응으로서 변화할 때 그 변화의 정도를 리질리언스(회복탄력성, resilience)로 평가 · 해석함으로써 생태계의 균형을 유지하며 이용하는 데 과학적 근거 논리로 이용할 수 있다(리질리언스에 대해서는 제5장 참조).

마지막으로 생태공학을 쉽게 이해하려면 전통적인 환경공학과 생태공학의 차이를 구분하는 것이 도움이 된다. 환경공학은 1960년대 미국을 중심으로 위생공학에서 시작한 공학의 한 분야로서 환경오염 문제를 풀기 위해 과학적 원리를 응용하는 분야이다. 반면에 생태공학은 같은 1960년대에 미국을 중심으로 시작하였지만, 환경공학과 달리 훼손된 생태계를 복원하거나 새롭게 조성하는 분야이다. 구체적으로 두 공학의 차이점은 표 3.4와 같다.

이 표에서 알 수 있듯이 생태공학은 전통적 환경공학에 비해 종다양성, 비용, GHG's(지구온난화 가스) 발생 등에서 상대적으로 우수한 방법이

표 3.4 환경공학과 생태공학의 비교

항목	환경공학	생태공학
단위	과정(프로세스)	생태계
설계원칙	기술	자기(자연적 유도에 의한)설계
접근방법	환경오염물의 종점(end-of-pipe)에서 접근	시점(begin-of-pipe)에서 접근
목표	오염 저감	기능의 최적화
설계	100% 인위적 설계	자기설계(인위적 지원 최소화)
종다양성	최소	보호
비용	중간 또는 높음	비교적 저렴
에너지원	화석연료	태양에너지
효율(단기)	높음	중간
조절성	높음	낮음

지만 효율성과 조절성 면에서 떨어진다. 이는 생태공학의 주요 적용 분야인 습지를 이용한 오염수 처리가 환경공학의 주요 분야인 현대적 처리장을 이용한 오염수 처리보다 단기적으로 효율이 낮고, 기계적 조절이 어려운 것을 보아도 알 수 있다. 그러나 장기적으로 기후변화가 이미 범지구적 환경문제로 등장하였고, 앞으로 자연생태계의 복원·보전이 우리 사회의 지속가능성을 담보하는 일차적인 과제로 대두되는 것을 고려하면 생태공학의 효용성은 지속적으로 높아질 것이다.

참고문헌

안소은. 2013. 의사결정 지원을 위한 생태계서비스의 정의와 분류. 환경정책연구 12(2): 3-16.

Bandurski, B.L. 1973. Ecology and economics: Partners for productivity. The Annals of the American Academy of Political and Social Science 405: 75-94.

Costanza, R., de Groot, R., Sutton, P., van der Ploeg, S., Anderson, S.J., Kubiszewski, I., Farber, S. and Turner, R.K. 2014. Changes in the global value of ecosystem services. Global Environmental Change 26: 152-158.

Gatte, D.K., McCutcheon, S.C. and Smith, M.C. 2003. Ecological engineering: The state-of-the-field. Ecological Engineering 20(5): 327-330.

Gunderson, L.H., Allen, C.R. and Holling, C.S. 2010. Foundations of ecological resilience. Island Press, Washington D.C., USA.

Hanley, N., Mourato, S. and Wright, R.E. 2001. Choice modelling approaches: A superior alternative for environmental valuation?. Journal of Economic Survey 15: 435-462.

Hardin, G. 1968. The tragedy of the commons. Science 13: 1243-1248.

Jørgensen, S.E. 2009. Applications in ecological engineering. Academic Press, San Diego, USA.

Matlock, M.D. and Morgan, R.A. 2011. Ecological engineering: Restoring and conserving ecosystem services. John Wiley & Sons Inc, New York, USA.

Mitsch, W.J. and Jørgensen, S.E. 2003. Ecological engineering: A field whose time has come. Ecological Engineering 20(5): 363-378.

Odum, H.T. and Odum, B. 2003. Concept and methods of ecological engineering. Ecological Engineering 20(5): 339-362.

Scurlock, J.M.O. and Olson, R.J. 2002. Terrestrial net primary productivity: A brief history and a new worldwide database. Environmental Review 10: 91-109.

권장도서

오정에코리질리언스연구원. 2015. 리질리언스 사고. 지오북, 서울, 한국.

우효섭과 남경필. 2008. 생태공학: 생태학과 건설공학의 가교. 청문각, 서울, 한국(번역).

Ewdwards-Jones, G., Davies, B. and Hussain, S. 2000. Ecological economics: An introduction. Blackwell Science, London, UK.

Jørgensen, S.E. 2009. Applications in ecological engineering. Academic Press, San Diego, USA.

제 4 장
생태공학 모델링

생태모델링은 모델이라는 이론적 틀을 가지고 생태계를 관찰, 분석 그리고 이해하는 과정이다. 생태모델링은 크게 두 가지 이론적 틀을 가지고 있다. 이것은 전체주의적 이론과 환원주의적 이론이다. 특히, 생태공학은 생태계의 보전, 복원과 창출을 통해 인간에게 필요한 생태계 서비스 설계를 목적으로 한다. 이러한 이유로 생태모델링 중 생태공학 모델링은 복잡한 생태계의 기능과 과정들을 이해하기 위하여 환원주의적인 관점뿐만 아니라 전체주의적 관점에서 종합적으로 생태계를 관찰, 분석, 이해하고자 한다. 생태공학 모델링을 위하여 4장에서는 다양한 환원주의적 및 전체주의적 모델들이 소개된다.

4.1. 시스템 생태학과 모델링

Odum 형제, Jørgenson, Patten 등의 시스템 생태학자들이 1950년대 이후 활발히 활동을 시작하고, 1970년대 중반 이후 'Ecological Modelling'과 같은 시스템 생태학 연구를 집중적으로 다루는 학회지가 발간되면서 시스템 생태학은 생태학의 한 분야로 자리매김하기 시작했다. 이것은 생태학이 생태계라는 시스템의 특징을 전체론적 관점에서 물질과 에너지의 흐름을 통해 계량적으로 이해하는 것을 가능하게 하였다. 이 세 시스템 생태학자들은 생태계를 시스템적으로 분석하기 위한 각자의 접근법을 제시하였다. Howard Odum은 에머지(emergy), Jørgenson은 엑서지(exergy), Patten은 간접효과의 지배성(indirect effect dominance)을 제시하였다. 이 세 접근법들은 각자 다른 토대 위에서 개발되었으나 생태계가 자기조직화 시스템(self-organizing system)이라는 것과 목적 함수에 근거하고 있다는 것에서 공통점을 갖는다. 목표함수는 생태계가 최적의 상태를 향하여 발전하고, 성장하며, 진화한다는 것을 가정하는 것이다(Bertalanffy 1975; Patten 1995).

에머지(또는 Embodied energy)는 실제 에너지양이 아니라 어떤 대상 또는 생물이 내적으로 포함하고 있는 에너지의 양으로서 에너지 기억(energy memory)이라고도 한다(Odum 1983). 즉, 에머지는 단순한 에너지의 양적인 측정이 아니라 생물이나 어떤 대상이 가지고 있는 정보, 지식, 잠재적인 가능성 등을 포함하는 것으로서, 이들이 만들어지는데 소비된 직·간접적 에너지의 양을 의미한다. 이러한 에머지의 흐름은 에너지변환도(transformity: 에머지/에너지흐름)로 측정된다(그림 4.1). 예를 들어, 먹이사슬을 살펴보면, 먹이사슬의 하위 단계에서 상위 단계로의 에너지 이동은 각 단계에서 다음 단계로 약 1% 정도로, 먹이사슬의 상위로 갈수록 에너지의 양이 감소한다. 그러나 먹이사슬의 각 단계에서 태양에너지의 단위로 환산된 에머지(각 먹이사슬의 단계를 생산하기 위하여 사용된 직간접적 에너지인 에너지의 기억)는 모두 동일하다. 그리고 에머지의 흐름인 에너지변환도는 상위단계로 갈수록 증가하는 것을 볼 수 있다. 즉, 먹이사슬의 단계가 상위단계로 올라갈수록 사용가능한 물리적인 에너지의 양은 감소하나 에머지의 흐름은 증가한다(Patten 1995). 또 다른 예를 들면, 한 사람이 성장하는 과정에서 지식을 습득하고 활용하는 과정을 들 수 있다(Odum 1988). 초, 중, 고등학교 과정에서 지식과 정보의

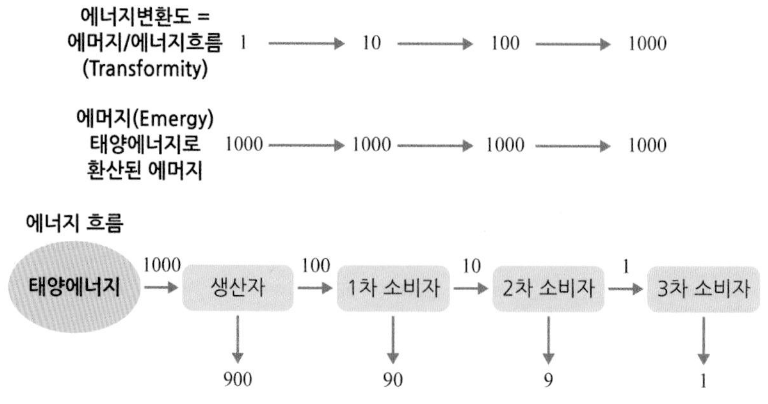

그림 4.1 먹이사슬로 설명한 에머지의 개념(단위: kJ/m²h, Michsh와 Jørgensen 2004)

습득은 청년이나 장년시기보다 더 왕성하다. 그러나 사람은 교육 단계가 높아지고 나이가 들면서 지식의 습득력은 떨어지나, 이미 얻은 지식과 정보를 더 효율적으로 조직하고 활용하는 능력을 갖게 된다. 물론 지식과 정보의 습득 과정과 이 지식과 정보를 조직화하는데 에너지가 필요하기 때문에 이 과정들 또한 에너지로 환산이 가능하다(Boltzmann 1905). 이미 얻은 지식과 정보를 조직화하고 활용하는 장년기보다 방대한 지식과 정보를 습득하는 유년기에 사람은 더 많은 에너지가 필요하다. 그러나 분명히 정보와 지식의 사용에 있어서 장년기 사람이 유년기의 사람보다 더 효율적이다. 이것은 유년기에서 장년기로 가면서 사용 에너지는 감소하나, 에머지와 에머지 흐름이 증가함을 보여 준다(Odum 1988).

엑서지는 사용가능한 일에너지로 열역학적 평형상태(maximum entropy)에서 얼마나 멀리 떨어져 있는지(열역학적 평형으로부터 거리의 함수로 표현됨)를 의미한다(그림 4.2, Patten 1995; Mitsch와 Jørgensen 2004). 그러므로 한 시스템이 주변 환경과 평형을 이루고 있다면 엑서지는 0이다. 닫힌 시스템의 경우 새로 사용가능한 에너지의 공급이 없이 시스템 내의 에너지를 사용하면 열역학 제2법칙에 따라 엔트로피가 증가함으로

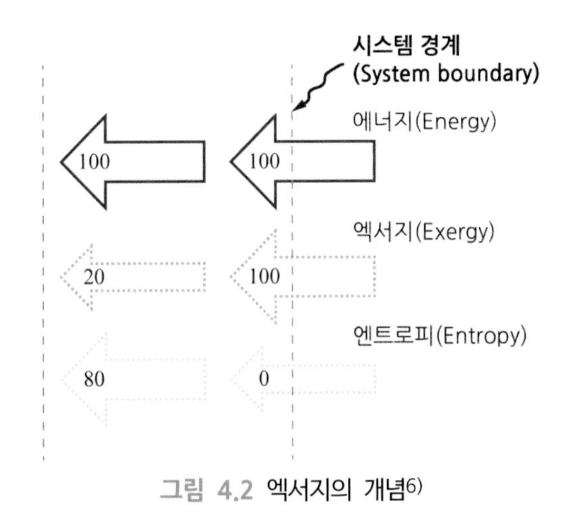

그림 4.2 엑서지의 개념[6)]

6) 에너지는 열학적 제1법칙에 따른 에너지 보존을 보여 주며 엑서지는 총 에너지 중 시스템 내에서 사용가능한 일 에너지를 보여줌. 엔트로피는 에너지를 사용하고 남은 에너지의 찌꺼기로서 사용가능한 일 에너지인 엑서지의 감소와 함께 증가함

써 결국 시스템은 열역학적 평형 상태에 이르게 되고 엑서지는 0이 된다. 그러므로 엑서지의 흐름이 있는 시스템은 열역학적 평형으로부터 멀어지려는 경향을 보일 것이며, 엑서지를 가능한 한 많이 저장할 수 있는 시스템 구성요소 및 과정이 있는 시스템으로 조직화하고 발전할 것이다. 예를 들어, 닫힌 시스템은 엑서지가 0으로 향하는 시스템으로 사용가능한 에너지가 외부로부터 공급되지 않으면, 이 시스템은 언젠가는 생명력을 잃을 것이다. 그러므로 어떤 한 시스템이 생명력을 유지하기 위해서는 엑서지의 흐름이 가능한 열린 시스템의 구조를 유지해야 하며, 이를 위하여 열린 시스템을 유지할 수 있는 요소 및 과정들을 더 많이 포함할 수 있는 구조로 발전하여 갈 것이다(Mitsch와 Jørgensen 2004). 근래에 많이 회자되고 있는 지속가능한 개발 및 지속가능한 사회라는 개념이 엑서지를 더 많이 저장하는 구조로의 시스템의 발전을 잘 보여 준다. 산업화 사회가 에너지의 소비에 의존하여 엔트로피를 증가시키는 사회였다면 지속가능한 개발을 추구하는 사회는 에너지의 소비를 줄이고 시스템 내의 에너지의 재생 및 순환을 증가시켜 엔트로피를 낮추는 사회이다. 이렇게 엔트로피를 낮추는 사회로의 발전은 엑서지를 더 많이 저장하는 사회로의 발전이다.

Patten은 네트워크 이론에 기반을 둔 네트워크 인바론 분석(network environ analysis) 기법을 제시하였다(Patten 1978; Patten 1982; Fath와 Patten 1999). Patten은 네트워크 인바론 분석 기법을 제시하면서 시스템의 한 단위를 인바론(environ)으로 보았다(Patten 1982; Patten 1991). 인바론은 중심시스템(focal system)과 이 중심시스템에 에너지와 물질을 주고받는 환경들로 이루어진다(그림 4.3(a)). 인바론은 환경을 유입환경(Input environment)과 유출환경(Output environment) 두 개로 구별하여 인식하는(그림 4.3(a)) 환경이원론(Environmental dualism)에 근거하여 환경을 정의한다(Patten 1982; Fath와 Patten 1999). 이 두 개의 유입환경과 유출환경에 의해서 여러 다양한 시스템들이 연결된다(그림 4.3(b)). 중심시스템은 먹이 그물의 개개 생물들일 수도 있으며 좀 더 공간적으로 광범위한 지역을 다룬다면 하나의 개체군, 군집 또는 습지나 호수 등의 소규모 생태계일 수도 있다.

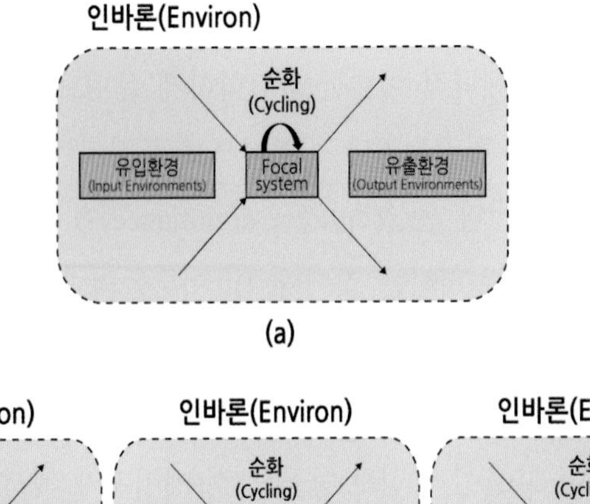

(a)

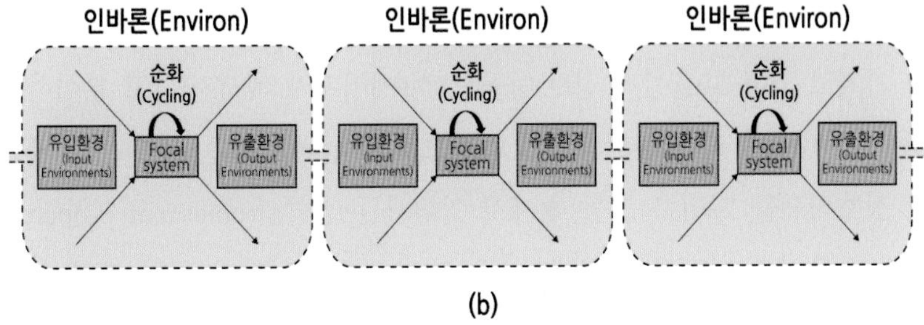

(b)

그림 4.3 (a) 인바론의 개념과 환경이원론 및 (b) 이를 통한 시스템 연결성

Patten과 동료들은 네트워크 인바론 분석 기법을 확장하여 생태계 네트워크 분석(ecological network analysis, ENA)이라 명명하고, 이에 근거한 분석들을 통해 시스템 내에서 이루어지는 복잡한 에너지와 물질의 이동(throughflow), 순환, 저장, 조절 그리고 유용성들을 계량적 · 비계량적으로 분석하고 설명하였다(Finn 1976; Higashi와 Patten 1989; Bath와 Patten 2012). Patten과 동료들은 특히 ENA 분석을 통해 생태계를 지배하는 것은 시스템 요소들 간의 직접적인 상호작용들이 아니라 보이지 않는 간접적인 상호작용들이라는 것을 제시하였다(간접효과의 지배성: Indirect effect dominance, Higashi와 Patten 1989). 이러한 간접 효과들은 시스템 인자들 간에 에너지와 물질의 분배가 균등하게 이루어질 수 있게 하며, 순환 및 저장과 더불어 시스템 내의 에너지 효율성을 증폭시킨다(Higashi와 Patten 1989). ENA 기법은 근래 Econet이라는 웹사이트

기반(http://eco.engr.uga.edu/)의 분석 기술이 제공되고, enaR의 R 패키지가 제공되면서 다양한 연구들에 활발하게 활용되고 있다(Fath와 Patten 1999; Borrett 등 2014).

앞에서 우리는 생태계를 전체론적 관점에서 바라보는 생태공학의 기초가 되는 시스템 생태학적 이론들을 간략하게 살펴보았다. 이 이론들의 공통점은 직접적으로 관찰되거나 실험적으로 측정되는 현상들로 파악할 수 없는 복잡한 생태계의 현상(indirect dominance)을 이해하고 밝힘으로써 현실 세계를 더 잘 설명하는 것이다. 이 이론들의 또 다른 공통적인 특징은 생물들 사이나 생물과 환경 사이에 단순히 물리적으로 측정될 수 있는 에너지나 물질의 흐름만을 측정하고 분석하는 것이 아니라, 이 에너지가 가지고 있는 효율성과 정보 등을 측정(에머지와 엑서지)하고 분석하는 것이다. 이렇게 직접 관찰되거나 실험으로 측정되지 않는 관계들과 복잡한 상호작용들 그리고 그들 속에서 일어나는 창발성(emergent property)들과 유용성을 이해하기 위해서는 모델링이라는 인간의 인식 과정이 필수적이다(Mitsch와 Jørgensen 2004). 그러므로 시스템 생태학적 연구는 다양한 모델링 기법들에 의존하여 발전해 왔고, 이것은 시스템 생태학에 기반을 두고 있는 생태공학에 있어 모델링의 중요성을 잘 설명한다.

4.2. 모델 개발 과정

이 책에서는 모델 개발 과정을 크게 네 개의 단계로 나누어 각 단계를 설명하고, 단계별로 고려해야 할 모델링 요소들을 제시한다. 이 네 개의 단계는 모델 설계, 모델 계량화, 시뮬레이션, 모델 검증 단계이다(그림 4.4). 이 모델 개발 과정은 시스템 모델 개발의 단계를 보여 준다. 다른 모델링의 경우도 이 모델 개발 단계들이 적용될 수 있으나 경우에 따라 시뮬레이션 단계가 빠질 수 있다. 이 단계들에는 모델의 향상을 위한 피드백(feedback) 과정이 포함될 것이다(그림 4.4). 모델 검증 결과 모델 설계 단계에서의 수정이 요구될 수 있으며, 모델의 계량화 과정에서는 모델 보정 과정을 통하여 각각의 적용된 수학적 모델들이나 통계적 모델들의 수정이 필요할 수 있다. 이러한 모든 과정들이 되먹임 과정에서 이루어진다.

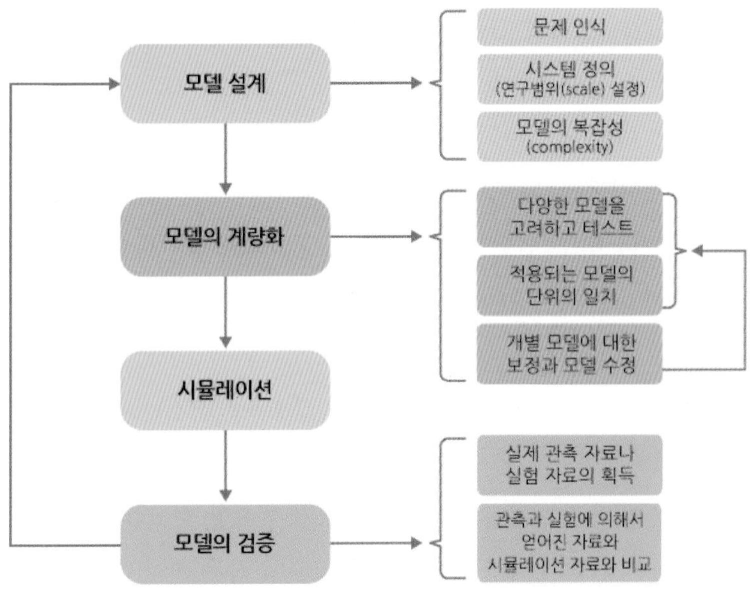

그림 4.4 모델 개발 과정 및 고려할 요소들

모델 설계

모델링의 첫 번째 단계는 모델 설계 단계로서, 3가지 요소들에 대한 이해가 필수적이다. 3가지 요소들은 문제 인식, 시스템의 정의 그리고 모델의 복잡성이다. 문제 인식은 과학적 연구들에서 가장 첫 번째 단계이다. 문제 인식은 한 시스템에 발생한 자연적·인위적 현상들에 대하여 파악하고, 그 현상들의 발생 원인과 결과 그리고 이 현상들이 가져다주는 문제들에 대한 해결책을 찾고자 하는 인식의 과정이다. 문제 인식의 단계에서 충분한 관찰과 선행연구들에 대한 광범위한 고찰이 이루어져야 하며, 전문가들 간의 협업을 통한 지식 및 기술 그리고 아이디어들의 교환이 이루어져야 한다. 이러한 과정들은 전체론적 관점 아래에서 하나의 현상을 인식하고, 그 현상에서 발생하는 문제들을 파악하고 해결책을 찾고자 하는 시스템 모델링의 가장 근간이 된다.

문제 인식의 단계가 끝나면 이 문제를 연구하기 위한 시스템의 정의가 이루어져야 한다. 이 시스템의 정의 단계에서 가장 중요한 것은 시스템의 범위(scale)를 정하는 것이다. 시스템 범위는 연구 범위로도 표현할 수 있다. 연구 범위는 생태학적 연구들에 가장 기초가 되는 개념으로 생태학적 연구들에서 매우 중요하게 다루어져 왔다(Levin 1992). 연구 범위에 따라 고려해야 하는 인자들의 종류와 수가 달라지기 때문이다. 연구 범위에 따른 고려 인자들의 종류와 수를 결정하는 객관적인 기준이 있는 것은 아니다. 그러나 연구 범위가 시간적으로 길어지고 공간적으로 확대될수록 고려할 변수들의 수는 감소하며, 이에 따라 고려해야 하는 인자들의 종류도 달라진다.

예를 들어, 우리가 한반도 전체를 공간적 범위로 기후변화에 따른 생물의 서식지 환경 변화를 연구한다고 할 때, 고려해야 할 인자들은 기온과 강수 등의 상대적으로 적은 수의 기후자료가 필요할 것이다. 그러나 같은 생물의 서식지 환경에 대한 기후변화를 하나의 작은 산과 같은 미소지역에서 진행한다고 한다면 고려해야 할 인자들은 단순히 기온과 강수뿐만 아니라 이러한 기후변수들에 영향을 주는 지형 및 연관된 종들과 토양 및 교란 등 더 많은 수의 다양한 인자들이 고려되어야 할 것이다. 또한 이 생물의 서식지 환경에 대한 기후변화 문제를 몇 십 년의 시간 범위에서 본다면 인위적인 온실가스 배출에 의해 발생하는 기후변화 인자들과 기후변화와 관련된 대기오염 인자들 그리고 기후변화를 심화시키는 인간의 다양한 서식지 파괴 행위들도 고려될 것이다. 그러나 시간 범위를 만 년 단위에서 본다면 인위적인 인자보다는 자연적인 기후변화 현상을 더 고려할 것이다. 그러므로 기후변수들과 그 사이에 변화하는 생물들의 적응과 같은 적은 수의 인자들이 연구에 고려될 것이다.

연구 범위의 개념은 자연에서 관찰되는 계층구조의 인식에서 시작되었다. 우리 모두가 알고 있듯이 자연은 아주 작은 렙톤이나 쿼크에서부터 우주까지 물리적인 크기에서 공간적으로 계층구조를 보인다(그림 4.5).

각각의 공간적 계층구조 속에서 발생하는 물리·화학적 반응들에 있어서도 몇 초에서 길게는 몇 만 년까지 걸리는 시간적 계층구조를 보인다. 그러므로 이러한 인자들의 상호작용들에 의해 설명되고 있는 생태계의 현상들도 계층구조에 의해 설명될 수 있다. 생태계를 이해하는데 있어 이러한 계층구조를 잘 설명하는 것이 계층이론(hierarchy theory)이다. 계층이론은 시스템 생태학을 설명하는 또 다른 방식으로 이해되기도 한다. 특히 방형구(10×10 m)와 같은 작은 공간 범위에서 수행되던 야외조사 중심의 전통적인 생태학뿐만 아니라 더 넓은 공간적 범위(남한과 같은 지역적 스케일에서 전 지구적 스케일까지)를 다루는 거시생태학적 연구들이 전체론적 관점에서 수행되면서 계층이론은 더욱 중요하게 여겨지게 되었다. 계층이론에 따르면 상위 계층은 하위 계층을 구성하는 다양한 요소들의 복잡한 상호작용과 이 계층 사이의 상호작용에 의해서 설명된다. 즉, 상위 계층의 현상들은 각 계층 내에서 발생하는 상호작용들 및 하위 계층과 상위 계층 사이의 상호작용들의 결과들로 본다.

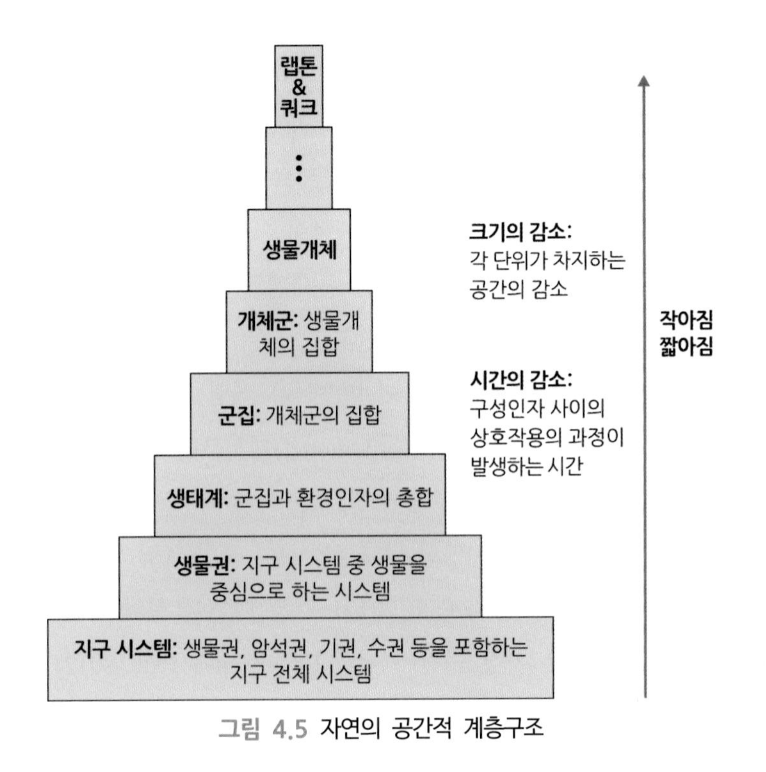

그림 4.5 자연의 공간적 계층구조

연구의 범위가 정해지면 이 범위에 따라 고려해야 할 변수들이 결정될 것이다. 생태계를 고려할 때 가장 먼저 떠오르는 것은 복잡성이다. 우리 모두가 인식하는 것처럼 생태계는 매우 다양한 요소들로 구성되어 있으며, 그 요소들 사이의 물질과 에너지의 흐름 그리고 그 흐름을 조절하는 작용들은 매우 복잡하다. 오늘날은 인간의 간섭이 광범위하게 생태계의 변화를 초래하면서 그 복잡성은 더욱 심화되고 있다. 또한 생태계는 열린 시스템으로 다양한 요소들 간의 상호작용들의 경계는 언제나 분명하지 않다. 사실 각각의 생태계는 그 경계가 없다는 것이 더 정확한 표현일 것이다. 이 시점에서 우리는 이렇게 질문할 수 있다. 얼마나 복잡한 모델을 만들어야 할까? 얼마나 많은 변수들을 고려해야 연구 시스템을 가장 잘 설명하는 모델을 만들 수 있을까? 연결된 모든 시스템들과 이 시스템의 요소들을 다 고려한다고 해서 언제나 좋은 모델을 개발할 수 있는 것은 아니다. 이것은 모델의 복잡성에 대한 질문들이며, 모델의 복잡성 선택은 균형의 문제이다. 모델이 복잡해질수록 모델을 구성하고 있는 변수들의 매개변수화 과정에서 오류가 발생할 가능성이 높아지며, 시스템을 설명하는 모델들의 증가는 모델의 검·보정 단계에서 필요한 자료의 부족으로 어려움을 겪게 되기 때문이다(Mitsch와 Jørgensen 2004). 또한 연구자가 연구 시스템에 대한 자세한 지식을 가지고 있다고 해도 완벽하게 물질과 에너지의 흐름을 이해할 수 있는 모델을 개발하는 것은 불가능하다. 그러므로 연구자는 언제나 중심이 되는 문제에 꼭 필요한 변수들과 과정들을 모델에 포함시키는 것이 중요하다.

고려해야 할 변수들이 정해지면 이 변수들은 개념 모델에 조직화될 것이다. 개념 모델들은 언어 모델(Word model)에서부터 생태적 관계들과 에너지의 흐름들을 보여 주는 그림 모델, 피드백 동적 다이어그램, 컴퓨터 순서도, 에너지 흐림도까지 다양한 형태들을 보여 준다(그림 4.6, Mitsch와 Jørgensen 2004; Jørgensen와 Fath 2012). 모든 다른 유형의 모델들을 개발하는데 개념 모델은 가장 근간이 된다(Jørgensen과 Fath 2012).

개념 모델은 모델 제작자가 개발하고자 하는 모델에 필요한 변수들과

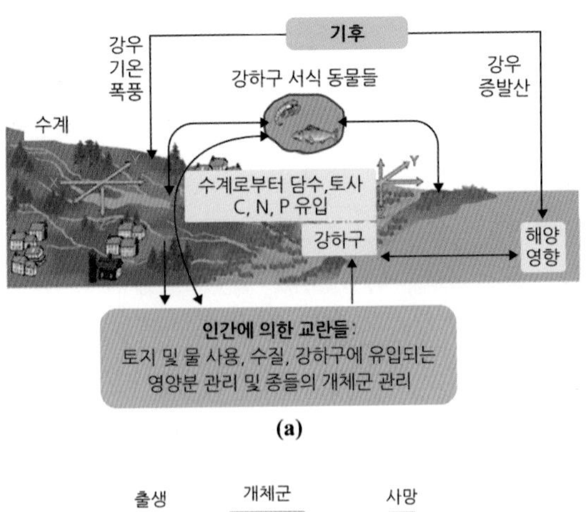

(a)

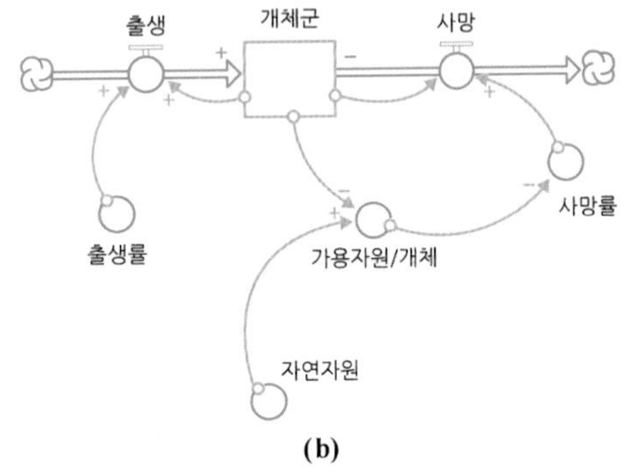

(b)

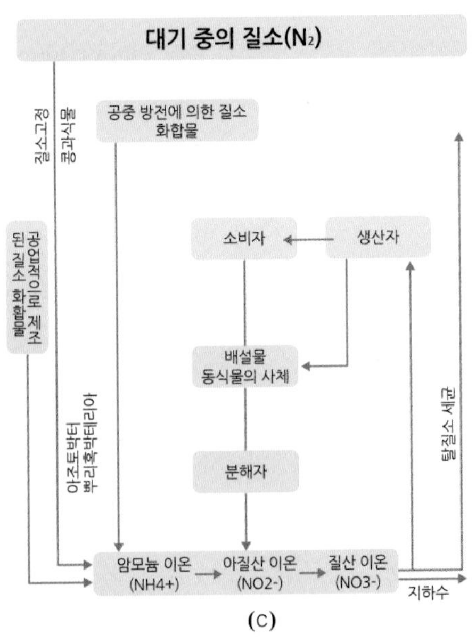

(c)

그림 4.6 (a) 그림 모델(http://pie-lter.ecosystems.mbl.edu/content/research),
(b) 동적 피드백 모델, (c) 에너지 및 물질 흐름도

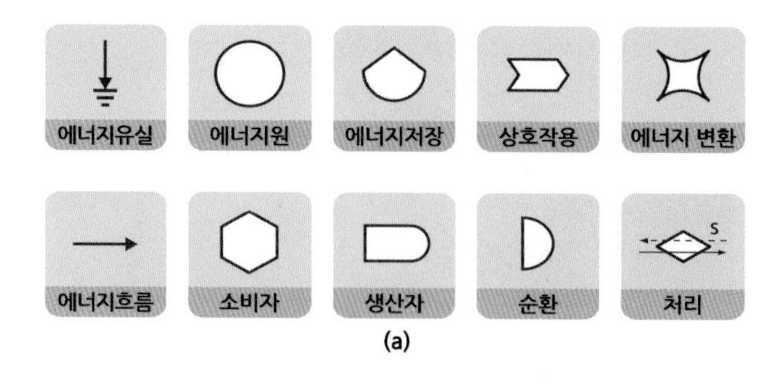

(a)

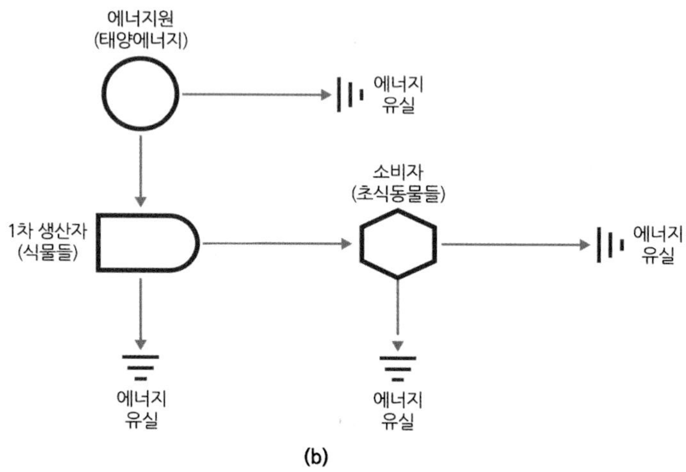

(b)

그림 4.7 (a) 도식적으로 표현된 에너지 순환 언어들(Odum 1983)과
(b) 에너지 순환 언어들을 사용하여 표현된 간단한 먹이 사슬

이 변수들을 조절하는 조절 함수들 그리고 이 변수들 사이의 연결을 보여 준다. 개념 모델들은 단순히 모델에 필요한 변수들과 그들의 관계를 보여 줄 뿐만 아니라 다양한 상징적 언어들을 사용하여 이 변수들 간의 역학적 관계들과 에너지의 흐름을 설명하여 계량화를 용이하게 한다. 특히 Odum에 의해서 개발된 도식적으로 표현된 에너지 순환 언어는 변수들 간의 에너지의 흐름뿐만 아니라 다양한 수학적 계량화를 위한 이해들이 포함되어 있다(그림 4.7, Odum 1983).

어떤 개념 모델을 사용할 것인지는 연구자의 주관적인 선택으로 연구 시스템을 가장 잘 설명하며, 시스템 인자들의 관계들을 가장 잘 조직화할 수 있는 모델을 선택하는 것이 중요하다. 일반적으로 모델의 복잡성이 증가할수록 개념 모델의 복잡도도 증가할 것이다. 예를 들어, 언어 모델은 개념 모델들 중에 가장 적은 수의 구성인자들을 가진 시스템을 설명하는데 사용될 것이다. 전 지구적인 스케일에서 수행되는 연구들이 이에 속할 것이다. 생물의 분포에 대한 기후변화 영향 연구의 경우 전 지구를 공간적 범위로 선택할 경우 기온과 강수 변수만으로 충분한 설명이 가능하다. 또한 생물의 분포를 수백 년에서 만년의 시간적 범위에서 연구한다면 단순히 연평균 강수량과 기온만으로 충분히 생물 분포에 대한 기후변화 영향을 설명할 수 있을 것이다. 그러나 미소지역에서 한 생물종의 서식지 적합도를 분석한다면 기후변수들 외에도 토양 및 지형 그리고 산포 및 연관된 종들과의 상호작용 등 매우 많은 요소들을 고려해야 할 것이다. 이런 경우 많은 시스템 인자들을 조직하기 위하여 피드백 동적 다이어그램과 같은 좀 더 복잡한 개념도가 필요할 것이다.

모델 설계 단계에서 가장 중요한 것은 앞에서 언급한 세 가지 고려해야 할 사항들에 따라 수집된 기존의 지식과 정보 및 자료들을 선택한 개념 모델의 틀 아래에서 조직화하는 것이다. 이 단계는 단순히 기존에 축적된 지식과 정보의 나열이 아니라 연구 목적 및 연구 범위 그리고 연구자가 가지고 있는 연구 관점과 수행하려는 연구의 이론적 배경을 보여주는 단계로 모델 개발에 근간을 이룬다. 그리고 필요한 정보나 자료들이 존재하지 않을 경우에는 부차적인 연구계획을 세워 자료들을 직접 수집하는 것이 중요하다.

모델 계량화

모델 설계의 다음 단계는 모델의 계량화 단계이다. 이 단계는 개념도에서 조직화된 요소들 간의 에너지와 물질의 흐름 및 상호작용 그리고 그 흐름들을 조절하는 요소들의 작용들이 수식으로 변환된다. 생태계에서 일어나는 많은 상호작용과 과정들은 다양한 수식으로 설명할 수 있다. 그러므로 계량화 단계에서 다양한 모델들이 적용되고 테스트되는 것이 중요하다.

이러한 계량화 단계에서 가장 중요한 것은 적용하는 식들의 단위를 일치시키는 것이다. 단위의 일치는 시스템 모델에서 가장 힘들면서 가장 중요한 절차이다. 다양한 인자들을 고려함에 있어서 각 인자들의 단위가 일치되지 않는다면 이것을 비교하고 통합하는 것은 불가능하다. 예를 들어, 사과와 배추가 우리 건강에 미치는 영향을 연구한다면, 하나는 과일이고 다른 하나는 채소인 이 두 물체들이 우리의 건강에 미치는 영향을 어떻게 비교 또는 통합할 수 있을까? 이를 위해서는 우리의 건강을 무엇으로 계량화할 것인가가 먼저 고려되어야 할 것이다. 그리고 우리의 건강을 계량화한 단위로 이 물체들을 계량화하는 것이 필요하다. 우리의 건강을 하루에 필요한 열량으로 계량화한다면 사과와 배추도 열량 단위로 계량화가 되어야 할 것이다. 물론 배추나 사과의 영양학적 특성과 우리 건강에 대한 기여를 열량으로만 표현할 수는 없다. 이것은 모델링을 위한 하나의 과정을 설명하는 것이다.

모델 계량화 단계에서 또 하나의 중요한 단계는 계량화에 적용된 모델들의 보정이다. 모델들의 보정은 두 가지 단계로 이루어질 수 있다. 첫 번째는 시스템을 구성하는 인자들에 적용된 각각의 모델에 대한 보정이다. 이 과정은 모델들을 실제 관측 자료 및 실험 자료와 비교하여 실제 자료들을 가장 잘 설명하도록 수정하는 과정이다. 이 과정에서 가장 중요한 것은 자료의 질이다. 모델을 보정하기 위한 자료들이 양질의 자료가 아니라면 논리적으로 합당한 모델을 적용한다고 해도 결과적으로 이 모델이 시스템을 잘 설명하는 것은 불가능하다.

두 번째는 개개의 모델의 전체 시스템 모델에 대한 반응에 따른 보정이다. 실제의 관측과 실험 등을 통해서 얻어진 각 인자들 간의 인과관계를 설명하는 수식들은 두 인자의 상호작용을 독립적으로 고려할 때는 문제가 없을 수도 있다. 그러나 이 식들이 여러 다른 인자들을 설명하는 수식들과 함께 고려되는 시스템 모델에서는 다른 식들과의 상호작용 속에서 예상하지 못했던 결과들이 나타날 수 있다. 이러한 예상치 못한 현상들에 의해서 발생하는 오류들을 보정하기 위하여, 선택된 매개변수에 적용된 모델들에 대한 전체 시스템 모델의 반응을 살펴보는 보정의 단계가 필요하다. 이러한 보정의 단계에서 개개의 변수들의 변화에 따른 전체 시스템 모델의 반응을 분석하는 민감도 분석이 수행된다.

시뮬레이션과 모델 검증

각 변수들에 적용된 수식들에 대한 보정이 끝나면 시스템 모델 전체에 대한 시뮬레이션이 수행된다. 시뮬레이션의 결과는 실제 관측 자료와 비교하는 검증 과정을 거친다. 이 과정에서 가장 중요한 것은 시뮬레이션 결과를 검증할 실제 관측 자료나 실험 자료를 획득하는 것이다. 시뮬레이션 결과가 실제 자료에 의해서 검증될 수 없다면 시뮬레이션 결과는 실질적으로 유용하게 사용될 수 없다. 이러한 검증 단계가 끝나면 민감도 분석을 통해 각 변수들의 변화가 전체 시스템의 변화에 미치는 영향의 정도를 알 수 있다. 또한 시스템 모델은 각 변수들이 전체 시스템과 어떠한 생태적 과정들을 통해 이러한 정도의 영향을 미치는지 설명할 수 있다. 이러한 생태적 구조들은 이미 시스템 모델의 설계 단계에서 잘 설명되어 있다. 그러나 모델 검증 결과 시스템 모델이 실제 관측 자료들을 잘 설명하지 못한다면 모델 설계 단계로 돌아가 다시 전체 과정의 수정이 이루어져야 할 것이다.

4.3. 생태공학 모델

생태공학은 넓게는 생태학에 그리고 좁게는 시스템 생태학에 기반을 두고 있다. 그러므로 다양한 생태학적 모델들과 시스템 모델들이 생태공학적 연구들에 사용될 것이다. 이 부분에서 저자는 세 가지 다른 기준에 근거하여 생태학적 연구들에 사용되고 있는 모델들을 분류하고 설명할 것이다. 즉, 쌍분류(paired classification)에 의한 모델 분류, 기능에 따른 모델 분류, 적용 시기와 활용도에 따른 모델 분류 등이다. 다양한 모델들을 여기에서 분류하고 설명하는 것은, 첫째 시스템 모델들이 모델의 계량화 과정에 다양한 모델들을 고려해야 하기 때문이며, 둘째 근래 다양한 모델들이 연결되어 사용되고 있는 것처럼 시스템 모델도 다른 모델들과 다양한 형태로 함께 연결되어 사용되고 있기 때문이다. 복잡한 생태계를 좀 더 잘 이해하고 설명하기 위하여 이러한 경향은 앞으로 더욱 강화될 것이다.

쌍분류에 의한 모델 분류

생태학적 연구들에는 다양한 모델들이 적용되어 왔으며, 그 목적과 방법에 의해서 다양한 형태로 분류된다. 생태학을 바탕으로 하는 생태공학적 연구들에도 생태학과 마찬가지로 다양한 모델링 방법들이 적용될 수 있을 것이다. 저자는 이 장에서 생태공학적 연구들에 사용되는 모델들을 쌍분류법에 따라 분류하고자 한다. 물론 이 외에도 다양한 형태로 분류가 가능하나 쌍분류법은 다양한 유형을 구별하고 연구 시스템에 따라 모델 유형을 선택할 때 유용하다. 다음의 설명들은 Hilborn과 Mangel(1997)과 Mitsch와 Jϕrgensen(2004)에 서술된 내용을 중심으로 정리한 것이다.

양적 모델과 질적 모델은 모델의 예측이 계량화되어 이루어지는지 또는 설명에 의해서 이루어지는지에 따른 분류이다(Hilborn과 Mangel 1997). 양적 모델은 계량화된 모델들을 표현한다. 우리가 분석과 모델링에 사용하는 다양한 수학적 모델들, 기계학습 모델들, 통계적 모델들이 여기에 속한다고 할 수 있다. 이 두 모델은 서로 보완적이며 함께 사용하는 것이 연구의 질을 향상시키기 위하여 필요하다. 이러한 관점에서 질적 모델은 연구 시스템을 설명하고 질적 모델로 설명된 시스템이 양적 모델에 의해서 수치적으로 변환되어 중심 시스템의 반응들을 계량적으로 분석하고 예측하는 것이 필요하다. 질적 모델을 설명하는 것은 다양한 개념 모델들이다. 모델링 절차에서 설명한 것처럼 개념 모델들은 언어 모델에서부터 생태적 관계들과 에너지의 흐름들을 보여 주는 그림 모델, 피드백 동적 다이어그램, 컴퓨터 순서도, 에너지 흐림도까지 다양한 형태들을 보여 준다

(Mitsch와 Jørgensen 2004; Jørgensen과 Fath 2012). 개념 모델들은 모델 개발 과정 중 설계 단계에서 적용되는 모델들이다. 개념 모델링 단계에서 가장 중요한 것은 모델 개발 과정(그림 4.4)에서 제시된 세 개의 고려사항을 고려하여 기존의 지식과 정보들을 조직하는 것이다. 이러한 질적 모델들에 나타난 인과관계를 설명하는 수식들이 모두 양적 모델들에 속한다.

결정론적 모델(deterministic models)과 확률론적 모델(stochastic models)의 분류는 모델을 구성하고 변수들이 확률적인 분포에 의해서 특징지어지는지 또는 그렇지 않은지에 따른 분류이다. 확률론적 모델은 이 모델을 구성하는 일부 또는 전부의 변수들의 특성들이 확률분포로 설명된다. 즉, 우리가 일반적으로 사용하고 있는 통계 모델들이 여기에 속한다고 할 수 있다. 그 대표적인 예는 회귀모형으로 회귀모형의 변수들은 확률분포의 유형 중에 하나인 정규분포로 그 구성변수들의 특성들을 설명하며, 이를 근거로 오차와 표준편차 등의 모델 불확도를 계산하다. 이에 반해 결정론적 모델은 모델을 구성하는 어떠한 변수도 확률적인 분포에 의해서 설명되지 않는다. 그러므로 변수들의 오차나 임의의 측정오차 등은 이 모델에서 고려되지 않는다. 그 결과 결정론적 모델은 입력변수가 같다면 모델이 만들어내는 결과는 언제나 같다. 이와는 대조적으로 확률론적 모델은 입력변수가 같다고 하더라도 확률분포에서 만들어지는 확률변수(random variable)에 따라서 모델이 만들어내는 결과들은 다를 수 있다. 결정론적 모델들의 예는 확률변수들을 포함하지 않는 선형 및 비선형의 수학적 모델들이 여기에 속할 것이다.

통계적 모델과 과학적 모델(scientific models)의 분류는 우리 주위에서 일어나는 자연현상들에 대한 설명 방식에 따른 분류이다. 통계적 모델들은 종속변수가 독립변수들과 어떤 상관관계를 가지고 있는지 설명한다. 즉, 종속변수들의 변화하는 방향과 같은 방향(정의 상관관계) 또는 반대 방향으로 변화(부의 상관관계)하는지를 측정한다. 그와는 달리 과학적 모델은 자연에 일어나는 현상들에 대한 기작들과 인과관계를 밝히고자 한다. 과학적인 모델의 경우는 복잡한 자연현상의 기작과 인과관계를 설명하기 위하여 하나의 모델이 아닌 다양한 모델들을 모두 종합적으로 고려한다. 과학적 모델의 예는 다양할 것이다. 그중에서 가장 대표적인 모델은 과정기반 모델(process-based model)이다. 과정기반 모델은 일반적으로 자연현상의 복잡성을 고려하고 그 현상을 설명하기 위하여 현상을 일으키는 인자들의 인과관계를 설명하는 다양한 모델들로 구성된다. 예를 들어, 어떤 한 생물종의 서식지 적합도를 예측하는 경관생태학적 모델을 개발할 때 그 종의 서식지의 적합도를 결정하는 인자들은 매우 다양할 것이다. 먼저 여러 가지 환경인자들(기후, 토양, 수분 등)의 영향을 고려해야 한다. 그러나 이것만으로 이 종의 서식지를 설명하는 것은 어렵다. 이 인자들 외에도 서식지를 공유하고 있는 다른 종들과의 상호작용을 고려해야 한다. 이렇게 외부적인 요인만을 고려하는 것이 이 종의 서식 환경을 설명하기에 부족하다. 더 정확한 서식지 적합도를 설명하기 위해서는 이 종이 외부 환경변화에 어떻게 반응하며 얼마나 번식을 잘 할 수 있는지 등을 고려해야 한다. 이렇게 여러 인자들과 연구종의 상호작용을 고려하기 위해서는 매우 다양한 모델들이 과정기반 서식지 모델을 구성해야 할 것이다.

정적 모델과 동적 모델은 입력변수들(시스템을 정의하는 상태변수)이 시간에 의존적인지 독립적인지에 따른 분류이다. 정적 모델에서 모든 입력변수들(시스템의 경우 상태변수들)은 시간에 무관하다. 정적 모델의 장점은 시간에 따른 변수들의 변화를 고려하지 않으므로 계산과정이 단순하고 예측이 매우 간단하다. 또한 모델이 여러 입력변수들을 가지고 있을 때 각각의 변수들이 모델 결과에 미치는 영향을 파악하는 것이 용이하다. 그러나 모든 모델 입력변수들은 시간에 따라 변하기 때문에 정적 모델 예측은 매우 비현실적이다. 반대로 동적 모델은 입력변수들이 시간에 따라 변화하기 때문에 모델의 예측이 정적 모델보다 현실을 잘 반영한다. 그러나 입력변수들의 시간에 따른 변화를 고려하기 위해서 모델은 더 복잡해지기 때문에, 각 변수들이 모델링 결과에 미치는 영향을 분명하게 파악하기는 어렵다. 동적 모델들은 미분방정식과 계차방정식들을 이용한다

(Mitsch와 Jørgensen 2004). 미분방정식은 시간의 변화에 따른 시스템의 연속적인 변화를 설명하며, 계차방정식은 일정 시간 간격을 둠으로써 불연속적인 시간의 변화에 따른 시스템의 변화를 설명한다. 이에 반해 정적 모델들은 대수방정식을 사용하여 시스템을 설명한다. 이러한 정적 모델의 대표적인 모델들은 요즘 경관생태학에서 많이 사용되고 있는 통계를 사용한 종분포 모형들이다. 종분포 모형들은 종의 출현/비출현 자료와 환경인자들과의 상관관계를 바탕으로 대상종의 적합한 서식지를 예측한다. 이러한 서식지 예측에서 종의 출현/비출현과 환경인자들과의 관계는 시간에 따라 변하지 않는다.

환원주의적 모델(reductionistic model)과 전체론적 모델(holistic model)은 모델의 근간이 되는 과학적 사고에 따른 분류이다. 환원주의적 모델의 특징은 시스템을 구성하는 모든 부분의 합이 전체 시스템을 설명한다는 것이다. 그러므로 환원주의자들은 시스템의 모든 구성인자들 간의 인과관계가 설명되면 이들의 합으로 전체 시스템이 설명된다는 것이다. 이에 반해 전체론적 모델의 특징은 전체 시스템은 모든 구성인자들의 인과관계의 단순한 합이 아니라 그 이상의 추가적인 속성을 지닌다는 것이다. 그 대표적인 예는 창발성 효과일 것이다. 시스템 인자들은 피드백 현상이나 물질과 에너지의 저장 그리고 순환 등의 복잡한 과정들을 통해 단순한 인과관계로는 설명할 수 없는 시스템 특유의 속성들을 가진다.

분산 모델(distributed model)과 집중 모델(lumped model)은 모델의 변수들이 시공간적으로 변하는가 아니면 시간에 의해서만 변하는가에 따른 분류이다. 분산 모델은 시스템을 구성하고 있는 인자들이 시공간적으로 변화를 보이는 것으로 공기의 확산이나 물의 흐름과 이 물속에 녹아있는 용존물질들의 확산 등을 설명하는 확산 모델(diffusion model), 이류-확산 모델(advection-diffusion model) 그리고 전파 모델(transmission model) 등이 여기에 속한다. 분산 모델은 시공간적인 변화를 설명하므로 편미분방정식에 의해서 정의된다. 이에 반해 집중 모델은 시스템 변수들이 시간의 변화에 의해서만 영향을 받는다. 예를 들어, 한 식물이나 동물의 개체군의 안정성을 분석하고 예측한다면 연구 대상인 생물의 개체군의 크기가 시간에 따라 어떻게 변화하는지 예측하는 로지스틱 모델과 같은 집중 모델이 사용될 것이다. 집중 모델들은 시간에 따른 변화를 분석하는 것으로 계차방정식이 사용되기도 하나 상미분방정식이 주로 사용된다.

인과관계 모델(causal model)과 블랙박스 모델(black-box model)은 물질과 에너지의 유입과 유출을 분석하는데 있어서 시스템 내의 인자들 상호간의 인과관계를 설명하는가 아니면 설명하지 않는가에 따른 분류이다(그림 4.8). 그래서 인과관계 모델은 시스템 내부에서 발생하는 인자들 상호간의 인과관계를 설명하는 것으로, 내적 서술 모델(internally descriptive model)이라고도 한다. 일반적으로 시스템 모델들이 이에 속할 것이다. 이에 반해 블랙박스 모델은 측정 가능한 유입량과 유출량만을 고려한다. 그

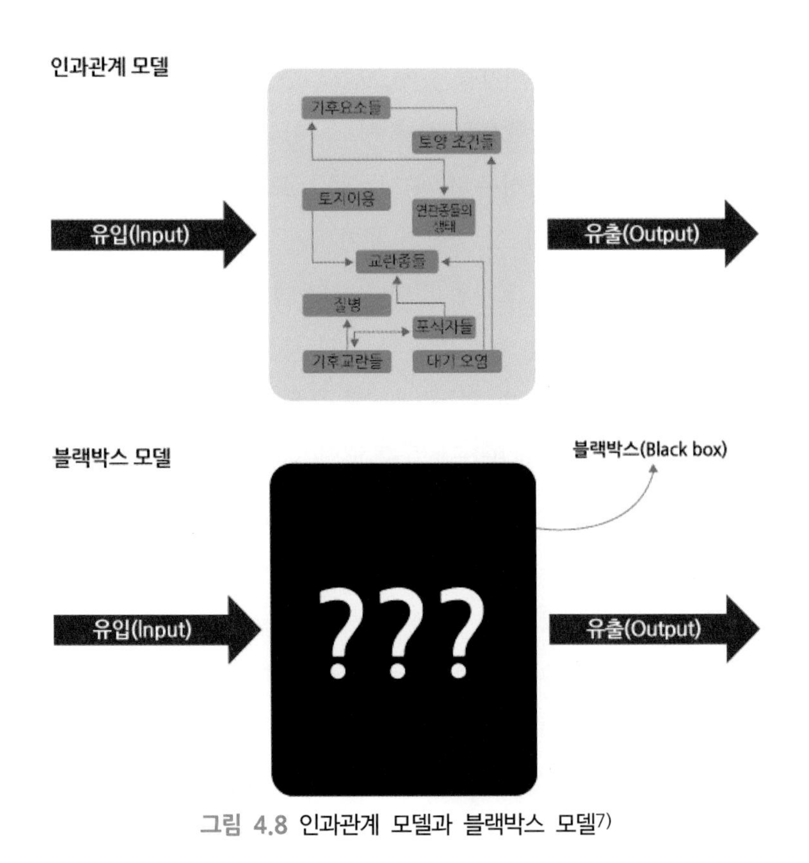

그림 4.8 인과관계 모델과 블랙박스 모델[7]

7) 위쪽은 인과관계 모델로 박스 안에 있는 구성인자들 간의 에너지 흐름 등 상호작용이 잘

러므로 블랙박스 모델은 유입량에 따른 유출량의 변화를 고려하고, 시스템 내에서 어떤 작용들이 일어나는지 내부 기작은 설명하지 않는다.

기능에 따른 모델 분류

기능에 따른 모델의 분류는 모델링의 목적과 연결된다. 그러므로 연구 목적에 따라 사용되는 모델을 다양하게 정의할 수 있을 것이다. 생물개체군의 개체군 내의 동적변화와 이 변화에 대한 환경의 영향을 연구하는 모델은 개체군 동적 모델들이다. 개체군간의 물질의 이동과 상호작용을 연구하는 모델들은 메타개체군 모델들이다. 또한 먹이그물에서 발생하는 에너지와 물질의 순환을 연구하는 모델들은 먹이그물 모델(food web model)에 속할 것이다. 전체론적 관점에서 생태계의 물질과 에너지의 흐름을 연구하는 모델들은 시스템 모델로 분류된다. 생태계의 변화를 2차원의 공간에서 분석하고 예측하는 모델들은 경관생태학 모델들이다. 경관생태학 모델은 특히 생물의 서식지 환경 및 다양한 시스템들의 시공간적 분석을 위하여 다양한 연구들에 적용되고 있다.

이러한 모델들은 각각의 연구에서 단독으로 사용되거나 좀 더 복잡한 시스템을 분석하고 예측하기 위하여 몇 개의 모델이 함께 사용되기도 하며 이러한 모델을 hybrid modeling approach라고 한다. 예를 들어, 개체군의 동적변화를 공간적으로 분석하기 위하여 개체군 모델과 경관생태학적 모델이 결합될 수 있다. 특히 시스템의 시공간적 변화를 분석하기 위하여 시스템 모델이 경관생태학 모델과 결합될 수 있다. 이렇게 여러 개의 모델이 연결되어 사용된 예를 포함한 다양한 모델의 예들이 다음의 사례 연구를 설명하는 부분에서 제시될 것이다.

설명되어 있음. 아래쪽은 블랙박스 모델로 박스 안에서 벌어지고 있는 과정들에 대한 지식은 알 수 없으며 다만 유입과 유출만이 설명되고 있음.

적용 시기와 활용도에 따른 모델 분류

시대에 따른 연구 흐름의 변화는 각각의 연구에 적용되는 생태학적 모델들에 있어서도 변화를 가져왔다. Jørgensen과 Fath(2012)는 1970년대 중후반(1975 ~ 1980)과 2000년대 초중반(2000~2006)의 두 기간 동안 생태 모델들을 다루는 대표적인 저널인 Ecological Modelling에 투고된 논문들을 분석하여 생태학적 연구들에 적용된 모델들의 변화를 분석하였다. 또한 각 모델들의 생태학적 연구에 있어서의 장단점을 소개하였다. 이들의 분석은 생태학적 연구 흐름과 이에 적용된 모델들의 흐름을 잘 보여 줄 뿐만 아니라 각 모델들이 어떤 연구들에 활용될 수 있는지를 보여 준다. 다음의 내용은 Jϕrgensen과 Fath(2012)에 서술된 내용을 중심으로 정리한 것이다.

먼저 이 두 기간에 사용된 대표적인 형태의 모델들이 9개의 유형으로 분류되었다. 이 9개의 모델들은 동적 생지화학 모델(dynamic biogeochemical models), 정상 생지화학 모델(Steady-state biogeochemical models), 개체군 동적 모델(population dynamics models), 공간 모델(spatial models), 구조적 동적 모델(structurally dynamic models), 개체기반 모델(individual-based models), 생태독성 모델(ecotoxicological models), 퍼지 모델(fuzzy models), 인공신경망 모델(artificial neural networks model)이다. 1975~1980년 사이에는 동적 생지화학 모델과 개체군 동적 모델이 주로(93.5%) 생태적 연구들에 사용된 반면, 2000~2006년 사이에는 언급된 9개 모델들이 모두 고르게 사용되었다. 특히 공간 모델들과 인공신경망 모델들의 사용이 현저하게 증가 추세를 보이고 있으며, 1980년 전에는 생태학적 연구에 사용되지 않았던 것으로 분석되었다. 이것은 컴퓨터 시스템의 발달에 따른 경관생태학 분야의 발달과 생물정보학(bioinformatics) 분야의 발달이 가져온 결과로 볼 수 있다.

생태계 연구에 적용률이 가장 낮은 퍼지 모델(1.8%)을 제외한 나머지 8개의 모델 유형들이 가지는 장점과 단점을 살펴보는 것은, 생태학적 연

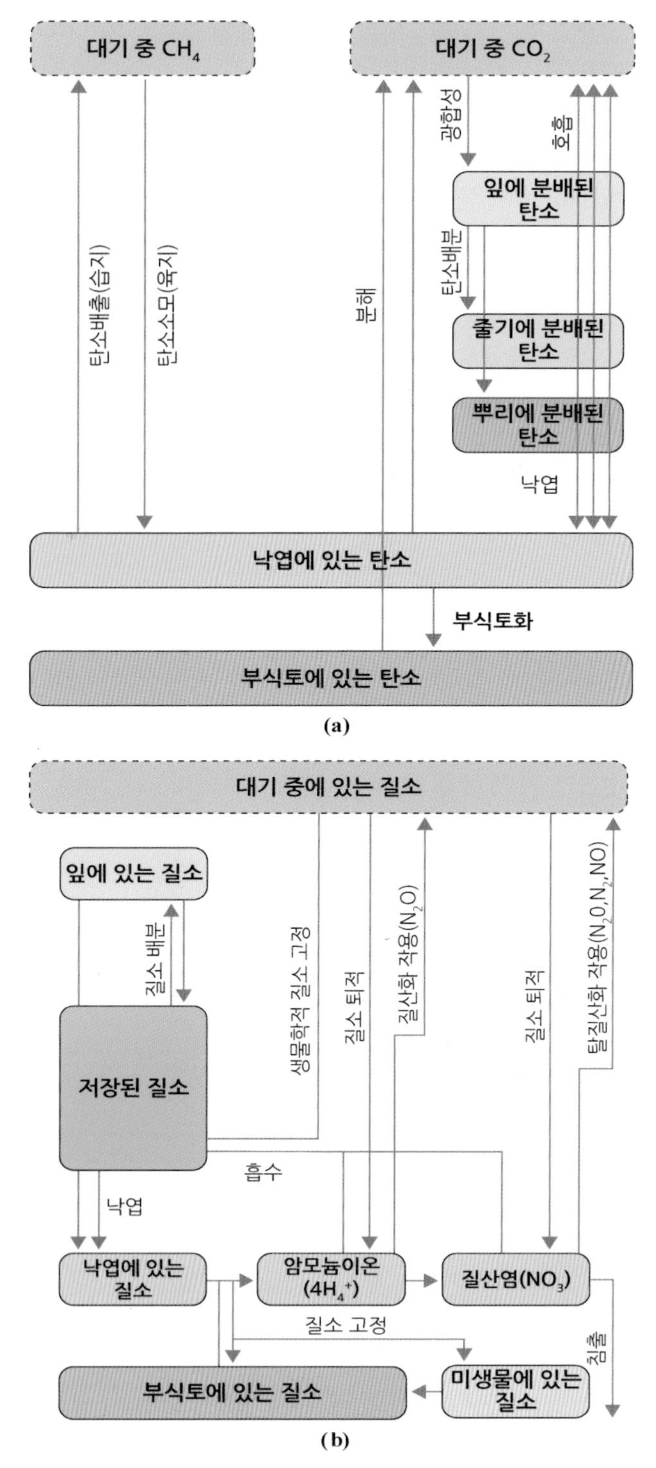

그림 4.9 (a)탄소 및 (b)질소 순화 모델

구들에 각 모델을 적절히 적용하기 위하여 매우 중요할 것이다. 먼저 동적 생지화학적 모델은 생태학적 연구에 가장 많이 사용되어온 모델 유형이다. 이 모델은 미분방정식을 사용하여 동적변화를 설명한다. 이 모델 유형의 장점은 인과관계와 질량 및 에너지 보존법칙을 바탕으로 모델이 설계되므로 모델 결과에 대한 이해 및 해석이 쉬우며, Stella와 같은 소프트웨어가 발달하고 있어 모델 개발이 용이하다는 것이다. 그러나 이 유형의 모델은 여러 다른 종류들로 이루어진 자료들에 사용하기 어려우며, 매개변수들이 많은 경우 각 변수들에 대한 보정이 어렵다는 단점이 있다. 또한 개체군 단위의 적응이나 군집에서의 종조성 변화 등을 설명하는 데 적용이 불가능하다. 동적 생지화학적 모델들의 예는 부영양화 모델, 인순환 모델, 탄소순환 모델, 질소순환 모델(그림 4.9) 등 다양하다.

정상 생지화학 모델은 동적 생지화학적 모델의 도함수가 0인 경우로 정적인 상황에서 상태변수들의 반응을 분석할 때 주로 사용된다. 이 유형의 모델은 정상 상태에서 한 시스템의 특성을 설명할 때 사용됨으로써 연구 시스템의 시간에 따른 변화를 설명하지 못한다는 단점을 가진다. 그

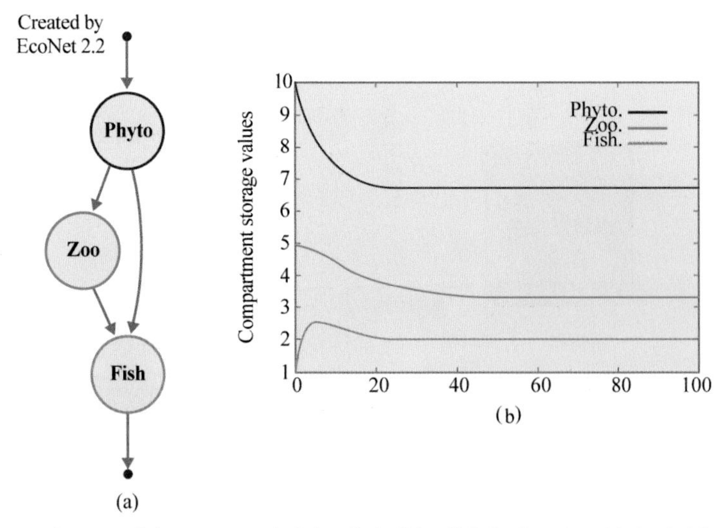

그림 4.10 (a) Econet 다이어그램과 (b) 생태계 네트워크 분석 결과[8]

8) 식물플랑크톤(Phyto), 동물플랑크톤(Zoo), 1차소비자(Fish)로 이루어진 시스템의 에너지 흐름을 Econet 프로그램을 이용하여 생태계 네트워크 분석 실행(http://eco.engr.uga.edu/)

러나 한 시스템을 설명하는데 있어 평균 상태의 상태변수들의 반응이 연구 시스템의 특성을 충분히 반영할 수 있는 경우, 적은 데이터로 유입량의 변화에 따른 시스템의 변화를 상대적으로 용이하게 예측할 수 있다는 장점이 있다. Chemostat 모델, 생태계구조 모델(ecopath models) 그리고 생태계 네트워크 분석 모델들이 여기에 속한다(그림 4.10).

개체군 동적모델은 1920년대에 개발된 Lotka-Volterra 모델에 그 뿌리를 두고 있다. Lotka-Volterra 모델은 먹이와 포식자의 상호작용 및 개체군의 환경수용능력에 따른 각각의 개체군의 동적변화를 잘 설명한다. 그러나 이 모델은 현실적인 개체군의 동적변화를 설명하는데 지나치게 단순화된 모델변수를 가진다는 한계가 있다. 그러므로 현실적인 개체군 변동을 예측하기 위하여 연령이나 크기 구조를 포함하는 모델들이 사용되기도 한다. 연령이나 크기를 포함하는 모델은 행렬기반의 모델로 Leslie의 매트릭스 모델(Leslie matrix model)이 사용된다. 이 모델의 장점은 개체군의 발달을 분석하기 쉽고 연령구조나 환경인자들의 영향을 쉽게 모델에서 고려할 수 있다는 것이다. 이에 반해 모델의 보정이 어려운 경우가 많고, 연령구조를 반영하는 데이터를 획득하는 것이 쉽지 않다는 것이 이 모델의 단점이다.

구조적 동적 모델은 다른 모델과 달리 변수들이 시간에 따라 변화하기 때문에 식물 군집을 연구하는 경우 종조성이나 이 군집의 환경변화에 따른 적응을 설명할 수 있다. 예를 들어, 한 식물이나 동물 개체군의 서식지 적합도를 예측하는 경우 이 개체군의 서식지 적합도가 단순히 환경의 조건에 따라 정의되는 것이 아니라, 환경 조건과 더불어 이 개체군의 환경에 대한 적응 및 순응 정도가 고려되는 것이다. 그러므로 동적구조 모델의 가장 큰 장점은 환경변화에 따른 생태계의 변화를 연구하는 경우 연구 대상 생태계의 적응 및 종조성 변화를 고려할 수 있다는 것이다. 즉, 새로운 환경조건에서 연구대상 생태계가 환경의 상호작용 속에서 새로운 균형점을 찾는다는 것이다. 이 모델은 환경변화, 특히 기후변화에 따른 각 생태계의 변화를 연구하는데 매우 중요한 역할을 할 수 있을 것이다.

그러나 동적구조 모델은 적응의 정도 등을 모델에 포함시키기 위하여 목표함수 등을 정하고, 모델의 구조를 어떻게 변화하도록 할 것인지를 정하기 위하여 컴퓨터를 기반으로 한 복잡한 프로그램 개발 등이 필요하다는 단점을 가진다. 특히 구조의 변화를 보정하거나 검정하기 위한 자료의 획득이 매우 어렵다.

인공신경망 모델은 생물학적 신경망 모델의 한 종류로 다양한 종류의 데이터베이스를 기반으로 모델 상태변수(state variable)들과 강제함수(forcing function)들 간의 관계를 설명한다(그림 4.11). 이 모델은 앞에서 설명한 블랙박스 모델(그림 4.8)의 한 종류로 시스템에 유입이 발생했을 때, 강제함수와 상태변수의 관계 속에서 유출이 계산되나, 그 안에서 이루어지는 과정들에 대한 인과관계가 설명되지 않는다. 그러므로 충분히 많은 데이터가 존재하고 시스템 내에서 발생하는 인자들 간의 인과관계가 밝혀지지 않은 경우 유용하게 사용할 수 있다는 장점이 있다. 그러나 인과관계가 설명되지 않기 때문에 많은 경우 모델의 예측 결과의 정확도가 낮다.

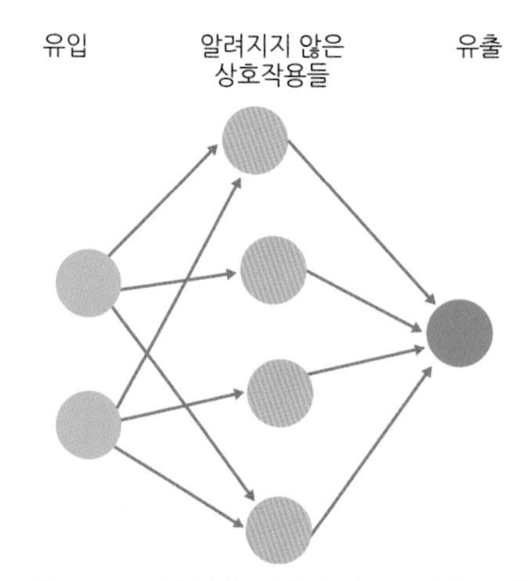

그림 4.11 단순하게 표현된 인공신경망 모델[9]

9) 동그라미는 상태변수들을 표현하며 화살표들은 물질과 에너지의 이동을 보여 줌. 이 화살표들은 강제함수에 의해서 조절됨.

공간 모델은 앞에서 설명한 경관생태학적 연구들에 주로 사용되는 모델이다. 공간 모델은 상태변수들의 공간적인 차이를 분석하고 예측하여 2차원 또는 3차원적으로 표현하는 모델이다. 그 대표적인 예는 토지이용 변화 모델, 생물의 서식지 분포 모델이나 기후수치 모델 또는 지형 모델 등이다. 공간 모델은 보전생태학 및 복원생태학 등 생태계 보존과 복원 및 평가를 위해 다양하게 적용되고 있다. 하나의 예는 요즘 전 지구적으로 매우 중요한 이슈가 되고 있는 생태계 및 인간사회에 대한 기후변화 영향 및 취약성 평가에 있어서 매우 중요한 수단으로 사용되고 있다. 이러한 공간 모델들은 GIS의 발달과 원격탐지 등 다양한 공간 데이터 개발 기술의 발달로 인하여 2000년대 이후 급격한 발전을 보이고 있다. 공간 모델은 생태계 현상들을 2차원이나 3차원으로 보다 현실적으로 분석하고 예측할 수 있다는 장점이 있으나, 현재까지는 이 모델에 필요한 2차원 데이터의 획득이 많은 경우 제한적이라는 단점이 있다.

개체기반 모델은 생지화학적 모델이나 개체군동적 모델은 고려하지 않는 개체 개개의 특성을 고려한다는 것이 특징이다. 예를 들어, 개체군의 동태를 분석할 때 개체군동적 모델은 개체군 전체의 평균적인 상태의 변화를 분석하고 예측하지, 그 개체군을 구성하고 있는 하나하나의 개체들의 특성을 고려하고 분석하지는 않는다. 그러나 개체군을 구성하고 있는 하나하나의 개체들은 각자 크기와 생리학적 내성들이 다르며 유전적인 정보들도 다르다. 이러한 차이는 환경이 변했을 때 각 개체들의 반응에서 차이를 초래하여 그 개체군 전체의 반응에도 다양성을 만들어낸다. 그러므로 개체기반 모델은 개체군이나 군집을 구성하고 있는 개체들의 특성을 설명하여 환경변화에 따른 개체들 및 개체군의 반응을 좀 더 현실적으로 분석하고 설명할 수 있다는 장점을 가진다. 그러나 많은 경우 많은 변수들을 고려하기 때문에 모델이 매우 복잡해지고, 그에 따라 상당한 양의 데이터가 모델의 보정과 검정을 위해 필요하다는 단점을 가진다.

생태독성 모델은 하나의 독립된 모델의 유형을 설명한다기보다는 생지화학적 모델들이나 개체군동적 모델들과 같은 생태독성학에 사용되는 모델을 칭한다. 그러나 생태독성 모델은 환경오염 문제들이 심각해지는 상황에서 매우 중요한 모델 적용의 부문이라고 할 수 있다. 환경영향평가 등 생태계의 보존과 지속가능한 개발을 위하여 생태독성 모델들의 발달이 매우 필요하다고 할 것이다. 이러한 중요성에도 불구하고 아직까지 충분한 데이터와 지식의 부족으로 이에 적용되고 있는 모델들은 매우 간단한 형태를 취하는 것이 일반적이다. 중속금 오염에 관련된 생지화학적 모델이나 연안 생태계의 질소 및 인의 순환에 의한 부영양화를 보여 주는 생지화학적 모델들이 그 대표적인 예일 것이다.

4.4. 모델링 연구 사례

생태모델링 사례 연구 부분에서는 근래 많이 사용되고 있는 공간 모델과 생태공학에 가장 효율적으로 사용되고 있는 시스템 생태학적 모델 그리고 이 두 모델이 연결되어 함께 사용된 예를 제시할 것이다. 이와 더불어 개체군동태를 공간적으로 분석한 연구 및 이 연구의 한 부분으로 사용된 분산 모델의 예도 제시한다.

기후변화에 따른 붉은 가문비나무(*Pciea rubens* Sarg.)의 성장 및 분포변화 예측

이 연구는 붉은 가문비나무(red spruce, 가문비나무속에 속하는 수종)의 성장쇠퇴와 고사가 심각하게 발생하고 있는 미국 남동부에 위치한 Great Smoky Mountains National Park에서 수행되었다. 성장쇠퇴 및 고사의 원인과 이에 따른 종분포 변화를 예측하기 위하여, 시스템 모형과 경관생태 모형을 융합한 세 개의 모형들을 개발하였다. 먼저 인바로그램(Envirogram) 기법을 이용하여 붉은 가문비나무의 성장에 영향을 미치는 모든 환경 요인들에 대한 연구 결과들을 융합하는 개념 모형(ARIM.CON)을 개발하였다. 개념 모형을 바탕으로 붉은 가문비나무 성장을 예측하는 시스템 모형(ARIM.SIM)을 개발하여, 붉은 가문비나무의 현재 성장 쇠퇴의 원인을 밝히고, 기후변화에 따른 미래의 성장을 예측하였다. 시스템 모형을 경관생태 모형과 융합하여 서식지 모형(ARIM.HAB)을 개발하고, 이를 바탕으로 붉은 가문비나무의 현재 분포와 기후변화에 따른 미래의 분포를 예측하였다.

개념 모델(ARIM.CON)

개념 모델 작성에 인바로그램 기법이 사용되었다. 인바로그램은 개념 모델의 한 종류로 하나의 중심시스템과 환경과의 복잡한 관계를 조직화하고 설명하는 데 유용하다(Niven과 Abel 1991; Niven과 Liddell 1994). 인바로그램은 중심시스템, 센트럼(centrum)과 웹(web)으로 구성되어 있다. 중심시스템은 연구대상종이나 생태계 등이고, 센트럼은 이 연구대상종에게 직접적으로 영향을 미치는 환경인자들이다. 웹은 센트럼에 영향을 미치는 환경인자들로 중심시스템에는 간접적으로 영향을 미치게 된다. 이러한 웹은 하나가 아니라 모델의 복잡성에 따라 매우 여러 개가 될 수 있다.

이 연구에서는 붉은 가문비나무 성장이 중심시스템으로 성장에 직접적으로 영향을 미치는 환경인자들이 센트럼을 구성하고, 센트럼을 구성하는 환경인자들에 영향을 미치는 인자들이 웹들을 구성하는 인바로그램이 작성되었다(Koo 등 2011a). 다음의 내용들은 Koo 등의 내용을 정리한 것으로 붉은 가문비나무의 성장에 영향을 미치는 환경인자들과 자세한 기작들 및 관련 참고문헌들은 Koo 등(2011a)에 기술되어 있다. 붉은 가문비나무 시스템은 열린시스템으로서 전체론적 관점에서 환경과의 상호작용이 붉은 가문비나무 성장에 미치는 영향을 분석한 것이다. 연구범위는 Great Smoky Mountains이라는 우리나라 지리산과 같은 하나의 산지이며, 붉은 가문비나무의 성장과 환경과의 상호작용의 분석은 개체군 수준에서 이루어졌다. 붉은 가문비나무의 성장은 상대적인 지수값으로 성장예측함수에 의해 예측된 값에 비해 당해 연도 성장이 증가했는지 또는

감소했는지를 계산한 것이다. 이러한 붉은 가문비나무의 상대적인 성장

Input Environment (유입환경)

			Input Environments →		Focal System
…	**Web 3**	**Web 2**	**Web 1**	**Centrum**	
		Elevation®	(9) Temperature (기온)	(1) Radiation (일사량)	
		Aspect®			
		Slope®			
		Greenhouse gases			
		Elevation	(10) Precipitation (강수)		
		Slope			
		Aspect			
		Elevation	(11) Cloud immersion		
		Precipitation®	12) Slope		
		Cloud immersion®			
		Precipitation®	(12) Aspect		
		Cloud immersion®			
		Cloud immersion®	(12) Elevation		
		Precipitation®			
	Temperature®	balsam woolly adelgid	(13) Fir mortality		

Output Environment (유출환경)

Focal System	→ Output Environments				
Red spruce 성장	**Centrnm**	**Web 1**	**Web 2**	**Web 3**	**…**
	(5) Herbivory (초식)				
	Herbivory	Temperature®			
		Precipitation®			
	(6) Weather Disturbance(기상조건 변화에 따른 교란들)				
	Winter Cold Temperature	Elevation®			
		Slope®			
		Aspect®			
		Greenhouse gases			
		Air pollution®			
		Phenotypic plasticity			
	Winter Warm Temperature	Elevation®			
		Slope®			
		Aspect®			
		Greenhouse gases			

그림 4.12 붉은 가문비나무 인바로그램(Koo 2009)

은 환경과의 상호작용에 의해 증가하거나 감소할 것이고, 성장의 증가를 초래하는 환경을 유입환경, 감소를 초래하는 환경은 유출환경으로 볼 수 있다(환경이원론). 그러므로 유입환경과 유출환경을 설명하는 두 개의 인바로그램들이 붉은 가문비나무를 성장과 환경인자들과의 상호작용을 설명하고 융합하기 위하여 작성되었다(그림 4.12). 붉은 가문비나무의 성장은 일사량에 의해 직접적으로 영향을 받으며, 일사량이 증가하면 증가할 것이다. 그러나 이 일사량은 다른 환경인자들 기온, 강수 및 지형인자들에 의해 영향을 받는다. 이 외에도 더 많은 인자들이 관련되어 있음은 자명하나 간단하게 여기에서 예를 들어 설명한 것이다. 물론 성장량은 가뭄이나 냉해 등 기상 조건의 악화에 의해 부정적인 영향을 받을 것이고 이것은 유출 인바로그램에 제시되어 있다.

시스템 모형(ARIM.SIM)

개념 모델을 바탕으로 Stella 모델이 작성되었다(그림 4.13). 개념 모델에서 중심시스템과 센트럼을 구성하는 요소들은 Stella 모델의 상위 모델을 구성하였다. 센트럼과 웹을 구성하는 요소들은 각각 하위 모델들을 구

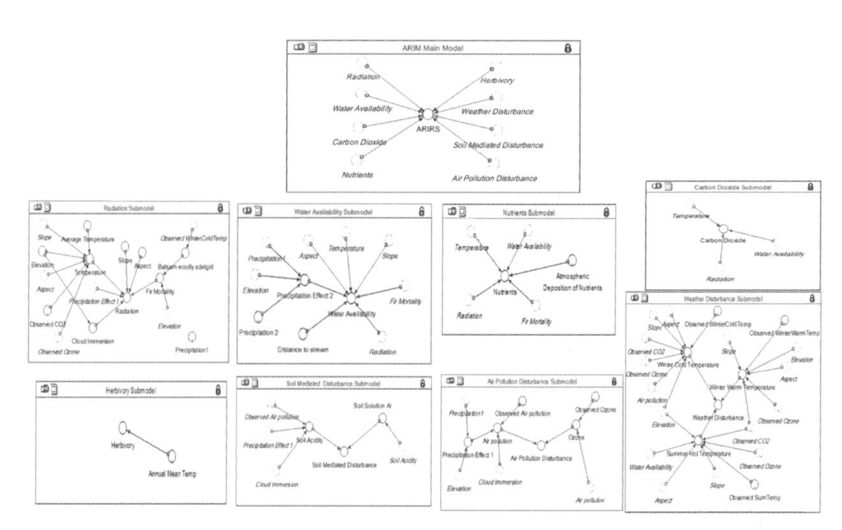

그림 4.13 개념 모델인 인바로그램을 바탕으로 작성된 붉은 가문비나무 성장 Stella 모델(Koo 2009)

성하였다. 하위 모델들에서 예측된 값들은 상위 모델 환경인자들의 값으로 사용되었다. 하위 모델에서 계산된 추정값들은 붉은 가문비나무의 성장에 직접적으로 영향을 미치는 환경인자들의 값으로 하위 모델들을 구성하는 다양한 인자들과의 상호작용 및 붉은 가문비나무의 반응을 고려하여 계산된 값이다. 예를 들어, 일사량은 지형인자들뿐만 아니라 기온과 강수에 의해서도 영향을 받는다. 이것은 수목 생리학적 이해가 필요하다. 즉, 아무리 관측된 일사량이 많다고 해도 기온이 너무 높으면 수목들은 광합성을 중지한다. 그러므로 실제 측정된 일사량이 매우 많다고 해도 수목이 광합성에 사용하여 자신의 성장에 사용할 수 있는 일사량은 0이 되는 것이다. 그러므로 하위 모델에서 추정한 일사량은 실제 야외에서 측정한 값들과는 다르다. 이렇게 하위 모델들에서 추정한 상위 모델의 환경인자들의 값들은 연륜연대 분석을 통해 얻어진 실제 붉은 가문비나무 성장값과 일반화된 선형모형(Generalized Linear Model, GLM)을 적용하여 비교되었다. 그 결과 붉은 가문비나무 성장에 영향을 미치는 상위 모델의 환경인자들과 이 상위인자들을 설명하고 있는 하위 모델들이 선정되었다. 이 연구 결과에서 붉은 가문비나무의 성장에 영향을 미치는 환경인자들은 고고도의 경우 대기오염과 대기오염의 하위 모델들을 구성하고 있는 인자들과의 상호작용이었으며, 저고도에서 일사량 및 수분조건과 그 하위 모델들에 포함된 상호작용들이었다. 그러므로 고고도의 붉은 가문비나무의 성장 쇠퇴의 원인은 대기오염과 관련된 생태학적 프로세스이며, 저고도의 붉은 가문비나무 성장은 고온과 수분스트레스와 관련된 생태학적 프로세스에 의해서 조절됨을 보여 주었다. 자세한 연구 내용들은 Koo 등(2011b)에 수록되어 있다. 이 연구결과에 기후변화와 대기오염 변화 시나리오를 적용한 결과, 고고도의 붉은 가문비나무 성장은 대기오염의 개선에 따라 회복되었으며, 저고도의 생장은 대기오염의 개선에 상관없이 지속적인 감소를 보였다. 이 결과들과 생태학적 프로세스들의 자세한 내용은 Koo 등(2014a)에 수록되어 있다. 모델링의 관점에서 이 연구가 제시하는 것은 기후변화 예측이 서식지마다 다른 생태학적 프로세스들에 의해서 설명된다는 것이며, 이러한 이해를 위하여 시스템 모델의 적용이 중요하다는 것이다.

서식지 모형(ARIM.HAB)

붉은 가문비나무 성장 시스템 모델은 경관생태학적 모델 중에 하나인 종분포 모형과 연결되었다. 이 연결을 위하여 붉은 가문비나무가 더 좋은 성장을 보이는 것이 더 높은 서식지 적합도를 의미한다고 가정하였다. 이러한 가정 아래서 각 지리적 위치에서의 붉은 가문비나무의 성장을 30 m × 30 m 공간해상도의 격자 단위에서 붉은 가문비나무 시스템 모델을 이용하여 계산하였다. 각각의 격자에서 계산된 붉은 가문비나무 성장 정도를 0~100 단위의 지수로 변환하여 상대적인 서식지 적합도를 표현하는 서식지 모형을 개발하였다(그림 4.14). 이 서식지 적합도 모형은 고도가 높은 곳에서 서식지 적합도가 가장 낮은 것을 보이고, 중고도 지역이 대체적으로 가장 높으며 저고도 지역이 중간 정도의 적합도를 보였다. 이것은 현재의 붉은 가문비나무의 서식지 현황과 분포를 잘 설명하였으며, 미래의 기후변화와 대기오염 시나리오를 적용하였을 때 기후변화뿐만 아니라 대기오염의 변화 정도에 따른 서식지 적합도의 변화를 현실적으로 설명하였다(그림 4.14). 이 연구 결과 대기오염이 감소할 경우 고고도 서식지의 회복으로 기후변화에 따른 저고도의 서식지 적합도의 저하가 발생한다고 할지라도 전체적으로 적합한 서식지의 면적의 유실은 높지 않은 것으로 예측되었다. 이 연구에 대한 자세한 내용은 Koo 등(2014b; 2015a)에 설명되어 있다.

연안생태계의 부영양화와 연갑조개(*Mya arenaria*) 성장의 시공간적 변동성

Plum Island Sound estuary는 미국 동북부에 위치한 장기생태 연구지역으로 강 유역의 도시화에 따른 강 하구 상부에 부영양화가 발생하고 있다. 이 연구는 도시화에 따라 부영양화의 원인인 질소가 강 유역의 분

수계 시스템을 통하여 강 하구에 유입되는 것을 종합적으로 분석하는 연구의 일부로 진행되었다. 이 연구의 구체적인 목적은 연갑조개 성장의 시공간적 변동성을 결정하는 요인이 무엇이며, 부영양화의 약화에 연갑조개가 유용한지를 밝히는 것이다. 이를 위해 야외조사 및 실험, 실내 실험들이 적용되었으며, 이 실험과 조사결과들을 분석하기 위하여 다양한 모형들이 사용되었다.

강 하구의 상부에서 하부 사이에 있는 갯벌 중 연갑조개의 서식지가 발달해 있는 6개의 야외조사 사이트를 정하고, 1년 동안 8차례에 걸쳐 연갑조개를 수집하였다. 또한 관련문헌들을 조사하여 연갑조개의 성장과 밀접한 연관이 있다고 조사된 환경인자들인 여름철과 겨울철 수온 및 염

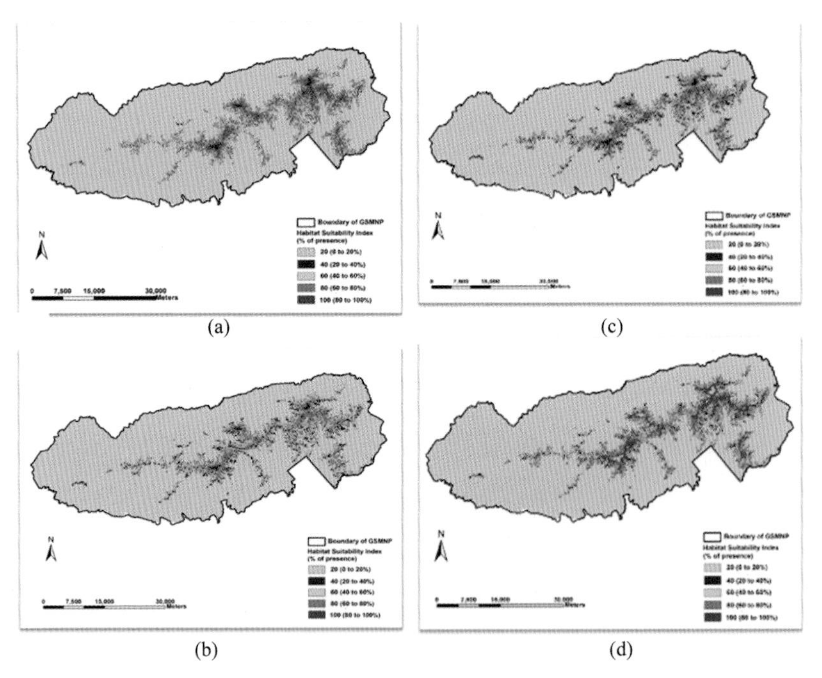

그림 4.14 (a) 붉은 가문비나무의 현재 분포, (b) 2100년 붉은 가문비나무 서식지 적합도 예측(기후변화 + 현재와 같은 대기오염도), (c) 2100년 붉은 가문비나무 서식지 적합도 예측(기후변화 + 현재보다 대기오염도가 10% 증가함), (d) 2100년 붉은 가문비나무 서식지 적합도 예측(기후변화+현재보다 대기오염도가 10% 감소함) (Koo 등 2015a).

도 그리고 먹이원인 식물플랑크톤의 양을 조사하였다. 이 사이트에서 수집된 연갑조개들의 조개껍질의 크기를 분석하고, Von Bertalanffy 성장 모델[10)]을 적용하여 각 사이트마다 조개껍질의 최대 크기를 예측하고(그림 4.15(a)), 이를 바탕으로 예측된 조개의 단위 면적당 생체량의 공간적 차이와 환경인자들 및 식물플랑크톤 양의 공간적 차이를 비교하였다. 각 사이트의 조개의 단위 면적당 생체량은 예측된 조개껍질의 최대 크기에 단위 면적당 조개 생산량 및 무게를 함께 고려하여 계산하였고, 이 생체량의 공간적 분포는 수학 모델을 이용하여 연속적으로 예측되었다. 여름과 겨울의 수온과 식물플랑크톤의 양은 수학 모델을 적용하여 연속적인 공간적 분포를 예측하였고, 염도는 분산 모델을 이용하여 공간적 분포를 예측하였다(그림 4.15(b), Vallino와 Hopkinson 1998). 마지막으로 분석 결과들을 종합적으로 고려하여 연갑조개 생체량의 공간적 변동성을 결정하는 환경인자들을 밝혔다(그림 4.15(b)). 각 환경인자와 연갑조개 생체량의 관계는 단순회귀모형을 사용하여 설명하였다. 연갑조개의 생체량의

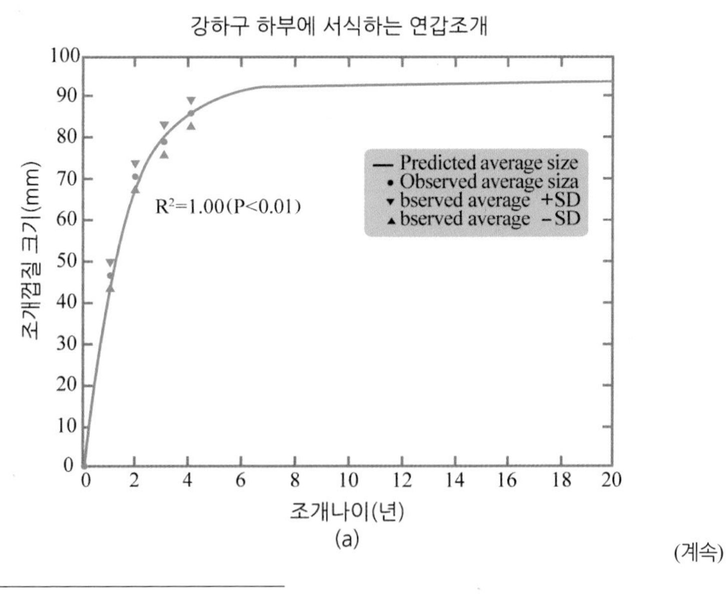

(a)

(계속)

10) Von Bertalanffy 성장 모델은 1938년 Von Bertalanffy가 제시한 성장곡선으로 모든 생물들이 성장하면서 성장률이 감소하는 것을 기반으로 만들어져 어패류의 성장 연구에 가장 광범위하게 사용되는 모델이다(이 모형의 수식과 적용에 대한 자세한 정보는 Koo 등 2016에 제시되어 있다).

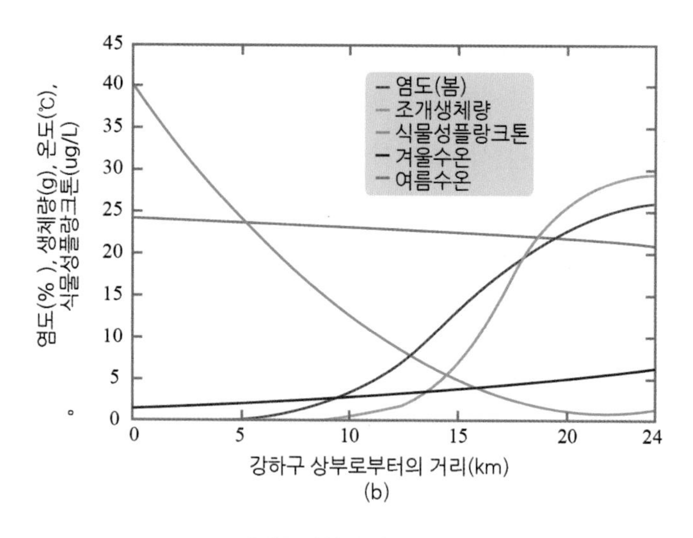

(b)

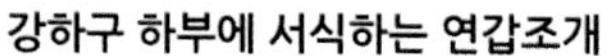

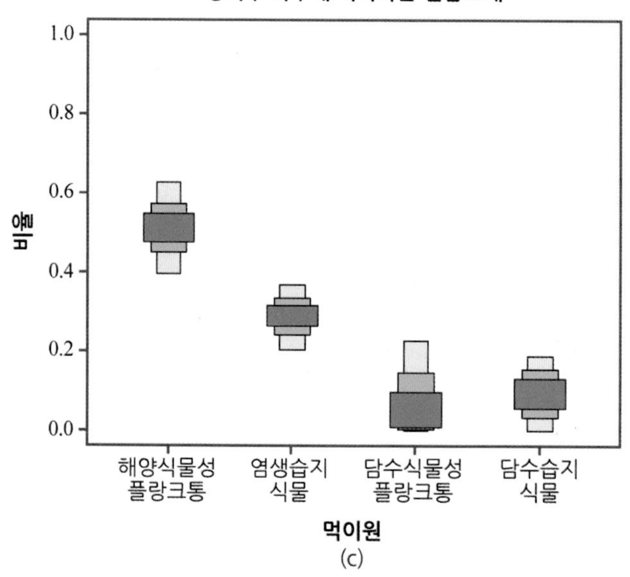

(c)

그림 4.15 (a) Von Bertalanffy 성장 모델을 적용하여 각 사이트마다 조개껍질의 최대 크기 예측(Koo 등 2016), (b) 이류-분산 모델을 적용하여 예측한 염도, 수학식들을 적용하여 예측한 수온 및 식물플랑크톤과 조개 생체량(Koo 등 2016), (c) 베이지언 Isotope Mixing model을 적용하여 예측한 연갑조개의 먹이원

공간분포를 결정하는 요인은 염도로 밝혀졌으며, 주 먹이원인 식물플랑크톤의 양은 큰 영향을 미치지 않는 것으로 나타났다.

식물플랑크톤 양의 공간적 분포가 왜 연갑조개의 성장에 중요한 요인이 되지 않는지를 좀 더 자세히 살펴보기 위하여 연갑조개와 연갑조개의 서식지 근처에서 자라는 염생식물들 및 상류에서 자라는 식물들 그리고 물에 부유하고 있는 다양한 식물플랑크톤의 안정성 동위원소를 분석하고 비교하였다. 분석에 사용된 동위원소들은 탄소동위원소, 황동위원소, 질소 동위원소이며, 생물의 먹이원을 밝히기 위하여 사용되고 있는 수학 모델인 베이지언 Isotope mixing model(Solomon 등 2011)을 적용하여 각 사이트에 서식하는 연갑조개의 먹이원을 분석하였다(그림 4.15(c)). 연갑조개의 먹이원은 각 사이트에 따라 매우 달랐으며, 주로 서식지에 가까운 곳에 있는 먹이원을 가장 많이 섭취하는 것으로 나타났다. 예를 들어, 강 하구의 하부에 있는 사이트의 연갑조개는 해양에서 가장 많은 먹이원을 공급받는 것으로 나타났다. 그러므로 부영양화가 주로 발생하고 있는 강 하구 상부에 분포하고 있는 조개의 생체량이 매우 적은 것을 고려할 때, 부영양화를 약화시키는데 연갑조개의 역할이 크지 않은 것으로 예측되었다.

기후변화에 따른 한반도 한대성 상록활엽수의 시공간적 분포변화 예측

한대성 상록활엽수는 기후변화에 취약한 고산과 아고산에 서식하는 수

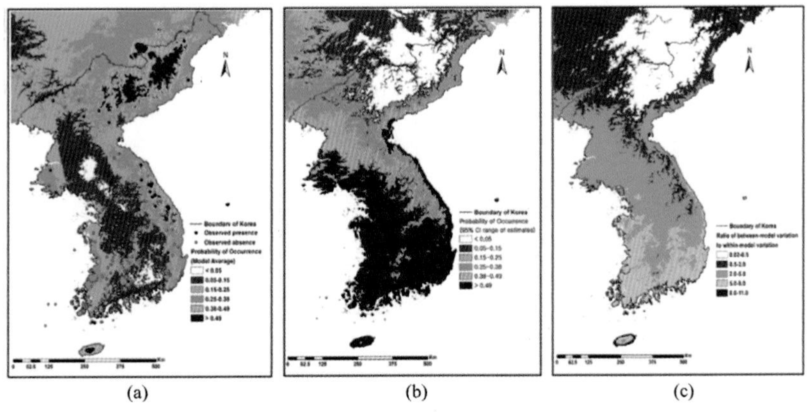

그림 4.16 (a) 현재 상록활엽수 서식지 적합도 및 현재 분포지(붉은색과 노란색이 현재의 분포를 의미함), (b) 유의수준 0.05 수준에서 예측의 오차(저지대의 신뢰도가 상대적으로 낮은 것으로 나타남), (c) 모델들 간의 오차에 대한 모델들 내의 오차의 비율(저지대에서 모델들 내의 오차에 비해 모델들 간의 오차가 큰 것으로 나타남) (Koo 등 2015b)

종들로 기후온난화에 따라 서식지가 감소될 것으로 예측되고 있다. 이 연구의 목적은 한대성 상록활엽수의 분포를 결정하는 기후요소들을 밝히고, 기후변화에 따른 서식지 분포변화를 예측하는 것이다. 이를 위해 Multimodel inference 통계 모형을 바탕으로 종분포 모형이 개발되었다. 이 통계 모

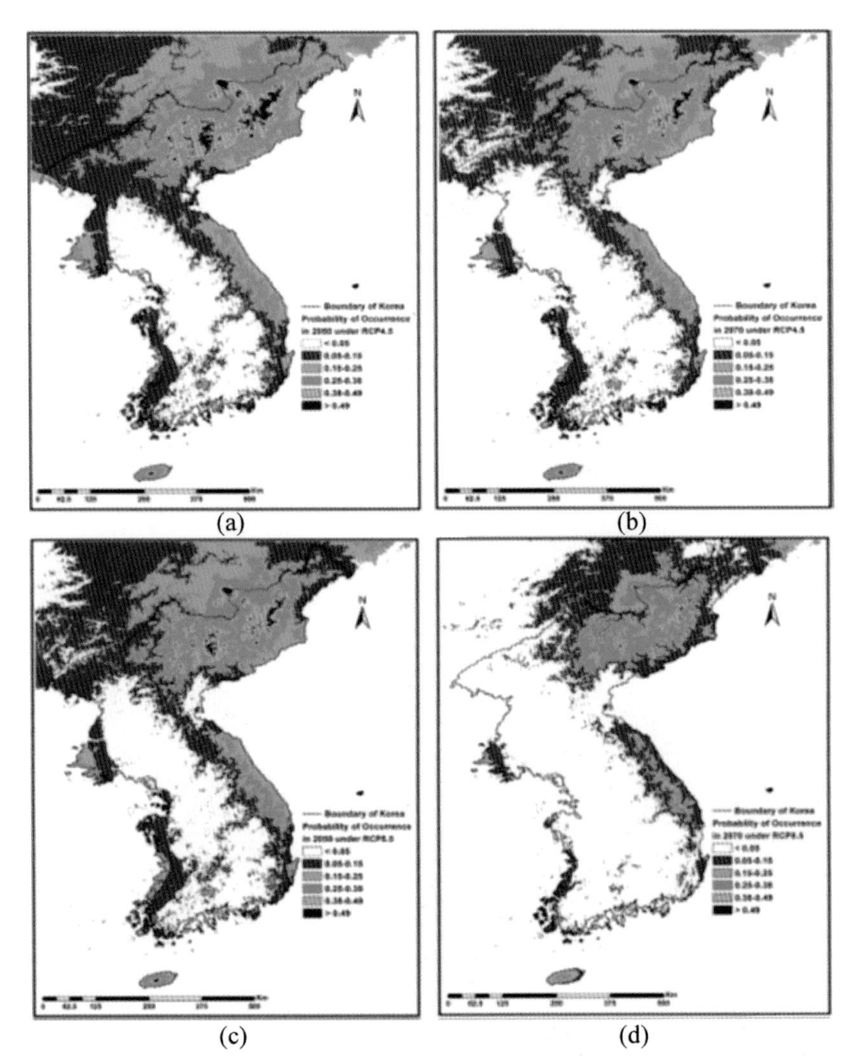

그림 4.17 (a) RCP 4.5 시나리오 가정 아래서 2050년 상록활엽수 서식지 적합도 및 분포지(붉은색과 노란색이 상록활엽수 잠재 분포지를 의미함), (b) RCP 8.5 시나리오 가정 아래서 서식지 적합도 및 분포지, (c) RCP 4.5 시나리오 가정 아래서 2070년 상록활엽수 서식지 적합도 및 분포지, (d) RCP 8.5 시나리오 가정 아래서 서식지 적합도 및 분포지(적합한 잠재 서식지와 잠재 분포지(붉은색과 노란색)가 기후변화에 따라 급격히 감소하는 것을 보임) (Koo 등 2015b).

형의 특징은 여러 모형들의 평균치를 사용함으로써 모형 예측의 신뢰도를 높인다는 것이다. 이 연구에서는 이항분포를 가정한 일반화 선형모형(GLMs)들을 Multimodel inference에 적용하여 한대성 상록활엽수의 서식지 적합도를 예측하여 기후변화의 영향을 예측하였다. GLMs의 독립변수는 기후변수자료들이 사용되었고, 종속변수는 종의 출현/비출현 자료가 사용되었다. Multimodel inference 기법의 특징은 모형 예측의 불확도를 지도화하여 제시함으로써 예측결과의 신뢰도를 공간적으로 보여 준다는 것이다(그림 4.16). 이 연구는 한대성 상록활엽수는 주로 고산 및 아고산과 북쪽의 높은 산지들에 분포하는 기온에 매우 민감한 수종들로 분석되었으며, 기후온난화에 따라 서식지가 급격하게 축소될 것을 보여 주었다(그림 4.17). 이 결과는 기후변화에 따른 한반도 고산 및 아고산 생태계의 변화를 예측하고, 취약성을 평가하기 위한 기초자료가 될 것이다. 이 연구에 대한 자세한 내용은 Koo 등(2015b)에 설명되어 있다.

참고문헌

Allen, P.M. 1988. Ecology, thermodynamic, and self-organization: Towards a new understanding of complexity. In, Ulanowicz, R.E. and Platt, T. (eds.), Ecosystem Theory for Biological Oceanography. Canadian Bulletin of Fisheries and Aquatic Sciences 123. pp. 3-26.

Bertalanffy, M. 1975. Perspectives on general system theory: Scientific-philosophical studies (The international library of systems theory and philosophy). George Braziller Inc, New York, USA.

Boltzmann, L. 1905. The second law of thermodynamics. Essay 3 (address to imperial academy of science in 1886). Reprinted in english In, Theoretical Physics and Philosophical Problems: selected writings of Boltzmann, L. and Reidel, D. Dordrecht, Netherlands.

Borrett, S.R. and Lau, M.K. 2014. Enar: An r package for ecosystem network analysis. Methods in Ecology and Evolution 5: 1206-1213.

Clements, F.E. 1916. Plant succession: An analysis of the development of vegetation. Carnegie Institution of Washington, Washington D.C., USA.

Clements, F.E. 1936. Nature and structure of the climax. The Journal of Ecology 24: 252-284.

Fath, B.D. and Patten, B.C. 1999. Review of the foundations of network environ analysis. Ecosystems 2: 169-179.

Finn, J.T. 1976. Measures of ecosystem structure and function derived from analysis of flows. Journal of Theoretical Biology 56: 363-380.

Gleason, H.A. 1926. The individualistic concept of the plant association. Bulletin of the Torrey Botanical Club 53: 7-26.

Haeckel, E.H.P.A. 1866. Generelle morphologie der organismen. G. Reimer, Berlin, Germany.

Higashi, M. and Patten, B.C. 1989. Dominance of indirect causality in ecosystems. The American Naturalists 133(2): 288-302.

Hilborn, R. and Mangel, M. 1997. The ecological detective: Confronting models with data. Princeton University Press.

Hutchinson, G.E. 1957. Concluding remarks. Population studies: Animal ecology and demography. Cold Spring Harbor Symposia on Quantitative Biology 22. pp. 415-427.

Jørgensen, S.E. and Fath, B.D. 2011. Fundamentals of ecological modelling: Applications in environmental management and research. Elsevier, Amsterdam, Netherlands.

Koo, K. 2009. Distribution of Picea Rubens and global warming: A systems approach. Ph.D. dissertation, University of Georgia.

Koo, K., Kong, W.S., Nibbelink, N.P., Hopkinson, C.S. and Lee, J.H. 2015b. Potential effects of climate change on the distribution of cold-tolerant evergreen broadleaved woody plants in the korean peninsula. PloS One 10: e0134043.

Koo, K., Madden, M. and Patten, B.C. 2014b. Projection of red spruce (Picea rubens Sargent) habitat suitability and distribution in the Southern Appalachian Mountains, USA. Ecological Modelling 293: 91-101.

Koo, K., Patten, B.C. and Creed, I.F. 2011b. Picea rubens growth at high versus low elevations in the Great Smoky Mountains National Park: Evaluation by systems modeling. Canadian Journal of Forest Research 41: 945-962.

Koo, K., Patten, B.C. and Teskey, R.O. 2011a. Assessing environmental factors in red spruce (Picea rubens Sarg.) growth in the Great Smoky Mountains National Park, USA: From conceptual model, envirogram, to simulation model. Ecological Modelling 222: 824-834.

Koo, K., Patten, B.C., Madden, M. 2015a. Predicting effects of climate change on habitat suitability of red spruce (Picea rubens Sarg.) in the Southern Appalachian Mountains of the USA: Understanding complex systems mechanisms through modeling. Forests 6: 1208-1226.

Koo, K., Patten, B.C., Teskey, R.O. and Creed, I.F. 2014a. Climate change effects on red spruce decline mitigated by reduction in air pollution within its shrinking habitat range. Ecological Modelling 293: 81-90.

Koo, K., Walker, R., Davenport, E. and Hopkinson, C.S. 2016. Variability of *Mya arenaria* growth along an environmental gradient in Plum Island Sound estuary, Massachusetts, USA. Wetland Ecology and Managemnet DOI: 10.1007/s11273-016-9512-0, In press.

Levin, S.A. 1992. The problem of pattern and scale in ecology: The Robert H. McArthur Award Lecture. Ecology 73(6): 1943-1967.

Mitsch, W.J. and Jørgensen, S.E. 2004. Ecological engineering and

ecosystem restoration. John Wiley & Sons Inc, Hoboken, USA.
Odum, H.T. 1983. Systems ecology, John Wiley & Sons Inc, New York, USA.
Odum, H.T. 1988. Self-organization, transformity, and information. Science 242: 1132-1139.
Odum, H.T. and Odum, B. 2003. Concept and methods of ecological engineering. Ecological Engineering 20(5): 339-362.
Patten, B.C. 1978. Systems approach to the concept of environment. The Ohio Journal of Science 78(4): 206-222.
Patten, B.C. 1982. Relative elementary particles for ecology. The American Naturalist 119(2): 179-219.
Patten, B.C. 1992. Energy, emergy and environs. Ecological Modelling 62: 29-69.
Patten, B.C. 1995. Network integration of ecological extremal principles: Exergy, emergy, power, ascendency, and indirect effects. Ecological Modelling 79: 75-94.
Real, L.A. and Brown, J.H. 2012. Foundations of ecology: Classic papers with commentaries. University of Chicago Press.
Solomon, C.T., Carpenter, S.R., Clayton, M.K., Cole, J.J., Coloso, J.J., Pace, M.L., Vander Zanden, M.J. and Weidel, B.C. 2011. Terrestrial, benthic, and pelagic resource use in lakes: Results from a three-isotope Bayesian mixing model. Ecology 92: 1115-1125.
Vallino, J. and Hopkinson, C.S. 1998. Estimation of dispersion and characteristic mixing times in Plum Island Sound estuary. Estuarine, Coastal and Shelf Science 46: 333-350.

권장도서

강대석, 김동명, 성기준, 안창우, 이석모. 2012. 생태공학과 생태계 복원. 한티미디어, 서울, 한국.
Borrett, S.R. and Lau, M.K. 2014. enaR: An r package for ecosystem network analysis. Methods in Ecology and Evolution 5: 1206-1213.
Fath, B.D. and Patten, B.C. 1999. Review of the foundations of network environ analysis. Ecosystems 2: 169-179.

Jørgensen, S.E. and Fath, B.D. 2011. Fundamentals of ecological modelling: Applications in environmental management and research. Elsevier, Amsterdam, Netherlands.

Mitsch, W.J. and Jørgensen, S.E. 2004. Ecological engineering and ecosystem restoration. John Wiley & Sons Inc, Hoboken, USA.

Odum, H.T. 1983. Systems ecology, John Wiley & Sons Inc, New York, USA.

제 5 장 생태공학 리질리언스

최근 리질리언스라는 개념이 국내에서도 자주 이용되고 있지만, 단순한 회복력으로 해석되는 경우가 많다. 하지만 리질리언스는 그보다는 더 복잡한 개념으로 이해되어야 한다. 이 장에서는 복수의 안정영역을 가짐으로써 자칫 작은 교란에도 건강하지 못한 상태로 변화할 수 있는 생태계를 대상으로 수학적 개념을 이용하여 이를 설명하고자 한다.

5.1 리질리언스의 개념

생태계에서의 리질리언스(resilience) 개념은 Holling에 의해 처음 도입되었는데(Holling 1973), 리질리언스는 복수의 안정적 평형상태(multiple stable equilibria)를 가진 생태 시스템이 외부 교란이나 충격을 받더라도 그것을 흡수하여 기존의 안정적 평형상태를 유지할 수 있는 시스템 수준의 능력을 의미한다. 리질리언스가 높다면 큰 교란을 겪더라도 생태 시스템은 기존 상태를 유지할 것이고, 리질리언스가 약하다면 약간의 교란에도 다른 안정상태로 쉽게 전환될 것이다. 우리 주변에 존재하는 상당수의 생태 시스템(예 호수, 산림, 산호초군집 등)은 자기조직화된 복잡계(self-organized complex system)이며, 이러한 시스템들은 복수의 안정적 평형상태를 가질 수 있다. 예를 들면, 호수는 흘러들어온 영양소의 정도에 따라 투명한 빈영양화 상태(oligotrophic state) 또는 녹색의 부영양화 상태(eutrophic state)에 안정적으로 속할 수 있는데, 어떤 호수가 둘 중 어느 하나의 상태에 있다가 교란을 받아 시스템의 상태가 문턱 또는 임계점을 넘으면 다른 상태로 전환되는 것이다. 언급된 호수의 경우 정량적인 관점에서의 리질리언스란 하나의 안정적인 평형상태에서부터 다른 평형상태로 수렴되기 직전에 있는 문턱까지의 거리를 나타낸다.

안정성 지형

Holling은 상당수의 생태 시스템이 복수의 안정적 평형상태를 가질 수 있고, 시스템의 상태가 하나의 상태에서 안정적으로 있다가 갑자기 다른 상태로 급격하게 전환되는 현상이 종종 필연적으로 발생한다고 주장하였다(Holling 1973). 이러한 현상을 파국적 전환(critical transition) 또는 체제 변환(regime shift)이라고 한다. 당시 주류 생태학의 관점은 대부분의 생태 시스템이 하나의 안정적 평형상태를 가지며, 교란을 받아 시스템 상태가 다소 벗어나더라도 시간이 지나면 기존 평형상태로 복귀한다는 것이었기 때문에, Holling의 주장은 기존 관점에 도전하는 새롭고 독창적인 것이었다.

어떤 복잡계가 가진 복수의 안정적 평형상태와 이들 간의 급격한 전환을 표현하기 위해 고안된 개념이 안정성 지형(stability landscape)이다(Walker 등 2004). 안정성 지형은 봉우리(peak), 골짜기(valley) 그리고 공(ball)으로 이루어져 있다(그림 5.1). 공은 시스템이 속한 현재 상태를 의미한다. 골짜기의 최저점은 안정적 평형상태를 의미하며, 골짜기 자체는 최저점인 안정적 상태로 수렴되는 견인영역(domain or basin of attraction or attractor)을 나타낸다. 시스템은 두 가지 경로를 통해 하나의 안정적 평형상태에서 다른 안정적 평형상태로 전환될 수 있다. 첫 번째 경로는 그림 5.1(a)와 같이 강한 교란이 발생해서 시스템 상태를 하나의 견인영역에서 다른 견인영역으로 밀어내는 것이다. 여기서는 안정적 지형의 구조가 변하지 않는다. 반면에 그림 5.1(b)는 두 번째 경로를 보여 주는데, 여기서는 어떤 환경적 조건의 변화로 인해 안정성 지형의 구조 자체가 점진적으로 변하고 시스템이 속해 있던 안정적 평형상태와 견인영역이 사라지게 된 경우를 표현한다. 따라서 시스템 상태는 다른 견인영역으로 수렴된다. 이에 관한 자세한 설명은 5.2절에서 다시 설명할 것이다.

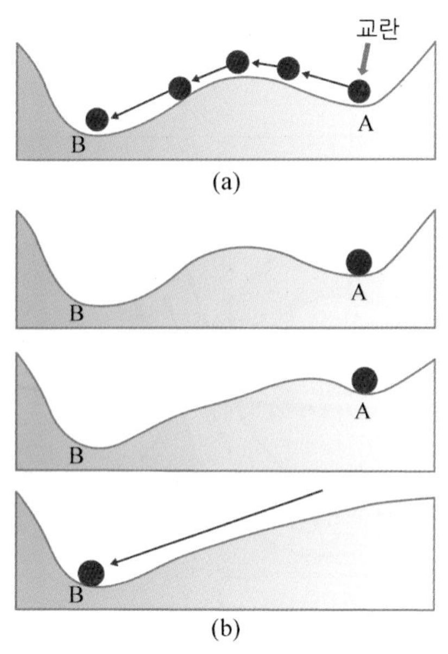

그림 5.1 (a) 교란에 의해 시스템 상태가 견인영역 A를 벗어나 견인영역 B로 진입하는 상황과 (b) 안정성 지형 구조 자체가 변하여 견인영역 A가 사라지는 경우(견인영역 A가 사라지고 시스템 상태는 견인영역 B의 평형상태로 수렴됨)

적응주기

자기조직화된 복잡계는 끝없이 변화하고 적응하며 복수의 안정적 평형상태를 가진다. 시스템 생태학을 연구하는 학자들이 오랜 체험적 연구를 통해 알아낸 것이 이런 복잡계의 한 종류인 생태계가 대부분 빠른 성장, 보전, 해체, 재구성이라는 4단계로 이루어진 주기를 반복한다는 사실이다(Gunderson과 Holling 2002). 그림 5.2는 이 4단계의 주기를 표현하고 있다. 각 단계마다 시스템 내부에 있는 요소들의 연결 세기, 시스템의 유연성, 리질리언스가 달라지기 때문에 시스템이 하나의 단계에서 다른 단계로 이동하는 양상도 달라진다. 이러한 주기는 생태계가 어떻게 스스로를 구성하여 변화하는 환경에 대응하는지를 나타내므로 적응주기(adaptive cycle)라고 한다. 적응주기라는 개념은 생태계에서 일어나는 변화를 비유적으로 나타내는 데 유용한 개념으로 고안되었다. 이 절에서 다루는 적응주기에 관한 내용은 고려대학교 오정에코리질리언스 연구소가 번역한 리질리언스 사고에 기반하여 작성하였다(Walker와 Salt 2006).

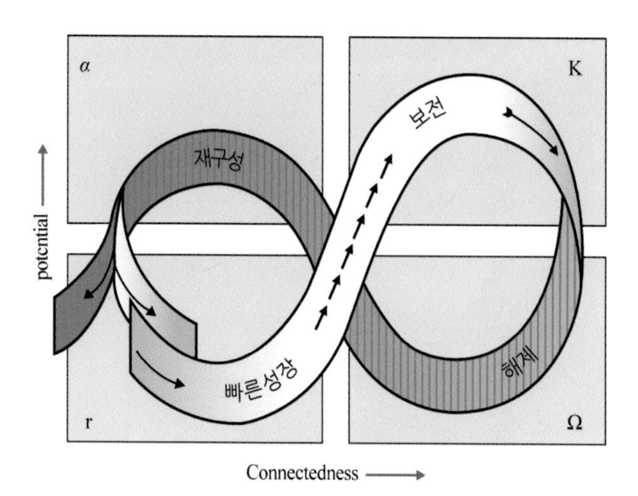

그림 5.2 빠른 성장(exploitation), 보전(conservation), 해체(release), 그리고 재구성(reorganization)이라는 4단계로 이루어진 적응주기(adaptive cycle) (http://www.resalliance.org/adaptive-cycle.)

생태계는 적응주기 초기에 새로운 기회와 가용 자원을 적극 활용하여 빠르게 성장하는 빠른 성장 단계(r 단계)에 놓인다. 여기서 r은 생물종의 성장 모형에서 최대 비성장률(specific growth rate)을 의미한다. 예를 들면, 산불로 파괴된 무주공간인 어떤 산림지역에 우연하게 생존한 잡초나 근접한 지역에서 분산된 초기 개척종이 경쟁이 없는 상태에서 빠르게 번식하며, 새로운 생태계 형성에 큰 영향을 주는 상황을 표현한다. 환경이 크게 바뀌더라도 이러한 초기 정착 생물종들은 짧은 기간 번성할 수 있으며, 파괴된 산림 생태계가 향후 어떠한 경로를 통해 회복될지, 회복 후 어떤 형태를 가지게 될지 영향을 주게 된다.

빠른 성장 단계에서 보전 단계(K 단계)로 넘어가는 과정은 점진적으로 진행된다. 보전 단계에는 에너지가 비축되고 자원이 서서히 축적된다. 시스템의 구성요소들은 더 견고하게 연결되며 안정화된다. 일부 새로운 요소(예, 새로운 생물종)가 자리를 잡을 수도 있겠지만 대부분의 경우에 기존의 요소들이 유지되며 약간 변형되는 정도이다. 시스템의 연결성이 커질수록 시스템의 성장 속도는 느려지고 시스템은 점차 견고해지지만 리질리언스는 줄어든다. 안정화의 대가는 유연성 손실이다. 예를 들면, 산불로 인해 파괴된 산림지역에 특정한 몇 개의 생물종이 크게 번성하여 견고하게 자리를 잡는 상황을 표현한다.

보전 단계에서 해체 단계(Ω 단계)로 넘어가는 과정은 아주 짧은 시간 안에 일어날 수 있다. 보전 단계가 길수록 리질리언스가 더 약화되기 때문에 이 단계가 끝나는데 필요한 충격은 작아진다. 교란이 시스템의 리질리언스를 능가한다면 보전 단계에서 보강되었던 연결성은 무너진다. 즉, 시스템은 느슨해진다. 견고했던 연결고리가 깨지고 통제가 느슨해지면서 단단하게 결합되었던 자원들이 방출된다.

생태계는 보전 단계에서 축적되었던 바이오매스와 영양분이 화재, 가뭄, 해충, 질병 같은 요소들로 인해 방출된다. 짧은 해체 단계를 거치고 나면 시스템의 상태는 혼돈에 빠진다. 하지만 뒤로 이어지는 파괴에는 창조적 요소가 담겨 있다. 이것은 창조적 파괴다. 단단하게 결합되었던 자원이 방출되면서 변환된 생태계를 재구성하는데 필요한 자원이 된다.

카오스적 해체 단계에서는 불확실성이 우세하여 시스템이 향후 어떤 형태로 바뀌어갈지 모든 경로가 열려 있다. 이러한 불확실성 때문에 해체 단계는 재구성, 재생 단계(α 단계)로 재빨리 넘어간다. 생태계에서는 다른 곳에 있었거나 이전에 자라지 못했던 초목이 개척종으로 나타나기도, 묻혀있던 씨앗들이 싹을 틔우기도, 오래 식물과 동물을 비롯한 새로운 생물종이 시스템에 침입하기도 한다.

시스템의 관점에서 보면 해체 단계는 카오스적이다. 이 단계에는 안정한 평형상태도 끌개(attractor)도 존재하지 않는다. 재구성 단계가 끝나고 빠른 성장 단계가 새롭게 시작될 때 등장하는 특징은 끌개, 다시 말해 새로운 정체성이 나타난다는 점이다. 재생 초기에는 여러 가지 미래가 나타날 수 있다. 이러한 단계 때문에 단순히 이전 적응주기가 되풀이될 수도, 이전에 볼 수 없었던 새로운 방식으로 자원이 축적될 수도 있다.

이렇듯 자기조직화된 복잡계는 적응 주기의 빠른 성장, 보전, 해체, 재구성이라는 4단계로 이루어진 적응주기를 따라 움직이는 패턴을 보인다. 하지만 꼭 그런 것만은 아니다. 시스템이 해체 단계에서 보전 단계로 곧장 되돌아갈 수 없지만, 어떤 경우에는 언급된 순서와 상관없이 다른 단계로 이동할 수도 있다.

생태적 리질리언스와 공학적 리질리언스

리질리언스의 정의를 논의하는데 가장 자주 등장하는 개념 중 하나는 생태적 리질리언스와 공학적 리질리언스이다(Holling 1996). 용어에서 드러나는 바와 같이 두 개념은 어느 시스템에 적용되는지에 따른 차이도 있겠지만, 더 중요한 차이는 동역학적 특성에 따라 시스템이 회복될 때 어느 특성에 더 초점을 두는가에 있다(표 5.1). 공학적 리질리언스는 시스템이 안정상태에서 멀어졌을 때 얼마나 빨리 회복이 가능한가에 초점이 있는 반면(Pimm 1984), 생태적 리질리언스는 시스템의 근본적 구조와 기능이 변하기 전에 흡수할 수 있는 교란의 크기에 관심이 있다. 즉, 공학적 리질리언스는 단일 안정계에서 교란을 받은 시스템은 언젠가는 원래의 평형상태로 돌아올 것이라는 가정을 하고 있는 반면, 생태적 리질리언스는 복수의 안정상태를 가정함으로써 시스템의 회복 자체가 가능한가에 더 초점을 두고 있다.

이러한 대체안정상태의 존재는 생태계에서는 흔히 관찰될 수 있는 현상으로 Holling이 그 개념을 제안하였다(Holling 1973). 이 이론은 큰 교란을 받은 생태계가 원상태로 회복되지 않거나, 완전히 다르게 보이는 상

표 5.1 생태적 리질리언스와 공학적 리질리언스의 비교

구분	생태적 리질리언스	공학적 리질리언스
정의	시스템의 구조와 기능의 근본적 변화가 일어나기 전까지 흡수할 수 있는 교란의 크기	교란에 대한 저항 회복 속도
안정영역	복수 안정영역	평형점 인근에서의 안정
특성	지속성 변화 예측불가성	효율성 불변성 예측성

태가 주기적으로 나타나는 현상에 대한 설명을 가능하게 하였다. 뒤에서 다시 살펴보겠지만, 생태적 리질리언스의 감소는 회복속도의 감소 현상을 동반하기 때문에 그러한 측면에서 보면 두 개념 역시 서로 연결되어 있다. 하지만 두 개념을 이루는 생태계의 거동에 관한 가정이 다르다는 점에서 여기서는 공학적 리질리언스와 생태적 리질리언스를 가급적 별개의 개념으로 이해하고자 한다.

5.2 대체안정상태

동역학계에서 대체안정상태가 나타날 수 있기 위해서는 해당 동역학계가 비선형이어야 하며, 양의 되먹임(positive feedback)이 존재해야 한다. 이 절에서는 이것이 무엇을 의미하는지 May(1977)의 논문을 바탕으로 설명을 하겠다. 이에 앞서 이 설명을 위해 필요한 개념의 이해를 돕기 위해 Ludwig 등(1997)에서 소개한 선형 모형에 대해서도 설명토록 하겠다.

단일 평형계 선형 모형

공학적 리질리언스에서 가정하는 단일 안정상태에 따르면 생태계는 여러 교란에 의해 변화를 하는 것처럼 보이지만, 결국 글로벌 안정상태로 회복이 된다는 것을 의미한다. 이를 설명하기 위해 생태계의 반응은 대략적으로 교란의 크기에 선형적으로 비례한다는 가정을 하면 다음과 같이 표현할 수 있다.

$$\frac{dx}{dt} = h(\alpha) - x \tag{5.1}$$

여기서 x는 관심변수(예, 종의 수)이며, $h(\alpha)$는 외부변수 α에 의해 서서히 변화하는 함수이다. α와 $h(\alpha)$의 경우 관측하고자 하는 x에 비하여 느리게 변화하는 값이기 때문에(예, 기후변화에 따른 연평균 기온의 변화) x의 시간적 척도에서 볼 때에는 잠시 상수로서 취급해도 괜찮을 것이다. 상기 식은 그림 5.3와 같이 위상도로서 도식화할 수 있다.

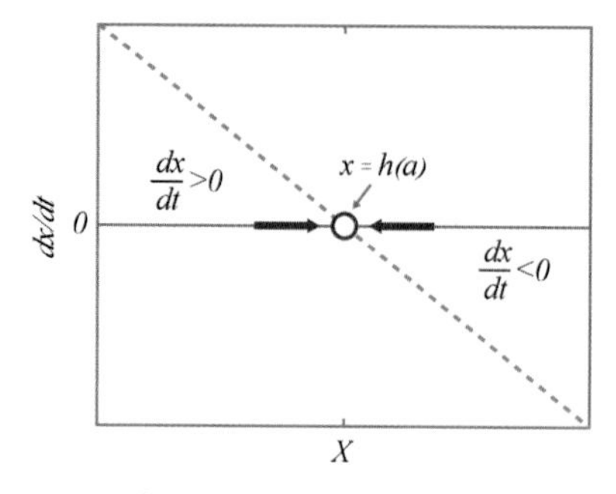

그림 5.3 선형계에서의 위상도

식 5.1에 따르면 시스템의 반응은 다음 세 가지로 예측해 볼 수 있다.

(i) $x = h(\alpha)$: 이때에는 $dx/dt = 0$이 되어 x에 더 이상 변화가 없게 되고 평형상태에 이르렀다고 볼 수 있다.

(ii) $x > h(\alpha)$: 이때에는 $dx/dt < 0$이 되어 x값은 감소하는 방향으로 변하게 되고 결국 $h(\alpha)$에 가까워지게 된다.

(iii) $x < h(\alpha)$: 이때에는 $dx/dt > 0$이 되어 x값은 증가하는 방향으로 변화게 되고 이 역시 결국 $h(\alpha)$에 가까워지게 된다.

즉, 상변수 x가 외부 교란에 의해 어떤 방향 혹은 어떤 크기로 변하더라도 결국에는 $h(\alpha)$로 다시 회복되기 때문에 이러한 동역학에 지배되는 시스템에서는 완전히 붕괴되거나 다른 모습을 관측하기가 어렵다. 다만, 느린 변수 α가 변화함에 따라 회복지점인 $h(\alpha)$만이 서서히 이동하게 된다. 하지만 현실에서는 생태계가 파괴되어 회복 불가능한 모습을 보일 때도 있고, 기존과는 판이하게 다른 모습(완전히 새로운 평형)으로 지속되는 경우도 관찰할 수 있다. 따라서 이러한 현실을 반영하기에 상기 동역학은 적절하지 않으며, 다만 교란을 받더라도 시스템의 반응이 크지 않은, 즉 평형점으로부터 가까운 지점까지만 변화하는 경우에 대략적인 추산을 위해 위의 모형이 이용될 수는 있다. 공학적 리질리언스의 경우 기본적으로 상기의 선형반응 모형을 가정하기 때문에 시스템의 회복과 관련하여 얼마나 빨리 회복되는가만이 주요 관심사가 되는 것이다.

복수 평형계 비선형 모형

시스템이 복수의 평형점 혹은 안정영역을 갖기 위해서는 비선형 동역학이 필요하다. 가장 간단한 예로 다음 식을 살펴보도록 하자.

$$\frac{dx}{dt} = f(x) = -x(x^2 - \alpha) \quad (5.2)$$

여기서 α는 마찬가지로 느리게 변화하는 변수이며, x의 빠른 거동을 살펴보는 동안에는 잠시 상수로 취급해도 된다. 앞에서 살펴보았던 선형 모형과 비교할 때 α가 양수라면 이 모형은 다음과 같이 3개의 해가 존재하게 된다.

$$x = 0,\ x = +\sqrt{\alpha},\ x = -\sqrt{\alpha} \quad (5.3)$$

하지만 α가 음수인 경우에는 $x = 0$이라는 한 개의 해만 존재하게 된다. 즉, α가 어떤 값을 갖느냐에 따라 평형점이 서서히 그 위치만 변화하는 것이 아니라 구조적인 변화를 갖게 되는 것이다. 이러한 현상을 쌍갈림 현상(bifurcation)이라 한다. 이러한 동역학을 따르는 시스템의 경우 그 거동이 정성적으로 변화할 수 있음을 의미하고, 변화하는 지점을 쌍갈림점(bifurcation point)이라 한다.

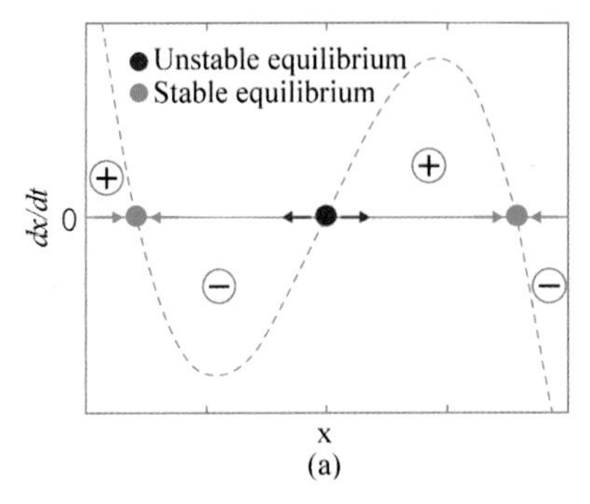

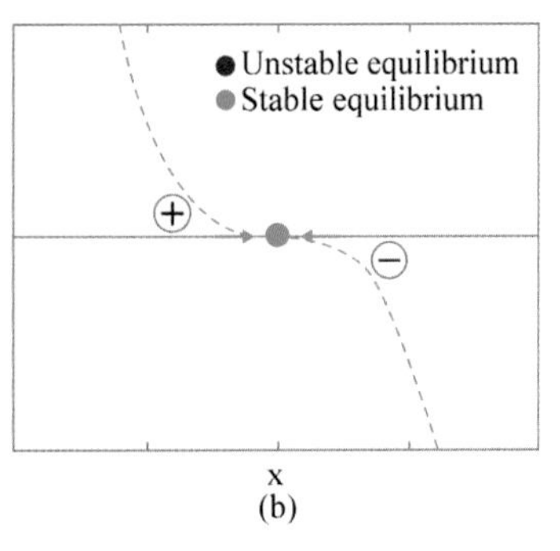

그림 5.4 비선형계에서의 위상도 (a) $\alpha < 0$ (b) $\alpha > 0$.

식 5.2의 위상도를 α가 음수와 양수인 경우 그려보면 각각 그림 5.4(a)와 5.4(b)와 같다. α가 음수인 경우 x가 양수영역에 있으면 $dx/dt < 0$가 되고, x가 음수영역에 있으면 $dx/dt > 0$가 되어 항상 $x = 0$으로 되돌아오게 된다. 즉 그 거동이 앞에서 살펴본 선형계에서와 매우 유사해진다. 이때 평형점 $x = 0$은 안정적 평형점 혹은 끌개(attractor)라 한다. 반면 α가 양수인 경우 dx/dt의 부호는 표 5.2에서 구분한 네 영역에서 다르게 나타나게 된다.

표 5.2 비선형계에서의 x에 따른 시스템 반응 방향

x의 영역	dx/dt의 부호
$x > \sqrt{\alpha}$	< 0
$0 < x < \sqrt{\alpha}$	> 0
$-\sqrt{\alpha} < x < 0$	< 0
$x < -\sqrt{\alpha}$	> 0

우선 평형점 $x = \sqrt{\alpha}$를 기준으로 살펴보면, 교란에 의해 x가 작은 범위에서 변화를 하였을 때, 즉 $x = \sqrt{\alpha} + \delta$ 혹은 $x = \sqrt{\alpha} - \delta$ 에 있을 경우 그 거동이 항상 평형점으로 되돌아오기 때문에 안정적임을 알 수 있다. 같은 이유로 평형점 $x = -\sqrt{\alpha}$ 역시 안정적이다. 반면 $x = 0$을 살펴보면 $x = +\delta$의 경우 $dx/dt > 0$가 되어 평형점으로부터 멀어지게 되고, 결국 안정 평형점인 $x = \sqrt{\alpha}$에 수렴하게 된다. 또한 $x = -\delta$인 경우 역시 음의 방향으로 점점 멀어지게 되고 $x = -\sqrt{\alpha}$에 수렴하게 된다. 이와 같이 교란에 의해 평형점으로 회복되지 못하고 점점 더 멀어지게 될 때 불안정 평형점 혹은 밀개(repellor)라 한다.

빠른 변수의 리질리언스

그림 5.4(a)와 같은 시스템의 동역학에서 중요한 점은 불안정 평형점을 중심으로 양쪽에 안정 평형점이 두 개가 존재한다는 것이다. 즉, $x =$

$\sqrt{\alpha}$의 평형점에 있던 시스템이 교란의 크기가 매우 커 불안정 평형점인 $x=0$인 지점을 넘어가게 되면 원래의 평형점이 아닌 건너편에 있는 $x=-\sqrt{\alpha}$로 가게 된다는 점이다. 이러한 이유로 상변수가 $x=\sqrt{\alpha}$의 평형점에 있을 경우, 교란에 의해 영향을 받은 범위가 $0<x<\sqrt{\alpha}$ 내에 있을 때에만 원래의 평형 지점인 $x=\sqrt{\alpha}$로 회복이 가능하며, $x=-\sqrt{\alpha}$에 있을 경우에는 $-\sqrt{\alpha}<x<0$ 내에서 영향을 받아야만 원래 지점으로 회복이 된다. 따라서 $x=\sqrt{\alpha}$ 혹은 $x=-\sqrt{\alpha}$는 국부적으로는 안정적이나 글로벌하게는 안정적이라 할 수 없다. 원래의 평형점으로 안정적으로 회복가능한 범위를 견인영역(domain of attraction 혹은 basin of attraction)이라 한다. 빠른 변수(예, x)의 관점에서 이러한 견인영역이 수학적으로 해당 시스템의 리질리언스라 할 수 있다.

느린 변수의 리질리언스

지금까지 상수로 취급했던 α가 조금씩 변화를 할 경우 시스템의 거동상에 어떤 변화가 있는지 살펴보자. α가 어떤 양수의 값으로부터 0을 향해 변화할 경우, 두 개의 안정 평형점 $x=\sqrt{\alpha}$와 $x=-\sqrt{\alpha}$ 역시 불안정 평형점인 $x=0$으로 가까워지게 된다. 즉, 견인영역이 점차 줄어들게 된다. 계속 그렇게 변화를 하다 α가 0을 지나고 음수영역으로 들어가게 되면 앞에서 살펴본 바와 같이 안정 평형점은 사라지게 되고, 단지 $x=0$이라는 해 하나만 남게 된다(그림 5.5). α값이 변함에 따라 해의 위치 및

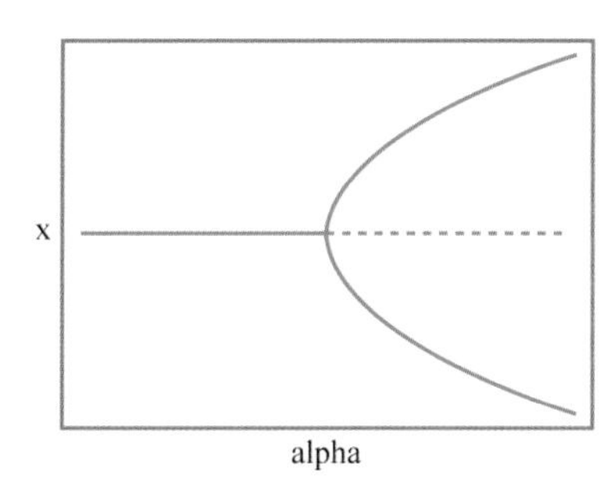

그림 5.5 쌍갈림도(bifurcation diagram)(Ludwig 등 1999)

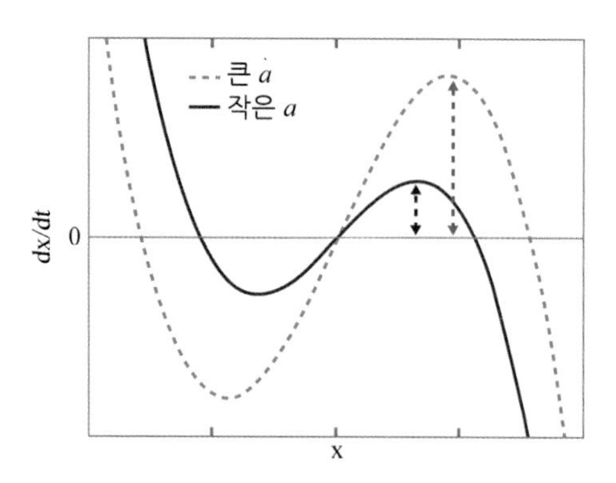

그림 5.6 느린 변수의 변화에 따른 동역학계의 변화(느린 변수 α가 감소함에 따라 안정 평형점과 불안정 평형점의 간격이 줄어듦과 동시에 회복속도(dx/dt) 역시 감소하게 된다) "파란 화살표에서 빨간 화살표로 감소하게 됨"

모양이 마치 나뭇가지와 같아서 쌍갈림도(bifurcation diagram)라 부른다.

α가 0에 가까워짐에 따라 나타나는 변화는 견인영역의 축소뿐만이 아니다. 그림 5.6에서와 같이 dx/dt의 절대값 역시 전반적으로 줄어들게 되어 교란을 받을 경우 회복속도 역시 느려지게 된다. 따라서 느린 변수의 변화는 빠른 변수의 리질리언스를 축소시킴은 물론 회복되는 데 걸리는 시간 또한 증가시키게 된다. 여기서 시스템을 지배하는 느린 변수의 현재값으로부터 쌍갈림 현상이 나타나게 되는 지점까지의 거리를 또한 그 시스템의 리질리언스라 할 수 있다.

5.3 임계전이

복수 안정영역에서의 체제 변환

앞에서 설명한 기본 개념을 바탕으로 생태계의 리질리언스와 관련하여 가장 많이 이용되는 모형을 이용하여 생태계의 복수 안정영역에 대해 조금 더 깊이 살펴보겠다. 더 자세한 내용은 May(1977)를 참고하기 바란다.

여기서는 목초지에 방목되어 있는 초식동물에 의해 식량으로서 제어되는 식생 밀도의 동역학에 초점을 맞추겠다. 앞절에서 살펴본 변수와 비교를 한다면 초식동물의 수 혹은 밀도 H는 느린 변수이며, 식생 밀도 V는 빠른 변수이다. 초식동물이 없는 상태에서 식생의 성장률은 V의 함수로서 $G(V)$로 표현한다. 자원 및 공간이 제한된 상태에서 생태계의 성장은 식 5.4와 같이 로지스틱 성장 모형(logistic growth model)으로 주로 묘사된다.

$$G(V) = rV(1 - \frac{V}{K}) \tag{5.4}$$

여기서 K는 환경수용력(carrying capacity)이며, r은 식생의 비성장률이다. 이 함수는 그림 5.7과 같이 위로 볼록한 형태의 함수이다.

초식동물의 단위 밀도당 소비율 역시 V의 함수로 $C(V)$로 표기할 수 있다. 이 경우 여러 형태의 모형이 있을 수 있겠으나, 여기서는 식 5.5와 같이 Holling Type III로 알려진 모형을 이용한다.

$$C(V) = \frac{\beta H V^2}{V_0^2 + V^2} \tag{5.5}$$

여기서 β는 초식동물의 밀도함수로서 빠른 변수 관점에서 잠시 상수로

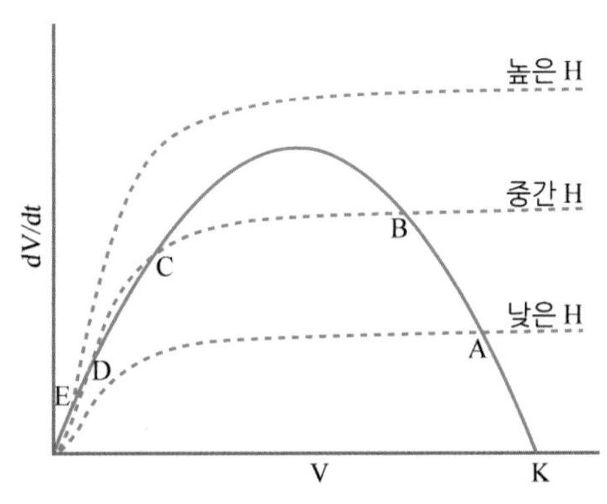

그림 5.7 방목 생태계 모형에서의 식생의 성장 모형과 초식동물의 소비 모형(증가하는 H에 따라 형성되는 평형점의 위치와 개수가 달라지게 되는데 H가 낮을 경우(Low H) A의 안정적인 단일 평형점이 형성되며 중간 H(Intermediate H)의 경우 B, C, D의 세 개의 평형점이 형성되고, 이때 B와 D는 안정 평형이 되는 반면에 C는 불안정 평형이 되며, 높은 H(High H)의 경우 다시 안정적인 단일 평형점 E가 형성됨)(May 1977)

취급할 수 있다. 또한 $C(V)$는 그림 5.7에서 보는 바와 같이 V가 낮을 때에는 빠르게 증가하다 높은 V에서는 포화된다(사람 역시 앞에 놓인 음식이 많으면 많을수록 많이 먹게 되고, 적으면 적은대로 적게 먹는다. 하지만 어느 이상이 되면 포화상태에 이르러 더 이상 먹을 수 없게 된다). 이때 V_0는 특성상수로써 $C(V)$가 포화상태가 될 때까지 얼마나 빨리 증가하는가를 결정한다. 상기의 두 식에 따르면 결국 식생의 동역학은 성장 $G(V)$와 포식에 의한 감소 $C(V)$의 두 요소에 의해 지배되고, 결국 식 5.6과 같이 하나의 식으로 표현이 가능하다.

$$\frac{dV}{dt} = G(V) - C(V) = rV(1 - \frac{V}{K}) - \frac{\beta HV^2}{V_0^2 + V^2} \tag{5.6}$$

그림 5.7에 따르면 상수로 취급했던 H가 변함에 따라 두 곡선이 만나는 점의 위치와 개수가 달라지게 된다. 변수 H는 자연적으로 성장 또는 감소하는 초식동물의 밀도라고 생각할 수도 있으며, 혹은 인간에 의해 관리되는 가축의 밀도로 생각할 수도 있다. 특히 이 모델은 Hardin(1968)이 주창한 '공유지의 비극' 시나리오에서처럼 공유지의 이용 극대화를 위해 무분별하게 이용이 증가하는 경우에 매우 적합한 모형이라 할 수 있다. 그렇다면 H에 따라 상기 동역학이 어떻게 변화하는지를 살펴보자.

우선 $H = H_1$(낮은 값)일 때에는 두 곡선이 만나는 점이 한 개이며, 높은 V에서 생성된다. 즉, 이 지점에서 $dV/dt = 0$이 되어 V는 더 증가하거나 감소하지 않고 평형을 이루게 된다. 또한 외부 교란(예, 기후 혹은 화재)에 의해 V가 평형으로부터 음의 방향으로 멀어지게 되었을 때, $dV/dt = G(V) - C(V) > 0$이 되어 평형점으로 다시 되돌아가게 된다. 마찬가지로 어떠한 요인으로 V가 증가하게 되면 $dV/dt < 0$이 되어 다시 평형점으로 되돌아가게 된다. 즉, 이런 시나리오에서는 단일 평형점이 존재하며 그 평형점은 안정적이다. $H = H_3$(높은 값)일 때에도 유사하게 단일 평형점이 만들어지나 다만 그 위치가 매우 낮은 V에서 생성되게 된다. 즉, 초식동물의 밀도가 너무 높게 되면 식생밀도가 매우 낮은 상태

에서 평형을 이루게 되는 것이다. 이때에도 평형점에서 벗어난 지점에서 의 dV/dt를 살펴보면 안정적임을 알 수 있다.

가장 흥미로운 경우는 $H = H_2$인 경우인데 이때에는 평형점이 세 지점에서 형성되며, 양끝의 평형점은 안정적인데 반해 가운데 지점은 불안정적이게 된다. 즉, 이러한 경우에 복수개의 안정 평형상태가 존재하게 되어, 교란에 의해 상변수 V가 크게 변화하는 경우 풍부한 식생밀도로 유지되던 상태가 급작스럽게 아주 낮은 밀도에서 새로운 안정상태를 보이게 된다. 따라서 이러한 경우 빠른 변수 V의 관점에서는 현재 상으로부터 불안정 평형점까지의 거리가 그 시스템의 리질리언스가 되며, 결국 V가 불안정 평형까지 이동하지 않고 견딜 수 있는 시스템의 능력이 된다. 또한 느린 변수 H의 관점에서는 H가 점차 증가함에 따라 복수개의 안정 평형이 존재하던 상태에서 낮은 식생밀도를 유지시키는 단일 평형점으로 변화하게 되는 쌍갈림 현상이 나타나기 때문에 이러한 경우에는 현재의 H로부터 쌍갈림 점까지를 시스템의 리질리언스라고 본다. 느린 변수에 의한 시스템의 변환은 외부 교란에 의한 빠른 변수의 변동이 없더라도 지속적이지 않거나 파괴된 생태계의 상태에서 안정을 이루고 회복하고자 하는 지점이 사라지기 때문에 파국적 전환(critical transition)이라고도 부른다.

평형연속도

앞절에서는 이해를 돕기 위해 세 가지 경우의 H에 대해서 살펴보았다. 이 절에서는 H가 연속적으로 변할 때 평형점들의 거동이 어떻게 변화하는지를 평형연속도(equilibrium continuation diagram)를 통해 살펴본다.

그림 5.8은 생태계에서 나타날 수 있는 평형점 거동의 몇 가지 사례를 보여 주고 있다. 그림 5.8(a)에서는 느린 변수(혹은 제어패러미터라 함)가 변화함에 따라 시스템의 평형점이 선형에 가깝게 점진적으로 변화함을 보여 준다. 이때에는 느린 변수(예, H)의 변화가 예측이 될 경우 시스템의 거동 역시 예측이 용이하며, 느린 변수의 회복이 가능할 경우 시스템

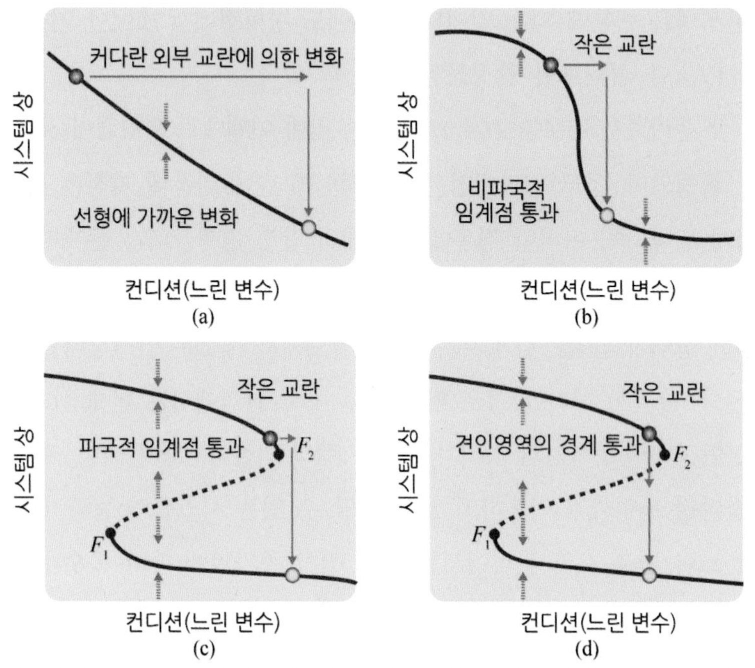

그림 5.8 생태계의 다양한 형태의 평형 연속선(Scheffer 등 2009) (a) 선형계, (b) 비선형계에서의 비파국적 변화, (c) 비선형계에서의 임계점 통과를 통한 파국적 변화, (d) 비선형계에서의 견인영역 통과를 통한 파국적 변화

의 거동 역시 기존 거동으로 회복이 가능하다. 반면 그림 5.8(b)의 거동을 보이는 시스템의 경우에는 느린 변수의 변화 초기에는 시스템의 평형점 역시 큰 변화가 없으며, 선형적으로 매우 천천히 변화하게 된다. 하지만 느린 변수가 특정 지점을 초과하는 경우 약간의 변화만 더해지더라도 시스템의 평형점은 급격하게 변화하게 되고, 기존과는 상당히 다른 지점에서 평형점이 형성되게 된다. 하지만 첫 번째 경우와 마찬가지로 느린 변수를 되돌리면 시스템의 거동 역시 원상 복구가 가능하다. 그림 5.8(c)의 경우에는 느린 변수가 증가하게 되면 그림 5.8(b)의 경우와 마찬가지로 시스템의 평형이 거의 변화가 없다가 특정 지점(F_2)에서 급격한 변화를 하게 된다. 하지만 차이점은 느린 변수를 다시 복구시킬 경우 평형점이 원래의 경로를 따라 움지이지 않으며 변화된 평형상태를 계속 유지하게 된다. 그리고는 느린 변수를 F_1까지 회복시켜야만 드디어 원래의 평형상태로 회복이 가능하다. 이와 같은 시스템은 경로의 이력현상(hysteresis)

으로 한 번 대체안정상태로 이동한 경우 회복이 매우 힘들게 된다.

앞절에서 살펴본 방목 생태계 모형의 경우 역시 그림 5.8(c)와 같은 거동을 보이는 시스템으로 이해가 가능하다. 즉, H가 H_1과 같이 낮은 범위에 있는 경우, 식생의 소비 압력은 매우 낮고 그로 인해 안정적인 평형점은 단 한 개만 형성된다. H가 서서히 증가함에 따라 평형점의 위치는 서서히 감소하지만 그 변화는 선형에 가깝다. H가 H_2와 같이 그림 5.8(c)의 F_1과 F_2 사이에 존재하는 경우 안정적 평형점은 두 개가 존재하게 되고, 외부 충격에 의해 시스템 상이 수직방향으로 움직여 불안정 평형점인 점선을 넘어가게 되면 대체 평형점으로 이동하게 된다(그림 5.8(d)).

지금까지 생태계에서 관찰할 수 있는 복수 평형상태 혹은 안정영역의 개념을 수학적 모형을 통해 살펴보았다. 물론 여기에서 소개한 모형만이 유일한 모형은 아니며, 시스템의 거동이 비선형적이며 대체안정상태로 이끄는 힘인 양의 되먹임이 존재한다면 얼마든지 이와 유사한 거동을 표현할 수 있다. 또한 이러한 복수 평형상태의 존재로 인해 시스템은 회복이 어렵거나 불가능하기 전까지 허용된 변수의 변화범위가 존재하게 되며 이 개념이 생태계의 리질리언스라 할 수 있다.

5.4 임계둔화현상

앞에서는 수학적 모형을 이용하여 생태계의 리질리언스를 논하였다. 특히 복수의 안정영역이 존재하는 생태계가 임계전환을 겪어 회복이 힘들거나 불가능한 상태가 될 가능성이 있을 경우 되도록 사전에 이러한 변화를 막을 필요가 있으며, 이를 위해서는 쌍갈림 점(혹은 tipping point)이 어디에 있는지 예측할 필요가 있다. 대부분의 생태계에 관한 연구는 그 시공간적 스케일이 매우 커 실험이 불가능하고 지금까지 살펴본 바와 같이 이론을 통해 예측하는 수밖에 없는 경우가 많다. 하지만 수학적 모형은 현실을 모사하기 위해 수많은 가정과 수많은 요소들의 생략이 불가피한 만큼 모형에 의한 예측은 불확실성이 클 수밖에 없다. 또한 생태계의 리질리언스를 정확하게 정량화하기 위해서는 생태계의 동역학에 관한 정확한 이해를 바탕으로 해야 하지만 그렇게 하기에는 너무나 많은 변수와 불확실성이 동반된다. 따라서 임계점(쌍갈림점)의 정확한 예측은 애당초 불가능에 가까운 경우가 많다. 하지만 시스템동역학 이론에 따르면 어떤 시스템이 임계점에 가까워짐에 따라 회복 속도가 매우 느려지게 되고, 이것은 5.2절에서도 간단히 살펴보았다(그림 5.6 참조). 이러한 거동을 임계둔화현상(critical slowing down)이라 하며, 이로 인해 시스템 상변수의 시계열 자료로부터 특이한 통계현상을 관찰할 수 있게 된다.

복수 안정영역이 존재하는 생태계에서 외부 요인(예, 느린 변수)의 변화로 견인영역이 줄어들게 되어 리질리언스가 감소하는 경우 그래서 임계점에 가까워지는 경우, 안정적 평형점으로 회복시키는 동력, 즉 음의 되먹임은 그 크기가 전반적으로 줄어들게 된다. 이는 Jacobian 행렬의 주요 고유값(eigenvalue)이 0에 가까워지기 때문이다. 이러한 이유로 리질리언스가 작은 생태계는 작은 교란에도 그 회복 속도가 매우 느리게 되고 회복이 덜 된 상태에서 추가적인 교란이 작용하는 경우 대체안정상태로 넘어가게 될 가능성이 매우 높아지게 된다(물론 리질리언스가 작다는 사실만으로도 그 가능성은 높다). 이는 달리 표현하면 안정적이었던 평형점들이 불안정 평형점에 점차 가까워짐에 따라 회복이 느려지는 현상이 나타나게 된다는 것이다. 이러한 현상을 임계둔화현상이라 하며, 생태계에서의 복수 안정영역의 존재는 생각보다 흔한 것처럼 임계둔화현상 역시 상당히 일반적인 현상이다(Wissel 1984; Strogatz 2001).

임계둔화현상은 일반적으로 임계점인 쌍갈림 점으로부터 먼 지점으로부터 시작이 되어 회복속도가 점차 0에 가까워지기 때문에 생태계 리질리언스가 감소하고 있는지를 판단하기 위한 좋은 이론적 근거를 제공한다. 그렇기 때문에 실험 생태계에 주기적으로 인위적인 교란을 가한 후 회복 속도를 측정하면 임계점에 가까워지고 있는지를 판단할 수 있다. 또한 실험적으로 불가능한 경우 생태계는 자연적인 교란을 지속적으로 받고 있기 때문에 이 역시 회복속도를 측정하는 것이 가능하다. 하지만 자연상태에서는 노이즈가 많아 생태계의 관심 변수에 초점을 맞추더라도 정확하게 회복속도를 측정하는 것이 여의치는 않다. 대신 관심 변수의 요동 특성이 달라지는 현상이 동반된다는 사실에 기인하여 다음에서 살펴볼 여러 가지 통계적 차이점을 발견할 수 있게 된다.

자기상관성의 증가

임계둔화현상의 가장 두드러진 특징은 회복속도의 감소에 있기 때문에 어느 특정 시점에 측정한 상변수의 값은 그 이전에 측정된 값과 가까울 확률이 높다(Ives 1995). 이러한 메모리의 증가는 여러 가지 방법으로 측정이 가능하다. 이 중 가장 간단한 방법은 lag-1 자기상관성을 측정하는 것이다(Held와 Kleinen 2004; Dakos 등 2008).

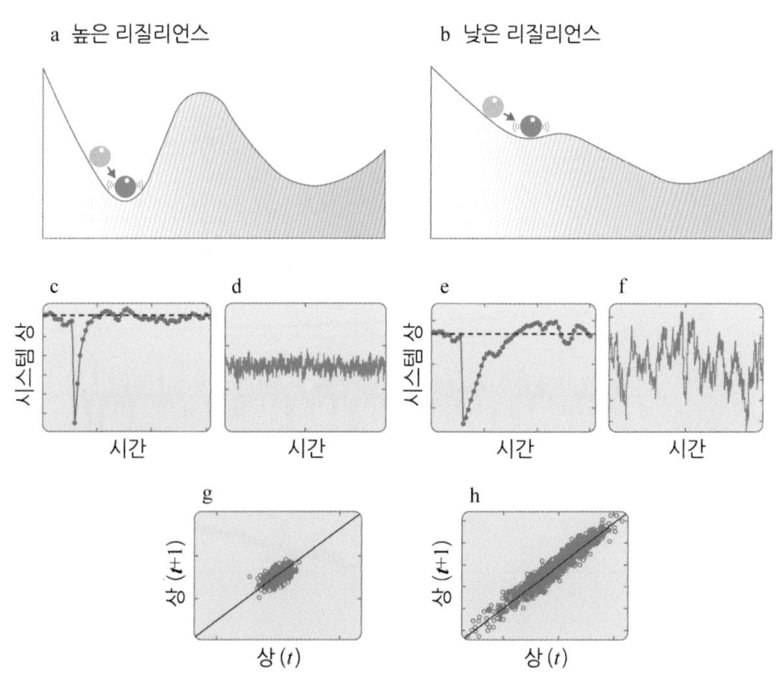

그림 5.9 리질리언스 감소에 따른 자기상관성의 증가(Scheffer 등 2012) 리질리언스가 클 때와 작을 때의 (a, b) 안정지형의 형태, (c, e) 교란 이후 회복 속도, (d, f) 시계열, (g, h) 자기상관성

리질리언스가 큰 상태에서는(그림 5.9(a)) 그림 5.9(c)에서 보는 바와 같이 교란 이후 회복속도가 크기 때문에 서로 다른 시간에 측정된 값 사이에는 상관성이 낮으며, 일반적으로 평형점을 중심으로 상관성이 낮은 값들이 랜덤하게 분포된다. 이때의 시계열 특성은 백색잡음(white noise)과 유사하며 이때의 자기상관성은 매우 낮아 그림 5.9(d)과 같이 나타나게 된다. 반면 생태계의 리질리언스가 감소하게 되면(그림 5.9(b)) 회복속도는 감소하게 되고(그림 5.9(e)), 교란을 받은 이후에 측정한 상변수값은 그 이전 값과 크게 차이가 나지 않게 되어 상관성이 증가하게 된다. 이때의 시계열은 브라운거동(Brownian motion)과 유사하게 되고(5.9(f)) 자기상관도는 그림 5.9(h)과 같이 증가하게 된다.

분산의 증가

자기상관성의 증가와 함께 임계점에 가까워지면서 나타나는 또 하나의 두드러진 특성은 분산의 증가이다(Carpenter와 Brock 2006; Brock과 Carpenter 2006). 그림 5.10(a)는 외부 조건의 변화로 평형점이 점차 감

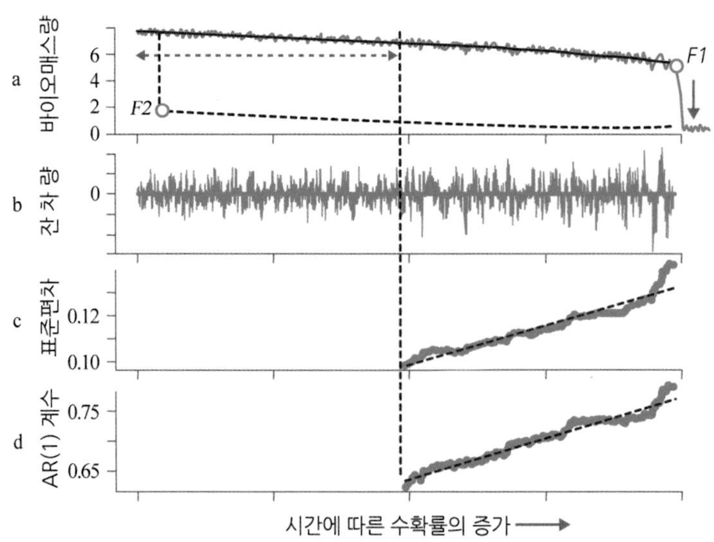

그림 5.10 (a) 리질리언스의 감소에 따른, (b) 잔차의 증가, (c) 표준편차의 증가, (d) 자기상관계수의 증가(Scheffer 등 2009)

소하다가 F_1에 이르러 대체안정상태로 급격한 변화를 모습을 보여 준다. 5.10(b)는 잔차의 양상을 보여 주는데, F_1에 가까워질수록 잔차가 증가함을 볼 수 있고, 이에 따라 그림 5.10(c)와 같이 표준편차가 증가한다. 또한 앞서 살펴본 바와 같이 자기상관성 역시 증가한다(그림 5.10(d)). 이는 회복속도의 감소로 인하여 평형점으로부터 멀리 떨어져 있는 시간이 증가하여 나타나기도 하지만, 회복이 덜 된 상태에서 추가적인 교란을 받는 경우 그 누적효과로 평형점으로부터 더욱 멀어질 확률이 증가하기 때문에도 나타나는 현상이다. 여기서 주목할 점은 느린 변수 등 외부 조건의 변화에 기인하는 생태계 자체의 리질리언스도 중요하지만, 생태계의 상변수인 빠른 변수를 요동치게 하는 교란 특성 또한 생태계가 불안정 평형점을 넘어 대체안정상태로 넘어가게 하는 주요 요인이라는 점이다.

왜곡도의 증가

확률분포의 특성 중 3차 모멘트는 왜곡도를 나타내는 매개변수이다. 이는 확률분포의 비대칭성을 나타낸다. 생태계의 회복속도가 빨라 외부 교란에 의해 상변수가 평형점 주변에서 균질하게 분포한다면 대칭성이 큰 정규분포와 유사한 형태의 확률분포를 보이게 될 것이다. 하지만 리질리언스가 감소한 생태계의 경우 평형점으로부터 불안정 평형점까지의 거리는 상대적으로 가까워지며, 교란에 의해 상변수가 불안정 평형점 가까이까지 움직이면 회복속도가 느려져 상변수가 불안정 평형점이 있는 위치에 머무는 시간이 증가하게 된다. 따라서 반대방향에 있을 확률은 감소하고, 불안정 평형 방향쪽에 머물 확률은 증가하게 되어 확률분포의 비대칭성을 증가시키고 왜곡도가 커지게 된다. 또한 리질리언스가 감소하는 생태계에서의 시계열자료를 지속적으로 관찰하다 보면, 그림 5.11에 나타난 바와 같이 확률분포의 왜곡도가 점차 증가하는 것을 관찰할 수 있게 된다(Guttal과 Jayaprakash 2008). 한 가지 주목할 점은 왜곡도의 증가는 앞서 살펴본 자기상관성이나 분산의 증가와는 달리 임계점에 가까

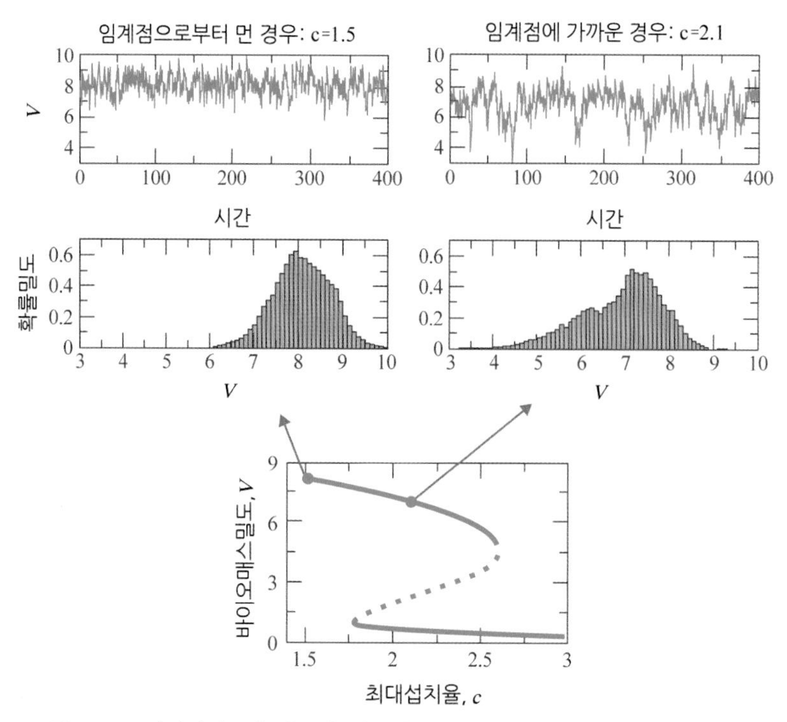

그림 5.11 리질리언스의 감소에 따른 확률분포상의 왜곡도의 증가(Guttal과 Jayaprakash 2008)

워짐으로써 나타나게 되는 직접적인 결과는 아니며, 불안정 평형 가까이에 머무는 시간이 늘어남으로써 나타나는 효과라는 점이다. 다만 리질리언스가 감소함에 따라 불안정 평형점이 가까워진다는 점에서 위의 두 현상과 동반적으로 나타날 수 있게 된다.

깜빡임의 증가

생태계는 기후 등 여러 가지 환경 요인으로 추계적인 특성을 지니고 있다. 이러한 추계적 특성이 특히 강한 환경의 경우 생태계는 교란을 자주 겪게 됨으로써 상변수는 평형점으로부터 항상 떨어져 있게 된다. 리질리언스가 큰 상태라면 동일한 안정영역 내에서 평형점 주위를 맴돌겠지만, 리질리언스가 작다면 대체안정영역으로 쉽게 전이가 된다. 하지만 대체안정영역에서 역시 추계적 환경 특성에 의해 또 교란을 받게 되면 다시 원래의 안정영역으로 되돌아오게 되고 이러한 움직임은 쉽게 반복된다. 이러한 요동이 심한 생태계의 경우는 시스템 동역학 이론에서 평형점 인근에서의 선형화를 통해 드러나는 임계둔화현상은 관찰하기 어렵다. 이러한 경우 상변수의 움직임을 평형점 인근에 국한하기보다 더 넓은 관점에서 관찰하면, 서로 다른 안정영역을 왔다갔다 하는 깜빡임(flickering) 현상을 관찰할 수 있게 된다(Wang 등 2009).

상변수는 두 안정영역을 오가기 때문에 그 확률분포는 두 개의 봉우리가 있는 양봉분포(bimodal distribution)로 나타나게 된다(그림 5.12). 단 생태계의 리질리언스가 약화됨에 따라 한 안정영역에서 머물 확률은 점차 줄어들게 되고 반대로 대체안정영역에서 머물 확률은 상대적으로 증

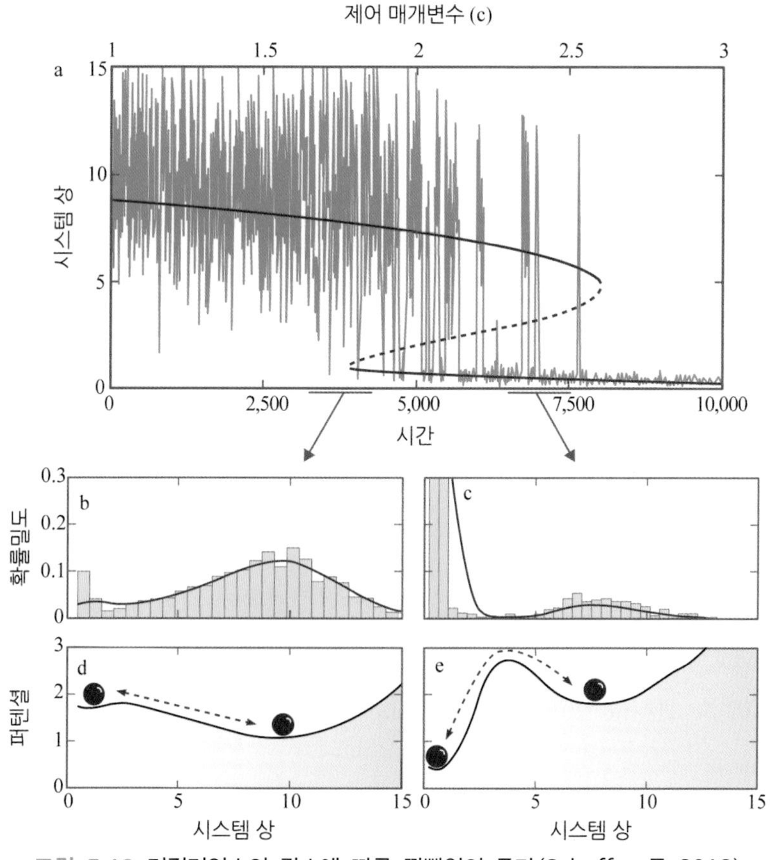

그림 5.12 리질리언스의 감소에 따른 깜빡임의 증가(Scheffer 등 2012)

가하여 두 봉우리의 크기 차이가 발생하고, 이를 통해 임계점에 가까워지고 있는지를 판단할 수 있게 된다.

조기경보시그널

이 절에서는 생태계에 복수의 안정영역이 존재할 때 임계 전환을 겪기 전 임계점에 가까워지고 있는지, 달리 말하면 현재 안정영역의 리질리언스가 감소하고 있는지를 판별할 수 있는 이론적 방법들을 임계둔화현상에 기반하여 설명하였다. 이를 통하여 생태계의 동역학을 정확하게 이해하고 있지 않더라도 상변수의 단순 측정을 통해 나타나는 통계적 특성을 이용하여 임계점에 가까워지고 있는지 추정해 볼 수 있는 조기경보시그널(early warning signal)을 감지할 수 있다.

물론 가장 좋은 방법은 생태계의 동역학에 대한 완전한 이해에 기반을 둔 정확한 이론 모형 정립과 이를 통해 정확한 리질리언스의 정량화가 되겠지만, 이는 많은 환경변수의 개입과 추계적 특성으로 인해 쉽지 않은 문제이다. 이러한 상황에서 어떠한 이론적 모형의 구축 없이 단순히 관측된 시계열자료의 통계적 분석을 통해 리질리언스의 변화를 조기에 감지할 수 있다는 것은 매우 매력적이다. 다만 시계열자료 역시 환경의 다양한 잡음에 의해 항상 깨끗한 결과를 보여 주지 않는다는 어려움이 있다. 또한 앞서 살펴본 바와 같이 이러한 방법들은 과거 자료와의 통계적 차이를 비교함으로써 상대적 결론만을 줄 뿐이다. 즉, 충분히 긴 관측 자료가 있다는 전제조건이 필요하다. 지금까지는 비용 및 효율성 측면에서 생태 관련 자료의 장기간 및 고해상도의 모니터링이 잘 이뤄지지 못하였다. 하지만 전 지구가 기후변화라는 거대한 환경변화에 직면해 있고 도시화와 같은 공간적 환경 역시 비정상성을 띠고 변화하는 지금 생태계의 리질리언스 관리를 위해서 앞으로라도 이런 노력에 박차를 가해야겠다.

5.5 경쟁적 목초지 시스템 적용 사례

이 절에서는 앞에서 살펴본 생태적 리질리언스 이론들을 어떻게 적용할 수 있는지를 보기 위해 반건조 기후지역에서 목초와 관목 간의 생존경쟁에 관한 연구에 대해 살펴보겠다. 예를 들어, 서부 오스트레일리아의 경우 매우 유사한 환경 조건 하에서 어느 지역은 목초의 밀도가 매우 높은 반면 다른 지역은 관목의 밀도가 지배적인 복수의 안정적 평형상태(multiple or alternate stable states)가 관찰되고 있다. Walker 등(1981)과 Ludwig 등(1997)은 이런 현상을 목초와 관목 간의 경쟁을 다룬 쌍안정적(bistable) 동적 모형을 이용해 설명하고 있다. 목초와 관목은 생존을 위해 표층토의 영양분과 수분을 확보하기 위해 경쟁을 하는데 이 중 밀도가 더 높은 종이 상대편보다 생존에 유리하다면 목초-관목 생태 시스템은 장기적으로 두 개의 평형점을 가진다고 볼 수 있다. 즉, 하나의 평형점은 목초의 밀도는 매우 높지만 관목은 거의 존재하지 않는 상태일 것이고, 다른 평형점은 관목의 밀도는 높지만 목초는 거의 없는 상태일 것이다. 또 다른 중요한 사실은 이 두 종간의 경쟁은 외부 요소인 가축의 방목된 정도에 의해 영향을 받는다는 것이다. 방목된 가축은 목초를 섭취하지만 관목은 섭취하지 않기 때문에 방목이 증가할수록 목초가 경쟁에서 불리해진다.

목초-관목 경쟁 모형에서 목초와 관목의 밀도는 상태 변수(state variable) 또는 빠른 변수(fast variable)로 설정된다. 방목된 가축의 정도는 매개변수(parameter) 또는 느린 변수(slow variable)이다. 만약 목초가 지배적이고 관목이 거의 없는 평형상태라면 방목된 가축의 수가 약간 증가하더라도 목초가 계속 지배적인 상태가 유지될 것이다. 그러나 방목이 증가하면 증가할수록 관목이 점차 경쟁에서 유리해지기 때문에 어느 임계점에서 결국에 시스템은 관목이 지배적인 평형상태로 수렴될 것이다. 따라서 가축 방목의 증가는 목초 지배적인 견인영역(domain of attraction)을 축소시키고 관목 지배적인 견인영역을 확장시키는 결과를 초래한다. 주목해야 할 것은 방목이 증가해서 시스템의 상태가 관목 지배적인 견인영역으로 한

번 들어가게 되면 방목의 정도를 대폭 줄이더라도 시스템의 상태가 예전의 목초 지배적인 평형상태로 복귀하기 힘들 수도 있다는 것이다. 그 이유는 관목의 높은 밀도로 인해 방목을 줄이더라도 목초가 경쟁에서의 열세를 뒤집지 못할 확률이 높기 때문이다. 이 절에서는 포식자 – 먹이 모형(predator-prey model)을 적용하여 목초 – 관목 경쟁 모형을 설명한다.

수학적 모형

상태변수 g와 w는 각각 목초와 관목의 밀도를 표현한다. 시간에 따른 목초 밀도의 변화는 다음과 같은 식으로 설명할 수 있다.

$$\frac{dg}{dt} = r_g g(1 - s - c_{gg}g - c_{wg}w) \tag{5.7}$$

여기서 r_g는 목초 밀도의 성장률, c_{gg}와c_{wg}는 경쟁의 정도, 그리고 s는 가축의 방목 정도를 나타낸다. 시간에 따른 관목 밀도의 변화는 다음 식과 같다고 가정한다.

$$\frac{dw}{dt} = r_w[a + w(1 - c_{gw}g - c_{ww}w)] \tag{5.8}$$

식 5.8에서 r_w는 관목 밀도의 성장률을 표현하고, c_{gw}와 c_{ww}는 경쟁의 정도를 나타낸다. a는 관목의 뿌리가 심토층에서 수분을 흡수하는 정도를 표현한다. 뿌리가 짧은 목초는 심토층에 있는 수분을 흡수할 수 없기 때문에 a는 관목이 수분 흡수와 관련하여 경쟁에서 상대적으로 더 유리한 정도를 나타낸다. 식 5.7과 5.8에서 나온 매개변수들의 값을 다음과 같이 가정한다.

$$\begin{aligned} &r_w = 1, r_g = 1.5, c_{gg} = 0.7, c_{wg} = 1, c_{gw} = 2, \\ &a = 0.03, c_{ww} = 1.03, s = 0.3 \end{aligned} \tag{5.9}$$

안정성 분석과 쌍갈림 현상

목초–관목 경쟁 모형의 동적 행태를 이해하기 위해는 위상도(phase plane)에서 g와 w의 궤적(phase portrait)을 살펴보는 것이 유용하다. 그림 5.13은 식 5.9의 조건에서 위상도를 보여 주고 있다. 평형점에서 g와 w의 값은 시간에 따라 변화하지 않는다(즉, $dg/dt = 0, dw/dt = 0$). 시스템의 평형점을 찾는 유용한 방법 중 하나는 g와 w의 등사 습곡(isocline)을 구하는 것이다. g-isocline에서는 $dg/d\tau = 0$, w-isocline에서는 $dw/d\tau = 0$의 조건이 충족된다. 따라서 전체 모형의 평형점은 g-isocline 곡선과 w-isocline 곡선의 교차점에 위치하게 된다.

식 5.7을 $dg/d\tau = 0$으로 놓고 풀면 g-isocline은 각각 $g = 0$와 $(1 - s - c_{gg}g - c_{wg}w) = 0$임을 알 수 있다. 그림 5.13을 보면 식 $(1 - s - c_{gg}g - c_{wg}w) = 0$은 위상도에서 음수 기울기를 가진 직선을 나타내며, s값에 따라 위치가 바뀜을 알 수 있다. s가 증가하면 이 직선이 좌측으로 움직이고, s가 감소하면 우측으로 움직인다. 식 5.8에 의하면 w-isocline는 쌍곡선이다. 그림 5.13과 같이 w-isocline은 평형점 c에서 g=0와 교차하고 평형점 a와 b에서 g-isocline 직선$(1 - s - c_{gg}g - c_{wg}w) = 0$와 교차한다.

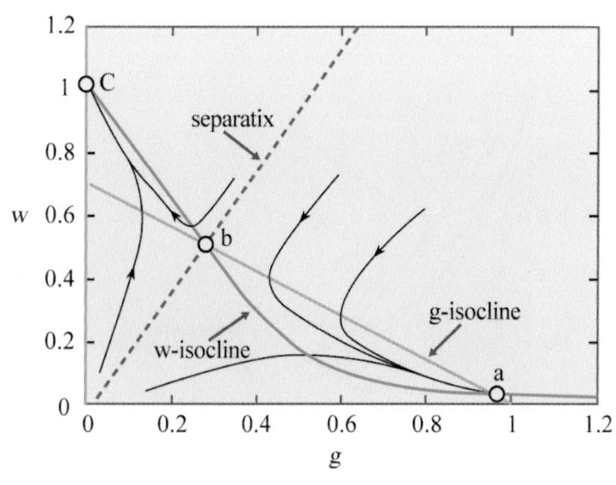

그림 5.13 식 5.7, 5.8, 5.9에 기반한 목초(g)와 관목(w)의 위상도(갈색 선과 초록색 선은 각각 g-isocline과 w-isocline을 나타내고 파란색 점선은 견인영역의 경계를 나타내는 separatix이며 평형점 a와 c는 안정적이지만 평형점 b는 불안정 평형임)

또한 g와 w의 초기값에 따라 두 값의 궤적이 평형점 a 또는 c로 수렴됨을 알 수 있다. 따라서 평형점 a와 c는 안정적 평형점이지만 평형점 b는 불안정 평형점이다. Separatix는 평형점 b를 통과하고 평형점 a의 견인영역과 평형점 c의 견인영역을 나누는 문턱 또는 임계선을 나타낸다.

이제 가축의 방목이 목초-관목 모형의 동적 행태에 끼치는 영향을 알아보자. s는 가축 방목의 정도를 표현하는 매개변수인데, 이 값이 증가하면 g-isocline 중 하나인 직선 $(1-s-c_{gg}g-c_{wg}w)=0$이 좌측으로 움직이게 되고 이에 따라 평형점 a와 b는 w-isocline 곡선을 따라 점차 가까워지게 된다. 평형점 a와 b가 가까워지면 평형점 c의 견연영역은 확대되고 평형점 a의 견인영역은 축소된다. 그러나 증가되는 s가 임계값 또는 쌍갈림 점 s^*에 도달하면 평형점 a와 b는 겹치게 되고 s가 s^*보다 커지게 되면 평형점 a와 b는 위상도에서 사라지게 된다. 그림 5.14는 s가 s^*보다 커져서 평형점 a와 b가 위상도에서 사라진 경우를 보여 주고 있다. 이 상태에서는 초기값에 상관없이 g와 w의 모든 궤적이 평형점 c로 수렴되며 이 점으로 수렴되는 하나의 견인영역만 존재하게 된다. 따라서 목초-관목 시스템의 초기상태가 평형점 a상에 위치하는 경우 s가 증가함에 따라 g가 소폭 감소하다가 s값이 s^*를 초과하여 평형점 a와 b가 사

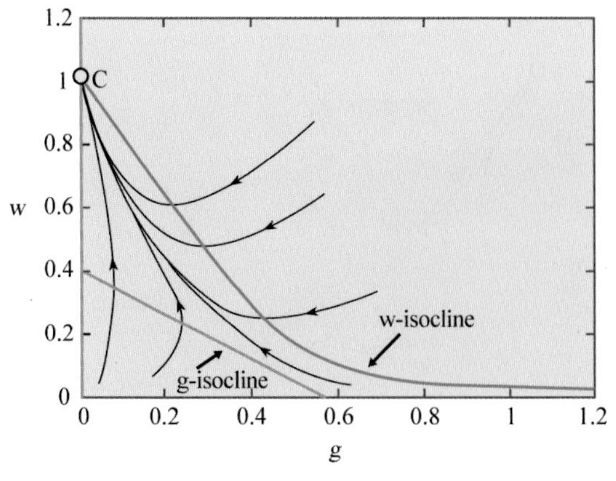

그림 5.14 가축 방목률(s)이 증가되어 $s=0.6$인 경우의 시스템 행태(s가 증가되어 쌍갈림 점을 지나면 평형점 a와 b는 충돌 후 위상도에서 사라짐에 따라 안정적 평형점은 c만 남게 되며 모든 g와 w의 궤적은 평형점 c로 수렴함)

라지게 되면 급격하게 평형점 c로 수렴하게 됨을 알 수 있다.

그림 5.15는 목초 밀도(g)의 평형상태에서 나타나는 쌍갈림 현상을 보여주고 있다. s가 s^*보다 작을 때 목초-관목 시스템에는 두 개의 안정적 평형점(a,c)과 이에 따른 g값이 존재한다. 이 상태에서 s가 증가하면 안정적 평형점 a의 g값이 완만하게 줄어들게 된다. 그러나 s가 임계점 또는 쌍갈림점인 s^*보다 커지게 되면 평형점 a와 b가 충돌 후 사라져 오직 c만 안정적 평형점으로 남게 된다. 이 경우 c로 수렴되는 견인영역만 존재하기 때문에 모든 g와 w의 궤적은 c를 향해 수렴하게 된다.

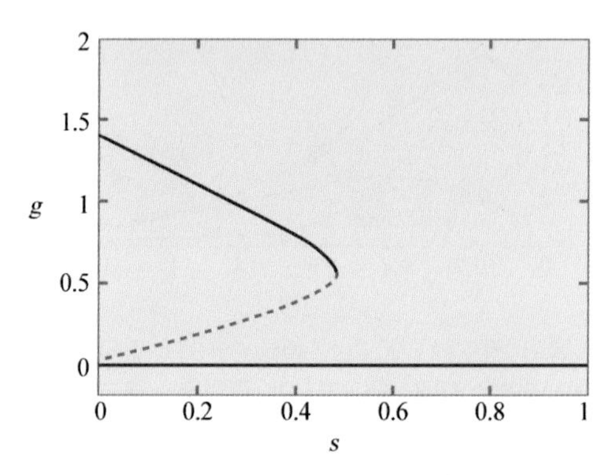

그림 5.15 목초 밀도(s)의 평형상태 쌍갈림 현상(가축 방목의 정도(s)가 $s^*=0.49$일 때 쌍갈림 현상이 발생하는데 s가 s^*보다 작을 때 목초-관목 시스템에는 두 개의 안정적 평형점(a,c)과 이에 따른 g값이 존재하며, s가 s^*보다 커지게 되면 평형점 a와 b가 충돌 후 사라져 오직 c만 안정적 평형점으로 남게 됨)

그림 5.16은 가축 방목이 존재하지 않는 $s=0$일 경우의 목초-관목 모형의 동적 행태를 설명하고 있다. s가 작아져서 g-isocline 중 하나인 직선 $(1-s-c_{gg}g-c_{wg}w)=0$이 우측으로 움직이면 평형점 b와 c는 w-isocline 곡선을 따라 점차 가까워지게 된다. 그 결과 평형점 c의 견인영역은 축소되고 평형점 a의 견인영역은 확대된다. 따라서 $s=0$일 때 대부분의 g와 w의 궤적은 평형점 a로 수렴되고 목초의 밀도는 높고 관목의 밀도는 작은 상태의 평형이 유지될 것이다. 그림 5.5와 같이 이 상태에서 s가 점차 증가되면 목초의 밀도는 $s \leq s^*$까지는 완만하게 줄어들지만 그 이상부터는 $(s > s^*)$ 목초 밀도는 붕괴되고 관목이 지배하는 상

태로 급격하게 바뀌게 된다. 이렇게 관목 밀도가 높은 상태인 평형점 c로 시스템 상태가 한 번 전환되면 가축 방목을 완전히 제거하여 다시 $s=0$ 이 되더라도 목초 밀도는 회복되기 힘들다. 왜냐하면 이 경우에도 평형점 c는 여전히 separatix 좌측에 위치하고 있고 평형점 c로 수렴되는 견인영역은 비록 축소되었지만 여전히 존재하기 때문이다.

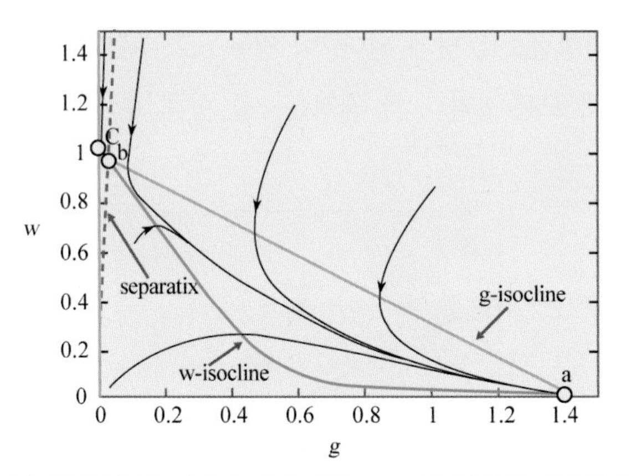

그림 5.16 가축 방목의 정도(s)가 축소되어 $s=0$인 경우의 시스템 행태(이 경우 평형점 a를 향한 견인영역은 대폭 확대되지만 평형점 c를 향한 견인영역은 매우 작아서 대부분의 g와 w궤적은 평형점 a로 수렴됨)

참고문헌

Brock, W.A. and Carpenter, S.R. 2006. Variance as a leading indicator of regime shift in ecosystem services. Ecology and Society 11: 9.

Carpenter, S.R. and Brock, W.A. 2006. Rising variance: A leading indicator of ecological transition. Ecology Letters 9: 308-315.

Dakos, V., Scheffer, M., van Nes, E.H., Brovkin, V., Petoukhov, V. and Held, H. 2008. Slowing down as an early warning signal for abrupt climate change. Proceedings of the National Academy of Sciences of the United States of America 105: 14308-14312.

Gunderson, L.H. and Holling, C.S. 2002. Panarchy: Understanding transformations in systems of humans and nature. Island Press, Washington D.C., USA.

Guttal, V. and Jayaprakash, C. 2008. Changing skewness: An early warning signal of regime shifts in ecosystems. Ecology Letters 11: 450-460.

Hardin, G. 1968. The tragedy of the commons. Science 162: 1243-1248.

Held, H. and Kleinen, T. 2004. Detection of climate system bifurcations by degenerate fingerprinting. Geophysical Research Letters 31: L23207.

Holling, C.S. 1973. Resilience and stability of ecological systems. Annual Review of Ecology and Systematics 4: 1-23.

Holling, C.S. 1996. Engineering resilience versus ecological resilience. In, Schulze, P.C. (ed.), Engineering within Ecological Constraints. National Academy Press, Washington, D.C., USA. pp. 31-43.

Ives, A.R. 1995. Measuring resilience in stochastic systems. Ecological Monographs 65: 217-233.

Ludwig, D., Walker, B. and Holling, C.S. 1997. Sustainability, stability, and resilience. Ecology and Society 1(1): 7.

May, R.M. 1977. Thresholds and breakpoints in ecosystems with a multiplicity of stable states. Nature 269: 471-477.

Pimm, S.L. 1984. The complexity and stability of ecosystems. Nature 307: 321-326.

Scheffer, M., Bascompte, J., Brock, W.A., Brovkin, V., Carpenter, S.R., Dakos, V., Held, H., van Nes, E.H., Rietkerk, M. and Sugihara, G. 2009. Early-warning signals for critical transitions. Nature 461: 53-59.

Scheffer, M., Carpenter, S.R., Lenton, T.M., Bascompte, J., Brock, W.,

Dakos, V., van de Koppel, J., van de Leemput, I.A., Levin, S.A., van Nes, E.H., Pascual, M. and Vandermeer, J. 2012. Anticipating critical transitions. Science 338: 344-348.

Strogatz, S. 2001. Nonlinear dynamics and chaos: With applications to physics, biology, chemistry and engineering. Westview Press, Cambridge, USA.

Walker, B., Holling, C.S., Carpenter, S.R. and Kinzig, A. 2004. Resilience, adaptability and transformability in social-ecological systems. Ecology and Society 9(2): 5.

Walker, B., Ludwig, D., Holling, C.S. and Peterman, R.M. 1981. Stability of semi-arid savanna grazing systems. Journal of Ecology 69: 473-498.

Walker, B., Salt, D. and Reid, W. 2006. Resilience thinking: Sustaining ecosystems and people in a changing world. Island Press, Washington D.C., USA.

Wang, R., Dearing, J.A., Langdon, P.G., Zhang, E., Yang, X., Dakos, V. and Scheffer, M. 2012. Flickering gives early warning signals of a critical transition to a eutrophic lake state. *Nature* **492**: 419-422.

Wissel, C. 1984. A universal law of the characteristic return time near thresholds. Oecologia 65: 101-107.

권장도서

Scheffer, M. 2009. Critical transitions in nature and society. Princeton University Press, New Jersey, USA.

2

생태공학과 자연환경

Ecological Engineering

제2부에서는 생태공학의 적용 대상을 자연환경의 영역인 물, 토양, 녹지경관으로 나누어 각 영역의 생태계에 대하여 기술하고, 각각에 적용되는 생태기술을 구체적으로 소개한다. 제6장 물환경에서는 우선 수생태계의 이해와 기능에 대하여 소개한 후, 수생태계의 대표적 사례인 호소생태계의 관리에 대하여 설명한다. 다음으로는 물환경 분야에 활발하게 적용되는 생태기술인 수변완충대, 인공습지, 인공부도 등을 기본 개념에서부터 실제 적용 방안과 국내외 적용 사례에 이르기까지 소개한다. 제7장 토양환경에서는 토양생태계와 그 기능, 서비스의 이해에서부터 출발하여 토양환경에 적용되는 생태기술로 식생정화, 식물 및 미생물을 이용한 지반개량, 생물비료, 생물농약, 혼농임업 등의 토양 생산성 향상 기술을 원리와 효과, 장단점을 중심으로 설명한다. 제8장 경관생태환경에서는 경관생태학의 정의, 대상, 활용 및 생태네트워크에 대하여 이해하고, 경관생태학의 실제적 적용을 위한 주요 도구인 GIS와 RS에 대하여 알아본다. 도시와 자연의 공생, 자연과 생물의 공생, 사회적 요인을 고려한 생태적 경관계획과 환경생태계획을 논의하고, 이러한 계획에 기초가 되는 단위인 비오톱에 대하여 설명한다. 끝으로, 생태환경을 고려한 지역계획 및 자연생태환경의 복원사례로 국립공원 보호구 설계, 지자체 환경생태계획, 환경영향평가에 대하여 소개한다.

제 6 장
물환경

생태공학의 물환경은 수생태계의 먹이사슬을 통한 물질순환, 수계환경의 횡적 및 종적환경에서 에너지의 흐름, 물질의 유입과 유출에 관련된 생태학적 기능을 소개한다. 그리고, 수변완충지대에서는 하천에 인접한 띠 형태의 경관생태학적 통로로서 수역과 육역의 천이지대에서 일어나는 에너지의 전달과 차단, 물질의 여과와 저장, 생태서식지로서 역할을 다루고, 습지에서는 자연정화기능이 포함된 수생태학적 기능과 가치를 소개하고 인공식물섬에서는 정체성 수역의 경관 및 환경적 역할에 대하여 다룬다.

6.1 수생태계의 이해

수생태계 구조를 이해하는데 수생태계의 먹이사슬(또는 먹이망)은 빠뜨릴 수 없는 개념이다. 수생태계의 먹이사슬은 일반적으로 그림 6.1에 나타낸 것처럼 생태계 피라미드로 표시된다. 생산자(producer)로서 수초나 식물플랑크톤, 이것을 먹는 1차 소비자인 동물플랑크톤, 다시 이것을 먹는 2차 소비자인 어류, 다시 이것을 먹는 3차 소비자인 육식어류까지 계층이 상위의 계층일수록 생물체의 현존량은 감소한다. 이것은 탄소나

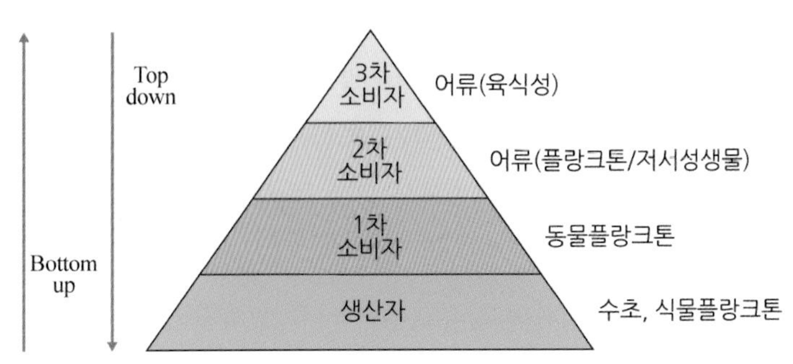

그림 6.1 수생태계의 생물현존량 모식도(村上 등 1996)

질소 등의 물질이나 에너지가 일부 체내로 흡수되지 않고 배출되는 것과 스스로 존재하기 위한 호흡에 의해 물질이나 에너지의 손실이 생기기 때문에 필연적으로 일어나는 현상이다. 일반적으로 생태계 피라미드의 층계가 하나 올라감에 따라 현존량은 약 1/10로 줄어든다고 알려져 있다. 이것은 생태계를 가장 단순화한 모델로 실제 수생태계에서 일어나고 있는 현상은 포식과 피식에 수질이나 빛의 양이 더해져 서로 복잡하게 뒤엉켜 있다(안홍규 2004).

수생태계의 먹이사슬

먹이사슬에서 바탕이 되는 기초 생산자인 식물은 태양광을 이용하여 무기물로부터 먹이사슬에서 상위단계의 생물이 이용할 수 있는 유기물을 만든다. 하천에서 생산자는 조류로부터 관속식물까지 다양하다. 이 중 관속식물인 하안식생은 하천의 수체와 인접한 곳에서 주기적 혹은 영속적으로 범람에 영향을 받는 식물군집이다. 이들 식생은 산림과 같은 육상생태계와 하천의 수생태계를 연결하는 전이대(轉移帶 ecotone)의 기능을 수행한다.

수생태에서 주요한 생산자는 부착조류와 식물플랑크톤이다. 부착조류는 주로 호소와 하천에서 바닥 표면을 덮고 있는 조류의 얇은 층을 이룬다. 식물플랑크톤은 물에 떠서 사는 조류로서 현미경으로 관찰이 가능할 정도로 작지만, 부영영화가 되면 물 위에 매트를 형성할 정도로 번성하기도 한다.

수생태계의 소비자는 수서곤충을 포함하는 무척추동물과 어류, 양서·파충류, 조류, 포유류를 포함하는 척추동물로 구성된다(그림 6.2). 주로 동물플랑크톤과 저서생물로 구성되는 초식자(herbivore)는 살아있는 식물체를 섭식한다. 이들은 다시 포식성 곤충, 어류, 새 및 포유동물의 고차 소비자에게 먹힌다.

하천연속체 개념에 의하면 상류로부터 하류로 하천의 물리환경이 변하면 이들 섭식기능군 구성의 연속적인 변화가 나타난다(Vannote 등 1980).

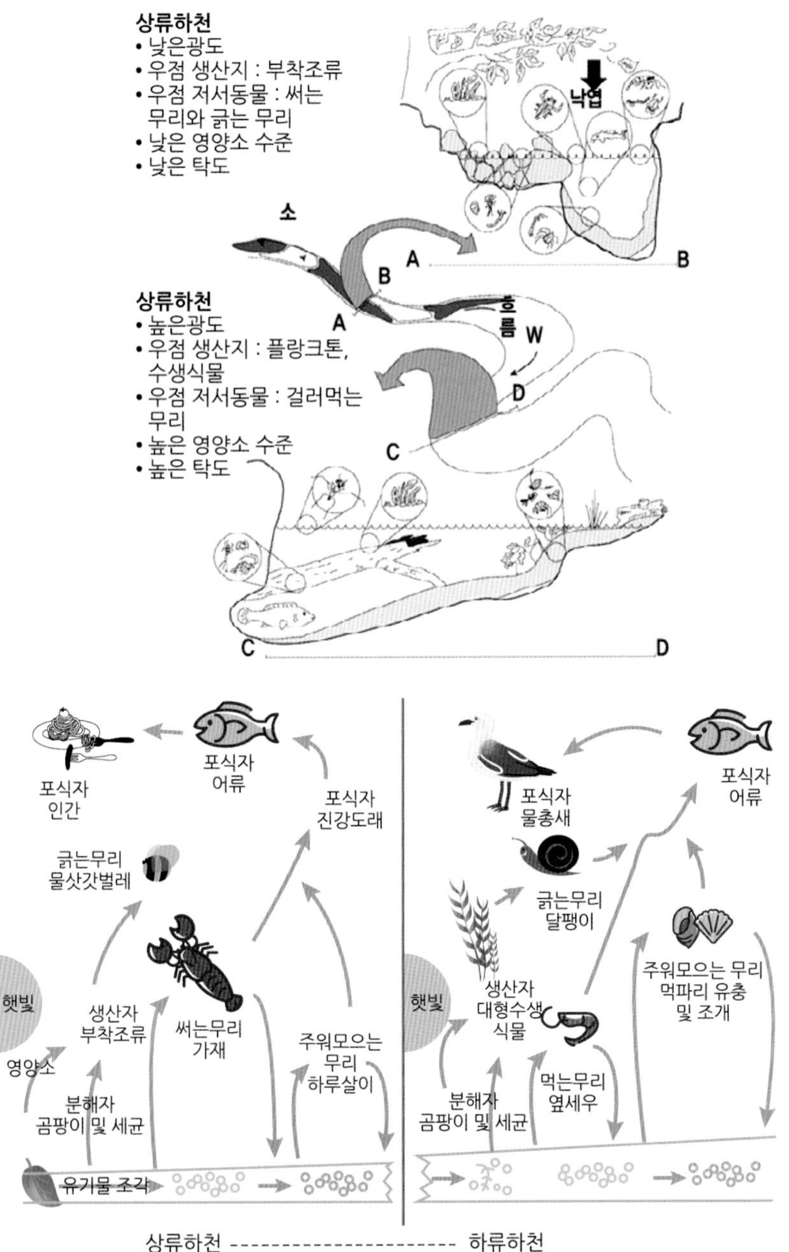

그림 6.2 하천생태계의 생물 구조와 먹이사슬 구조(Rutherfurd 등 2000)

즉, 외부에서 유입된 낙엽 등의 큰 유기물 조각이 많은 상류에서는 '썰어 먹는 무리'가 우점하고, 입사태양광이 점차 많아지는 중류로 가면서 부착조류의 생산량이 늘어나고 '긁어 먹는 무리'와 '걸러 먹는 무리'가 우점한다. 반면에 미세한 유기물이 많아지는 하류에서는 '주워 먹는 무리'가 우점한다.

어류는 일반적으로 하천생태계에서 몸이 큰 최고차 소비자이기 때문에 생태적으로 중요하다. 하천에 서식하는 어류의 종수와 개체수는 지리적 위치, 진화 역사, 유속, 수심, 기질, 여울/소 비율 등과 같은 물리적 서식지, 수질, 경쟁과 포식과 같은 다른 생물과의 관계 등에 의하여 영향을 받는다. 또한 하천의 담수어를 담수와 해수의 서식지에 따라서 분류할 수 있는데, 특히 생활사의 일정 기간에 정기적으로 담수와 해수를 왕래하는 회유성 어류에게는 하천의 종적 연속성이 중요하다.

양서 · 파충류 중에서 도롱뇽목과 개구리목의 양서류는 종에 따라 일생 중에 다른 서식지, 동면지, 산란지를 요구한다. 모든 양서류는 번식을 위하여 물을 필요로 하지만 성체의 서식지에 따라서 수생, 반수생, 반육생, 육생으로 분류할 수 있다. 대부분의 양서류에서 수변식생은 서식지의 주요 환경요인이며 특히 유생의 먹이활동에 매우 중요하다. 양서 · 파충류 중에서 많은 파충류의 생존이 하천과 밀접히 관련되어 있다.

조류는 하천 통로에서 가장 쉽게 눈에 띄는 소비자이다. 특히 하천과 수변지역의 서식환경에 따라 수면에는 오리류와 물닭류가 서식하고, 얕은 물은 도요새류, 물떼새류, 백로류, 왜가리 등이 이용한다. 물가의 초지 갈대밭은 개개비류의 산란, 번식장소가 되며, 모래가 섞인 자갈밭과 관목이 있는 곳은 꼬마물떼새, 종다리, 알락할미새, 노랑할미새, 제비, 참새 등이 번식 혹은 먹이를 취하는 장소로 이용하고 있으며, 하천 통로의 상공에는 맹금류가 서식하기도 한다. 수변지역은 식생, 물, 먹이가 적당하여 고라니, 너구리, 족제비, 두더지, 멧토끼, 청설모 등의 포유동물에게도 유용한 서식지를 제공한다. 특히 수질이 깨끗한 하천에서 발견되는 수달은 우리나라의 대표적인 하천 포유류로서 물고기, 갑각류, 양서류 등을 포식하는 최상위 소비자이다.

하천생태계에서 주로 세균과 곰팡이로 구성되는 분해자는 죽은 생물체의 잔재를 분해하여 영양소를 얻고, 이 과정에서 생성된 무기화합물을 토양과 물속으로 배출함으로써 생태계에서 유기물을 재순환시키는 역할을 한다. 이렇게 배출된 무기화합물은 생산자에 의하여 재사용될 수 있다. 하안에서 분해자는 주로 토양에 분포하며, 여러 물질의 여과, 완충, 유기·무기물의 해독 작용에 기여한다. 하천 수로에서 분해자는 특히 하천 바닥에 많이 존재한다. 생물의 낙엽이나 고사체는 쇄설물섭식 동물과 미생물의 복합작용에 의해 작은 조각으로 쉽게 분해된다.

수생태계의 기능[11)]

수생태계에서 에너지, 물질 및 생물은 생태계로 유입되어 생태계 내부에서 이동하며, 변화를 겪고 최종적으로 생태계 밖으로 유출되기 때문에 (그림 6.3) 수생태계의 주요 기능은 에너지 흐름, 물질 순환 및 개체군 동태라고 할 수 있다.

하천이나 호소로 유입된 유기물은 물리·화학적 및 생물적 과정에 의하여 변화를 겪는다. 육상으로부터 유입된 입자 유기물은 물에 잠겨서 용존 유기물로 용탈되고, 용존 유기물은 다시 쇄설물에 흡착되거나 침전되어 세립 입자 유기물이 되기도 한다. 한편 입자 유기물은 다양한 저서무척추동물에 의하여 이용되고 용존 유기물은 미생물에 의하여 고정된다. 결국 유기물에 포함된 에너지는 먹이사슬을 따라서 소비자와 분해자에 의하여 차례로 이용된다. 이때 먹이사슬의 한 영양 단계에서 다음 영양

그림 6.3 에너지, 물질 및 생물이 들어오고 나가는 것을 모식적으로 나타낸 생태계 모델(FISRWG 1998)

11) 국토해양부. 2011. 하천복원 통합매뉴얼 2장 하천특성과 교란의 내용을 수정 보완

단계로 에너지가 전달되는 과정에서 약 10%의 에너지만이 전달되고, 나머지는 동물의 배설물, 호흡 등에 의하여 이용할 수 없는 열로 방출된다. 또한 최종적으로 생물이 이용하지 않은 잔존 유기물은 생태계로부터 하류로 유출되며, 저수지와 같은 곳에 일시적으로 저장되기도 한다.

물질 중에서 질소, 인, 칼슘과 같은 영양소는 생물에게 필수적인 무기물질로서 그 공급량에 의하여 하천생태계에서 생물 활동이 제한된다. 영양소의 흡수, 전환 및 배출은 다양한 생물 및 비생물 과정에 의하여 영향을 받는다. 영양소 순환에 영향을 미치는 중요한 생물 대사과정은 식물의 일차 생산에 의한 고정과 미생물에 의한 유기물 분해이다. 특히 수생태계에서는 인과 질소가 일차 생산을 촉진하는 주요한 영양소이다. 그러나 과도한 인과 질소가 유입되면 식물 생산이 증가하여 하천이나 호소의 부영양화가 초래되어 수질 문제를 야기한다.

생태계에서는 같은 종으로 이루어진 생물 집단인 개체군이 모여서 다수종으로 구성된 군집을 이룬다. 하천생태계에서 개체군 크기는 높은 생식력에 의하여 초기에는 지수함수적으로 증가하지만 개체수가 증가함에 따라서 먹이, 질병, 포식자, 공간 등과 같은 환경요인이 제한되어 수용력까지 증가한 후 안정적 평형 단계에 도달한다(그림 6.4). 개체군 크기는 먹이공급 제한, 독성 노폐물의 축적 등과 같은 밀도 의존적 요인에 의하여 조절되거나, 기후, 화재, 홍수와 같은 밀도 독립적 요인에 의하여 제한된다.

수생 생물군집은 다수의 개체군으로 구성되며 종간 개체군 사이에서 부정적 혹은 긍정적 상호작용을 한다. 부정적인 상호관계에는 경쟁, 포식, 기생 등이 있으며, 긍정적인 상호관계에는 상리공생, 편리공생 등이 있다. 이 중 경쟁과 포식이 특히 개체군의 개체수 조절에 중요하다. 하천의 생물은 제한된 자원을 차지하기 위하여 종간 경쟁을 하며, 그 결과 개체군 크기의 성장은 경쟁에 의하여 억제된다. 생태계에서 각 생물종의 기능적 역할인 생태적 지위가 비슷한 생물일수록 종간 경쟁이 강하게 일어난다. 생물 간의 가장 보편적인 상호작용은 포식자에 의한 피식자의 포식

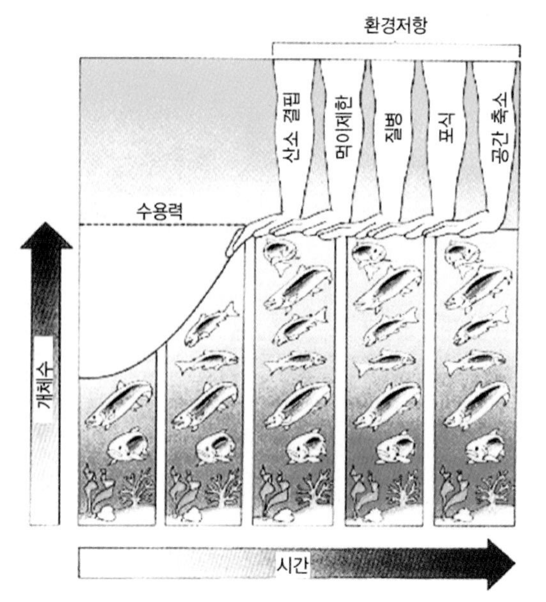

그림 6.4 시간에 따른 개체군 크기의 증가를 나타내는 곡선
(Enger와 Smith 2001)

이다. 포식 – 피식의 관계는 포식자에게만 전적으로 이익을 갖는 것이 아니다. 피식자는 포식자에 의하여 개체수를 적정하게 유지할 수 있을 뿐만 아니라, 주로 병들거나, 늙거나, 적응력이 떨어지는 개체가 포식되므로 우수한 자손이 선발될 수 있다.

생태계의 개체군이 새로운 서식지에 정착하기 위해서는 분산되어야 한다. 분산은 생물의 생활사에서 매우 중요한 과정이다. 수생태계에서 개체의 분산은 다음 3가지 유형을 갖는다.

- 표류(drifting) : 생물이 하류로 흘러가는 것으로 저서동물이나 어류가 특정 시기에는 표류한다. 표류하는 생물은 적당한 서식지를 만나면 그곳에 정착한다.
- 분산(dispersion) : 식물의 종자나 하루살이 등과 같은 저서동물 성충은 상류, 하류, 기타 수체로 공기 중에서 분산할 수 있다.
- 이동(movement) : 이동성 어류를 비롯한 많은 어류는 생활사의 일부에서 번식을 위하여 이동한다. 이동성 어류는 특히 보와 같은 장

애물의 영향이 큰데, 특히 소상성보다는 강하성 어류에서 더 큰 문제가 된다.

호소생태계 관리

청정한 호소생태계는 그림 6.5에 나타낸 바와 같이 항상 수질을 정상으로 유지하려고 순환하고 있다. 반면 오염이 진행된 생태계에서는 식물플랑크톤이 지속적으로 증가하여 다른 생물의 서식환경(빛, 용존산소, 저니질)을 악화시키며 한정된 생물밖에 서식할 수 없는 다양성이 낮은 생

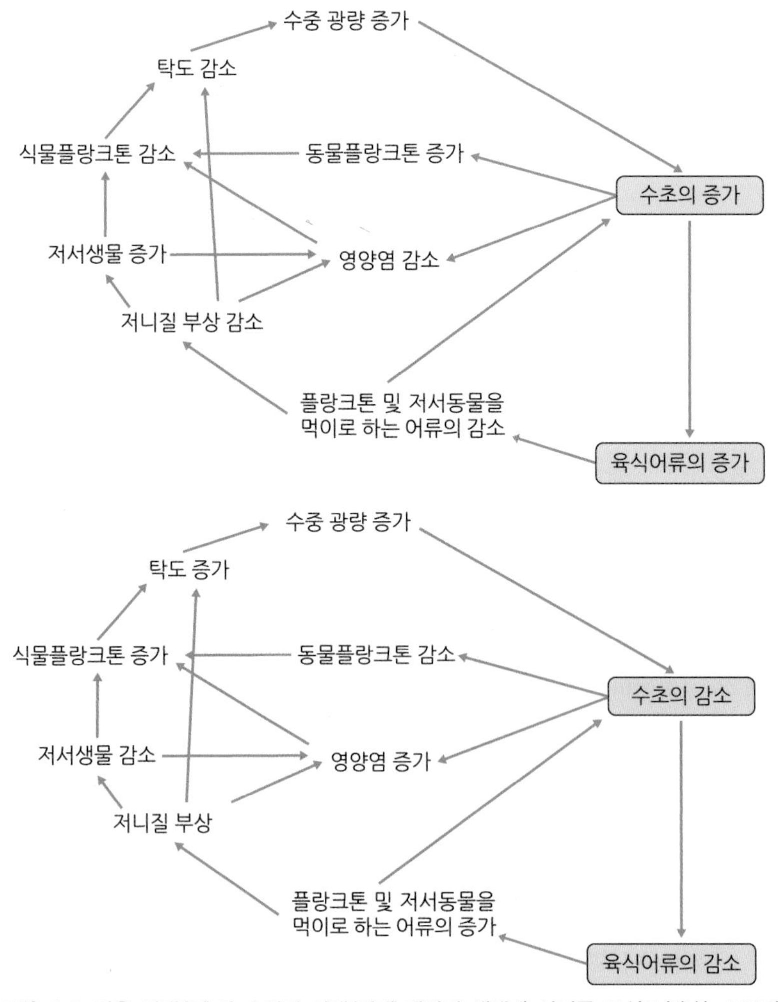

그림 6.5 맑은 상태(위)와 오염된 상태(아래)에서의 생태계 사이클 모식도(浅枝 1993)

태계가 형성된다. 외부로부터의 오염 유입부하가 감소한다고 하더라도 서식환경이 아주 느리게 회복되고 생태계 구성종이 부활하지 않아 맑은 상태의 생태계 사이클 재생이 안 되어 오염상태에서 빠져나올 수 없게 된다. 따라서 물리·화학적인 처리에 의해 유입부하의 저감이나 수처리를 하더라도 수질개선 효과가 좀처럼 나타나지 않고 큰 비용을 요하는 것은 수계생태계의 사이클에서 알 수 있다.

호소생태계 관리는 그림 6.6에 나타낸 대로 이러한 오염에서 빠져나올 수 없는 악순환에 빠진 생태계를 구성하는 생물의 종류나 현존량을 인위적으로 조작하여 청정하고 투명한 수질을 조기에 실현시킬 수 있는 방법이기 때문에, 적극적인 생물학적 생태계 관리라고 불린다. 호소생태계 관리는 주로 얕은 호소에 대한 수질개선 대책으로 유럽 각국에서 현재 가장 주목받고 있는 방법이다. 이 방법은 호소생태계를 물이 맑았던 시절의 상태로 인위적으로 되돌려놓음으로써 수질정화를 하려는 방법이다. 네덜란드에서는 적극적인 생물학적 관리(Active Biological Management)라 하고(Hosper 등 1992), 벨기에에서는 Bioregulation이라고 한다(Maeseneer 1995). 호소생태계 관리에는 부영양화 생산자에 주목하고 그 영양염류를 억제함으로써 식물플랑크톤의 증식을 억제하는 bottom-up control이라고 불리는 방법과 생태계의 보다 고차원적인 소비자에 착안하여 생태계의 먹이사슬 관계를 이용해서 식물플랑크톤을 억제하는 top-down control이라고 불리는 방법

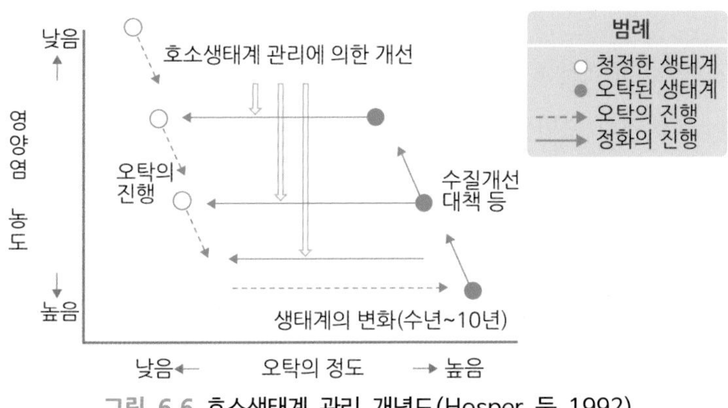

그림 6.6 호소생태계 관리 개념도(Hosper 등 1992)

이 있다(안홍규 2004).

6.2 수변완충대[12)]

정의 및 범위

수변완충지대란 지형적으로 하천에 인접하는 띠 형태의 경관생태적 통로로서 토양, 동식물 등 생태 시스템을 포함하는 수역과 육역의 천이지대를 말하며, 에너지의 전달과 차단, 물질의 여과와 저장, 생태 서식지로서의 역할을 한다(Fischer 등 2000). 이와 유사한 표현으로 하천에서는 하반역(河畔域 riparian zone), 호소에서는 호반역(湖畔域 lakeside zone), 하천생태 분야에서는 하천회랑(river corridor) 등이 있다(한국건설기술연구원 2003). 미국에서는 일반적으로 RBZ(Riparian Buffer Zone) 또는 RBS(Riparian Buffer Strip)로 표현하며, 이용목적에 따라 Buffer Strip 또는 Corridor로 표현하기도 한다. 여기서 Corridor란 통로를 의미하며 각종 생물의 이동경로 또는 서식지로 이용된다. 또한 수변이란 하천에서 하도, 홍수터, 강턱, 기타 경관생태적으로 연속성이 있는 주변까지를 망라한 것으로 좁은 의미로 하천이라 할 수 있다(우효섭 2001).

미국이나 유럽에서는 1980년대 이후 수변완충지대의 환경 · 생태 · 치수 측면에서의 중요성을 인식하고 효율적 조성과 복원을 시도하고 있으며, 최근 국내에서도 비점오염 저감과 생태복원 방안의 하나로서 관심이 높아지고 있다(그림 6.7).

특히 하천에서 수변완충지대는 유역 전체의 약 5% 정도의 적은 비중을 차지하지만 육상서식지와는 본질적으로 다른 다양한 야생종이 서식하며 다른 생태적 기능을 수행한다(안홍규 등 1999). 미국의 경우 지난 25년간 기능적으로 가장 독특하고 역동적인 생태 시스템으로 널리 인식되어 왔

---

12) 이 절은 환경부 환경기초조사사업으로 한국건설기술연구원에서 수행한 연구과제인 「수변완충지대조성 가이드라인(2006)」에서 주로 인용하였음

그림 6.7 미국의 수변완충지대(Maryland 2005)(좌)와 자연수변녹지(우)

고, 최근까지도 경관의 복원과 관리의 관점에서 주요한 분야로 여겨지고 있다(Knopf 등 1988).

자연적인 수변완충지대의 폭 범위는 지역에 따라 유역특성, 계절, 수위, 토양, 식생분포 등 환경조건이 다르므로 정량적으로 명확한 경계를 정의하기는 어렵다(Fischer 등 2000). 그러나 인위적 조성 또는 복원을 할 경우 미국을 비롯한 선진국에서는 오염정화 및 생태 기능적 측면의 폭 범위를 지역적 특성과 조성 목적에 따라 일반적으로 약 15 ~ 100 m 정도의 규모로 설정하고 있다(그림 6.8). 한편 환경부에서 고시하고 있는 '수변구역'은 오염원의 입지나 오염행위 제한 또는 관리를 위한 법정구역(환경부 1999)으로서 그 설정취지는 다소 다르지만 설정범위는 수변완충지대의 기능적 범위를 포함한다.

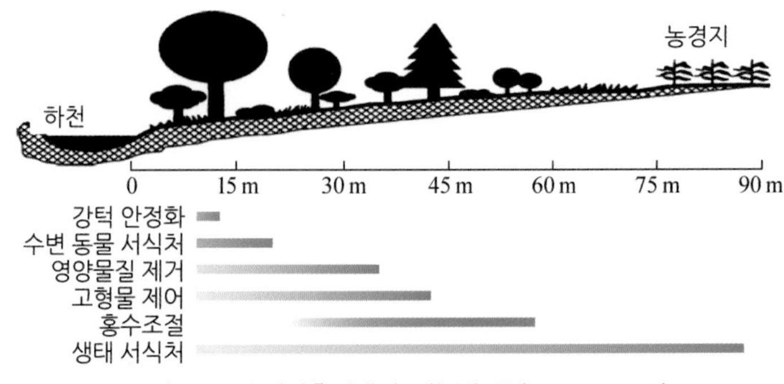

그림 6.8 수변완충지대의 기능별 폭(CRJC 2000)

수변완충대의 기능

- 수변완충대에서 기대할 수 있는 효과는 오염원 유입차단 및 정화, 생태, 치수, 친수 및 경관 기능이며, 효율적으로 조성 시에는 그 기능이 더욱 향상된다(그림 6.9). 수변완충지대의 기능을 살펴보면 다음과 같다.

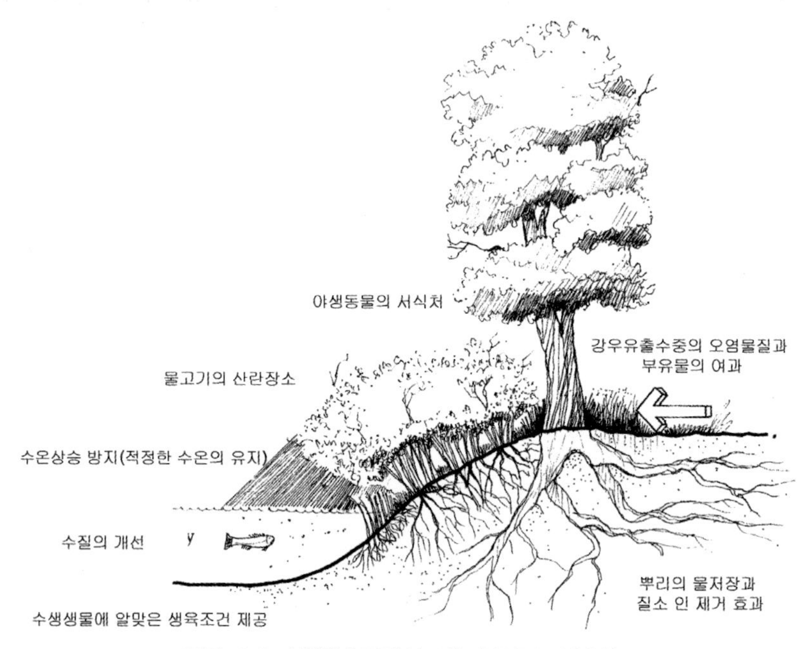

그림 6.9 수변완충지대의 기능(USDA 1998)

- 유사나 오염물질의 여과 및 차단(필터링 효과)
  - 수변완충지대의 식생과 토양은 강우유출 시 유입되는 유사 또는 부유물을 여과하거나 차단하여 하천으로 유입되는 오염물질을 감소시킨다(그림 6.10).
- 영양염류의 저감
  - 식물의 뿌리와 토양은 비점오염원에서 유입되거나 하천에 존재하는 질소, 인 등 영양물질을 화학적 · 생물학적 작용을 통해 저감/제거한다.
- 오염정화 기능 – 특히 비점오염의 제어에 적합하며, 농경지역이나

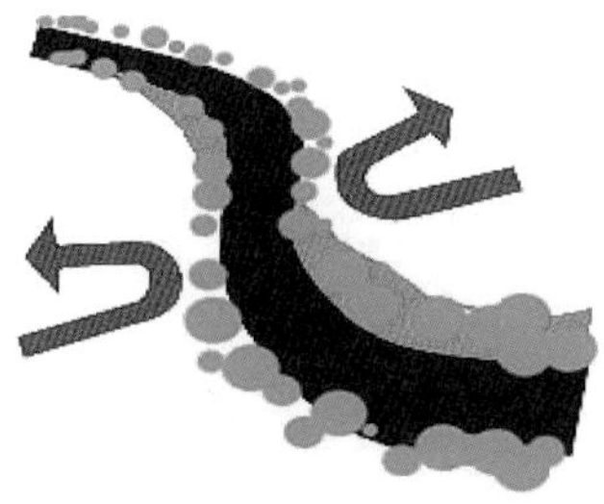

그림 6.10 수변완충지대의 여과기능(좌측) 및 차단기능(우측)(한국건설기술연구원 2006)

도로지역에서 유출되는 오염물질의 성분(주로 부유물, 질소, 인 등)과 유출 형태에 적용하면 매우 효과적이다.

- 토양침식 방지
  - 강우 시 유역 유출수의 지표면 흐름은 나대지 토양의 침식을 유발한다. 수변완충지대의 초본은 흐름에너지를 감소시켜 토양의 침식과 유실을 방지한다.
- 강턱 안정화(bank stability)
  - 식생 중 관목은 땅속 깊숙이 뿌리를 내려 토양을 결속시키는 역할을 하므로, 홍수 시 유수에너지에 의한 강턱의 붕괴나 유실을 방지한다.
- 홍수 저감 및 지하수자원 확보
  - 식생은 지표유출수의 토양침투를 증가시키며, 증산작용으로 토양 함유 수분의 일부는 대기 중으로 방출한다. 따라서 지표유출량을 감소시켜 하천의 홍수량을 낮추고 지하수자원을 확보할 수 있다.
- 수변 생물 서식지(biotope)의 제공
  - 수변완충지대의 다양한 식물과 토양은 미생물, 곤충, 양서류, 파충류, 포유류, 조류, 어류 등 많은 생물들의 피난 및 산란, 서식지를 제공한다.
- 수변 그늘 제공으로 수온유지
  - 소규모 하천은 직사광선에 의한 수온의 변화가 심하게 발생하나,

수변완충지대 식생이 만드는 그늘은 수체 및 수변지대의 온도상승을 방지한다.

- 친수 · 교육 공간의 제공
  - 지역주민들에게 여가활동 공간으로 제공할 수 있으며, 생태공원, 자연학습장을 조성하여 교육공간으로 활용할 수 있다.
- 심미적 효과
  - 수변완충지대는 인위적 구조물이나 장치가 거의 없고, 식생으로만 조성되므로 자연친화적 공간이며 우수한 경관을 제공한다.

수변완충지대의 오염정화 원리

수변완충지대의 주요 구성요소는 토양과 식생이며 이를 토대로 시간이 지남에 따라 다양한 미생물, 곤충, 동물 등이 형성되어 작은 생태계를 이루고, 이러한 생물들의 상호작용에 의한 순환 및 생태 통로를 이룬다. 수변완충지대의 오염정화 기작은 토양과 식생, 미생물에 의해 복합적으로 이루어진다.

- 질소 제거: 수변완충대로 들어온 유기성 질소는 미생물에 의해 NH_4-N으로 분해되고, 호기성 상태에서 질산균에 의해 NO_2-N, NO_3-N으로 분해되며, 무기염은 식물에 의해 흡수됨으로써 제거된다(오종민과 배재근 2001). 또한 수생식물은 대기의 공기를 뿌리를 통해 토양에 공급하여 질산화를 촉진한다. NO_3-N은 산소가 부족한 혐기성 상태에서는 N_2 가스로 탈질화되어 대기 중으로 방출된다(그림 6.11).
- 인 제거: 수변완충대에서 인이 제거되는 주요 기작은 토양에 의한 흡착과 식물에 의한 흡수이다(오종민과 배재근 2001). 식물은 유기물을 직접 흡수하지 않으므로 토양으로 유입된 유기인은 미생물에 의해 PO_4-P로 무기화되어 식물로 흡수된다(그림 6.12).

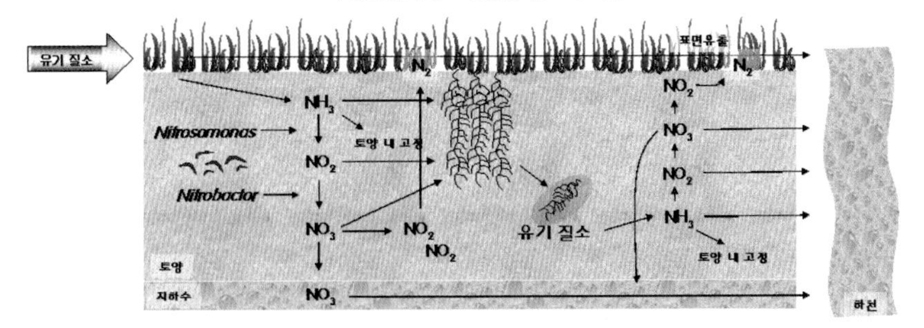

그림 6.11 질소의 거동 특성(오종민과 배재근 2001)

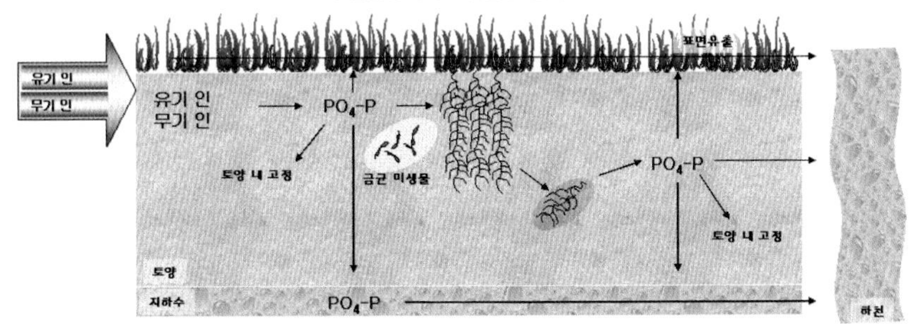

그림 6.12 인의 거동 특성(오종민과 배재근 2001)

- 부유물(SS) 제거: 토양은 식물을 물리적으로 지지하며, 식물은 강우유출수의 유속을 감소시키고 접촉작용을 통해 부유물(SS)의 침강을 촉진한다.
- 유기물(BOD) 제거: 토양과 식생은 직접 유기물을 제거하지는 않으나 식물뿌리나 토양 내에 서식하는 많은 미생물들에 의해 유기물이 분해되거나 식물표면에 흡착된다.

수변완충지대의 유형

초지 및 삼림대 조성을 통한 수변완충지대(Dry Buffer Zone)

수변완충구역은 하천, 호수, 연못, 습지, 기타 지하수 충진 지역 등에 인접한 교목이나 관목 지역으로, 하천을 따라 길게 형성되어 경관 및 생태적으로 일종의 하천회랑의 역할을 한다.[13] 수체에 가장 근접한 구역 1

은 야생동물의 주요 서식지 역할을 하며 수생 유기체의 중요한 영양원인 나뭇잎을 제공하며, 수온을 낮게 유지시키고, 강턱과 연안의 세굴 저항성을 높인다. 구역 2는 지표수나 지하수 흐름에 섞여있는 유사, 영양염류, 살충제 기타 오염물질을 차단하며, 목재, 섬유, 원예 작물 등의 산출을 위해 관리되기도 한다. 구역 3은 상류 유역으로부터 과도한 유입량이 있는 경우 특별히 관리되거나 설치되며, 이 구역은 보통 잔디, 활엽식물 등으로 관리된다.

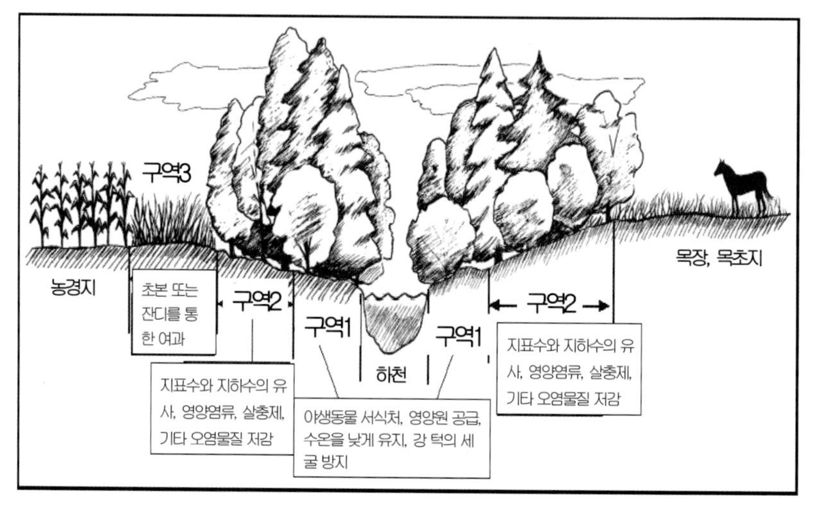

그림 6.13 수변삼림완충구역 모식도(CREP-CP22 2000)

습지를 이용한 수변완충지대(Wet Buffer Zone)

저습지를 이용한 오염저감은 자연적으로 형성되어 있던 습지에 습지식물과 수변완충지대에 관목 및 교목을 포함한 저습지를 조성하여, 이 지역에서 발생되는 생활하수를 1차 처리한 후 이 연못에 흘려보내 2차적으로 수질을 정화한 후 본류로 유입시키는 형태이다. 그리고 갈대밭을 이용한 완충지대 기능 확보는 하천변에 자연적으로 형성된 갈대밭을 보전하여 수변완충지대로 활용하는 형태로, 주변 산지와 하천과의 중간적 지대에

13) 국내의 경우 농경지 소하천은 대부분 정비되어 그림 6.13과 같은 형태는 나타나지 않으나, 대규모 하천의 자연홍수터 안에서는 이와 유사한 형태가 나타남

위치하여 하천생물과 산지생물의 연결통로 역할과 더불어 지역주민의 자연학습장으로도 활용될 수 있다.

수변완충지대의 설계 및 조성

수변완충지대의 기본 구조 및 형태

수변완충지대의 기본형태는 완만한 경사와 고른 지표면 상에 초본과 관목 등 식물이 식재된 형태이며, 집수구역(주로 농경지 및 일부 도로)에서의 강우유출수 중의 부유물질과 질소, 인 등을 식물의 표면과 토양침투, 미생물 작용, 뿌리흡수를 통해 감소시키는 구조를 기본으로 한다(그림 6.14). 경사도는 5%를 넘지 않는 2 ~ 5% 정도가 적당하며, 경사가 급할수록 침식가능성이 높아지며 오염저감 효과는 감소한다. 17% 이상의 경사에서는 저감효과를 발휘하기 어려우며 완충지 폭이 짧을수록 경사도는 작아야 한다(최지용 등 2002).

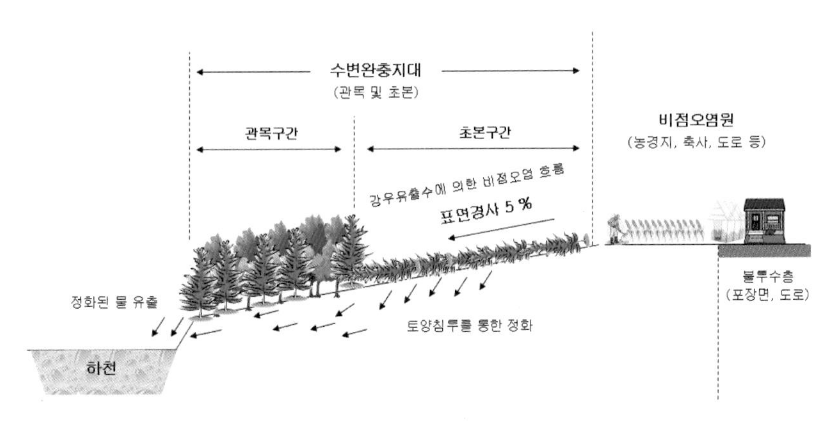

그림 6.14 수변완충지대의 기본 구조 및 형태(한국건설기술연구원 2006)

식생구성

수변완충지대의 식생구조는 지표면의 식생종별 구성에 따라 초본형태, 관목형태, 혼합형태로 구분된다. 초본(잔디류)은 유역에서 유입되는 비점오염물질의 저감에 효과적이며, 관목의 경우는 생물서식지로서의 기능과 뿌리의 영양물질 흡수에 효과적이다. 따라서 초본과 관목을 혼합 식재한 형태가 이상적인 형태로 제시된다. 식생구조는 수변완충지대의 다기능 확보를 위해 초본과 관목이 혼합 식재된 형태가 권장되며 종별 기능적 특징은 다음과 같다(표 6.1).

표 6.1 식생종별 기능의 우수성(USDA 1997)

기능	풀 (잔디)	관목	교목
강턱침식 안정	낮음	높음	높음
유사 거름(sediment filtering)	높음	낮음	낮음
영양염류, 살충제, 세균 거름			
-유사입자에 흡착된 것	높음	낮음	낮음
-물에 녹아있는 것	중간	낮음	중간
수생 서식지	낮음	중간	높음
야생동물 서식지		-	
초지/프레리 야생동물	높음	중간	낮음
삼림 야생동물	낮음	중간	높음
경제성 있는 산출물	중간	낮음	중간
경관 다양상	낮음	중간	높음
홍수 방어	낮음	중간	높음

식생배열

식생의 배치는 USDA의 자료에 의하면 상단부터 초본, 관목, 교목(또는 속성수종) 형태 순으로 조성하는 사례가 소개되고 있으나(그림 6.15), 하천의 유량변화가 심한 국내 하천 특성상 치수안전문제로 하천구역 내 교목의 식재는 제한적이므로, 수변식생 분포 상황에 맞추어 키 작은 저경초

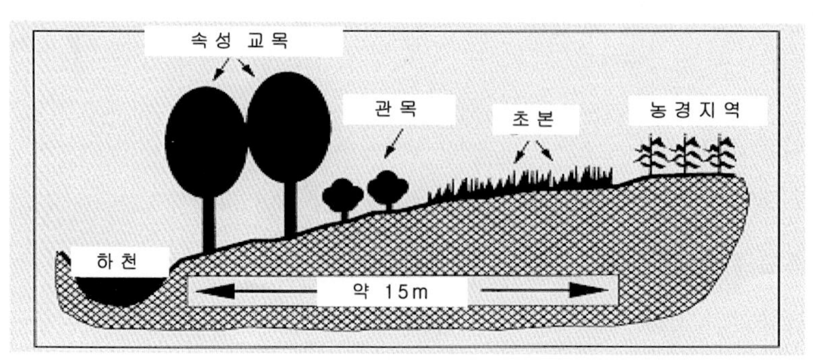

그림 6.15 경작지역 다목적 수변완충지대의 식생배열(USDA 1997)

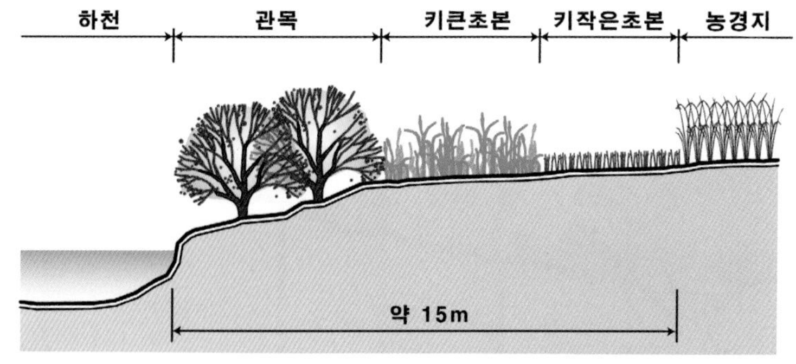

그림 6.16 국내 여건에 맞는 수변완충지대의 식생배열(한국건설기술연구원 2006)

본, 키 큰 고경초본, 관목의 순으로 조성하는 것이 바람직하다(그림 6.16). 초본 식재는 흐름저항을 증가시켜 토양침투를 촉진하며 농경지로부터의 부유물(SS)과 불용성 오염물질을 흡착 및 침전에 효과적이다. 또한 부유물의 효과적인 제어는 나머지 부착오염물질들의 동반 감소효과가 있다. 따라서 상단부에 설치하는 것이 오염저감 측면에서 효율적인 배치가 된다. 목본 식재는 나무뿌리가 강턱을 안정시키고 오염정화 미생물과 육상동물의 서식지를 제공하며 영양물질 일부를 흡수하므로 하단부에 배치하

표 6.2 수변완충시스템의 각 소구역별 특징(OCES 2005)

소구역	목적	식생	관리상 고려 사항
구역 1 (강턱에서 최소 4.5 m)	• 물가에 안정된 생태 시스템 창출 • 유출영양염류 저감 • 물에 그늘 제공 • 물속에 유기물과 통나무 부유물 제공	• 습지 환경에 적합한 고유의 수목, 관목, 잎이 넓은 풀, 잔디풀 • 강턱을 안정화시키기 위해 빨리 성장하는 수종 채택	• 중장비 사용 제한 • 위험요소의 제거를 위한 경우만 수목 제거 • 가축의 출입금지 • 물 분산기 등을 이용하여 집중류 억제
구역 2 (최소 18 m)	• 영양염류의 안정과 저장을 위한 접촉 시간과 탄소/에너지 제공	• 지배적으로 고유 수변 수목, 관목, 잎이 넓은 풀, 잔디풀 등	• 식생과 경사를 유지하여 고랑 형성 억제 • 목재나 야생동물의 관리는 필요하나, 물에 나뭇잎이 떨어지고 그늘이 생기도록 유도
구역 3 (최소 6 m)	• 집중류를 박층류로 바꾸어 주는 역할 • 유사의 퇴적, 유출수의 침투, 식생에 의한 영양염류의 흡수 등의 증진	• 촘촘한 다년생 잔디와 잎이 넓은 풀	• 식생이 잘 자라도록 유지 • 잡촉 제거 필요 • 고랑 형성을 방지하기 위해 주기적으로 표면 정지 작업 필요

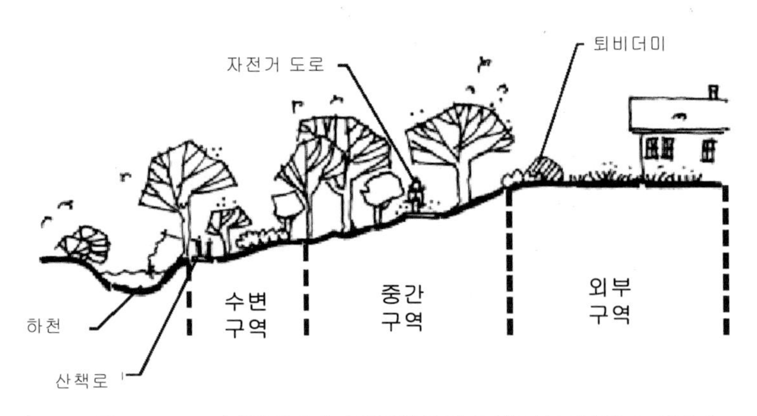

그림 6.17 도시지역에서의 수변완충구역 조성모식도(USDA 1994)

도록 한다.

완충 폭의 소구역별 기능 부여

완충 폭을 특성 · 용도별 2 ~ 3구간으로 구분하여 효율적으로 조성 · 활용한다.

오클라호마 주에서는 다음과 같은 3개의 소구역으로 형성된 '수변완충시스템(riparian buffer system)'을 권장하고 있다. 다음은 각 소구역별 특징이다(표 6.2 참조).

코넷티컷 주정부의 CRJC(Connecticut River Joint Commission)에서는 영양염류의 저감을 위해서 완충지대 폭을 최소 30 m 이상으로 권장하고 있다. 그러나 이같은 최소 폭은 수변이 경사지고 유출이 집중되는 경우, 토지 이용이 집약적인 경우(개발사업, 농경지 등), 토양 침식이 강한 경우, 수변이 홍수터인 경우, 하도가 자연적으로 만곡이 되는 경우, 토지 배수구역이 넓은 경우에 더 넓게 하는 것이 바람직하다(CRJC 2000).

미국 농무부 물 관련 최적경관관리실무(Water-Related Best Management Practices in the Landscape)에서 추천하는 수변완충구역의 조성모식도(그림 6.17 참조)와 각 소구역별 기능과 범위(표 6.3 참조)는 다음과 같으며, 완충구역 내에 자전거도로와 산책로를 도입하여 친수기능을 부여한다. 특히 도시지역에서의 이러한 친수기능은 삶의 질 향상 측면에서 유용하며 여가공간으로서의 가치가 매우 높다(McMahon 1994).

표 6.3 수변완충구역 각 소구역의 역할(USDA 1994)

특성	수변 구역	중간 구역	외부 구역
기능	• 하천생태계의 물리적 통합성 보호	• 상부 개발지역과 수변지역의 거리 유지	• 수변잠식 방지, 주택가 호우 필터링
길이	• 최소 8 m + 습지, 기타 주요 서식지 길이	• 15 ~ 30 m (하천 차수, 경사, 100년 홍수위 등에 관계)	• 도시 구조물로부터 최소 8 m 격리
식생 목표	• 미교란 자란 수목, 잔디인 경우 식목	• 관리된 삼림, 벌채 가능	• 식재 추천, 통상 잔디류
허용 이용	• 매우 제한적. 예를 들면, 홍수조절 시설이나 산책로 등	• 제한적. 예를 들면, 위락, 빗물관리시설, 자전거길 등	• 제한 없음. 예를 들면, 잔디 마당, 정원, 퇴비, 마당 쓰레기, 호우저장 시설 등

식생구성 및 규모

수변완충지대의 규모는 길이와 폭으로 산정한다(그림 6.18). 일반적으로 길이는 하천이나 수역시스템을 따라 이어지는 선형의 연장이며, 폭은 수역으로부터 육역으로의 방향을 의미한다.

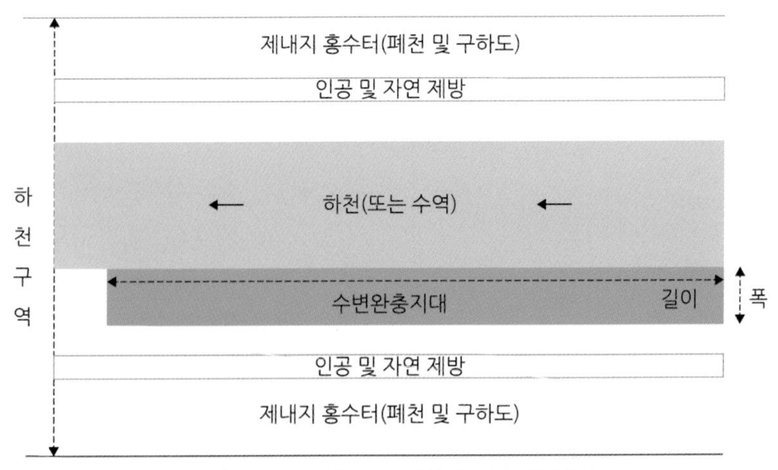

그림 6.18 수변완충지대의 길이와 폭 정의

수변완충지대의 길이

길이방향으로는 가급적 단절이 없이 연속적으로 조성할수록 좋으며 수질개선 효과보다는 생태적 기능이 더욱 향상된다. 길이방향으로는 생태통로 기능으로서의 역할이 크기 때문에 이의 활성화를 위해 인근의 대규모 녹지(patch)와의 연결 부위를 2곳 이상 두도록 한다(Richard 등 2000).

수변완충지대의 폭

수변완충지대의 규모는 일반적으로 폭으로 나타내며 그 기능별, 역할별로 다양한 규모가 제시되고 있다. 또한 가급적 폭이 넓을수록 기능을 더욱 향상시키게 된다. 고정된 완충 폭은 관리에는 용이하나 종종 많은 생태적

표 6.4 수질정화를 위한 완충지대 권장 폭(Richard 등 2000)

저자	주	폭	완충유형	내용
Woodard and Rock(1995)	메인	15 m 이상	단단한 나무	소규모 주택지 인근에 포함된 인의 저감에 효과
Young 등(1980)		25 m 이상	식생완충	유입되는 부유고형물의 92% 저감
Horner and Mar(1982)		61 m 이상	잔디여과 띠, 식생완충 띠	강우 유출수 중의 부유고형물 80% 저감
Lynch, Corbett, and Mussalem(1985)		30 m 이상		강우 유출수 중의 부유고형물 평균 저감률 75 ~ 80%
Ghaffarzadeh, Robinson, and Cruse(1992)		9 m 이상	잔디여과 띠	7%, 12% 경사도에서 고형물 85% 저감
Madison 등 (1992)		5 m 이상	잔디여과 띠	질소, 인의 약 90% 저감
Dillaha 등(1989)		9 m 이상	식생여과 띠	부유고형물 84%, 인 79%, 질소 73% 저감
Lowrance 등 (1992)		7 m 이상		탈질화 미생물과 식물 흡수에 의해 대부분의 질소가 감소함
Nichols 등(1998)	알칸사	18 m 이상	잔디여과 띠	강우 시 지표수에 포함된 환경호르몬의 98% 저감
Doyle 등(1977)		4 m 이상	잔디여과 띠와 산림완충	강우유출수 중의 질소, 인, 칼륨, 배설물박테리아 등 저감
Shisler, Jordan, and Wargo(1987)	매릴랜드	19 m 이상	수변산림완충	인의 80%, 질소의 89% 제어

기능에서 실패의 요인이 될 수 있다(Castelle 등 1994). 미국 공병단 연구개발센터(US Army ERDC)의 수변완충지대 설계 권장안에서 제시하는 기능별 수변완충지대 권장 폭은 표 6.4, 6.5와 같다. 다음에서 제시된 완충 폭은 미국의 각 지역에서 여러 연구자에 의해 도출된 결과로서 수질정화 측면과 생태적 측면에서 다양한 결과를 제시한다. 기존 연구결과를 종합하면 수질정화 측면에서 최소 4 m ~ 60 m 범위의 폭이 요구되며, 생태적 측면에서는 최소 30 m ~ 1,000 m 범위의 폭을 필요로 한다.

표 6.5 식재/파충류/양서류/포유류/어류/조류 등에 관한 권장 폭(Richard 등 2000)

저자	주	폭	내용
Spackman and Hughes(1995)	버몬트	30 m 이상	90% 이상이 왕성한 식생으로 우점이 필요
Brosofske 등(1997)	워싱턴	45 m 이상	인근 하천에 있어서 미기상학적 변화에 대응하기 위해 최소한 45 m 이상이 필요
파충류 및 양서류			
Burbrink, Phillips, and Heske(1998)	일리노이	100-1,000 m	파충류와 양서류를 포용하기 위해서는 100 ~ 1,000 m의 규모 소요
포유류			
Dickson(1989)	텍사스	50 m 이상	갈색다람쥐 등의 개체수 유지를 위해 최소한 50 m 이상의 폭 필요
어류			
Moring(1982)		30 m 이상	연어 등의 산란장소 보호를 위해 최소한 30 m 이상의 완충 폭이 필요
조류			
Kilgo 등(1998)	캐롤라이나	500 m 이상	좁은 완충 폭으로도 조류가 서식할 수는 있으나 완전한 조류생태계가 유지되기 위해서는 최소한 500 m 이상이 확보되어야 함.

수변완충지대의 유지 및 관리

식생관리

수변완충지대의 가장 큰 장점은 비점오염물질 저감을 위한 타시설에 비해 자연친화적이며 유지관리비가 상대적으로 낮다는 점이다. 특히 식생은 환경적인 측면뿐만 아니라 치수측면에서도 영향을 주며 계절적 영향이 크므로 주기적인 관리가 중요하다.

식생관리 방향

초기 조성 시 우점종을 선택하게 되나 외래종의 잠식이나 피압 등에 의해 활착이 지연되거나 고사할 수 있으므로 주기적인 관리와 모니터링을 통해 외래 특이종을 제거한다. 나무의 경우는 홍수 시 통수에 미치는 영향으로 인해 치수관련 규정에 의해서도 적용을 받으므로 주기적인 가지치기나 고사한 나무의 제거 등 관련 규정을 고려한다. 가지치기에는 가급적 수령이 오래된 것은 보존하도록 한다.

식물의 다양성 고려

수변완충지대 조성 시 식재한 식물은 주변 환경과 기존 토양 속의 매토종자에 의해 다소의 군집변화 가능성이 상존한다. 그러나 오염저감효과를 저해하지 않는 범위 내에서는 경관생태적인 측면의 관리만을 시행한다.

시설관리

수변완충지대에서 주요 시설은 보조시설과 식생이다. 식생의 경우 구조적인 측면에서 시설로도 분류할 수 있다. 시간이 경과함에 따라 시설이 파손 또는 유실될 수 있는 자연적 요소는 홍수이며 제내지 수변완충지대와는 달리 하천변, 특히 홍수터나 제외지에 조성되는 수변완충지대는 하절기에 피해 가능성이 매우 높으므로 정기적인 식생관리를 시행한다. 수변완충지대의 피해 유형은 하천변의 경우 홍수에 의한 파손, 유실, 토사퇴적 등이 대부분이며, 내륙의 경우는 강우의 일시 대규모 유출로 인한 표면침식이다. 표면침식의 경우 유입수를 조절할 수 있는 보조장치의 설치로 예방이 가능하나 하천변, 특히 제외지의 경우는 홍수피해가 가장 큰 관건이다. 그러나 하천변 수변완충지대는 홍수영향을 고려한 입지이므로 적합한 식생의 선정이 최선의 방법이다. 지역 토착식생의 선정은 이러한 이유에서도 이상적인 고려요소가 된다.

6.3 습지

습지(濕地, wetland)는 영구적 혹은 일시적으로 지면이 수분을 포함한 습윤한 상태를 유지하고 그러한 환경에 적응된 수생식물 등이 서식하는 장소를 의미한다. 하지만 습지에 대한 상세한 정의는 나라마다 또는 전문가마다 조금씩 의미가 다르다.

정의 및 범위

습지란 자연적이든 인공적이든 관계없이 담수・기수 또는 염수가 영구적 또는 일시적으로 그 표면을 조성하고 덮고있는 지역으로서, 내륙습지와 연안습지, 인공습지를 말한다(습지보전법 제2조 1항). 또한 습지는 '생물의 생장기를 포함한 연중 또는 상당기간 동안 물이 지표면을 덮고 있거나 지표 가까이 또는 근처에 물이 분포하는 토지'로서 늪, 소택지, 습한 목초지, 범람원 그리고 강기슭의 범람원 등 넓은 범위를 포함한다(Mitsch와 Gosselink 2000).

습지는 영구적으로 또는 계절적으로 습윤 상태를 유지하고 있고 특별히 적응된 식생이 서식하고 있는 곳이다(Cylinder 등 1995). 생태계에서 습지는 육지 특성을 지닌 내륙(upland; terrestrial system)과 수생태계(deep water; aquatic system) 사이의 일종의 전이대로서(Cowardin 등 1979), 종 다양도가 높은 생태계(Mitsch와 Gosselink 2000)로 정의하고 있다. 이러한 습지에 대한 여러 가지 정의를 종합하여 정의하면 다음과 같다(Ramsar 1971; Niering 1991; Kusler 1996; Mulamootti 등 1996; Romanowski 1998).

습지는 '육지 환경과 물환경이 존재하는 전이지대로서 생물의 생장기를 포함한 연중 또는 상당기간 동안 물이 지표면을 덮고 있거나 지표 가까이 또는 근처에 지하수가 분포하는 토지'를 의미한다.

습지 구성요소로는 수문, 식생(수생식물 등) 그리고 습윤 토양 등 3요소 등을 포함하고 있으며, 토양수분과 온도가 변화적이어서 생물다양성이 많고 육지 환경과 물환경 사이에 전이대(transition zone)를 형성하는 장소이다.

습지의 기능

습지의 기능은 크게 생태적 기능과 경제적 기능으로 나눌 수 있다. 생태적 기능으로는 홍수 및 유량 조절, 침전물 보유, 지하수 충전 및 유출, 수질유지, 영양염류 보유, 생물서식지 및 양육 공간 등이 있다. 경제적 기능으로는 홍수조절, 폭풍방지, 수자원 공급, 수질정화, 수산물 생산, 레저낚시 등이 있다(한국환경정책 평가연구원 2008). 습지는 환경적 가치, 사회경제적 가치, 경관적 가치, 문화적 가치를 가지고 있으며, 그에 따른 기능은 표 6.6과 같다.

표 6.6 습지의 가치(국립습지센터)

가치	기능
환경적 가치 (생태적 가치)	어패류의 산란 서식지 제공, 야생조류를 비롯한 야생동식물의 서식지 제공, 생물종다양성 유지, 영양분 등 물질의 순환 및 균형유지, 자연적 수질정화기능, 홍수조절기능.
사회 · 경제적 가치	습지가 제공해 주는 경제적인 가치를 정확히 평가할 수는 없지만, 습지는 수자원의 확보와 적정 유지에 기여해 주는 수자원 개발, 저유기능 및 관리와 관련된 비용을 절감시킴으로써 경제적 가치가 있다고 할 수 있음. 생산기능, 수질정화기능, 홍수조절 기능, 해안선의 안정화 및 해상재해 방지, 먹이사슬을 통한 물질 순환 유지기능, 휴양 및 생태관광의 기회제공, 문화적 · 역사 고고학적자산 가치.
경관적 가치	물과 함께 다른 자연경관과 시각적으로 구분할 수 있는 독특한 경관제공 지역의 문화적 가치와 함께 생태기능이 포함된 생명력이 넘치는 역동적인 공간으로 인류사회의 내면적 경관적 가치와 관련되어 중요한 역할을 하며 자연교육 및 체험장소, 생태공원 등으로 활용하는 경관적 가치가 있음.
문화적 가치	지역사회는 물론 한 국가가 갖는 자연적 측면에서의 중요한 유산으로서, 630개 람사습지에 대한 예비조사에서 30% 이상의 습지가 지역적 차원이나 국가적 차원에 있어서 고고학적, 역사적, 종교적, 신화적 그리고 문화적으로 중요함이 입증되었음.

습지의 종류

습지의 종류에는 조성 방법에 따라 자연습지, 복원습지, 조성습지, 인공습지로 구분할 수 있다. 자연습지는 주기적으로 수생식물이 많으며 항상 습윤한 상태로 존재하고, 지면이 깊지 않은 물로 매년 일정 기간 동안 유지하는 지역을 말한다. 자연습지에서는 지속적으로 습지동식물의 생육 및 서식지의 역할 등을 기대할 수 있다.

복원습지는 자연습지가 지역의 도시화 등의 환경적인 영향을 받아 전형적인 습지 동식물들이 없어지고 다른 용도로 사용되는 지역을 말한다. 이 습지들은 추후에 습지 동식물의 생명을 지원하며, 홍수를 조절하고 오락, 교육 또는 환경친화적 기능적 가치를 증진시킬 수 있는 상태로 환원되고 있다.

조성습지는 예전에는 배수 등이 양호하여 육상 동식물의 서식이 원활한 지역이었으나, 현재는 배수가 원활하지 않은 토양 등이 존재하는 지역을 습지 동식물의 서식이 활발하고, 홍수조절 그리고 기타 기능적 가치를 가질 수 있도록 조성하기 위하여 의도적으로 개조된 지역을 말한다.

인공습지는 육상지역이었던 곳 또는 하천 주변을 수계 환경적 처리 등의 목적으로 수질개선이 용이한 습지의 형태로 바꾸고, 습지 동식물들이 서식할 수 있도록 조성한 지역을 말한다. 최근에는 인공습지가 다른 기능적 가치도 가지지만 기본적으로 환경처리 기능을 포함하여 오수처리 등에 사용하기 위해 설계 및 운영되는 경우도 있다. 습지 보호지역 지정현황과 신안장도습지 등을 표 6.6과 그림 6.19에 수록하였다.

우리나라가 가입한 OECD와 람사에서 추천하는 습지유형분류에 따르면 해안습지, 내륙습지, 인공습지로 구분할 수 있으며, 지정현황을 표 6.7에 나타내었다(그림 6.19). 내륙습지는 영구적으로 종성되었거나 또는 하천의 내륙 삼각주와 범람원과 계절적 호수 및 연못에 조성된 습지를 말할 수 있다.

표 6.7 습지보호지역 지정현황(환경부 2016)

지역명	위치	면적 (km^2)	특징	지정일자 (람사르등록)
한강하구 습지	경기 고양시	60.668	자연하구로 생물다양성이 풍부하여 다양한 생태계 발달	2006.04.17
신안장도 산도습지	전남 신안군	0.090	도서지역 최초의 산지 습지	2004.8.31 (`05.03.30)
제주 물장오리 오름습지	제주 제주시	0.610	팔색조, 삼광조 등 멸종위기종이 서식하고 이탄층 발달한 산정하구호 습지	2009.10.01 (`08.10.13)
서천갯벌	충남 서천군	15.3	수려한 자연경관, 희귀조류(검은머리물떼새)의 서식 및 번식지	2008.2.1 (`09.12.02)
무안갯벌	전남 무안군	42.0	생물다양성이 풍부, 지질학적 보전가치가 있는 지역	2001.12.28 (`08.01.14)
순천만 갯벌	전남 순천시	28.0	흑두루미 서식 · 도래 및 수려한 자연경관	2003.12.31 (`06.1.20)

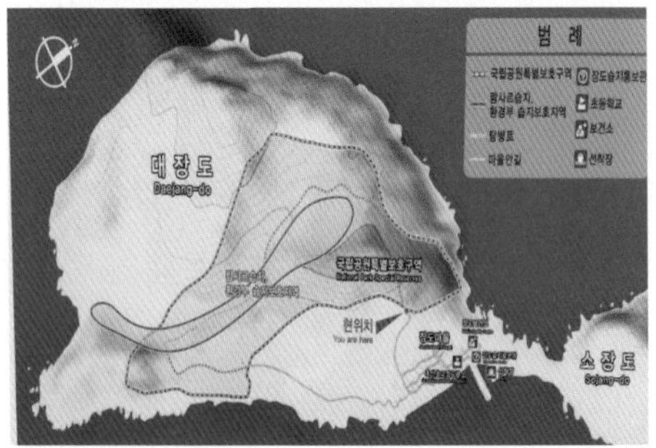

그림 6.19 전남 신안군에 위치한 신안장도습지(2005년 람사르 습지로 지정)

습지의 환경정화 원리

습지는 환경에 따라 다양한 물리 · 화학 · 생물학적 작용을 거쳐 독립

적 또는 복합적인 과정을 통하여 물을 정화할 수 있다. 습지의 식생은 흐름의 유속을 감소시켜 토사 · 부유물 등의 침전을 유도하며, 미생물에 다양한 서식환경을 제공하고, 미생물의 다양한 기능을 거쳐 오염물질을 제거한다. 습지와 정화 대상인 배수와의 관계를 보면 자연의 습지가 배수처리 후 방류 수역 및 정화처리를 위해 이용되고 있다. 또한 습지의 보전, 회복 창출 등을 위해 배수가 이용되고 있다(환경관리공단 2003).

수생식물

수생식물은 습지에서 오염물질을 저감시키는 기능을 하는 부분으로, 습지에 유입된 오수(汚水)가 식물 뿌리 등으로 흡수되거나 식물 뿌리부 및 수중에 포함된 줄기 등을 통하여 흡착과 여과작용 등을 거쳐 오염물질을 제거하게 된다. 따라서 식재되는 식물의 다양한 종류가 수질정화에 중요한 역할을 한다. 환경부에서 제시한 오염수에 이용할 수 있는 식생으로는 다음과 같은 것이 있다.

- 정수식물 : 애기부들, 줄, 미나리, 창포, 골풀, 사초, 물달개비, 갈대, 매자기 등
- 침수식물 : 가래, 통발, 붕어마름, 어항마름, 물수세미 등
- 부수식물 : 부레옥잠, 물개구리밥, 좀개구리밥, 생이가래 등

수생식물을 통한 습지환경에서 정화에 관련된 역할은 다음과 같다.

- 수생식물이 환경적 영향물질을 체내의 영양물질로 흡수한다
- 수생식물 표면에 미생물 등이 활동할 수 있는 표면을 제공한다
- 수계환경 밖의 대기로부터 수중에 용존산소를 공급하는 통로를 만들어 호기성 미생물의 활동을 극대화시킨다.

미생물

박테리아, 균류, 원생동물과 같은 미생물들은 수계환경으로 들어오는 오염물질을 영양물질이나 에너지로 변환시켜 미생물의 생명 유지에 이용

한다. 습지환경에서 수질개선을 위한 습지의 효과는 미생물의 군집이 서식하기 좋은 환경을 만들고 유지하는 기능에 달려 있다. 다행스럽게도 이러한 미생물들은 서식범위가 광범위하고 대부분의 수계환경에서 자연적으로 발생하며, 영양염류 또는 에너지원으로 이용되는 오염된 습지 내부에는 많은 규모로 서식하고 있다.

기질(하상)

습지 하상(河床)에는 토양(모래, 실트, 클레이), 자갈 같은 습지식물이 지지대로서 이용할 수 있는 다양한 층이 있으며, 이 하상층에서는 이온성 물질과 화합물질 등이 서로 반응할 수 있는 공간을 제공하고 미생물 군집 등이 부착하여 서식할 수 있는 공간을 제공한다.

물

습지 내부에 공급된 지표수 및 지하수가 서로 물리 · 화학적 반응을 할 수 있는 공간으로서의 역할을 하며, 습지 내부에 서식하는 미생물 군집에게 영양물질을 공급하고 운반하는 기능과 가스교환 등의 역할을 기대할 수 있다.

습지의 형식 및 특징

자연수면흐름형(Free water surface flow)

자유수면흐름형은 물의 표면흐름을 유지한 상태에서 습지 내의 다양한 자연정화 기작에 의하여 오염물질을 정화하는 습지로 정의될 수 있다(그림 6.20). 습지 내에는 수생식물이 식재될 수도 있고 개방수역으로 유지될 수도 있으며, 가장 자연스러운 습지상태를 유지한다는 점에서 장점을 가진다. 습지 내에서의 자정작용은 물리적, 화학적, 생물학적 작용을 들 수 있으며, 물리적 작용으로는 중력침전 및 흡착, 여과 등이며, 화학적 작용으로는 산화, 환원, 응집침전 등의 작용이고, 생물학적 작용으로는 식생이 있는 경우에는 식생에 의한 유기물의 흡수, 근균미생물에 의한 분해

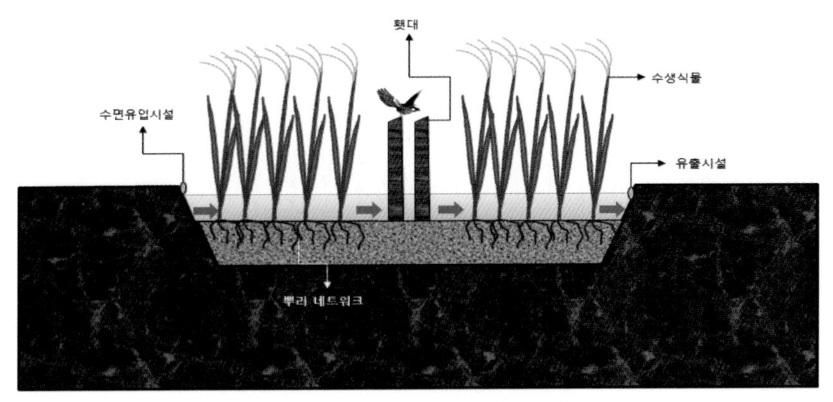

그림 6.20 자연수면흐름형 습지

등을 들 수 있고, 식생이 없어도 수체 내 미생물에 의하여 물질분해가 일어날 수 있다. 일반적으로는 자유수면흐름형 습지는 식생이 있는 경우 보다 높은 정화효율을 기대할 수 있는데, 이는 식생에 의한 충돌침전효과 및 식생의 생물학적 흡수작용, 활발한 근균미생물에 의한 생물분해 작용 등 식생에 의한 정화작용이 더 많이 일어날 수 있기 때문이다. 결국 자유수면흐름형 인공습지에서 가장 중요한 정화작용은 생물학적 작용이며, 습지의 정화효율은 식생 및 미생물의 활성도와 관련이 있어 주로 온대지역에 적합한 인공습지이다. 또한 자유수면흐름형 인공습지는 물의 흐름상 가장 자연상태에 가깝게 조성된 습지이므로 원생동물, 곤충, 연체동물, 양서류, 물고기 등 다양한 야생동물이 서식할 수 있다는 점에서 생태계에 유리한 형태의 습지라 할 수 있다.

지하흐름형(Subsurface flow)

지하흐름형 습지는 자유수면흐름형과 달리 지표하흐름 또는 지하흐름 과정에서 수체 내의 오염물질을 저감하기 위하여 조성되는 습지를 말한다(그림 6.21). 지하흐름형은 자연적인 토층이나 인공적으로 포설한 매체를 통하여 물의 지하흐름을 유도하고 그 과정에서 다양한 정화 기작에 의하여 오염물질을 저감할 수 있다. 주요 오염물질의 정화 기작으로는 여과, 흡착, 결정화, 생물분해, 생물흡수 등이며, 이 중 여과 기작은 지하흐름형

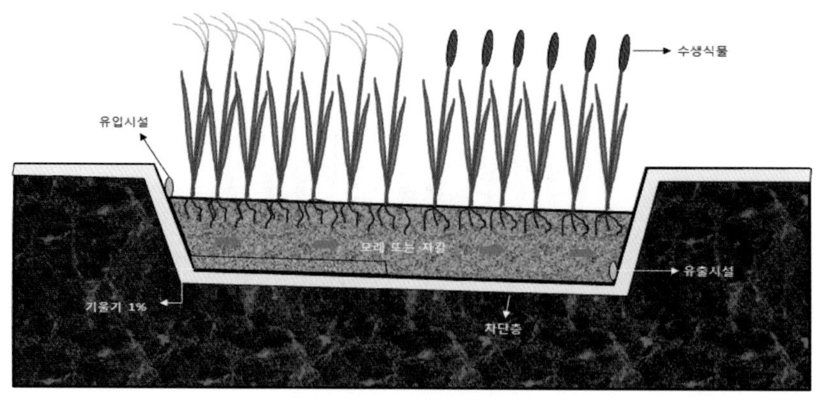

그림 6.21 지하흐름형 습지

에서 가장 중요한 정화 기작이다. 자유흐름형 습지에 비하여 지하흐름형은 토층이나 여재층을 침투하는 과정에서 수질이 정화되기 때문에 일반적으로 수질정화 효과는 높은 편이며, 여재층의 종류에 따라서도 정화효율에 큰 차이를 보일 수 있다. 지하흐름형 습지는 여과 기작이 주요 정화 기작이므로 여재관리가 매우 중요하며, 필요에 따라서는 여재를 교체해야 하므로 관리적 관점에서의 소요비용은 자유흐름형보다는 높은 편이다. 따라서 반드시 지하흐름형 습지를 조성할 경우에는 입자상의 물질을 지하흐름형으로 유도하기 전에 최대한 저감할 수 있도록 할 필요가 있다.

습지설치사례

하천 주변에 습지를 설치하는 일반적인 사례를 보면 우선 침강지를 두

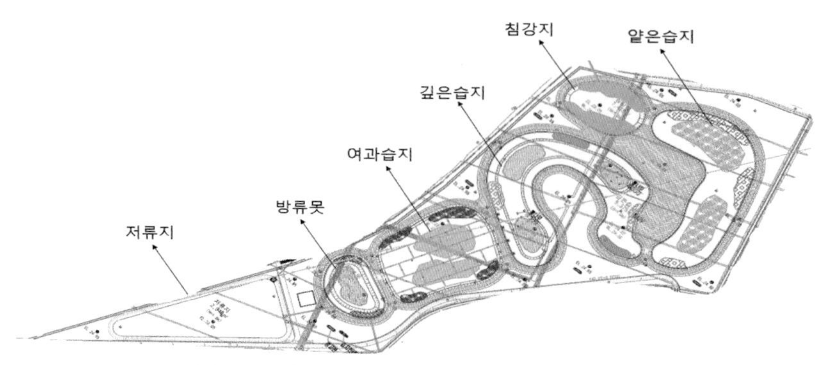

그림 6.22 습지계획평면도(㈜청호환경개발 2014)

고 얕은 습지 다음으로 깊은 습지, 여과 습지, 방류못, 저류지를 통과하여 방류된다.

그림 6.23 습지계획조감도(㈜청호환경개발 2014)

표 6.8 습지의 시설 종류(㈜청호환경개발)

시설명	사진	특성 및 처리원리
침강지		• 일정 시간 저류로 체류시킴으로써 자연중력 침전 • 초기 유입수의 입자성 부유물질 침전 제거 • 부엽식물 정착 유도
얕은 습지		• 유기물질, 중금속, TSS, 병원성 세균의 삭감
깊은 습지		• 추가 BOD 물질 삭감 및 질산화/탈질 유도 • 하중도 : 산소공급, 고형물침전 및 탈질화 가속 • 갈대, 부들, 노랑꽃창포 식재
지하흐름 습지		• 자유수면형 공법과 지하수면형 공법의 혼합형 • 상 · 하향류 흐름 및 여재(쇄석+모래+다공성소결체)를 통한 DO 개선, 유기물질, 영양염류, 중금속 물질 제거 • 노랑꽃창포, 갈대 식재

6.4 인공식물섬

인공식물섬 수질정화 능력이 높은 수생식물을 부력을 가지는 부체 위에 식재하고, 수면에 부유시켜 호수 및 저수지의 수질정화를 하고 다양한 수생동식물의 서식공간으로도 활용되며, 주민들에게는 휴식 공간 및 생태학습장의 역할을 한다.

정의 및 범위

인공식물섬이란 부도형 수질정화장치로서 인공부도로도 불린다(그림 6.24). 또한 부체를 이용하여 수면에 띄우고 식물을 부체 내부에 식재하여 수면과 접촉함으로써 식물에 의한 뿌리 부분의 흡수작용을 이용하여 오염물질 등을 처리하도록 함은 물론, 자체적으로 경관성과 친수성을 기대할 수 있는 기술이다(농림부 2004). 인공식물섬은 수계 환경 중 하천 또는 저수지에 수생식물이 생육하는 부유습지를 조성하는 기술로서, 수

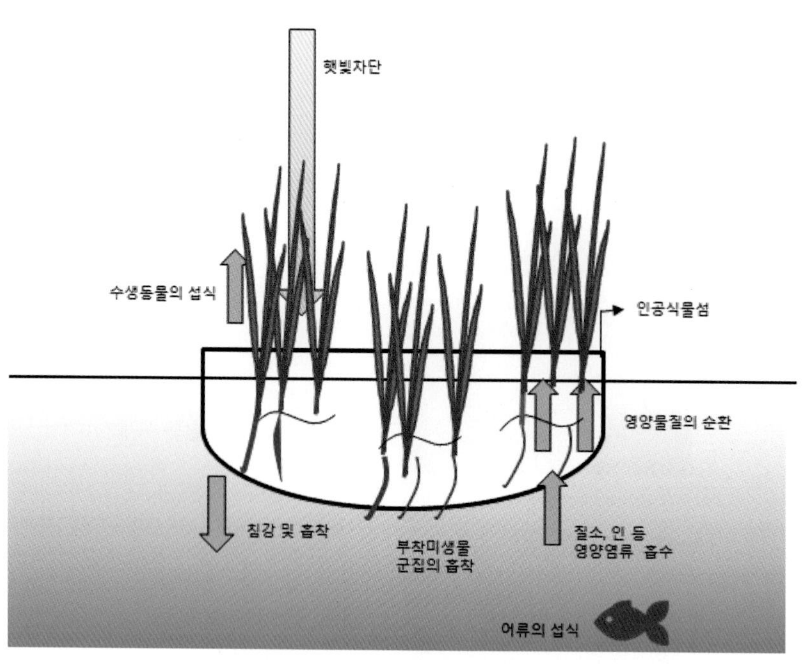

그림 6.24 인공식물섬의 개략도((주)아썸)

위변동에 관계없이 수상에 부유하여 습생 비오톱 등의 형태를 조성하는 기술이다. 우리나라의 저수지는 대부분 제방의 축조를 통하여 인위적으로 조성되었으며, 기후적 특성에 따라 집중적인 강우로 인하여 수위의 변동이 심하게 나타난다. 따라서 호안의 식생대가 영향을 많이 받고 있는 실정이다. 호안생태계는 자연정화기능의 저하로 주변의 수질이 악화되고 있다. 이러한 호안 수초대를 수위변동에 관계없이 안정적으로 유지될 수 있도록 수면 위로 옮겨 조성하는 것이 인공식물섬의 기본 개념이다.

인공식물섬의 기능과 정화 원리

생태복원(비오톱 조성)

인공식물섬은 수면 위에 부유하는 부유습지와 같은 역할을 하며 수생태 비오톱 등의 기능을 제공한다. 식생기반재는 습지식물의 생육기반이 되고, 식생기반재 및 식물의 뿌리는 부착미생물이 부착생육할 수 있는 메디아 역할을 기대할 수 있다. 또한 동물플랑크톤, 저서생물의 서식지, 어류의 산란처 및 은신처, 새들의 서식지가 될 수 있다.

수질개선

인공식물섬은 수생식물이 수체에 부유하여 영양염류를 흡수·제거하고, 뿌리 및 식생기반재는 미생물 등에 대한 접촉여재로서의 역할을 하고, 부착성 미생물 등에 의해 수중에 유입된 오염물이 흡착, 분해, 제거된다. 또한 햇빛을 차단하여 조류의 광합성을 억제하기도 하며, 이와 같은 정화원리로 수질이 개선될 수 있다. 인공식물섬은 동물플랑크톤 및 동식물의 최적 서식지를 제공하여 생태계가 안정하게 유지되고, 지속적으로 수질정화를 기대할 수 있다(표 6.9).

표 6.9 인공식물섬을 이용한 녹조 및 영양염류제거 사례(한국하천호수학회 2010)

구 분	BOD(ppm)	SS(ppm)	T-N(ppm)	T-P(ppm)
A모델 제거율(%)	82.7	91.9	51.5	23.3
B모델 제거율(%)	45.6	63.9	37.6	35.5

녹조현상 방지

수질오염의 주범인 녹조현상은 정체수역이거나 오염물질 농도가 높은 수변이나 정체수역에서 주로 발생한다. 따라서 이러한 위치에 인공식물섬을 집중 배치하면 영양염류 제거, 광합성 저해 효과에 의해 조류의 성장억제를 기대할 수 있다.

어족자원 보호

인공식물섬 하부의 수생식물 뿌리는 물고기들에게 은신처를 제공하고 훌륭한 산란처가 된다. 인공식물섬 조성 후 수중촬영을 통하여 확인해 보면 다량의 어란이 부착되어 있는 것을 관찰할 수 있으며, 주변에 치어들을 쉽게 관찰할 수 있다(그림 6.25).

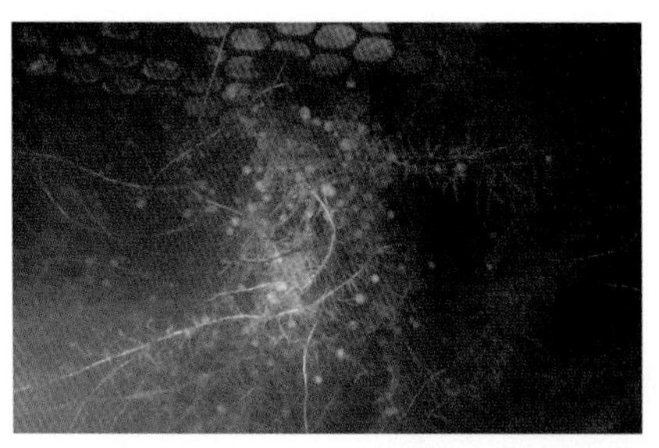

그림 6.25 인공식물섬 뿌리부에 어란이 부착되어 있는 모습(㈜아썸 2010)

조류 서식지 제공

수체의 가운데에 습지가 조성되는 관계로 새들의 접근은 용이한 반면 포유류, 양서류 등의 천적생물의 접근이 어려운 관계로 새들의 안정적인 서식지를 제공할 수 있다(그림 6. 26). 어떠한 목적으로 조성된 인공식물섬이든 가장 먼저 관찰되는 것이 새들의 서식에 관한 모습이다.

그림 6.26 조류 서식지 기능이 포함된 인공식물섬의 사례(광교 호수공원)

물고기들의 안식처

인공식물섬은 수면 위에 조성되는 부유 습지로서 물고기들의 중요한 은신처가 되고, 수중에 수직으로 뻗어내리는 수생식물의 뿌리 등은 어류의 산란처의 역할을 한다.

자연형 경관창출

다양한 인공식물섬 디자인과 여러 종의 수생식물을 조합하여 아름다운 경관을 창출할 수 있다. 공원, 골프장, 고궁, 저수지 등의 인공 수체 위에 초록의 습지를 연출하여 심미적 안정감을 제공하고, 자연친화적 경관을 연출한다(그림 6.27).

그림 6.27 인공식물섬의 다양한 디자인((주)아썸 2010)

저탄소 녹색 성장에 기여

인공식물섬은 새로운 녹색공간을 창출하여 온실가스를 저감할 수 있는 효과적인 대안이 될 수 있다. 더욱이 수면 위에 조성되어 햇빛을 차단하는 차광효과로 얕은 수심의 수계환경에서 수온 상승을 저감할 수 있다.

인공식물섬의 구조 및 형태

인공식물섬의 구조

인공식물섬은 부체, 식생기반재, 외부망체, 부력재, 식재용 수생식물, 계류장치, 수상방책, 부교 등으로 이루어진다(그림 6.28).

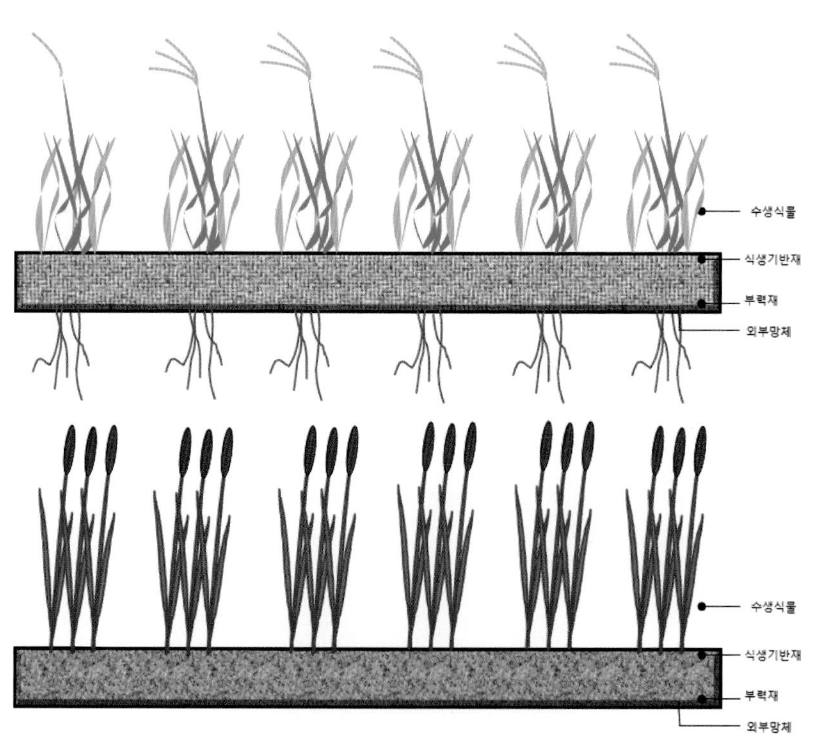

그림 6.28 인공식물섬의 구조(㈜아썸 2010)

식생기반재

식생기반재는 식재된 식물이 완전 활착할 때까지 식생기반재로서의 기능을 하며, 부유성고형물의 흡착·여과 기능, 식물체 뿌리와 더불어 미생물 접촉여재의 역할 그리고 미생물, 동물플랑크톤, 무척추동물 등의 생물들의 산란 및 서식지 역할을 한다.

부체

부체는 식생기반재와 수생식물을 띄우고 고정시키는 역할을 한다. 재질로는 강한 부력과 내부식성을 가진 평판형 가교결합 폴리에틸렌폼 등 다양한 재료가 사용된다. 유연성을 갖는 평판형 가교결합 폴리에틸렌폼 부체는 파랑 및 유속 등의 지속적인 외부 충격에 대해 파손 및 유실의 우려가 적고, 식생기반재 및 외부망체 등과 함께 전체적인 연질구조의 특성을 갖게 된다.

외부망체

외부망체는 부체와 식생기반재를 하나의 구조로 일체화시키는 역할을 한다. 외부망체 역시 전체적인 유연성을 위해 연질구조인 고밀도폴리에틸렌(HDPE)망체를 사용한다.

고정장치

인공식물섬은 호소나 하천의 일정 부위에 고정시키는 역할을 하며 수위변동, 유속, 유량의 변동에 견딜 수 있어야 한다. 식물섬은 와이어 또는 합성수지로 제작된 줄에 의해 콘크리트, 철근 등의 중량체로 만들어진 앵커와 연결되어 수체의 일정 부위에 고정된다.

수생식물

인공식물섬에 식재되는 식물은 다년생 수생식물이 사용되고 수질정화 능력이 탁월한 수종으로 구성된다. 질소·인 등 수질개선 목표에 따라 유기물의 제거효율이 뛰어난 수종, 구입 및 유지관리가 용이한 수종, 환경조건에 잘 적응하며, 월동이 가능한 수종 그리고 설치목적에 적합하고 전체적인 분위기에 조화되는 수종을 선택해야 한다. 가장 대표적으로 사용되는 수생식물에는 갈대, 노랑꽃창포, 줄, 부들, 꽃창포, 흰갈풀 등이 있다.

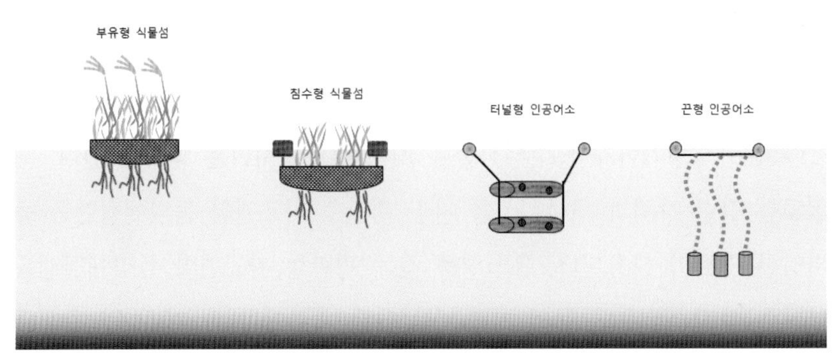

그림 6.29 인공 어류산란장의 다양한 모델(㈜아썸 2010)

인공식물섬의 국내외 사례

국내 시공사례

국내에 실물섬형 수질정화장치가 소개된 이래 많은 회사에서 개량된 기술을 개발하여 보급하고 있다. 기술은 주로 부체와 식생기반재, 식생으로 구성되며, 대부분 이들 구성체의 재료에 따라 기술의 차이가 발생한다. 기본적으로는 식물에 의한 영양물질 흡수에 의하여 수질정화가 이루어지는 방식이며, 시설은 정치된 상태에서 운영된다(그림 6.30).

그림 6.30 인공식물섬 국내 시공사례(레인보우 2010)

국외 시공사례

일본 중부의 이바라키현 가스미가우라호는 유역면적이 넓고 수심이 얕기 때문에 원래 자연적인 부영양화가 진행된 호이며, 더욱이 유역의 생활활동이 증대됨에 따라 인위적인 부영양화로 오염이 가속화되었다. 가스미가우라호의 본질적인 수질보호는 호소로 유입되는 강의 오염원을 사전에 제거함으로써 달성될 수 있다고 판단하여 호수의 준설과 함께 식생정화 방법을 도입하였다. 1993년에 설치한 인공식물섬은 호안 식생이 파괴된 호수 연안생태의 복원과 경관 향상, 수질개선 및 물고기, 새, 곤충 등 생물서식공간을 제공하기 위하여 조성되었다(그림 6.31).

그림 6.31 일본 가스미가우라호의 인공식물섬

참고문헌

경희대학교 환경연구소. 1996. 신갈호 유입하천 및 신갈호의 생태계 복원에 관한 연구.

공동수, 정원화, 천세억, 김종택. 1996. 호소 내 오염하천 유입부의 식물에 의한 정화 처리연구. 국립환경연구원.

국토해양부. 2011. 하천복원 통합매뉴얼.

권오병. 1999. 인공식물섬(ASSUM)을 이용한 호소수질개선. 환경과 조경 138.

권오병. 2000. 인공식물섬을 설치한 호소의 수질개선 및 생태계 변화에 관한 연구. 한양대학교 석사학위논문.

권오병과 박선구. 2010. 인공식물섬의 비밀. ㈜아썸.

권오병과 안태석. 2000. 인공식물섬을 이용한 소형저수지의 수질개선. 한국환경복원녹화학회지 4: 90-97.

김지호. 2005. 인공식물섬 식생기반재 안에서 세균 및 체외 효소 활성도의 변화에 관한 연구. 강원대학교 석사학위논문.

농림부. 2004. 농업용수 수질개선을 위한 인공습지 설계·관리 요령.

레인보우 스케이프(주). 2010. 신기술지정신청서(명칭: 부도형 수질정화장치(잠자리섬)를 이용한 호소 수질 개선 기술).

안홍규. 2000. 중소하천의 하반식생 자연도 및 입지활성도분석에 관한 연구. 일본 츠쿠바대학교 박사학위논문.

안홍규. 2004. 생태공학. 청문각, 서울, 한국.

오종민과 배재근. 2001. 토양오염학. 신광문화사, 서울, 한국.

우효섭. 2015. 하천수리학. 청문각, 서울, 한국.

이상훈. 2004. 인공식물섬에 식재한 몇 가지 초화류의 배지조성별 생육 및 생물상 변화 조사 연구. 경상대학교 석사학위논문.

최지용과 신창민. 2002. 비점오염원 유출저감을 위한 우수유출수 관리방안. 한국환경정책평가연구원.

한국건설기술연구원. 2003. 하천복원 가이드라인(환경부 G-7, 국내여건에 맞는 자연형 하천공법의 개발).

한국건설기술연구원. 2006. 수변완충지대 효율적 조성 및 오염부하 저감효과 분석.

환경관리공단. 2004. 한강수계 비점오염원관리시설 시범설치사업 기본 및 실시설계 보고서.

환경부. 1999. 오염총량관리지침(환경부고시-1999.9).

安洪奎, 天田高白. 1999. 河畔植生種造成に及ぼす人為及び野性動物の影響分析ー日光国立公園の湯川流域を中心にしてー. 水資源環境学会誌 12: 18-28.

村上雅博, 浅枝隆, 林紀男. 1996. バイオマニピュレーション: 生物多様性に配慮したアクチィブな水界生態系管理の応用技術. 水文水資源学会誌 9(4): 367-375.

浅枝隆. 1993. ヨーロッパの水質保全事例と曝気循環. ダム湖の水質保全シンポジュウム. 財団法人 ダム水源地環境整備センター.

Castelle, A.J., Johnson, A.W. and Conolly, C. 1994. Wetland and stream buffer size requirements: A review. *Journal of Environmental Quality* 23: 878-882.

Cowardin, L.M., Carter, V., Golet, F.C. and LaRoe, E.T. 1979. Classification of wetlands and deepwater habitats of the United States. FWS/OBS-79/31. U.S. Fish and Wildlife Service, Washington D.C., USA.

CREP-CP22. 2000. http://www.unl.edu/nac/jobsheets/ripjob.pdf.

CRJC(Connecticut River Joint Commission). 2000. http://www.crjc.org/buffers/Introduction' pdf.

de Maeseneer, J. and Meheus, J. 1995. Bioregulation in the storage basins of Antwep's waterworks. Journal of Water Supply Research and Technology-Aqua 44: 56-64.

Enger, E.D. and Smith, B.F. 2001. Environmental Science. 8th ed., McGraw-Hill Higher Education, New York, USA.

Fischer, R.A. and Fischenich, J.C. 2000. Design recommendations for riparian corridors and vegetated buffer strips. *ERDC TN-EMRRP-SR-24.* U.S. Army Engineer Research and Development Center, Vicksburg, USA.

Fischer, R.A., Martin, C.O., Ratti, J.T. and Guidice, J. 2000. Riparian terminology: Confusion and clarification. *EMDC TN*-EMRRP-SR-25. U.S. Army Engineer Research and Development Center, Vicksburg, USA.

FISRWG(Federal Interagency Stream Restoration Working Group). 1998. Stream corridor restoration: Principles, processes, and practices. The Federal Interagency Stream Restoration Working Group, GPO Item No. 0120-A, SuDocs No. A 57.6/2:EN 3/PT.653.

Hosper, S.H., Meijer, M.L. and Walker, P.A. 1992. Handleiding Actief

Bilolgisch Beheer. Rijksinstituut voor Intergaal Zoetwatgerbeheer en Afvalwaterbehandeling (RIZA) and Orgamizatie ter Verbetering van de Binnenvisserij(OVB), Netherlands.

Knopf, F.L., Johnson, R.R., Rich, T., Samson, F.B. and Szaro, R.C. 1988. Conservation of riparian ecosystems in the United States. The Wilson Bulletin 100: 272-284.

McMahon, E.T. 1994. National perspective, economic impacts of greenways. Prepared for the *Maryland Greenways Commission,* Annapolis, USA.

Mitsch, W.J. and Gosselink, J.G. 2000. Wetlands. John Wiley & Sons Inc, New York, USA.

Mulamootti, G., Warner, B.G. and Mcbean, E.A. 1996. Wetlands: Environmental gradients, boundaries, and buffers. Lewis Publishers, New York, USA.

OCES(Oklahoma Cooperative Extension Service). 2005. http://osuextra.com/pdfs/F-1517web.pdf.

Romanowski, N. 1998. Aquatic and wetland plants: A field guide for non-tropical Australia. UNSW Press, Sydney, Australia.

Rutherfurd, I.D., Jerie, K. and Marsh, N. 2000. A rehabilitation manual for Australian streams. Cooperative Research Centre for Catchment Hydrology, Department of Civil Engineering, Monash University, Clayton, Australia.

USDA. 1994. *Planning and Design Manual.* http://grapevine.abe.msstate.edu/csd/NRCS-BMPs/pdf/streams/bank/riparianzone.pdf.

USDA. 1997. Agroforestry Notes. AF Note-4. Forest Service/NRCS, USA.

USDA. 1998. *The practical stream bioengineering guide.* Natural Resources Conservation Service, Plant Material Center, Aberdeen, USA.

Vannote, R.L., Minshall, G.W., Cummins, K.W., Sedell, J.R. and Cushing, C.E. 1980. The river continuum concept. Canadian Journal of Fisheries and Aquatic Sciences 37(1): 130-137.

권장도서

안홍규. 2004. 생태공학. 청문각, 서울, 한국.

水辺林の保全と再生に向けて. 1997. 日本林業調査会.

自然再生への挑戦-応用生態工学の視点から. 2007. 学報社.

Rosgen, D. 1996. Applied river morphology. Wildland Hydrology, Pagosa Springs, USA.

제 7 장

토양환경

토양은 지구상에 존재하는 많은 생물의 서식지일 뿐만 아니라, 육상 생물이 생존할 수 있는 자원을 공급한다. 토양과 토양생물은 긴밀한 상호관계를 통하여 서로에게 영향을 미치며, 이를 통하여 자연환경 및 인간에게 다양한 생태서비스를 제공한다. 이 장에서는 토양 및 토양생태계, 토양생태계가 제공하는 재화와 서비스에 대하여 살펴보고, 토양생태계의 기능을 활용하는 생태공학적 접근법으로 오염 부지의 식생정화, 식물 및 미생물을 이용한 지반개량, 생물비료, 생물농약, 혼농임업 등을 이용한 토양 생산성 향상 방법에 대하여 소개한다.

7.1 토양생태계의 이해

암석이 지표에 노출되어 자연적인 물리적・화학적 작용을 통해 오랜 시간 풍화를 받게 되면 잘게 쪼개지며, 그 표면에 생물체로부터 기원한 유기물이 축적되고 토양생성과정을 거쳐서 토양이 형성된다. 광물질, 유기물 등 고형물 입자 간에는 공극이 존재하며, 이 공극은 물 또는 기체로 채워진다. 토양이란 이러한 고상, 액상, 기상의 물질을 모두 포함한다.

토양은 많은 생물의 서식지일 뿐만 아니라, 육상생물이 생존할 수 있는 자원을 공급한다. 토양의 물리・화학적 특성은 토양생물의 생장과 기능에 지대한 영향을 미치며, 토양생물의 활동 역시 토양의 질을 결정하는 데 중요한 역할을 한다. 토양과 생물의 활발한 상호작용은 토양환경에서 탄소, 질소, 산소, 물, 영양분의 순환에 중요한 역할을 하며, 토양생물이 관여하는 생화학반응에 의한 유기물질의 분해 등 토양환경의 오염도를 자연적으로 저감하기도 한다.

생물은 토양의 고상인 무기광물입자와 유기물을 통하여 다양한 영양분을 흡수하며, 액상인 물, 기상인 산소와 이산화탄소를 통하여 생명현상을 유지할 수 있게 된다. 이로 인해 토양을 구성하는 각 성분들의 적절한 균형이 필수적이며, 식물 성장에 가장 이상적인 비율은 광물질 45%, 유기물 5%, 기체 25%, 물 25% 수준인 것으로 알려져 있다(이민효 등 2006).

토양 고형물의 분포는 크기별로 나누어 분류하며, 직경이 2.0 ~ 0.05 mm인 것은 모래(sand), 0.05 ~ 0.002 mm는 미사(silt), 0.002 mm 이하는 점토(clay)로 분류한다. 토양 입자의 입경조성에 의한 토양의 분류를 토성(texture)이라 하며, 이는 모래, 미사, 점토 각각의 비율에 따라 결정된다. 이를 위하여 그림 7.1과 같은 토성 구분 삼각도를 이용하는데, 삼각형의 각 변상에서 그 토양의 모래, 미사 및 점토의 함량을 취하여 대변과 평행하게 그은 직선의 교점으로부터 토성을 결정한다. 예를 들면, 점토의 함량이 20%, 미사의 함량이 60%, 모래의 함량이 20%인 토양은 미사질 양토(silt loam)이다.

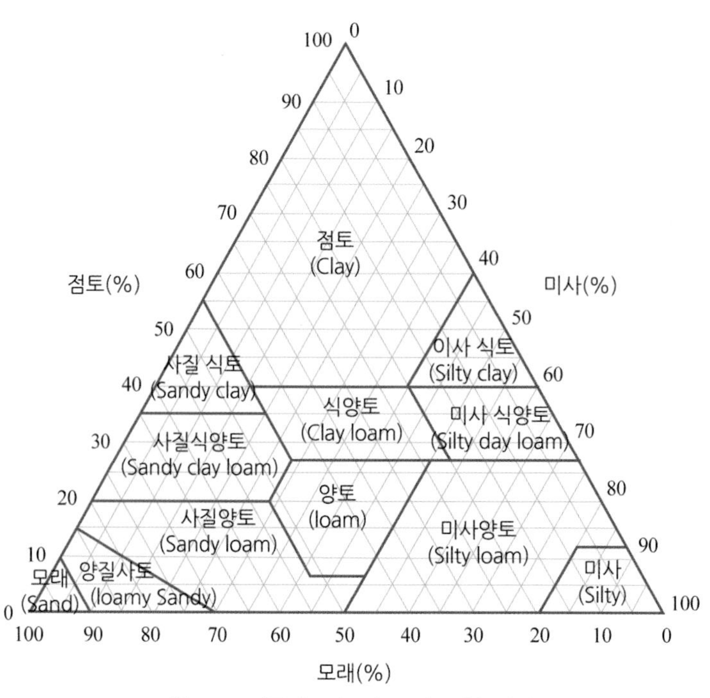

그림 7.1 미국 농무부의 토성 구분 삼각도

모래의 함유량이 높은 토양은 거칠다(coarse)고 하며, 거친 토양은 수분 이동이 원활하며 수분 보유량이 적다. 점토의 함유량이 높은 토양은 찰기가 있다(sticky)고 표하며, 찰기가 있는 토양은 수분 이동성이 낮은 반면 수분 보유량이 많다. 식물의 생장에 필요한 수분의 공급 측면에서는 토양의 수분 보유량이 중요한 반면, 수분의 이동으로 식물 생장에 필요한 영양분을 전달하는 측면에서는 수분의 이동성이 중요하므로 적절한 토성이 식물의 생산성을 높인다(신영오 1992).

토양을 구성하는 광물은 주로 규소(Si)와 알루미늄(Al)의 산화물이다. 광물질이 관여하는 토양 내 화학반응은 대부분 광물 표면에서 발생하고, 토양을 구성하는 입자 중 점토는 입자의 크기가 작아 비표면적(단위 중량 당 표면적)이 매우 크므로 점토는 토양 내 주요 화학물질의 거동에 중요한 역할을 한다. 점토광물 결정구조 내의 Si^{4+}, Al^{3+}가 각각 Al^{3+}, Mg^{2+} 등으로 치환되는 특징으로 인해 점토는 음전하를 띠게 된다(Sposito 2008). 음전하의 토양은 양전하를 띠는 물질들을 붙잡거나 교환할 수 있게 되며, 이러한 토양의 능력(양이온 교환능력)은 식물 생장에 필수적인 영양분(Ca, K, Mg 등)이 가용한 형태로 식물에 흡수될 수 있게 한다.

토양의 산성도를 나타내는 pH 또한 토양을 기반으로 한 생명체의 생장 조건을 결정하는 인자이다. 풍화를 많이 받은 토양은 나트륨(Na^{+})과 칼륨(K^{+}) 이온을 용해시키며 일반적으로 pH 8.5~10의 알칼리성을 띤다. 일반적으로 세균은 중성이나 알칼리성에서 활발한 생명활동을 하는 반면, 균류는 대부분 pH에 구애를 받지 않으므로 낮은 pH 조건하에서 경쟁자의 부재로 활동성이 증대된다(신영오 1992). 대부분의 식물은 중성(pH 7 부근)에 가까운 토양을 선호하지만, 식물에 따라 산성이나 알칼리성 토양을 선호하기도 한다.

토양 속의 생물 사체는 토양 미생물의 작용으로 생화학적 분해 및 변환의 과정을 거치며, 더 이상의 분해 및 변환이 이루어지지 않으면 토양 유기물인 부식(humus)으로 남게 된다. 부식은 유기산의 성질을 가지며 암석의 풍화를 돕고 금속을 용해시키는 등 다양한 작용을 한다. 유기물을 많이 함유한 토양은 주로 어두운 색을 띠며, 점토와 결합되어 안정한 토양 구조를 형성한다.

토양 속에 존재하는 생명체들의 다양성은 수체, 대기, 암석 등 그 어느 생태계 구성요소보다도 풍부한데, 한 줌의 토양에는 수십억 개의 다양한 유기체들이 포함되어 있다. 개체수 기준으로 이들의 대부분을 차지하는 것은 미생물이다. 미생물에는 고세균(archaea), 세균(bacteria), 균류(fungi)가 있으며, 바이러스는 핵산(DNA 또는 RNA)을 포함하는 유기체로 토양에 존재하나, 생물로 분류되지는 않는다. 방선류(actinomycetes)는 분류학상으로 세균영역에 속하나 균류와 유사한 형태학적 특징을 가지고 있어 이를 별도의 미생물군으로 구분하기도 한다. 토양동물은 그 크기에 따라 100 μm 이하 굵기의 미소동물(microfauna), 100 μm ~ 2 mm 굵기의 중형동물(mesofauna), 2 mm 이상의 대형동물(macrofauna)로 구분한다(Wurst 등 2012). 대표적인 미소동물로는 선형동물(nematode), 원생동물(protozoa), 윤형동물(rotifera) 등이 있으며, 대표적인 중형동물은 진드기, 대형동물은 환형동물(annelids; 지렁이 등 포함), 대형 절지동물(macroarthropods)이 있다.

토양생태계는 이를 구성하는 생물종의 상호작용에 의해 다양한 기능을 수행한다. Kibblewhite 등(2008)은 토양생태계의 기능을 크게 유기물질 변환, 영양소 순환, 토양 구조의 유지, 생물개체수 조절의 네 가지로 분류하였다. 토양에 존재하는 미생물인 세균과 균류, 미소동물인 선형동물 및 원생동물 등은 미소먹이사슬을 형성하여 분해자, 생산자, 소비자로서의 기능을 통하여 유기물질을 순환하고 그 과정에서 유기물질이 변환된다. 또한 토양미생물과 절지동물, 지렁이 등은 토양으로 유입되거나 토양생태계로부터 생산되는 유기물질을 분해하는 역할을 한다. 이러한 과정에서 유기물의 기본 구성요소인 탄소뿐만 아니라 산소, 질소, 인 등 영양소의 순환이 이루어진다. 질소 순환에 있어 추가적으로 중요한 토양생태계의 기능으로 대기 중 질소의 고정 기능이 있다. 지구 대기의 78%를 차지하는 질소 가스(N_2)는 대부분의 생물체가 이용할 수 없는 형태인데, 콩과류

(legume family) 식물의 근권에 생장하는 토양 세균은 대기 중의 질소 가스를 고정하여 생물체가 이용가능한 형태로 변형, 토양으로 유입시킨다. 식물 뿌리, 환형동물, 절지동물 등의 대형동물, 균류, 세균 등은 강수에 의한 침식 등으로부터 토양을 보호하고 토양 입자가 결합한 토양 입단(soil aggregate)을 형성하는 등 토양 구조 유지의 기능을 한다. 미소먹이사슬과 토양 내 biocontroller(포식자, 기생생물, 병원균, 뿌리 초식동물 등)는 생물개체수 조절을 통해 육상생태계의 균형을 유지하는 역할을 한다.

이러한 토양생태계 기능을 통하여 얻을 수 있는 생태계 재화 및 서비스는 크게 농업 생산물과 비농업 서비스로 구분할 수 있다(Kibblewhite 등 2008, 그림 7.2). 토양생태계가 공급하는 재화 및 서비스로 인간생활에 무엇보다 중요한 것은 농업 생산품일 것이다. 토양은 인간이 생존하는 데

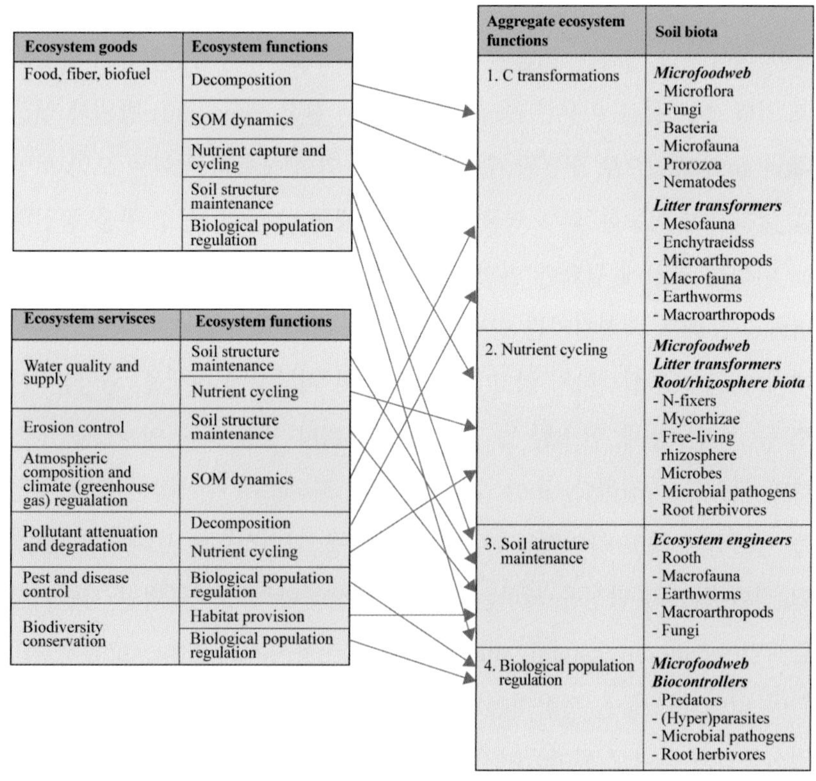

그림 7.2 토양생태계가 공급하는 재화 및 서비스와 이와 연계된 토양생태계의 기능(Brussard 2012)

필요한 식량을 공급하는 근원이며, 앞에서 언급한 토양생태계의 기능은 작물의 생장에 결정적인 역할을 한다. 식량 외에도 섬유류, 생물연료 등의 농업 생산품이 토양생태계의 기능으로부터 얻어진다. 토양생태계가 공급하는 비농업 서비스로는 수질 정화와 수량 제어(홍수 저감 효과 등), 토양침식 방지, 대기 조성과 기후 제어(온실가스 등), 오염 저감 및 오염물질 분해, 해충과 질병 제어, 생물다양성 보존 등이 있다.

7.2 식생정화

토양 내 미생물 및 식물의 생화학적 반응은 다양한 오염물질의 변환, 분해를 통한 독성 저감, 무해화, 무기물화 작용을 하며, 이를 이용한 오염 부지의 정화방법을 생물학적 정화(bioremediation)라 한다. 미생물을 이용한 생물학적 정화는 오염 부지 정화 공법으로 매우 광범위하게 활용되고 있다. 미생물을 이용한 생물학적 정화는 현장 외(ex situ) 방법과 현장 내(in situ) 방법으로 구분할 수 있다. 현장 외 생물학적 정화는 오염 토양을 굴착하여 이송한 후 오염물질 분해 미생물, 영양분, 산소 등을 공급하고 미생물 활성에 필요한 환경조건(온도, 수분, pH 등)을 조절하면서 오염물질 분해를 촉진시키는 방법이다. 현장 내 생물학적 정화는 오염부지 내에서 굴착을 실시하지 않고 오염 토양 및 지하수에 미생물, 영양분, 산소 등 전자수용체, 탄소원 등 전자공여체, 기타 생장 촉진 인자들을 주입하여 분해를 촉진한다. 또한 오염 토양 및 지하수에 추가적인 물질 공급을 실시하지 않고 자연적인 저감능의 발현을 지속적으로 모니터링함으로써 정화 목표의 달성을 꾀하는 소극적인 생물학적 정화공법인 자연저감 감시법(monitored natural attenuation)을 적용하기도 한다. 고등생물의 관여 없이 미생물을 활용하는 이러한 정화공법은 오염 부지의 통상적인 정화공법의 하나로 받아들여지고 있으며, 일반적으로 생태공학적 기법으로 분류되지는 않는다.

식생정화(phytoremediation)는 살아있는 식물의 타고난 능력을 이용하는 오염부지의 생물학적·생태공학적 정화기술이다. 식생정화는 토양, 지하수 등 부지 내 오염매질에 있는 오염물질의 양, 이동성, 독성을 저감하기 위하여 식물을 활용하는 방법을 총칭하는 넓은 의미의 용어이다(USEPA 2000). 이 기술은 자연을 치유하기 위해 자연을 사용한다는 개념과 태양에너지에 의하여 작동된다는 측면에서 생태 및 환경에 친화적인 정화기술이다. 식생정화는 인력과 에너지 소모가 높은 전통적인 정화기술을 대체하여 독립적인 정화방법으로 사용하거나, 전통적인 정화기술과 결합된 형태로 활용한다.

식물은 다양한 종류의 오염물질을 분해 또는 무해화하는 능력이 있다. 또한 식물은 오염물질이 바람, 강수, 지하수를 통하여 오염지역에서 다른 지역으로 확산되는 것을 방지하기도 한다. 근권(rhizosphere) 미생물은 식물의 뿌리에서 배출되는 삼출물(root exudates) 등으로 인하여 높은 활동성을 가지며, 오염물질의 분해나 고정화(immobilization)를 통한 생물학적 처리에 효과적이다. 식생정화를 통한 처리 효과가 현장 실증 또는

표 7.1 식생정화를 통한 처리 효과가 현장 실증 또는 실험실 시험으로부터 검증된 오염물질의 종류(Miller 1996)

오염물질
• 중금속(카드뮴, 6가크롬, 납, 코발트, 구리, 니켈, 셀레늄, 아연 등)
• 방사성 동위원소(세슘, 스트론튬, 우라늄 등)
• 염소계 용매(trichloroethylene, tetrachloroethylene 등)
• 석유계 탄화수소(benzene, toluene, ethylbenzene, xylenes 등)
• 폴리염화바이페닐(polychlorinated biphenyls)
• 다환상방향족탄화수소(polycyclic aromatic hydrocarbons)
• 염소계 농약류
• 유기인계 살충제(파라티온 등)
• 화약류(TNT, RDX, HMX 등)
• 영양분(질산, 암모니아, 인산 등)
• 계면활성제

주1) TNT; trinitrobenzene, RDX; 1,3,5-trinitroperhydro-1,3,5-triazine,
주2) HMX; 1,3,5,7-tetranitro-1,3,5,7-tetrazocane

실험실 시험으로부터 검증된 오염물질은 표 7.1에 나타나 있다.

식생정화는 일반적인 부지정화기술에 비하여 다양한 장점을 지니고 있다. 이 기술의 대표적인 장점으로는 부지환경의 교란을 최소화할 수 있다는 점, 중금속을 포함한 다양한 오염물질에 효과가 있다는 점, 정화로 인한 이차 오염물질의 발생이 비교적 적다는 점, 다양한 유기오염물질을 완전 무기물화할 수 있다는 점, 정화된 토양을 제거 또는 격리하는 대신 현장에서 계속 활용할 수 있다는 점, 비교적 저농도 오염이 광범위하게 이루어진 부지에 적용이 가능하다는 점, 정화 비용이 상대적으로 저렴하다는 점, 정화기술의 적용과 관리가 비교적 용이하며, 고가의 장비나 고급 인력이 필요하지 않다는 점, 정화와 함께 심미적인 기능도 수행한다는 점 등을 들 수 있다(Miller 1996).

식생정화의 주요 한계점으로는 정화에 비교적 장기간이 소요된다는 점, 정화 효과가 일반적으로 뿌리가 도달할 수 있는 영역(지하 1 m 수준)에 한정되어 심부 토양 및 일반적인 깊이의 지하수에 대하여 정화가 불가하다는 점, 기후 및 수문학적 조건(홍수, 가뭄 등)이 유리하지 않은 때에는 식물 생장이 저해되어 적용성이 떨어진다는 점, 홍수나 토양 침식으로 인한 영향을 방지하기 위하여 지표면 평탄화 작업 등이 필요할 수도 있다는 점, 식물체에 축적된 오염물질은 초식동물에 의해 먹이사슬로 유입될 가능성이 있다는 점, 오염물질의 생이용성이 낮을 경우 킬레이트제 등 화합물의 투입으로 식물 흡수를 촉진시킬 필요가 있다는 점 등이 있다(Miller 1996).

식생정화에는 그 작동 원리에 따라 다양한 방법이 있으며, 오염물질의 특성에 따라 서로 다른 작동 원리가 작용한다. 식생정화의 방법에는 phytoextraction, rhizofiltration, phytostabilization, rhizodegradation, phytodegradation, phytovolatilization 등이 있으며, 식생의 물리적 특성을 오염물질의 이동성 제어에 활용하는 방법인 hydraulic control, vegetative cover, riparian corridors 등을 식생정화의 영역에 포함시키기도 한다.

Phytoextraction은 식물이 뿌리를 통하여 토양 내 오염물질을 흡수, 줄기, 잎 등 식물체 상부로 이동시켜 농축하는 작용을 이용하는 것으로, 주로 중금속 오염 토양의 정화에 효과적이다. 금속 농도가 높은 토양 조건에서 생장이 가능하며, 토양으로부터 금속을 흡수하여 생체 내에 일정 농도 이상으로 축적이 가능한 식물을 고축적종(hyperaccumulator)이라 한다. 고축적종은 phytoextraction을 이용한 식생정화에 활용성이 높다. Phytoextraction에 의한 정화 효과가 높은 것으로 알려진 중금속은 니켈, 아연, 구리 등이 있으며, 이들 중금속에 대한 고축적종은 수백 종에 이르는 것으로 밝혀져 있다. Phytoextraction은 비교적 저렴한 정화 비용으로 오염물질을 토양으로부터 영구적으로 제거할 수 있는 반면, 오염물질이 농축된 식물체를 수거, 처리해야 한다는 부담이 있다. 이는 phytoextraction이 오염물질을 완전히 제거하는 것이 아닌, 오염물질을 한 매질(토양)로부터 다른 매질(식물체)로 이동, 농축시키는 방법이기 때문이다.

Rhizofiltration은 오염수를 식물 근권에 주입하여 용존 상태의 오염물질을 뿌리에서 일어나는 흡착, 침전, 흡수 등의 기작으로 제거하는 방법이다(USEPA 2000). 식물 뿌리에 결합 또는 흡수된 오염물질의 일부는 phytoextraction에서와 마찬가지로 식물체 상부로 이동, 축적될 수 있다. 또한 식물 뿌리가 배출하는 삼출물은 일부 중금속의 침전을 촉진시키기도 한다. 이 방법은 비교적 저농도로 오염된 지하수, 지표수, 오수 등의 처리에 효과적이다(USEPA 2000). Rhizofiltration의 장점으로는 육상식물, 수생식물 모두가 활용 가능하고, 현장 내뿐만 아니라 현장 외 처리도 가능하여 적용 범위가 넓다는 것이며, 단점으로는 유입수 내 pH, 오염물질 농도, 유입수 수량 등의 조절이 필요할 경우가 많고, 식재할 식물을 온실 등에서 미리 어느 정도 성장시킬 필요가 있을 경우가 많으며, 주기적으로 식물체를 수확, 처리해야 한다는 점 등이 있다(USEPA 2000).

Phytovolatilization은 식물이 오염물질을 토양으로부터 흡수, 잎으로 이동시켜 기공에서의 증산(transpiration)작용을 통하여 오염물질을 휘발, 공기 중으로 배출하는 원리를 이용한다. 이때 오염물질은 그 화학적 형태를 유지하며 잎으로 이동, 휘발되거나 식물체 흡수 후 휘발성이 비교적 높은 형태로의 변환 과정을 거친 후 기공에서 휘발된다(USEPA 2000). 이 방법으로 정화가 가능한 오염물질로는 수은, 셀레늄, 비소 등 휘발성이 비교적 높은 중금속과 트리클로로에틸렌(trichloroethylene; TCE) 등 휘발성 유기오염물질이 있다(USEPA 2000). 이 방법의 장점은 수은, 셀레늄의 경우 식물체 흡수 후 비교적 독성이 낮은 존재형태인 수은 원자(elemental mercury), 디메틸셀레늄(dimethyl selenite) 등의 형태로 변환, 배출될 수 있다는 점과 대기 중으로 확산된 오염물질이 광분해 등의 화학작용으로 추가적인 독성 저감 또는 무해화 효과를 달성할 수 있다는 점 등이 있다(USEPA 2000). Phytovolatilization의 단점은 오염물질의 확산으로 대기오염을 발생시킬 개연성이 있다는 점이다. 특히 TCE의 경우 식물체 내의 변환반응으로 오히려 독성이 더 높은 vinyl chloride를 생성, 대기 중으로 배출할 가능성이 있다(USEPA 2000). 대기 중으로 배출한 오염물질은 확산을 통하여 주변 식물체의 열매 등의 오염물질 농도를 증가시킬 수 있다(USEPA 2000).

Phytostabilization은 1) 식물 뿌리에서의 오염물질 흡수 및 축적, 뿌리 표면에의 흡착, 근권에서의 침전과 2) 식물 및 식물 뿌리의 토양 침식, 토양 확산, 오염물질 침출 방지 기능을 활용하여 토양 내 오염물질의 이동성을 저감시키는 방법이다(USEPA 2000). 이 방법을 적용하면 토양 내 오염물질의 주변 토양, 대기, 지하수, 지표수 등으로의 확산을 방지하고, 오염물질의 생물학적 이용성을 저감하여 오염물질이 먹이사슬로 유입되는 경로를 차단하는 효과를 얻을 수 있다. 이 방법은 비소, 카드뮴, 크롬, 구리, 주석, 납 등 중금속 오염 토양의 정화에 효과가 있는 것으로 밝혀져 있다(USEPA 2000). 주요 이점으로는 식재한 식물을 수확, 처리할 필요가 없으므로 추가처리에 소요되는 비용 및 에너지 소모가 없는 점, 식재를 통하여 부지생태계 복원의 효과도 동시에 얻을 수 있다는 점 등이 있다(USEPA 2000). 주요 단점으로는 부지로부터 오염물질이 제거되지 않으므로 지속적인 모니터링 및 관리가 필요하다는 점, 원하는 효과를 얻기 위하여 비료, 토양개량제 등의 투입이 필요할 가능성이 높다는 점, 오염물질의 생체 내 흡수 및 이동으로 인하여 토양 내 오염물질이 지상으로 유입될 수 있다는 점 등이 있다(USEPA 2000).

Phytodegradation은 식물 내부로 흡수된 오염물질이 식물의 대사작용으로 분해되거나, 식물 외부의 오염물질이 식물이 배출하는 효소에 의해서 분해되는 방법을 일컫는다. 이 방법은 염소계 용매, 농약, 화약류, 페놀류 등 주로 유기오염물질의 정화에 적용되는 정화방법이다(USEPA 2000). Phytodegradation의 장점은 일반적으로 식물의 독성물질에 대한 저항성이 미생물보다 높기 때문에 미생물을 이용한 생물학적 정화의 적용이 어려운 토양에 적용가능하다는 것이며, 단점은 오염물질의 불완전 분해로 인하여 독성 중간물질이 생성될 우려가 있으며, 식물 체내에서 발생하는 오염물질의 복잡한 변환 과정으로 인해 이 중간물질들의 판별, 측정과 독성 예측이 용이하지 않다는 것이다(USEPA 2000).

Rhizodegradation은 식물 근권에서의 높은 미생물 활성을 이용하여 오염물질을 분해하는 방법이다. 식물 뿌리는 당, 아미노산, 유기산, 효소, 생장촉진물질 등 미생물 활성을 향상시키는 물질들을 배출하며, 뿌리의 높은 비표면적으로 인한 미생물의 부착생장 환경 제공과 뿌리를 통한 산소 확산 통로의 제공 등으로 미생물 생장에 유리한 환경을 제공한다. 이에 따라 근권 토양의 미생물 개체수가 외부 토양보다 100배 가량 많은 것으로 보고되고 있다(USEPA 2000). Rhizodegradation의 적용이 가능한 것으로 확인된 오염물질로는 총석유계탄화수소(total petroleum hydrocarbons, TPH), 다환상방향족탄화수소(PAHs), BTEX, 농약, 염소계 용매, 펜타클로로페놀(pentachlorophenol, PCP), 폴리염화바이페닐(polychlorinated biphenyls, PCBs), 계면활성제 등이 있다(USEPA 2000). 이 방법은 오염물질이 현장 내에서 분해되어 오염물질이 이동 및 확산되지 않고, 물질의 완전 무기화가 가능하며, 정화비용이 저렴하다는 장점이 있다. Rhizodegradation의 단점으로는 근권 환경의 정착에 상당한 시간이 소요되며, 토양 조건에 따라 근권의 형성 심도에 제약이 있고, 초기 오염물질 저감속도를 향상시킬 수는 있으나 일반적인 미생물 이용 생물학적 정화에 대비하였을 때 최종 정화효율의 향상을 기대하기 어려운 경우가 많고, 삼출물로 인하여 오염물질 분해 이외의 다른 작용(오염물질 분해능이 없는 미생물 생장 촉진, 분해 미생물에 오염물질을 대체할 다른 탄소원 공급 등)을 촉진함으로써 원하는 정화 효과를 달성하는 데 실패할 가능성 등이 있다(USEPA 2000).

이외의 식생정화 방법으로 식물의 수분 흡수 및 흡수한 수분의 발산 기능을 이용하여 지하수 이동을 제어, 지하수를 통한 오염물질의 확산을 방지하는 방법(hydraulic control), 오염매질을 식생으로 덮음으로써 외부로부터 오염물질을 격리하는 방법(vegetative cover), 오염 부지로부터 지표 유출수(surface runoff) 또는 지하수가 하천으로 유입되는 경로에 식생을 식재하여 오염물질의 하천 유입을 방지하는 방법(riparian corridors/buffer strips) 등이 있다(USEPA 2000).

식생정화의 적용 사례

캐나다의 Waterloo Environmental Inc., Earthmaster Environmental Strategies Inc., the University of Waterloo는 수년간의 실험실 연구와 현장 시험을 통하여 식물성장촉진근권세균(plant growth promoting rhizobacteria, PGPR)을 이용한 식생정화 공법인 PGPR-Enhanced Phytoremediation System (PEPS)을 개발, 캐나다 전역의 염분 및 유류오염 지역의 토양 정화에 활용해 오고 있다.

PGPR은 식물 근권에서 식물과 공생관계를 맺고 생장하면서 식물의 생장을 촉진하는 세균을 의미하는데, 이 공법에서는 *Pseudomonas* 속의 세균을 이용한다. 이 공법에 주로 사용하는 식물종은 주로 톨페스큐(tall fescue), 일년생 및 다년생 독보리(ryegrass) 등이며, 이들 식물의 종자를 혼합한 후 PGPR 세균으로 처리하여 준비한다. 오염 토양을 경작하여 균질하게 하고 파종을 준비한 이후 비료 및 석고, 볏짚 등의 토양 개량제를 투여하고 준비한 종자를 파종한다.

식물이 염분 및 유류로 오염된 토양에서 생장하면서 스트레스를 받게 되는데, 이때 식물은 뿌리에서 에틸렌을 분비, 분비한 에틸렌이 생장 저해 인자로 작용하게 된다. PGPR은 식물 뿌리에 부착하여 에틸렌 생산을 위한 전구물질인 1-aminocyclopropane carboxylic acid(ACC)를 분해하며, 이로써 에틸렌의 생산이 최소화되고 식물의 성장은 증대된다. 또한 PGPR은 auxin이라는 화학물질을 합성하여 식물에 공급하며, 이 물질은 식물 뿌리의 발달을 촉진한다. 식물과 공생관계를 통하여 근권에서 활발하게 생장하는 PGPR은 유류물질에 대한 높은 분해능을 보이며, PGPR의 작용으로 원활한 생장이 가능해진 식물은 토양 내의 염분을 흡수하여 식물체의 각 부분으로 전달한다. 염분으로 오염된 지역에서 회수한 식물체는 동물의 사료로 안전하게 활용 가능한 것으로 알려져 있다.

PEPS 공법은 캐나다 30군데 이상의 염분 및 유류오염 부지에서 성공적으로 적용된 것으로 보고되고 있다. 이 공법은 최대 25 dS/m의 전기전도도를 갖는 고염분 토양에 적용이 가능한 것으로 나타났으며, 회수한 식물체 건조중량 1 kg당 25 ~ 50 g의 NaCl이 제거되었다(Earthmaster Environmental Strategies, Inc. 2016). 또한 유류오염 정화에 적용하여 2006 ~ 2011년 사이 7개 지역에서 정화기준을 달성하는 데 성공하였다(Earthmaster Environmental Strategies, Inc. 2016).

7.3 식물 및 토양 미생물을 이용한 지반개량

토양에 생장하는 식물 및 토양 미생물은 토양의 구조적 특성을 변화시키는 기능을 하며, 이러한 생태 기능을 활용하여 원하는 지반 강도, 안정성, 투수성 등을 얻는 방법이 활발하게 적용 및 연구되고 있다. 식물을 이용한 사면 안정화, 토양 침식 방지 기술은 예로부터 이용되어 왔으며, 초지 면적 감소가 토양 침식이나 사면 붕괴의 가능성을 높인다는 사실은 널리 알려져 있다. 식물을 이용한 사면안정화 기술은 기능적인 효과뿐만 아니라 심미적 효과도 뛰어나 널리 사용되고 있으며 주변에서 흔히 볼 수 있다.

식생은 수리학적 측면과 역학적 측면에서 토양 강도에 영향을 미친다. 첫 번째로 수리학적 측면에서 식생은 토양의 수분함량을 감소시키면서 동시에 침투율을 증가시키는 역할을 한다. 이러한 역할에 따라 식생은 사면 안정성에 긍정적 · 부정적 효과를 모두 가져올 수 있다(Reubens 등 2007). 식물은 증발산 작용을 통해 토양 내 수분함량을 감소시키는 역할을 하며, 이는 토양 강도 향상에 긍정적인 작용을 한다. 반면 식물의 뿌리는 토양의 불균질성을 높여 대공극(macropore)을 형성하며, 이는 강수의 침투율을 높이게 된다. 침투율 증가로 강수의 유입량이 늘어나면 지하수면이 상승하고, 이는 침투 수압(seepage pressure)을 증가시켜 사면의 붕괴 위험을 높인다. 일반적으로 강우 시 또는 강우 직후에 침투율 증가로 인한 효과가 두드러지게 나타나며, 강우와 강우 사이에는 증발산량의 증가로 인한 효과가 나타나는 것으로 여겨진다. 두 번째로 역학적인 측면에서 식물의 뿌리는 인장강도, 마찰력, 점착성의 증가로 토양 구조를 강화한다. 토양 표면으로부터 수직으로 뻗어내려간 뿌리는 뿌리가 내려진 토양 전단면의 전단강도를 증가시킴으로써, 수평으로 뻗은 뿌리는 뿌리가 위치한 평면의 인장강도를 증가시킴으로써 토양을 강화한다.

식물에 따라 그 뿌리는 다양한 유형이 있으며, 뿌리 유형에 따라 적절한 활용 용도가 다를 수 있다. 사면에서 뿌리를 통한 정박(anchorage) 효과를 얻기 위해서는 식물이 잠재적인 전단면 깊이까지 뿌리를 내려야 한다. 뿌리 유형별 사면 안정화에 대한 영향은 그림 7.3을 통해 확인할 수 있다. 그림에서 점선은 사면 붕괴면을 의미하는데, 사면 붕괴면 혹은 그보다 심부까지 뿌리를 뻗는 H-type 및 VH-type의 식물이 사면 안정화에 적합하다. M-type과 같이 뿌리가 깊이 뻗지는 않지만 뿌리의 분포가 넓고 촘촘한 식물의 경우에는 사면 안정화보다 토양 침식 방지를 목적으로 사용하는 것이 보다 적절하다.

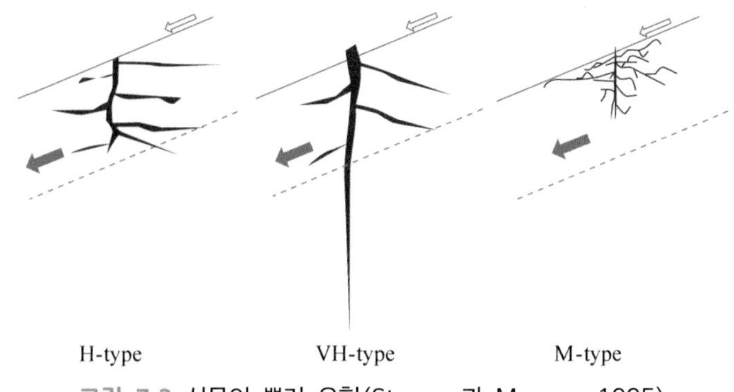

그림 7.3 식물의 뿌리 유형(Styczen과 Morgan 1995)

토양 미생물을 활용하여 지반 강도 강화, 토양침식 방지, 사면 안정화, 토양 투수성 감소 등 지반 개량 효과를 얻는 기술들도 최근 그 연구 및 적용이 확대되고 있다. 미생물을 이용한 지반 개량 기술은 환경에서 자연적으로 일어나는 반응을 활용한다는 점, 실제 토양환경에 존재하는 미생물을 적용한다는 점 등에서 화학적 방법에 비해 환경 및 생태 보호 측면에서 장점을 지닌다. 미생물을 활용한 지반 개량 방법은 미생물과 그 군집 자체를 통해 지반 개량 효과를 얻는 방법과 미생물을 매개로 발생한 부산물을 통해 지반 개량 효과를 얻는 방법으로 나눌 수 있다.

미생물 자체를 활용한 지반 개량은 토양 내에서 단일 미생물 혹은 미생물 군집의 생물막 형성으로 인한 투수성 감소 효과를 이용한다. 토양 입자에 부착된 단일 미생물 혹은 미생물 군집은 다당류(polysaccharide)를 분비하며, 미생물과 다당류의 혼합체는 불수용성의 슬라임층을 형성한다. 특히 미생물에 의한 다당류 분비는 탄소원이 질소원보다 과다한 환경(C : N 비율 20 : 1 이상)에서 활발한 것으로 알려져 있다. 이러한 환경에서 슬라임층이 지속적으로 형성되면 토양 입자 사이의 공극을 메우고 토양 입자들을 결합시켜 토양의 투수성을 감소시킨다. 표 7.2에 다당류 분비로 지반 개량의 효과를 발생시키는 것으로 밝혀진 미생물을 열거하였다. 미생물 자체를 활용한 지반 개량은 다른 미생물에 의해 슬라임층이 분해될 가능성이 있고, 열에 비교적 민감하여 그 지속성과 안정성이 낮다는 단점이 있다.

표 7.2 다당류 분비를 통해 지반 개량의 효과를 얻을 수 있는 것으로 보고된 미생물 (Ivanov와 Chu 2008)

그람염색법에 따른 분류	산소 조건에 따른 분류	미생물 종류 (속 또는 종 수준)	특성
그람양성 (Gram-positive)	호기성(aerobic)	*Caulobacter*	빈영양성(oligotrophic)
	통성(facultative)	*Cellulomonas flavigena*	셀룰로오스 분해균
		Leuconostoc mesenteroides	빈영양성(oligotrophic)
그람음성 (Gram-negative)	호기성(aerobic)	*Acinetobacter*	빈영양성(oligotrophic)
		Agrobacterium	빈영양성(oligotrophic)
		Alcaligenes	빈영양성(oligotrophic)
		Acrobacter	빈영양성(oligotrophic)
		Cytophaga	빈영양성(oligotrophic)
		Flavobacterium	빈영양성(oligotrophic)
		Pseudomonas	빈영양성(oligotrophic)
		Rhizobium	빈영양성(oligotrophic)

미생물을 매개로 형성된 부산물을 활용한 지반 개량은 토양 미생물의 작용으로 형성된 불수용성 무기 부산물을 활용한다. 형성된 무기 부산물은 비교적 지속성이 높아 기술의 활용성이 크다. 대표적인 기술로는 미생물 매개 탄산칼슘 침전(microbial-induced calcite precipitation, MICP)이 있다. 이 방법은 토양에서 탄산칼슘 침전을 발생시키기 위해 토양에 요소(urea), 요소분해효소 분비 미생물(urease-producing bacteria), 칼슘 이온(Ca^{2+})을 주입한다. 주입한 미생물은 토양 입자에 부착, 요소의 가수분해 효소인 요소분해효소를 분비한다. 이에 따라 요소는 식 7.1과 7.2에 의하여 암모니아와 탄산으로 분해되고, 식 7.3의 암모니아 이온화반응에 의하여 토양의 pH가 높아짐으로써 생성된 탄산의 상당 부분이 탄산 이온(CO_3^{2-})의 형태로 존재하게 된다.

$$NH_2(CO)NH_2 + H_2O \rightarrow NH_2COOH + NH_3 \quad (7.1)$$

$$NH_2COOH + H_2O \rightarrow NH_3 + H_2CO_3 \quad (7.2)$$

$$2NH_3 + 2H_2O \rightarrow 2NH_4^+ + 2OH^- \quad (7.3)$$

주입한 칼슘 이온은 미생물 주변 전하의 영향으로 미생물 세포 표면에 결합되며(Douglas와 Beveridge 1998), 요소의 가수분해에 의해 생성된 탄산 이온은 식 7.4, 7.5와 같이 미생물 세포 표면을 핵으로 하여 탄산칼슘으로 침전된다.

$$Ca^{2+} + Cell \rightarrow Cell - Ca^{2+} \tag{7.4}$$

$$Cell - Ca^{2+} + CO_3^{2-} \rightarrow Cell - CaCO_3 \tag{7.5}$$

그림 7.4는 미생물을 매개로 한 탄산칼슘 침전반응을 도식화한 것이다. 미생물 매개 탄산칼슘 침전작용을 활용한 지반 개량에는 요소분해효소 활성도가 높은 미생물을 사용하는 것이 유리하다. 일반적으로 *Sporosarcina pasteurii*, *Variovorax sp.*, *Leuconostoc mesenteroides*, *Micrococcus sp.*, *Bacillus subtilis*, *Deleya halophila*, *Halomonas eurihalina*, *Myxococcus xanthus* 등의 미생물이 요소분해효소 활성도를 가지며, 이 중에서도 특히 *Sporosarcina pasteurii*가 가장 높은 요소분해효소 활성도를 보이는 것으로 알려져 있다(Dhami 등 2013).

미생물을 핵으로 침전된 탄산칼슘은 토양 입자들을 결속시키며, 토양 공극을 메워 투수성을 감소시키고 토양 강도를 향상시킨다(Ivanov와 Chu

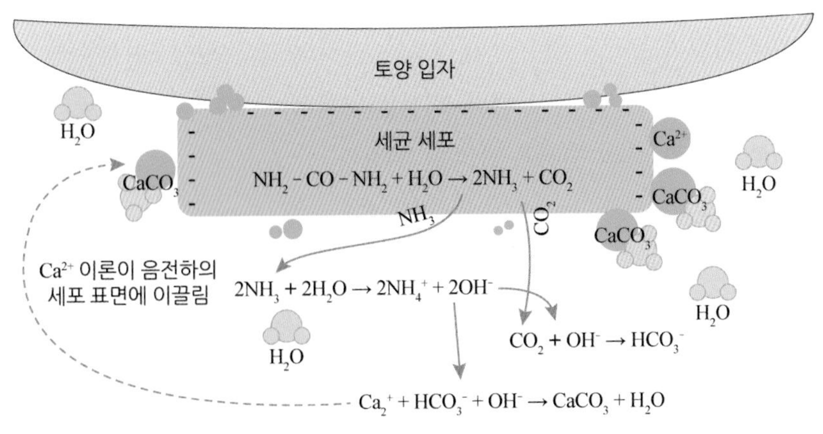

요소 가수분해 총괄반응: $NH_2 - CO - NH_2 + 3H_2O \rightarrow 2NH_4^+ + HCO_3^- + OH^-$

pH 상승: NH_4^+ 생성으로 발생한 $[OH^-] \gg [Ca^{2+}]$

그림 7.4 미생물 매개 탄산칼슘 침전 기작 도식도(de Jong 등 2010)

2008). Stabnikov 등(2001)은 토양에서 직접 분리한 유리아제 생성 미생물을 이용하여 토양 표면에 탄산칼슘층을 형성하였으며(그림 7.5), 이러한 지반 개량을 통해 토양의 투수계수를 600배 이상 감소시키고 대리석과 같은 수준인 35.9 MPa의 최대 굽힘응력(maximum bending stress)을 얻었다.

그림 7.5 토양 표면에 침전된 탄산칼슘(Stabnikov 등 2011)

미생물을 이용한 지반 개량은 미생물 이동, 산소 확산 등의 한계로 인하여 일반적으로 그 효과가 표토(심도 10 cm 이내 수준)에 한정된다. 따라서 이러한 방법은 전단면 깊이를 대상으로 하는 사면 안정화 등 지반 심부의 강도 확보에는 활용이 어려우며, 표토의 강도 향상 및 투수성 저감 등을 통하여 토양 침식 방지, 비산먼지 발생 억제, 우수 침투로 인한 사면붕괴 예방 등의 활용을 모색할 필요가 있다.

7.4 토양 생산성 향상

인구의 증가로 인해 더 많은 식량이 요구되고 도시화, 기후변화 등으로 지구상에 가용한 농경지 면적은 점차로 줄어드는 바, 한정된 농경지에서 작물 생산량을 극대화하기 위하여 다양한 과학기술이 동원되어 왔다. 화학비료 사용은 토양의 생산성을 비약적으로 향상시켰으나, 질소계 화합물로 인한 토양 및 지하수 오염, 질소, 인의 수계 유출로 인한 하천, 호소, 연안의 부영양화, 온실가스인 아산화질소(N_2O) 배출 등 많은 환경문제를 야기한다. 또한 합성농약의 개발과 사용으로 잡초, 해충, 질병 등으로 인한 작물 피해를 크게 저감하였으나, 합성농약의 독성으로 인한 환경오염과 인체 건강에 대한 위협을 발생시켰다. 합성농약은 토양에 장기간 잔류하여 생태계의 다양성을 감소시키고 생태 기능을 약화시키며, 지속적인 합성농약의 살포는 해충에 대한 식물의 면역력을 약화시킨다.

작물 생산에 있어 화학비료와 합성농약에 대한 의존에서 탈피하고 토양생태계 본연의 기능을 활용하여 토양 생산성을 향상시키기 위한 다양한 방법들이 연구, 적용되고 있다. 이러한 방법들은 최근 활발하게 이루어지고 있는 유기농업의 영역과도 맞닿아 있다. 이 절에서는 토양생태계의 기능 및 서비스를 적극적으로 활용하는 토양 생산성 향상 방법으로 생물비료(biofertilizer), 생물농약(biopesticide), 혼농임업(agroforestry)에 대하여 소개한다. 이러한 방법들은 응용생태학의 범주로 분류하는 것이 보다 일반적이나, 넓은 의미에서의 생태공학적 방법론으로 소개되기도 한다(Nair 등 2009; Watten 2009).

생물비료

생물비료는 살아있는 미생물을 포함하는 물질로, 토양에 적용하여 질소, 인 등 영양분의 공급과 이용성을 향상시키고 뿌리의 생장과 발달을 촉진하는 방법 등으로 작물 생산량을 증대시킨다(Bhattacharjee와 Dey 2014). 생물비료는 화학비료의 작물 이용성을 향상시키기 위하여 사용하기도 하고, 유기농법을 적용하거나 화학비료의 획득이 용이하지 않을 때 이를 완전히 대체하기 위하여 사용하기도 한다. 생물비료는 토양의 비옥도를 지속적으로 유지하고 향상시키면서 식물의 성장을 촉진하고, 병충해에 대한 면역력을 강화시킨다(Barea 등 1998).

생물비료로는 세균과 균류가 사용되며, 이들 미생물은 작물 근권에 서식하면서 식물 생장을 촉진한다. 근권에서 식물과 공생관계를 갖고 생장하는 세균을 근권세균(rhizobacteria)이라 하며, 이 중 숙주의 성장을 자극하는 세균을 식물성장촉진근권세균(plant growth promoting rhizobacteria, PGPR)이라고 한다. 식물 뿌리에 부착하거나 뿌리 내부에 침투하여 식물과 공생관계를 갖고 생장하는 균류를 균근(mycorrihizae)이라 하며, 이 중 식물 뿌리 내부로 침투하여 생장하는 부류를 내생균근 또는 수지상균근(arbuscular mycorrhizae 또는 arbuscular mycorrhizal fungi, AMF)이라 한다. AMF 또한 식물 생장을 촉진하는 기능을 지니며, 생물비료로는 이들 PGPR과 AMF가 주로 사용된다.

생물비료로 주로 활용되는 PGPR은 대기 중의 질소 가스(N_2)를 고정시켜 근권에 식물이 이용가능한 형태의 질소를 공급하거나 인, 칼륨 등 영양분의 식물 이용성을 향상시키는 것을 주된 목적으로 사용된다. 질소 고정을 주목적으로 사용하는 세균, 즉 질소 고정균은 크게 두 가지 유형이 있다. 하나는 콩과식물(legume family), 시리얼 등 특정 유형의 작물과 공생을 통하여 생장하는 세균으로, 이들은 특정 공생관계가 성립하는 작물에 적용이 가능하다(Mohammadi와 Sohrabi 2012). 대표적인 부류로는 *Rhizobia*가 있는데, 이 세균은 콩과식물과 공생관계를 가지며, 생물비료에 가장 널리 사용되는 세균이다. *Rhizobia*는 연간 50 ~ 300 kg N/ha의 질소를 고정하는 것으로 알려져 있다(ChenJen-Hshuan 2006). 또 다른 질소 고정균 유형은 특정 식물과 공생관계를 갖지 않아 보다 다양한 작물에 활용이 가능하며, 이러한 부류의 세균으로는 *Azobacter*, *Azospirillium* 등이 있다(Mohammadi와 Sohrabi 2012). Azobacter는 연간 15 ~ 20 kg N/ha의 질소를 고정할 수 있는 것으로 알려져 있다(ChenJen-Hshuan 2006). 영양분의 식물 이용성을 향상시키는 것을 주된 목적으로 사용되는 세균으로는 *Bacillus*, *Pseudomonas*, *Rhizobium* 등이 있으며, 이들은 토양 내 불용성 광물 형태의 인, 칼륨, 철, 아연, 망간, 칼슘 등을 용해시켜 식물 뿌리가 흡수할 수 있는 형태로 만듦으로써 식물 생장을 촉진한다.

AMF는 식물 뿌리 내부에 생장하여 식물과 공생관계를 갖는다. 식물의 뿌리는 영양분 및 수분을 이들 균류로 운반하고, 균류는 영양분과 수분이 식물의 뿌리에 더 잘 도달하도록 도움을 준다. AMF에 의해 뿌리는 대략 100배 정도 길어지는데, 이렇게 하여 향상된 뿌리 구조는 식물이 더 많은 영양분을 흡수하도록 한다. AMF 중 몇몇 부류는 뿌리 주변에 칼집과 같은 형태로 존재하여 뿌리가 썩는 것을 방지하고 병원균의 감염을 줄이는 등의 역할을 한다. 특히 AMF는 인, 아연, 몰리브덴, 구리와 같은 필수 원소가 토양 내에 상대적으로 적고, 토양의 산성화로 독성을 띠는 알루미늄을 다량 포함하며, 식물 뿌리 시스템이 잘 발달하지 못한 경우에 효과적이다(ChenJen-Hshuan 2006).

생물농약

생물농약은 자연에서 기원하는 물질이나 생명체를 이용하여 잡초, 해충, 병원균 등을 제거하는 방법으로, 독성물질이나 이차대사물을 포함하지 않는 장점이 있고 친환경 농약으로서 잠재력이 크다. 생물농약은 크게 1) 제거하고자 하는 잡초, 해충, 병원균 등과 천적관계에 있는 살아있는 생물, 2) 식물 추출물이나 곤충 페로몬 등 자연 생산물질, 3) 유전자 조작을 통해 식물에서 발생시키는 농약성 물질로 구분할 수 있다(Chandler 등 2008; Seiber 등 2014). 이 중 두 번째, 세 번째 부류의 물질들은 토양 생태계의 통합적인 기능 및 서비스를 활용한다기보다 생물 기원 화학물질이 갖는 작물피해 방지 기능을 활용하는 것으로, 생태공학의 범주에 포함시키기는 어렵다. 따라서 이 절에서는 생물농약을 작물 생산에 영향을 미치는 잡초, 해충, 병원균 등과 천적관계에 있어 이들을 제거하는 목적으로 사용하는 생물로 한정지어 기술한다.

생물농약으로 사용하는 생물은 경작지에 장기간 정착하여 그 기능을 수행해야 하므로, 이동성이 비교적 높은 중형동물, 대형동물 등은 그 활용이 제한적이다. 따라서 생물농약으로는 세균, 균류, 바이러스, 원생동물 및 미소동물의 일종인 선형동물이 주로 사용된다. 현재까지 수백 종의 생물농약이 상품으로 개발되어 왔으며, 이들은 주로 해충 및 병원균 제거에 효과를 나타낸다.

해충 제거를 위한 생물농약을 bioinsecticides라 하며, 그 대표종으로는 *Bacillus thuringiensis*(Bt)가 있다. Bt는 1930년대에 최초로 사용된 이래 현재까지도 가장 널리 판매되는 생물농약이다(Wratten 등 2009). 이 세균은 포자형성 단계에서 결정형태의 단백질을 생성하며, 이 단백질은 특정 해충에 대한 선택적 독성이 있는 반면, 식물과 척추동물, 유익한 곤충에 대해서는 독성을 발현하지 않는다(Usta 2013). Bt를 이용한 농약은 나비와 나방의 유충, 모기 유충, 진딧물 등의 제거에 효과적이다(Usta 2013).

병원균, 특히 균류의 제거를 위한 생물농약을 biofungicides라 하며, 이들은 다양한 기작으로 병원균의 작물 증식을 방지한다. 이러한 기작으로는 항생작용(antibiosis), 중복기생(hyperparasitism), 병원균과의 경쟁(competition) 등이 있으며, 특히 경쟁이 가장 주요한 기작으로 알려져 있다(Wratten 등 2009). 이들은 생장 중인 식물의 잎 또는 근권에 투입하거나 종자 표면에 도포하는 종자 분의(seed dressing) 방법으로 적용한다.

혼농임업

혼농임업은 대지에 작물 또는 가축과 함께 나무나 관목을 키우는 방식을 말한다(그림 7.6과 7.7). 혼농임업은 생물학적 상호작용이 가능한 환경을 조성하여 토양의 생산성 향상과 보호, 수질의 개선, 생물학적 다양성 증대 등의 사회·경제적 이득을 취할 수 있을 뿐 아니라, 환경오염을 최소화하는 친환경적인 농업 방식이다.

혼농임업은 인류가 농경을 시작하게 된 이래 시작되었다고 볼 수 있으며, 이는 수천 년의 오랜 역사를 가지고 세계 곳곳에서 적용되어 왔다. 근래 들어 산업형 농·임업의 환경 영향에 대한 인식이 확산되면서 혼농임업에 대한 관심이 증대되고 있으며, 혼농임업을 현대적인 방법으로 적용하고자 노력하고 있다. 산업형 농·임업은 본래의 자연적 식생을 파괴하고, 생물다양성의 감소, 외래종의 침입, 영양분, 에너지, 물의 흐름 변화와 이에 의한 토양 침식 및 수질의 악화, 환경오염 등의 문제를 야기한다. 혼농임업은 이러한 산업형 농 · 임업의 여러 문제를(부분적으로) 해소할 수 있는 방안으로 주목받고 있다.

그림 7.6 질소고정나무 *Faidherbia albida*를 이용한 옥수수 경작(아프리카 말라위에서는 이러한 혼농임업을 도입하여 옥수수 생산량이 12~14% 증가함(2014 World Congress on Agroforestry, http://wca2014.org)

그림 7.7 가축 농장에 혼농임업을 적용한 아프리카 케냐의 사례(임야의 목초지 전환에 따른 토지 이용의 지속가능성 저감을 최소화할 수 있으며, 가축의 생태학적 기능(영양소 순환, 종자 확산, 배설물에 의한 토양 비옥도 향상)을 통하여 토양 및 식물에 편익을 제공) (World Agroforestry Centre, http://blog.worldagroforestry.org)

Nair 등(2009)은 혼농임업을 통하여 얻을 수 있는 생태학적 서비스 및 편익을 토양 생산성 향상 및 토양 보호, 수질 및 환경 개선, 생물다양성 향상, 탄소 저장의 네 가지로 소개하고 있다.

토양 생산성 향상 및 토양 보호

질소고정나무(Nitrogen Fixing Trees, NFTs)를 식재하면 토양에 질소를 공급할 수 있고, 나무로부터 공급되는 바이오매스를 통하여 토양에 여러 가지 영양분을 공급할 수 있으며, 뿌리가 깊은 나무를 식재하여 보다 심부 토양으로부터 영양분을 획득할 수 있다. 또한 나무 및 관목의 식재를 통하여 토양 침식을 방지하고 토양 미생물의 활동을 증진시켜 작물 생산을 향상시킬 수 있다. 특히 아프리카 등 열대지역 개발도상국에서 질소고정나무는 토양 개량에 적용성이 높다. 이들 지역의 농경지는 충분한 비료를 공급하거나 적절한 휴경기간을 부여하지 않아 영양분 고갈 문제가 심각하다. 이를 극복하기 위하여 혼농임업의 도입이 제안된 바 있으며, 다음과 같은 방식으로 토양에 50 ~ 200 kg N ha^{-1} yr^{-1}의 질소 공급이 가능한 것으로 나타나 있다(Nair 등 2008).

- 세스바니아(*Sesbania sesban*), 테프로시아(*Tephrosia vogelii*) 등의 나무와 관목을 식재하여 휴경효과 부여
- 글릴리시디아(*Gliricida sepium*) 등과의 혼작
- 야생 해바라기(*Titbonia diversifolia*), 글릴리시디아(*Gliricida sepium*) 등을 이용한 바이오매스 공급

전 세계 농경지의 1/3에 해당하는 190억 ha가 침식, 염분 증가, 비옥도 감소 등으로 척박해진 토양인 것으로 알려져 있다(Nair 등 2008). 혼농임업은 토양 침식과 사막화를 방지하고, 척박해진 토양을 회복시키는 등 토양 보호 및 개선의 효과를 지닌다. 나무와 관목은 토양의 전단강도를 향상시킬 뿐만 아니라, 바람과 강우 시 표면 유출을 저감시켜 토양 유실을 방지한다.

수질 및 환경 개선

농경지로부터 발생하는 비점오염은 하천과 호소를 오염시키는 주요 원

인이 된다. 농경지로부터의 질소, 인 유출은 하천 및 호소의 부영양화를 야기, 조류 과잉증식의 원인이 된다. 농경지 주변에 식재한 식생은 영양분의 하천 유출을 방지하며, 나무는 깊은 뿌리를 통하여 효율적으로 영양분을 흡수하여 영양분 유출을 방지한다. 특히 비료를 통한 질소 및 인 투여가 과잉으로 이루어지는 농경지에서는 수질 및 환경 개선이 혼농임업의 주요한 편익이 된다.

생물다양성 향상

자연 식생지역을 농경지로 개간할 경우 동식물의 서식지가 파괴되며, 서식지 간의 연결이 단절되는 서식지 단편화가 발생한다. 혼농임업의 도입으로 동식물의 서식지가 어느 정도 보존되며, 서식지 간의 연결성을 증대시킬 수 있다. 이에 따라 경작지 및 주변 생태계의 생물다양성이 증가하고, 경관의 연결성 또한 향상시킬 수 있다.

탄소 저장

혼농임업은 탄소를 바이오매스의 형태로 고정시킨다. 이에 따라 임야의 농경지 개간에 따른 탄소 유실을 방지, 임야가 보유한 탄소량을 유지할 수 있게 한다. 또한 혼농임업 경작지에서 생산한 목재를 연료로 사용함으로써 화석연료로부터 발생하는 탄소 배출량을 저감하는 대체에너지로서의 효과도 기대할 수 있다. 온대지역에서 혼농임업은 15 ~ 198 Mg C ha^{-1}의 탄소 저장 효과를 가지는 것으로 추정된다(Nair 등 2009). 열대지역에서 혼농임업의 도입으로 농경지 개간 이전 임야가 보유한 탄소의 35%를 회복할 수 있는 것으로 밝혀졌는데, 이는 일반 경작지 및 목초지에서 회복가능한 탄소량인 12%를 훨씬 상회하는 수치이다(Nair 등 2009). 지구온난화가 최근 전 세계적 이슈로 대두되고 있는 바, 혼농임업의 탄소 저장 효과는 앞으로 크게 주목받을 것으로 예상된다.

농업과 임업은 대부분의 경우 별개의 것으로 다루어지고 있으나, 많은 공통의 지향점을 가지고 있다. 농업과 임업은 공히 토양으로부터 유용자원을 최대한 획득하는 것을 목표로 하며, 토양 생산성의 향상을 통하여 그 목표를 달성하고자 한다. 또한 농경지와 임야는 경관을 조성하는 주요 요소이며, 농업과 임업은 동일한 생태학적 기반을 가지고 있다. 혼농임업은 토양 및 토양을 기반으로 한 생태계의 생태학적 원리를 활용하는 방법으로, 농업 및 임업의 지속가능성 향상뿐만 아니라 개발도상국의 식량 문제 해결에도 크게 기여할 수 있는 잠재력이 있다.

참고문헌

신영오. 1992. 토양생태계와 토양자원. 한림저널사, 서울, 한국.

이민효, 최상일, 이재영, 이강근, 박재우. 2006. 토양지하수환경. 동화기술, 서울, 한국.

Barea, J.M., Andrade, G., Bianciotto, V., Dowling, D., Lohrke, S., Bonfante, P., O'Gara, F. and Azcon-Aguilar, C. 1998. Impact on arbuscular mycorrhiza formation of Pseudomonas strains used as inoculants for biocontrol of soil-borne fungal plant pathogens. Applied and Environmental Microbiology 64: 2304-2307.

Bhattacharjee, R. and Dey, U. 2014. Biofertilizer, a way towards organic agriculture: A review. African Journal of Microbiology Research 8: 2332-2342.

Brussaard, L. 2012. Ecosystem services provided by the soil biota. In, Wall, D.H., Bardgett, R.D., Behan-Pelletier, V., Herrick, J.E., Jones, T.H., Ritz, K. and Six, J. (eds.), Soil Ecology and Ecosystem Services. Oxford University Press, Oxford, UK.

Chandler, D., Davidson, G., Grant, W.P., Greaves, J. and Tatchell, G.M. 2008. Microbial biopesticides for integrated crop management: An assessment of environmental and regulatory sustainability. Trends in Food Science & Technology 19: 275-283.

Chen, J.H. 2006. The combined use of chemical and organic fertilizers and/or biofertilizer for crop growth and soil fertility. International Workshop on Sustained Management of the Soil-Rhizosphere System for Efficient Crop Production and Fertilizer Use. Bangkok, Thailand.

de Jong, J.T. Mortensen, B.M., Martinez, B.C. and Nelson, D.C. 2010. Bio-mediated soil improvement. Ecological Engineering 36: 197-210.

Dhami, N.K., Reddy, M.S. and Mukherjee, A. 2013. Biomineralizatin of calcium carbonates and their engineered applications: A review. Frontiers in Microbiology 4: 314.

Douglas, S. and Beveridge, T.J. 1998. Mineral formation by bacteria in natural microbial communities. FEMS Microbiology Ecology 26: 79-88.

Earthmaster Environmental Strategies, Inc. 2016. Phytoremediation and PEPS. http://www.earthmaster.ca/images/pdfs/phytoremediation_factshe et.pdf.

Ivanov, V. and Chu, J. 2008. Applications of microorganisms to geotechnical engineering for bioclogging and biocementation of soil in situ. Reviews in Environmental Science and Biotechnology 7: 139-153.

Kibblewhite, M.G., Ritz, K. and Swift, M.J. 2008. Soil health in agricultural systems. Philosophical Transactions of the Royal Society B 363: 685-701.

Miller, R.R. 1996. Technology overview report: Phytoremediation. TO-96-03. Ground-Water Remediation Technologies Analysis Center, Pittsburgh, USA.

Mohammadi, K. and Sohrabi, Y. 2012. Bacterial biofertilizers for sustainable crop production: A review. ARPN Journal of Agricultural and Biological Science 7: 307-316.

Nair, P.K.R., Gordon, A.M. and Rosa Mosquera-Losada, M. 2008. Agroforestry. In, Jørgensen, S.E. (ed.), Applications in Ecological Engineering. Elsevier, Amsterdam, Netherlands.

Reubens, B., Poesen, J., Danjon, F., Geudens, G. and Muys, B. 2007. The role of fine and coarse roots in shallow slope stability and soil erosion control with a focus on root system architecture: A review. Trees 21: 385-402.

Seiber, J.N., Coats, J., Duke, S.O. and Gross, A.D. Biopesticides: State of the art and future opportunities. Agricultural and Food Chemistry 62: 11613-11619.

Sposito, G. 2008. The chemistry of soils. 2nd ed. Oxford University Press, Oxford, UK.

Stabnikov, V., Naeimi, M., Ivanov, V. and Chu, J. 2011. Formation of water-impermeable crust on sand surface using biocement. Cement and Concrete Research 41: 1143-1149.

Styczen, M.E. and Morgan, R.P.C. 1995. Engineering properties of vegetation. In, Morgan, R.P.C. and Rickson, R.J. (eds.), Slope Stabilization and Erosion Control: A Bioengineering Approach. E&FN SPON, London, UK.

USEPA. 2000. Introduction to phytoremediation. EPA/600/R-99/107. Office of Research and Development, U.S. Environmental Protection Agency, Cincinnati, USA.

Usta, C. 2013. Microorganisms in biological pest control: A review

(Bacterial toxin application and effect of environmental factors). In, Silva-Opps, M. (ed.), Current Progress in Biological Research. InTech, Rijeka, Croatia.

Wratten, S.D. (2009) Conservation biological control and biopesticides in agricultural. In, Jørgensen, S.E. (ed.), Applications in Ecological Engineering. Elsevier, Amsterdam, Netherlands.

Wurst, S., de Deyn, G.B. and Orwin, K. 2012. Soil biodiversity and functions. In, Wall, D.H., Bardgett, R.D., Behan-Pelletier, V., Herrick, J.E., Jones, T.H., Ritz, K. and Six, J. (eds.), Soil Ecology and Ecosystem Services. Oxford University Press, Oxford, UK.

권장도서

Wall, D.H. 2012. Soil ecology and ecosystem services. Oxford University Press, Oxford, UK.

제 8 장
경관생태환경

경관생태학은 생물공동체와 환경조건 사이에 존재하는 상호작용을 연구함으로써 오늘날 모든 토지이용의 경관 구조와 기능, 그리고 변화에 대해 다각도로 활용되고 있다. 환경생태계획 차원에서 지속가능한 도시와 자연의 공생, 지역환경시스템, 더 나아가 환경운동과 사회적 파트너십에 이르기까지 확장되고 있다. 국제적인 공간계획과 경관생태계획의 체계적인 관련성과 발맞추어 우리나라 또한 공간위계에 따라 정책에서부터 실천전략까지 구체적으로 이루어지고 있어 이 장에서는 이에 대한 구체적인 시스템과 실천 사례를 제시한다.

8.1 경관생태학의 이해

경관의 정의

'경관'의 일반적 정의는 'Land + Scape'의 합성어로서 땅(토지)의 모습을 의미한다. 땅(토지)을 구성하는 기반인 지질과 토양, 수문, 지형, 식생, 기후 등 자연적인 요소와 그 위에 존재하는 각종 인공시설이나 구조물 등의 인공적인 요소를 총체로 구성되기 때문에 공간의 크기와 유형에 따라 땅의 모습은 매우 다양하다. 또한 땅은 정적인 공간이 아니라 시간적 흐름에 따라 지속적으로 변해가는 특성을 가지고 있어 변화의 원인과 과정, 즉 지역적 특성, 기후적 특성, 자연적 특성을 가진 땅의 역사와 흐름에 대해 이해해야 한다.

독일의 지리학자인 Troll은 '경관이라는 말은 지역(rogio)이라는 공간적인 의미를 갖고 있다'라고 말하고 있다. 또한 경관을 지권(geosphere) 및 생물권(biosphere)과 인공물이 통합된 인간 생존공간의 '총체적인 공간적 그리고 시각적 실체'로 정의했다. 즉, 경관에 있어서 총체성을 강조하였다. 경관은 시각적－지각적이며 미적인 개념뿐만 아니라 그 지역이 갖고 있는 종합적인 생태학적 특징을 포함하는 총체적인 실체의 개념으로 정의를 내린다(이동근 등 2004).

경관생태학의 정의

경관생태학은 유럽을 시작으로 총체적 관점에서 경관을 바라보았으며, 북미에서는 토지이용능력 및 적지분석 방법론 등의 통합적인 접근으로 실천되어 왔다. Troll에 의하면 자연현상의 공간적 상호작용을 연구함으로써 지리학자의 수평적 접근과 주어진 부지 또는 에코톱(ecotope)에서 기능적 상호작용, 즉 생태학자의 수직적 접근을 통합해왔다. 그는 1963년 독일에서 개최된 국제식생학회 강연에서 경관생태학의 개념과 의의를 '경관생태학은 경관과 생태학, 각각이 갖는 개념들이 통합된 개념으로, 과학의 전문화와 연구의 세분화가 진행되어 자연현상 및 사회현상이 분석적으로 해석되는데 반대하고, 종합적 접근과 평가 및 해석을 하고자 하는 과학자의 노력에 의해서 발생했다'고 주장하였다.

경관생태학은 생물공동체와 그것을 둘러싸는 환경조건 사이에 존재하는 종합적이며, 동시에 일정 법칙 하에 복합적인 상호작용을 하는 현상을 해명하는 학문으로서, Tansley가 말한 생태계 개념과 일치한다. 한편 미국의 Forman과 Gorden(1986)에 의하면 경관생태학의 세 가지 측면인 구조, 기능, 변화에 초점을 둔다.

오늘날 경관생태학의 원리는 도시 근교에서 농촌, 사막과 산림까지 어떤 토지에도 적용될 수 있다. 경관구조는 경관요소의 공간적 패턴 및 배열이며, 기능은 구조간의 동물, 식물, 물, 바람, 물질, 에너지의 이동과 흐름이다. 변화는 시간의 경과에 따른 공간패턴과 기능의 역동성 및 변화를 말한다. 경관의 구조적 패턴인 패치(patch, 조각), 코리도(corridor, 통로), 매트릭스(matrix, 지역의 바탕)는 보편적인 세 가지 요소로 다른 경관을 비교하고 일반적 원리를 개발하기 위한 수단이며, 공간적 패턴은 이동, 흐름, 변화를 강하게 지배하기 때문에, 토지 이용의 계획과 설계를 위한 수단이 된다.

경관생태학의 특징으로 '패치의 과학(science of patches)'이라 부르기도 하는데 패치는 경관의 구조적 속성으로서 쉽게 지각되기 때문에 경관생태학의 핵심적인 주제이다. 광의로서 토지 이용을 결정하는 사람에게 경관 내에서 자연적 시스템과 사회적 시스템 간 결합에 대해 이해하고자 하는 것이다. 또한 생태적 과정에 반응하는 인간의 행동과 상호작용 등 인간에 의한 특성도 포함하며, 스케일 상호 간의 관계인 이들을 위계적 체계로 통합하는 것을 강조한다. 기능적 연구는 경관요소 사이의 에너지, 종, 물, 유기물의 흐름이나 이들의 자연적 사이클과 영양 단계에 인간에 의한 물질의 운송과 인간의 이동을 포함한다. 경관생태학은 시공간적 범위의 중요성을 강조하며, 계층이론(hierarchy theory), 범위판별법(scale-detection method), 미시적 이질성 및 거시적 이질성의 분석 등이 있다(Forman과 Gorden 1986).

경관생태학의 대상

경관생태학은 경관의 구조와 기능 그리고 변화에 입증하며, 이를 위해 지리정보체계(GIS)와 같은 도구를 활용하여 모든 정보를 도면화한다(표 8.1). 따라서 보통 항공사진을 포함한 사진 자료나 도면, 인공위성과 같은 자료들을 활용한다.

'구조'는 구별되는 생태계 사이의 관계를 말한다. 즉, 종의 크기와 모양, 수, 종류, 요소들의 배치가 어떻게 분포하는가를 말한다. 구조의 대상인 3요소는 패치, 코리도, 매트릭스, '기능'은 공간적인 요소 사이의 상호작용으로 생태계의 구성요소 사이에서 에너지, 물질, 유기체의 흐름을 말한다. '변화(change)'는 시간에 따른 생태적 모자이크의 구조와 기능의 변화(alteration)'를 말한다. 한편 경관생태학의 원칙은 표 8.1과 같다.

표 8.1 경관생태학적 원칙(조동길 2011)

원칙	내용
패치: 크기/수/위치	• 크기: 내부 서식지와 종, 주연부 서식지와 종, 지역적 소멸 가능성, 교란에 대한 장벽, 대소규모 패치, 서식지 다양성 • 개수: 서식지의 손실, 변형 개체의 활동, 대소별 수, 집단화 • 위치: 소멸, 재점령, 보존을 위한 패치의 선택
가장자리와 경계: 생태적 천이 고려할 목적	• 구조: 다양성, 폭, 생태학적 경계, 여과장치로서의 가장자리, 경사 • 경계(직선 · 곡선형): 거칠기, 인위성, 곡선 정도와 폭, 후미와 돌출부 • 패치 형태: 주변과 상호작용, 생태적 최적의 패치형태와 방향
코리도와 연결성: 네트워크	• 종의 이동통로: 기능조절, GAP 효과, 구조적 유사성 대 식물 유사성 • 징검다리, 도로와 방풍벽, 하천코리도 • 코리도의 기능: 이동통로, 서식지, 여과, 장벽, 공급과 수용
모자이크: 패턴과 규모	• 인간 활동으로 발생되는 토지 이용의 변형에 의한 서식지 분리 • 그 자체가 경관의 기능을 강조하기도 함. • 단편화의 유형 : 전체 손실, 분열, 교외화와 외래종들과 보호구역 • 척도: 모자이크 최저 규모, 동물의 단편화 척도의 인식, 특수종과 일반종, 다중 서식지들의 모자이크 형태

경관생태학의 활용

경관생태학의 활용은 비교적 넓은 공간을 대상으로 하는 특징이 있다. 따라서 광역적인 혹은 지역적인 차원에서의 생태복원에 관한 연구, 공간구조에 대한 분석, 생태네트워크 계획, 야생동물 이동통로 계획 등과 같이 공간의 패턴과 그에 따른 다각적인 복원 방안을 모색하는데 있어서 유용하다(그림 8.1).

또한 환경생태계획 차원에서 지속가능한 도시관리계획, 도심재생과 도시개발(신도시, 택지개발 등) 계획, 생태주거단지, 자연보호와 이용을 융합한 녹색휴양형 계획, 생태주거단지, 자연침해조정(eingriffsregelung) 등에 활용된다.

(a)

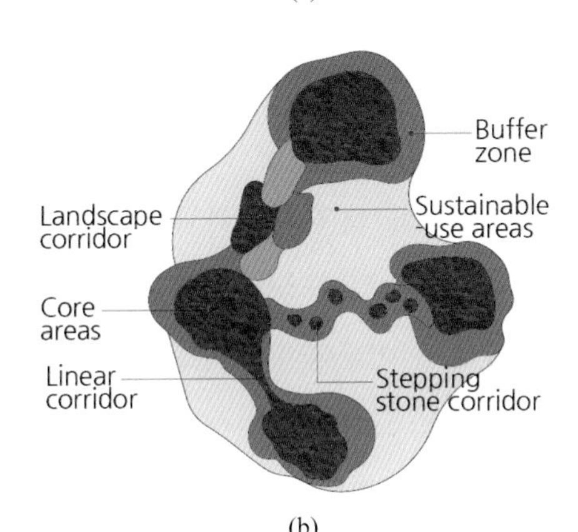

(b)

그림 8.1 (a) 경관구조의 패턴(김종원 등 2004)과 (b) 생태 네크워크 구성요소와 모식도(조동길 2011)

생태네트워크

생태네트워크의 필요성을 살펴보면 무절제한 개발로 생긴 서식지의 파편화, 서식환경의 훼손, 생물종과 삶의 질 저하 등을 개발과 보존의 조화를 이루면서 자연지역을 보전하기 위한 하나의 대안적 개념으로 나타났다(Cool & Lier 1994). 개념은 기본적으로 개별적인 서식지와 생물종을 목표로 하지 않고 지역적인 맥락에서 모든 서식지와 생물종의 보전을 목적으로 하는 공간상의 계획(녹지생태축, 하천생태축, 바람길 등으로 간소화 가능)이라고 볼 수 있다.

유형은 연결시키고자 하는 서식지나 생물종의 특성에 따른 분류, 대상으로 하는 공간 규모에 따른 분류(국제와 국가 차원, 지역과 사이트 차원), 조성된 모습의 형태(가지형, 원형 등)에 따라서 구분할 수 있다. 우리나라는 국가차원에서 3대 생태축(백두대간 생태축, DMZ 생태축, 서·남·동해안 연안생태축)과 5대 권역(한강수도권, 태백강원권, 금강충청권, 낙동강영남권, 영산강호남권)의 광역생태축을 구축하고 있다. 실현 방법으로는 다음과 같이 크게 5가지로 접근할 수 있다. (1)가치있는 지역의 보전, (2)훼손된 서식지의 복원, (3)기능이 저하된 서식지의 향상, (4)새로운 서식지의 창출 (5) 단절지역의 생태통로 등 이동통로의 조성.

GIS와 RS의 정의와 원리

경관생태학의 실제 대상지에 적용하기 위해서는 상세한 정보와 대용량의 자료를 용이하게 처리하는 컴퓨터시스템과 프로그램이 필요하다. 최근 들어 각종 정보의 구축이 이루어지고 하드웨어와 소프트웨어의 급격한 발달에 따라 여러 이론을 모델링해서 구현할 수 있게 되었다. GIS와 RS는 경관생태학 등 다양한 환경생태계획에 활용도를 넓혀가고 있다. 특히 도시개발과 도로 등의 건설에 의한 생태네트워크의 단절로 서식지의 파편화가 빠른 속도로 진행되고 있다. 서식지의 연결을 위한 생태통로 조성과 합리적인 입지선정 방법 등의 맥락에서 이용한다.

GIS의 정의 중 도구적 정의로, 특정 목적을 가지고 실세계로부터 공간자료를 저장하고, 추출하며 이를 변환하여 보여 주거나, 분석하는 강력한 도구라 정의하고 있다(Peter Burrough 1986). 개념이 날로 확장되어 지구좌표계를 기준으로 하여 특정 목적의 공간정보를 효과적으로 입출력, 저장, 관리, 변환, 분석하기 위해서 고안된 HW, SW, 공간자료, 인력 등의 조합을 의미하며(Environment System Research Institute 1990), 최근 들어 측량, 원격탐사, 항공사진, GPS, Mobile 통신 등의 기술과 연결되어 Geographic Information Science로 접근하고 있다. 구성요소로 데이터는 전체 작업량의 70~80%를 차지하는데 공간데이터(벡터 데이터와 래스터 데이터)와 속성데이터를 통해 데이터 모델을 설정하고, ArcView GIS와 같은 패키지화되거나 연동가능한 소프트웨어를 이용하며, 이용자는 공간 문제해결이나 공간관련 계획수립에 대한 목표를 설정하며, 그에 적용되는 GIS 시스템의 방법론이나 절차, 구성 내용을 달리한다.

RS는 지구 표면에서 방출되는 에너지를 여러 가지 원격탐사시스템에 기록하는데서 출발한 것으로서, 항공사진과 같은 비궤도형과 인공위성과 같은 궤도형 플랫폼에 탑재되며 발전되어 왔다. 공식적인 원격탐사의 정의는 "관심의 대상이 되는 물체나 현상에 물리적인 접촉 없이 기록장치를 이용하여, 그들의 특징에 관한 정보를 측정하거나 수집하는 것" 이었다(Colwell 1983). 그 후 "비접촉 센서시스템을 이용하여 기록, 측정, 화상해석, 에너지 패턴 표시 등을 함으로써 관심의 대상이 되는 물체와 환경의 물리적 특성에 관한 신뢰성 있는 정보를 얻는 예술, 과학 및 기술" 이라고 포괄적으로 정의하였다(Colwell 1997). 원리를 살펴보면 어떠한 물체이든 자신만의 독특한 전자파를 방출, 반사, 흡수, 통과하는 특성을 가지고 있는데, 이와 같이 방출되거나 반사되어 온 전자파의 양을 측정하여 판독하거나 필요한 값을 얻는 것을 주 원리로 한다.

GIS와 RS의 활용

생태통로의 입지선정을 위한 동물이동 모의실험은 대규모 지역에 대한 생태통로 입지선정 시 시간과 비용을 절감할 수 있는 방법이다(그림 8.2). 간단한 실험경관을 설정하고 출발지와 목적지 사이의 거리를 차별화하여 시뮬레이션 모델을 사용한 결과, 간격이 90 m 이상에서 이동 성공률이 낮아지고, 이동 성공률과 패치간의 거리는 반비례함을 밝혔으며, 이동한 거리도 패치간의 직선길이보다 2배 정도 길게 나타났다. 이는 주어진 시간동안 이동하는 개체가 같은 방향으로 거의 이동하지 않고 최소 통로 경로보다는 구불구불한 탐색로를 이동하는 무작위 이동경로를 갖기 때문이다. 이와 같이 연결성 계량화와 생태통로 조성 효과 연구 및 동물이동모의실험을 통한 입지선정 등에 활용되고 있다.

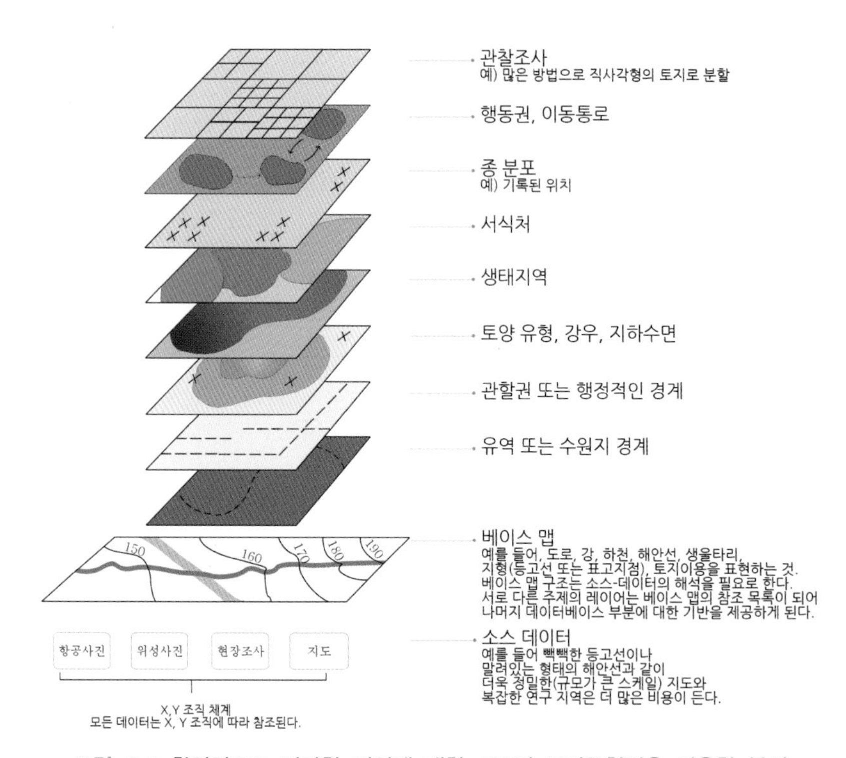

그림 8.2 환경적으로 민감한 지역에 대한 GIS의 도면중첩법을 이용한 분석 (조동길 2011)

지역환경시스템은 거시적 측면에서 전체 구조를 파악하는 경관생태학의 목표와 일치하는 시스템으로 지역환경의 질을 평가하고 조성하는 목표 하에 GIS와 RS의 이용이 증가하고 있다. 또한 영국에서 시작한 토지시스템은 환경요소의 기초 연구가 미비한 국가나 큰 면적을 갖고 있는 국가에서 많은 연구가 진행되고 있다. 이는 계층적 지역 구분을 하는 위성영상으로부터 도식화하므로 보다 신속한 환경단위, 환경연합 등을 파악할 수 있다. 또한 시계열적 토지이용 변화에 영향을 받는 경관과 이에 대한 보전전략 및 통합환경관리방안 등에도 폭넓게 활용되고 있다.

8.2 생태적 경관계획과 환경생태계획

도시와 자연의 공생계획

근대 이후의 폭발적인 인구 증가를 뒷받침한 공업기술의 발전 이면에 지구적 규모로 환경파괴를 초래한 모순을 내포하고 있다. 그 근원에는 인간이 생물인 것을 잊어선 안 되며, 이러한 생물성에 대한 측면을 자연환경의 본질과 도시계획 원리에서 충분히 평가되어야 한다. 따라서 기술차원 뿐 아니라 환경의 사상차원에서도 환경을 계획하는 차원에 있어서 인간과 자연, 도시의 균형과 공존공생의 계획적 실현을 목표로 해야 한다. 이를 위해서는 인간과 자연, 도시와 자연의 공존공생을 주제로 다음과 같은 단계별 4P1D 시스템이 필요하다. 1) Philosophy: 도시와 자연의 공생사상에 근거한 인간과 자연의 조화공존, 2) Policy: 생태도시를 위한 환경시책을 종합적으로 전개, 3) Plan: 도시자연공생계획으로 지역 용량과 도시 자연의 네트워크화, 4) Program: 생태적 생활방식의 정착화 등 소프트한 면의 충실한 생태운동, 5) Design: 생태기술의 전개와 보급을 통한 자연환경복원기술 등 강화에 있다(しんじ いそや 1997).

'자연환경과의 공존 · 공생'은 인류의 지속가능한 발전 목표이며, 이를 위해서는 에코폴리스, 에코시티, 생태적 생활양식(ecological life cycle), 환경교육, 생태운동이 활발히 서로 연결되고 체계적으로 작동해야 한다. 환경설계는 장소와 유형에 따라 상세히 설계되며, 이를 위한 기본사항의 검토 요소는 표 8.2와 같다.

표 8.2 환경설계에 있어서 5가지 검토 요소와 도시하천설계에 적용(안봉원 등 1998)

검토 항목	검토 내용	도시하천설계에 적용
Physical	기능성, 안전성	치수 · 이수, 안전
Visual	시각, 미관성	하천의 형상 · 주변 식생
Ecological	자연성, 생물성, 생명성	자연재 생물서식호안 · 수질 좋은 유수
Social	사회성, 시대성, 지역성	친수성의 확보 · 토지다움 · 다리의 존재
Mental	정신성, 원(原)풍경성, 고향성	강에 대한 추억 · 기존 식생 · 고향의 강

이와 같은 검토 요소를 현대의 농촌경관의 설계에 적용하면 생태 시스템의 순환성과 생물공존성에 그치지 않고, 개방적인 공간 - 친숙한 풍경 - 특수성 있는 생물서식지의 면 - 지역고유다움의 표출 - 고향을 느끼는 특징을 살리는 것으로 적용할 수 있다.

자연과 생물의 공생계획

빈곤으로 치닫는 자연자원은 금세기, 특히 2차 세계대전 이후 현저히 감소 · 빈약화하고 있다. 생물의 먹이연쇄의 정점에 있는 맹금류나 그 하위를 구성하는 중소동물 등 작은 생물의 변화에서 시작하여 정상적인 생물의 상호관계의 고리가 부분적으로 무너져왔다. 식물에 있어서도 전체적으로 종의 후퇴, 감소, 소멸이 이루어지며, 독일의 경우 30% 이상의 생물이 멸종위기에 처해 있고 이미 5%대 종은 이 지구상에서 사라져버리고 말았다.

단위별 공생계획에 대해 살펴보면 단독주택에서 정원은 여유로운 옥외생활공간임과 동시에 다채로운 꽃과 과수 등 적극적인 활동으로 자연을 끌어들여 생물과의 공존을 꾀할 수 있다. 또한 빗물저장에 물대기와 생활폐기물의 재이용부터 시작하여 생물학적 방재를 통해 건강한 흙과 곤충, 초화류와 채원, 빗물정원, 지붕녹화를 연동시킬 수 있다. 집합주택은 공동정원이나 노지 공간, 중정을 이용해 생태적 다양성을 창출할 수 있으며, 지붕녹화와 중저층의 옥상녹화와 옥상정원 그리고 벽면을 활용한 생물의 서식지와 번식장소, 먹이 섭취장소, 외부 기온의 조절, 빗물로부터 벽면 보호 등을 기대할 수 있다. 공공시설에 있어서는 크게 교육시설과 공공건물, 도로공간(입체적 도로공간 포함)과 가장 큰 에코톱인 공원녹지를 들 수 있다. 교육시설은 미래세대에게 자연과 녹지의 중요성을 바르게 교육하기 위한 중요한 장소이며, 학습프로그램과 함께 주변의 녹지, 생물들의 공간조성을 연못과 도랑, 돌쌓기, 벌채목의 야적, 채원 등을 설치할 수 있다. 도로조경은 녹지의 증대, 통행의 안전, 대기정화, 생태네트워크의 중요한 부분이며, 여분의 땅이나 가로녹지대는 훌륭한 비오톱의 역할을 담당한다. 공원에는 레크리에이션 편중에서 자연을 도입하는 생태공원과 원래의 자연을 회복하는 방향으로 전환하고 있다. 근래에 있어서는 도시의 과거 기반시설이었던 쓰레기처리장, 폐쇄된 군공항시설과 각종 이전적지, 하수처리장, 폐철도나 폐고가도로 등을 공원녹지로 재생하여 면, 선, 점적 생태적 녹지공간으로 원 자연경관으로의 회복과 인간과 자연, 생물의 공생계획으로의 현실화가 곳곳에서 일어나고 있다.

환경운동네트워크와 파트너십

최근에 급격하게 증가한 시민들의 자연지향은 과거의 도시공원으로 만족하지 못하고 보다 자연다운 녹지와 접촉을 추구하고 있으며, 대도시권의 시민들은 각각이 처해있는 사회 · 환경문제의 심각성을 인지하고 있다. 따라서 환경계획 또한 일방적인 정부나 지자체 주도의 하향식 접근방식에서 절충형과 시민과 주민주도의 상향식 접근방법이 증가하고 있으며, 특히 주변환경의 개발계획 시 시민들의 참여가 여러 형태로 이루어지고 있다. 또한 환경운동은 주변의 환경복원 활동에서 더 나아가 네트워크화되어 상호 정보교환과 지원 · 협력을 통해 문제의 공유와 해결에 동참하고 있다. 영국의 경우 1960년대 전원경관의 보전활동과 실천적인 환경교육을 경한 BTCV(British Trust for Conservation Volunteers)가 있다. 우리나라 최초의 주민주도형 생태복원활동모임으로는 충청북도 청주시의 '두꺼비와 친구들'이 있다.

국립공원의 경우 공공을 위한 자연보존으로 주민들과의 마찰을 최소화하기 위해 적극적인 파트너십을 통한 상생의 방향을 지속적으로 모색하고 있다. 국제적으로는 2012년 세계보전총회(WCC, World Conservation Congress)에서도 지역주민, 지역사회, 이해관계자가 참여하는 다양한 분야기관과의 지역적 협력을 핵심보호지역관리 이슈 중 하나로 평가했다. 표 8.3은 그 외 국립공원과 지역사회와의 적극적인 파트너십과 관련한 그간 국제협약상 의무 이행사항의 사례이다. 우리나라에서도 자연환경보전법 제73조 2의 주민지원사업과 생물다양성관리계약제도 등을 통해 보전과 주민들의 상생을 도모하는 제도를 마련하고 있다.

표 8.3 국립공원의 국제협약상 지역주민 협력 의무 이행사항(국립공원관리공단 2005)

구분	내용	비고
IUCN-Word Park Congress	지역주민들의 빈곤을 저감할 수 있는 혜택 등 인간과 보호지역의 상호작용 강조	2003
UNEP CBD PoWPA (유엔환경계획 생물다양성협약 이행 프로그램)	보호지역 내 지역공동체와 관련 이해관계자의 참여보장 이해관계자 참여를 위한 국가적 계획수립 지역사회 참여 증진 및 방해 장벽 제거 사유지를 포함한 보호지역 관리에 지역사회와 이해관계자의 참여 촉진	2004
WSSD(지속가능발전 세계정상회의)	자연자원 보전관리 국내법에 따라 지역사회의 권리를 인정하고 상호협력을 통하여 지역사회와 이익 공유 체계 수립·이행	2002
Jeju Consensus (동아시아 보호지역의 관리 선진화에 관한 제주 합의문)	보호지역의 지정 및 관리에 원주민과 지역사회가 참여하도록 노력 상호협력을 통해 보호지역의 가치와 유용성에 바탕을 둔 지지를 이끌어내어야 함	2006
생물다양성협약 10차 당국자 총회	지역주민 참여와 비용 / 편익 공유 메커니즘 마련 지역주민 공동체 보전지역 인정 및 지원	?

환경생태계획 개념과 전략

지속가능한 토지이용계획이 되려면 계획구역 내 토지의 수용능력 한계를 감안하고, 개발과 자연환경보존과의 조화를 이루며, 장래의 도시개발

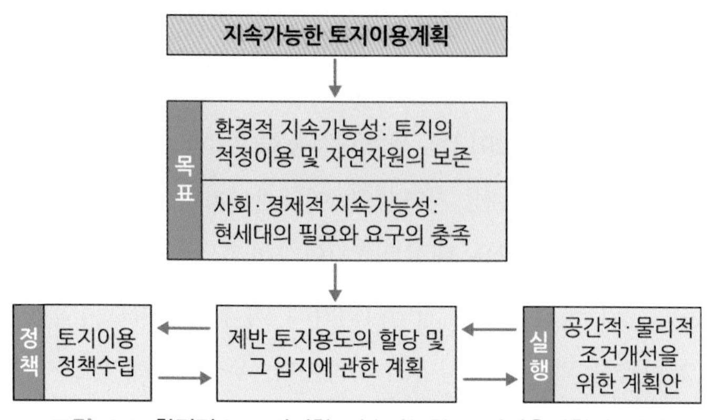

그림 8.3 환경적으로 건전한 지속가능한 토지이용계획의 개념

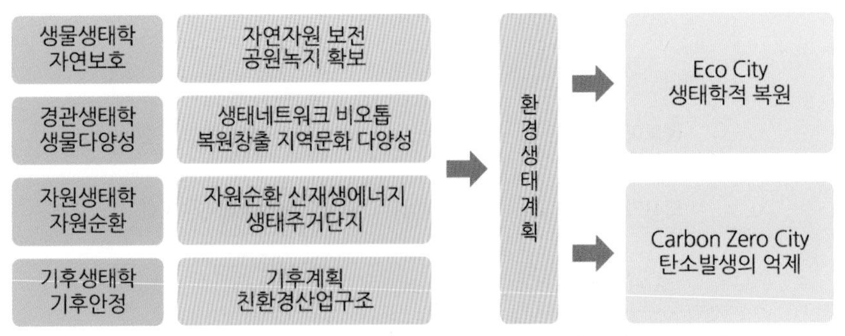

그림 8.4 환경생태계획 수립을 통한 친환경 녹색도시 조성 전략

방향과 토지이용변화를 수용할 수 있도록 계획해야 한다. 동시에 공공의 이익 추구, 상충된 기능 분리, 용도 간 결합성, 환경생태의 질 보전 등이 유지되도록 해야 한다(그림 8.3).

이러한 친환경적 녹색 토지이용계획 수립을 위해서는 환경과 생태를 보존하고 관리하기 위한 계획이 필요하며, 이러한 계획으로 환경생태계획(ecological planning)이 있다. 환경생태계획은 1960년대 등장한 계획 이론으로 환경결정론 입장에서 생태요소에 중점을 두었고, 환경생태계획의 기본적인 방향은 모든 활동이 생태계 법칙에 적합해야 하며, 이를 위해 자연생태계의 복원 등 자연환경요소를 최대한 살리는 환경친화적 녹색 토지이용계획의 기초가 된다(그림 8.4).

우리나라의 환경생태계획

우리나라는 환경계획이 제도적으로 정립되지는 않았지만, 각 법체계 내에서 환경관련검토 및 계획에 대한 내용을 규정하고 있으며, 2005년 전 · 후에 환경영향평가 등과 연계하여 적용하고 있다. 이 계획은 공간계획 체계에 대응하는 환경생태계획을 제시한 것으로서, 각 공간위계에 따라 적합한 환경생태계획의 수립과 실제 적용될 수 있는 실행계획까지 마련을 제시하고 있다(그림 8.5).

그림 8.6은 환경친화적 토지이용계획 수립을 위한 환경생태계획 수립 과정을 제시하고 있는데, 여기서는 공간 대상지는 지형단위 및 유역단위

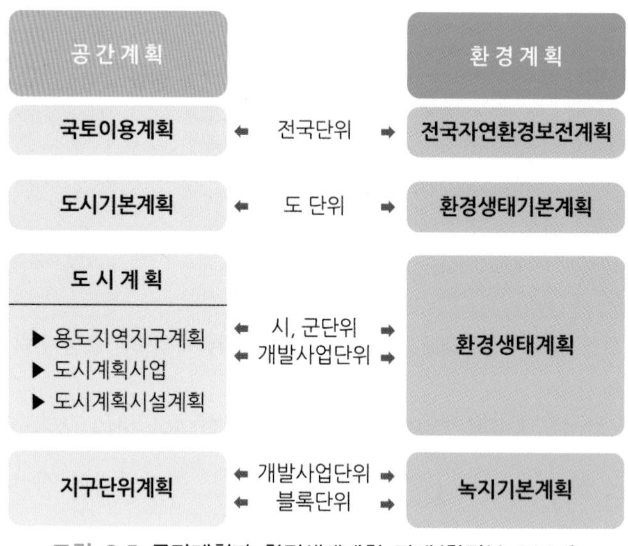

그림 8.5 공간계획과 환경생태계획 관계(환경부 2004)

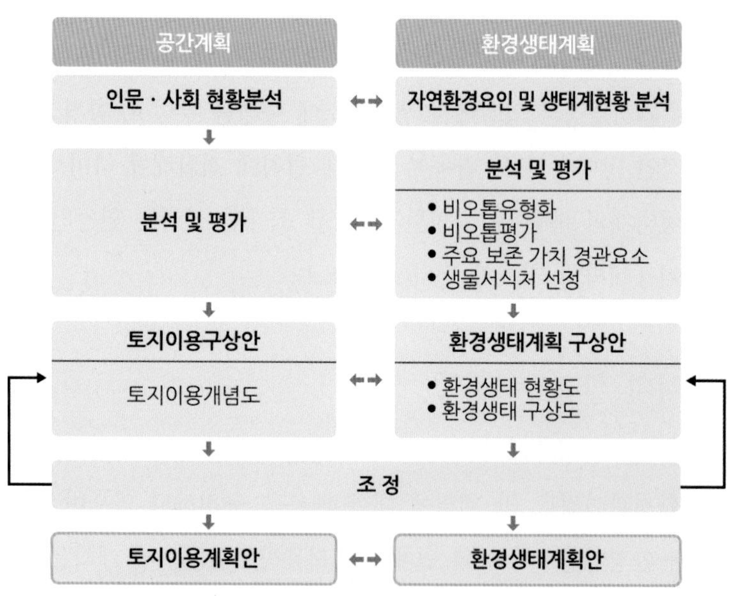

그림 8.6 환경친화적 녹색토지이용계획을 위한 환경생태계획 수립 절차

로 설정, 정밀 비오톱 유형화 및 평가, 환경생태기본구상(보전 및 이용가능지역 구분, 생태계 연계, 생태계 복원, 공원녹지 배치 등)을 실시한다. 환경생태기본구상과 토지이용구상내용을 상호비교한 후 상충되는 부분

을 조정 후 최종 토지이용계획과 환경생태계획을 확정한다.

한국의 경우 친환경적 도시 및 토지이용의 활용을 위해 2000년 이후 환경생태계획 적용이 활성화되기 시작하였다. 그 대표적인 적용 사례 지역으로는 용인 죽전지구, 화성 동탄지구, 인천 서창지구, 성남 판교지구 등이, 최근에는 위례신도시 지역 등이 있다(그림 8.7). 특히 위례신도시의 경우 환경생태계획 수립을 통한 토지이용계획 수립이라는 사전환경성검토 내 요구사항에 의하여 생태현황조사 및 평가, 보전 및 복원지역 설정, 이를 근거한 토지이용 구분 및 계획의 순으로 진행되었다.

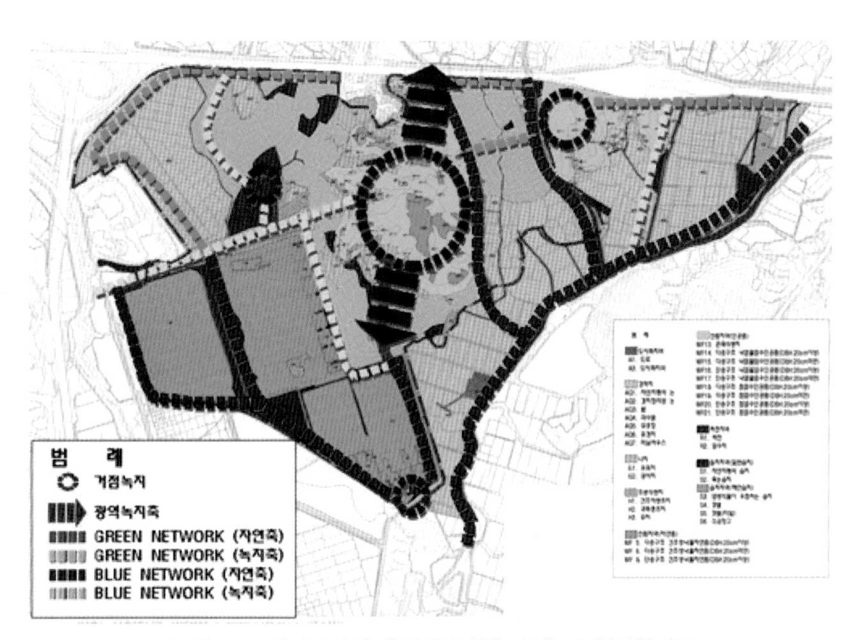

그림 8.7 우리나라의 환경생태계획 사례 – 인천서창지구

독일의 환경생태계획

독일의 계획체계는 크게 두 가지로 구분되는데, 하나는 공간계획으로 다루는 종합계획(Gesamtplanung)이며, 다른 하나는 환경, 교통 등의 전문기술과 연계된 전문계획(Fachplanung)이다(그림 8.8). 종합계획은 국토, 주, 도시의 공간적 위계에 따라 연방공간정비계획과 주정부의 주계획 그리고 지역계획과 지구상세계획으로 구성된다. 전문계획에는 경관생태

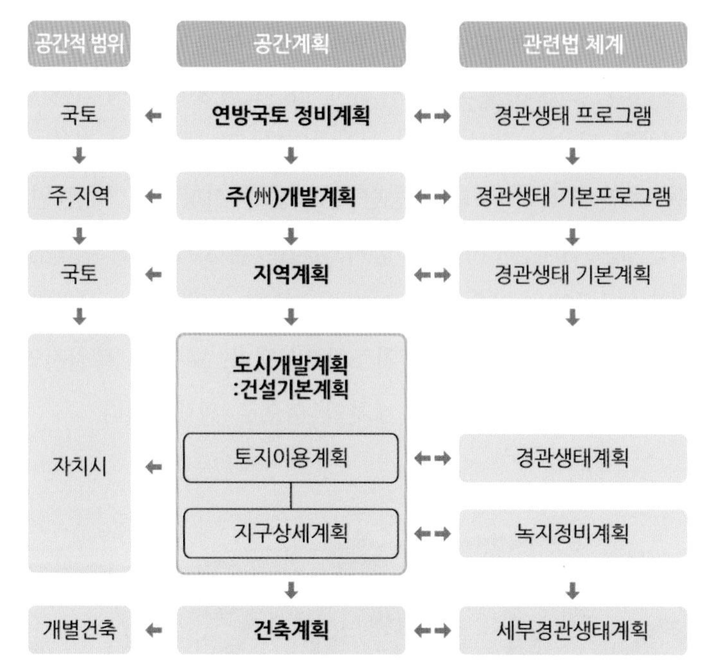

그림 8.8 독일의 녹색토지이용을 위한 공간계획과 경관생태계획 체계 관련성

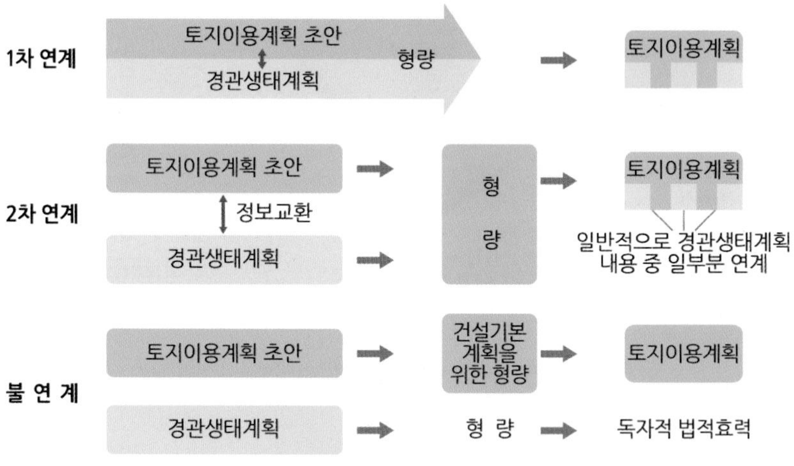

그림 8.9 독일의 공간계획과 경관생태계획과의 연계방법 모식도

계획(Landschaftsplan), 교통계획, 폐기물관리계획 등 분야별 전문계획들이 있다. 독일의 환경친화적 도시개발을 위한 경관생태계획의 구체적인 절차를 살펴보면 토지이용계획에 상응하여 자연환경조사를 실시 → 분석 및 평가 → 경관생태계획 → 조정 → 경관생태계획 최종안 수립의 절차

로 진행된다(그림 8.9).

독일 베를린시의 경우 도시 전체 대상의 복원구상을 통해 복원에 적합한 대상지를 사전에 제시함으로써 부적합한 대지에 복원하는 등의 재원 낭비를 최소화하며, 계획과 연계하여 개발의 규모, 종류, 보전가치, 주변 여건 등을 고려하여 녹색도시 및 환경친화적 도시를 지향하고 있다.

일본의 환경생태계획

일본은 한국과 유사한 공간계획 및 환경관련계획을 수립하고 있으며,

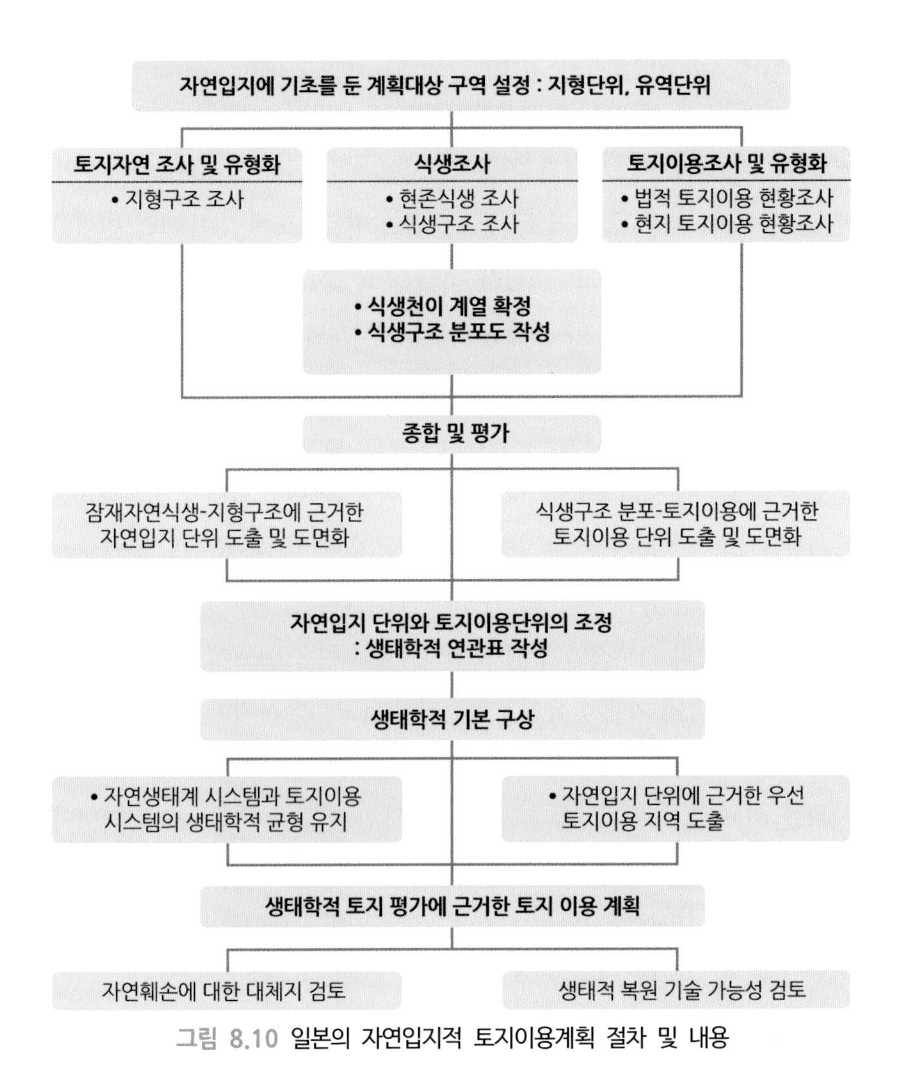

그림 8.10 일본의 자연입지적 토지이용계획 절차 및 내용

제도적으로는 공간계획 내에서 환경관련계획을 수립하고 있다. 일본의 자연입지적 토지이용계획 절차 및 내용은 그림 8.10과 같다. 일본 고호큐 뉴타운의 경우 자연입지적 토지이용계획에 근거하여 도시를 조성하였으며, 특히 녹지체계에서 그린 매트릭스 시스템을 도입하여 단지 내 생태 및 자연환경의 보전 및 복원 그리고 녹색커뮤니티 증진을 도모하고 있다.

자연경관생태계획

경관생태적 네트워크라는 개념은 인간을 포함한 생물의 서식공간의 복원과 유지를 위한 가장 중요한 기반시설, 즉 'Green Infrastructure'로 정의할 수 있다(응용생태공학회 2016). 그린네트워크의 개념은 경관의 형태적 특성과 생태학을 연계한 패치와 코리도로 구성되어 있다. 이러한 그린네트워크는 광역적으로 생태적 거점핵심지역(main core area)인 자연공원, 생태보전지역, 천연보호구역 등이 포함되어 작용하도록 되어있고, 이러한 핵심지역을 연결하는 중요 역할을 하는 주요 통로지역(main corridor)은 산림보전녹지나 하천 등이 포함된다. 이러한 개념은 도시나 단지 규모를 검토할 경우 도시의 주요 자연녹지 등을 포함한 핵심지역과 이를 상호연결하는 통로지역이 있으며, 여기에는 녹도(green way) 등이 포함된다. 그리고 주변에는 완충지역(transitional area)이 입지하며, 단절지역은 야생동물이동통로를 설치하고 작은 규모의 공개공지공간(spot area)도 소생물서식공간으로 조성한다.

생태적 계획의 기본적인 전제 조건은 '생태계는 어느 지역이든 보편타당한 일반 원리에 의해서 유지 · 발전되지 않고, 각 부지마다의 독자성과 특이성을 갖는다'는 것이다. 특히 자연경관 중 산림녹지의 보전을 위한 계획을 위해서는 각 지역마다 생물상에 대한 정보가 도면으로 나타나야 하고, 이를 '서식지지도'라고 한다. 또한 생태계의 시간에 따른 변화는 생태적 역동성으로서, 장시간의 시간적 흐름에 따라 생태적 안정성을 찾아가는 생태적 천이의 개념과 주기적 혹은 확률적으로 발생하는 홍수, 산불, 병충해, 산사태 등을 포함한 생태적 현상들이 포함된다. 산림지역의 계획목표가 극상상이라는 원형을 근거로 할 경우에는 대상지역의 면적, 환경특성, 수종구성과 밀도를 도입하며, 목표생물종 등을 설정하여 그 도입이 가능하도록 서식환경으로 작용할 수 있는 계획의 수립이 필요하다. 이를 위해 기본적인 산림기능도의 정보가 필요하며, 국내의 산림녹지관련 도면은 표 8.4와 같다.

표 8.4 국내 산림녹지관련 도면

구분	내용과 활용
임상도	임상 · 주요수종 · 경급 · 영급 · 소밀도 등 임황자료를 임지에 대한 소관별, 임종별로 지형도(1/25,000)에 작성한 도면
산지이용구분도	생산임지 공익임지 준보전임지의 산림관리자료를 집계해서 전국, 특별광역시, 도와 시, 군, 구 등으로 나누어 놓은 자료 대장
현존식생도	전국에 분포한 식물군락의 종 조성을 밝혀주는 자료. 침엽수림, 낙엽활엽수림, 상록활엽수림, 식재림, 초지로 임분 형태를 나눈 다음 각 임분별로 종조성에 따라 군락을 알파벳과 숫자의 조합으로 나타냄.
녹지자연도	DGN(Degree of Green Naturality)이란 일정 토지의 자연성을 나타내는 지표로서, 식생과 토지이용 현황에 따라 녹지공간의 상태를 0 ~ 10까지 등급화한 것이다. 지역의 자연생태 및 환경적 가치를 판단할 수 있는 중요한 지표로 미래 자연자원 이용과 보호를 위한 기초자료
생태 · 자연도	산, 하천, 습지, 호소, 농지, 도시, 해양 등에 대하여 자연환경을 생태적 가치, 자연성, 경관적 가치 등에 따라 보존지역, 유보지역, 개발가능지역으로 3등급화 한 것으로 식생등급, 임상도, 녹지자연도, 자연환경특성을 고려하여 작성.

산림녹지경관을 생태적으로 보전하고 계획하기 위한 첫 번째 과제는 생태지도의 작성이다(그림 8.11). 이를 통해 생태적 동질성과 이질성이 판단되어야 산림생태계를 대상으로 한 코리도, 패치, 가장자리 등을 해석하고 실제 계획에 반영할 수 있다. 무주군의 사례를 보면 2002년 군단위의 무주군 산림종합개발계획을 수행하여 전국적인 그린 투어리즘 관련 사업의 활성화와 지속가능한 개발, 농촌활성화를 위해 이를 활용하여 생태네트워크를 기반으로 한 녹색생태관광전략의 수립과 산림관리 및 산촌진흥 정책을 수립하였다. 크게 생태문화자원(산림생태자원, 동물생태자원)과 역사문화자원(풍수자원, 역사문화자원)을 종합평가하여 생태네트워크와 생태거점지역을 확보하고, 산림관리와 산촌진흥 방안을 수립하였

다. 전라북도 자연환경보전 실천계획(2006)에서는 생태축 및 생태우수지역관리의 기본전략으로 동부산림 경관관리 강화와 생태관광 활성화를 구체화하였다. 무주군 – 진안군 – 장수군 – 남원시로 연결하는 전북 동부산간지역에 대한 자연경관보전계획 수립 및 생태경관보전지역 확대 지정을 통한 지속가능한 발전을 도모하여, 무주의 태권도공원, 남원의 역사문화유적 등을 적극 활용한 생태관광을 추진하고, 환경자원과 전통문화 등이 조화를 이루는 지속가능한 지역발전 모형을 구축하였다.

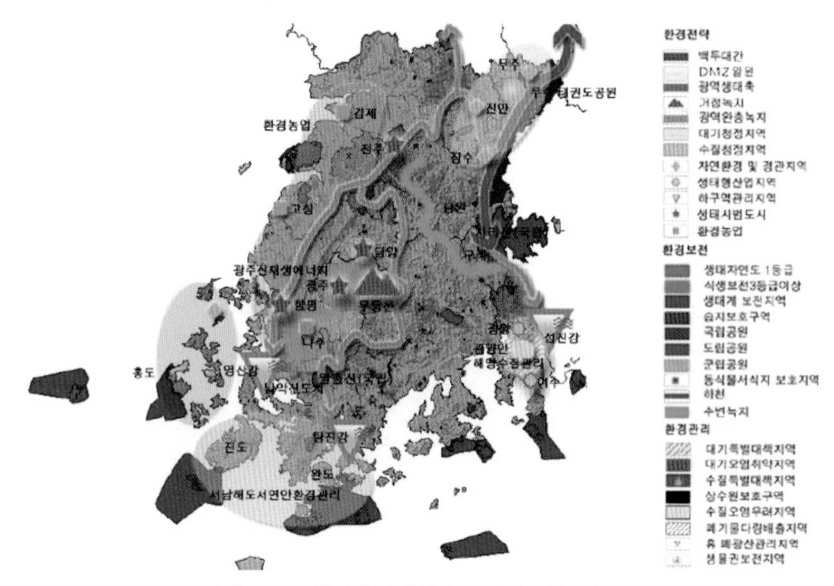

그림 8.11 영산강호남권 환경관리 기본전략도

비오톱

비오톱은 1908년 독일 생물학자 Dahl에 의해 최초로 정립된 개념으로서, 생물군집의 서식지(biotope of biocenosis)라는 의미이다. 그리스 어원이 생활 · 생물이라는 의미인 Bios와 장소 · 공간이라는 Topos의 의미가 합쳐진 합성어이다. 영국의 생물학자 Tansley는 1935년 생물군집과 무생물적 환경을 묶어서 하나의 체계로 이해하기 위하여 생태계라는 개념을 발표하였다. 비오톱은 공간적 경계를 가지는 특정생물군집의 서식지(또는 서식지)로서, 자연경관은 비오톱들의 모자이크라고 할 수 있다

(송인주 2000). 각각의 비오톱은 다양한 무생물적, 생물적 요소의 조합을 통해 각각 고유의 환경 특성을 가지고 구분된다. 에코톱은 지질이나 지형, 토양, 지하수 흐름, 기후, 기상과 같은 물리적으로 균일한 공간인 피지오톱(physiotope)과 생물에 의해 만들어진 비오톱(biotope)을 중첩한 개념이다. 경관생태학자인 Forman은 에코톱을 지도에 표현할 수 있는 균질한 성질을 가진 최소 단위이고, 일반적인 입지조건, 잠재자연식생이나 생태계 기능이 균질하며, 다른 천이단계나 토지이용의 패치도 포함하는 경우도 있다고 하였다(문석기 등 2010).

비오톱지도

비오톱지도 제작은 독일에서 1976년 연방자연보호법상 도시 및 정주지역의 비오톱지도화 필요성을 규정하면서, 2002년 연방환경부에서 가이드북을 발간하여 전국적으로 통용할 수 있는 비오톱 및 토지이용 유형 가이드북을 발행하였다. 우리나라의 비오톱지도는 1989년 베를린의 비오톱지도가 국내에 소개된 것을 계기로 개념이 도입되었다. 그 후 1998년 서울시 비오톱지도를 제작하면서 독일을 참조하여 유형화와 평가방법을 진행하였으며, '도시생태현황도'라는 제목으로 도입하고 2002년 작성 및 운영지침을 제정하였다. 환경부에서는 2005년 중앙정부 차원의 비오톱지도 작성지침을 제정하여 운영해오고 있다. 제작의 목적은 자연보호를 위해 우선적으로 보호되고 개발되어야 할 지역의 구체적인 사업을 위한 도구로서 시작되었으므로, 그 대상이 비정주지역(자연생태계)의 보호가치가 있는 지역에 초점이 맞추어져 있었다. 따라서 멸종위치종이나 희귀동식물 보호를 위한 공간이 주로 지도화되어 이를 바탕으로 보호가치가 높은 지역에 대한 고려를 함으로써, 자연보호의 필요성이 높고 보호가치가 있는 지역을 중심으로 진행되었다.

예를 들어, 서울시의 도시생태현황도(2015)를 보면 토지이용 현황도, 현존식생도, 불투수토양포장 현황도, 비오톱 유형도, 비오톱 유형 평가도, 개별비오톱 평가도의 토지에 대한 6개 분야 정보지도와 동물상에 대한

4개 정보지도인 어류분포도, 양서파충류분포도, 조류분포도, 포유류분포도로 총 10개의 항목별 주제도를 가지고 있다(그림 8.12). 동물상은 각각에 대한 다시 출현 현황도, 보호종 분포도, 개별종 분포도로 세분화되어 있다. 축적은 1:1,000, 1:5000, 1:25000의 세 가지 축적으로 용도에 따라 활용할 수 있다.

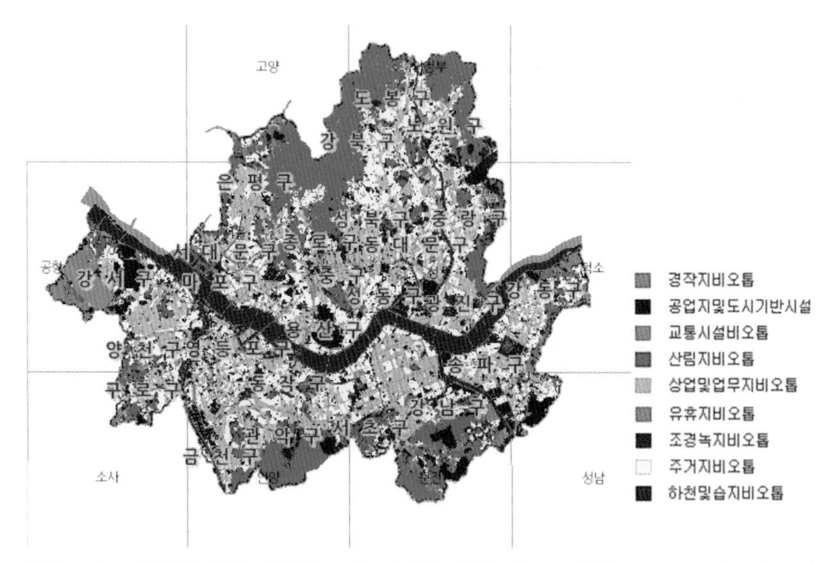

그림 8.12 서울시 도시생태현황도 중 비오톱 유형도(http://gis.seoul.go.kr 2015)

최근에는 인공화된 도시공간의 증가와 자연훼손문제가 발생하면서 자연보호와 경관보전의 중요성이 더욱 부각되었다. 정주지역의 경우 다양한 토지이용을 함께 고려하여 고밀화한 정주지에서 자연은 정주환경과 관련된 토지이용의 기능을 안정화하는 것이 중요하다. 정주지에서 자연 및 경관보호의 과제는 자연과 경관의 휴양기능 보전, 주거환경기능의 보전, 생태적 기능을 토대로 토지이용을 최적화하는 것이다. 활용분야를 살펴보면 표 8.5와 같다.

표 8.5 비오톱지도의 활용분야(이경재 등 2011)

분야	활용내용
공간계획 수립을 위한 기초자료	도시기본계획, 도시관리계획의 지역지구 등의 지정, 도시계획시설 결정, 지구단위계획, 도시개발사업, 토지의 개발행위허가 검토, 환경생태계획(비법정계획), 공원녹지기본계획 등
환경성 검토 기초자료	도시관리계획 환경성 검토, 환경영향평가, 사전환경성검토, 토지적성평가 등
보전지역 설정을 위한 기초자료	생태경관보전지역 지정, 야생동식물보호지역 지정 등
생태보전과 관련된 연구 및 교육자료	환경교육자료, 도시숲, 도시하천, 도시습지, 도시열섬현상 등과 같은 도시생태계 관련 연구 기초자료, 생태통로 연결 등의 복원사업 자료

비오톱 유형화와 평가

비오톱 유형 분류 항목은 자연성(naturalness), 희귀성(rarity), 생태적 기능(ecological fuctions), 복구능력(re-establishment ability), 도시환경개선 측면에 적용하기 위한 도시환경 기능성(urban-environment functions)을 말한다(표 8.6).

표 8.6 비오톱 유형 분류위계

도시 비오톱	분류 위계별 유형과 지표	대분류 Biotope class	중분류 Biotope group	소분류 Biotope type	세분류 설정 Biotope sub-type
도시 비오톱	녹지비오톱 (서식지공간유형)	큰 범주의 서식지특성지표군	서식지공간종류 특성개별지표군	세부공간 상세식생지표	
도시 비오톱	시가지비오톱 (토지이용유형)	토지이용종류	개별토지특성 지표군	세부토지이용 상세토지식생지표	

비오톱 평가는 평가목적, 지역범위 및 특성, 학문적 배경, 기초 조사자료의 수준에 따라 상이하게 발전되어 왔다. 국내에서는 각종 도시관리계획 및 환경성 평가의 기초자료로 활용되고 있으며, 특히 보전가치가 높은 비오톱평가 1등급 지역에 대한 개발규제를 도시계획조계에서 규정하고 있다(그림 8.13). 평가단위에 따라 크게 비오톱 유형 평가와 개별 비오톱 평가로 구분된다. 전자는 손쉽게 넓은 지역을 평가할 수 있으므로 자체

행정구역인 도시관리단위를 대상으로 보전 및 복원지역을 설정할 수 있다. 후자는 비오톱 유형의 면적, 위치, 형태, 지형구조 등의 입지와 경관생태적 특성 및 동물상 조사가 중요하며, 도시 내 우수비오톱, 개발예정지 등 선별된 지역의 지구단위를 중심으로 야생동식물 서식지 네트워크 계획 수립에 주로 적용된다.

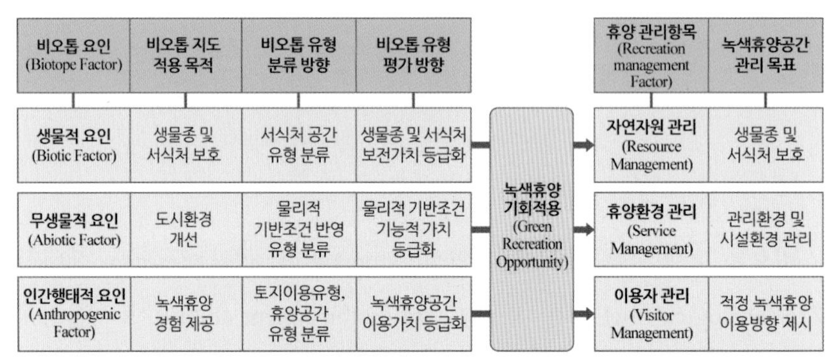

그림 8.13 비오톱지도 적용 목적에 따른 녹색휴양기회 적용방향(양평군 2011)

8.3 자연생태환경의 복원과 사례

이 절에서는 자연생태환경의 복원 사례로서 국립공원 사례 하나와 지자체 사례 셋 그리고 마지막으로 환경영향평가에 나타난 환경생태계획을 설명한다.

국립공원 보호구설계

자연보호구(nature reserve 또는 protected area)는 가장 훼손되지 않은 생태계를 가진 지역으로서 면적이 큰 지역에 지정된다. 대표적인 자연지역으로 미국의 엘로우스톤 국립공원, 인도의 걸 보호구(girl Sanctuary), 탄자니아의 세렌게티(serengeti) 국립공원 등이 있으며, 이들 면적은 모두 100,000 ha 이상이다. 그러나 모든 보호구가 생물종을 보전할 수 있는 충분한 면적을 가진 것은 아니며, 우리나라의 경우 인구밀도가 높아 대형동물을 유지할 수 있는 충분한 면적의 보호구가 부족하다. 보호구의 면적이 최소개체군을 유지하기 위한 면적보다 좁을 경우 장기적으로 야생동물을 유지하기 어려우며, 우리나라 국립공원의 대형포유류의 서식지 내 보전이 어려운 이유이기도 하다. 또한 서식지의 질이 낮아지고 인간의 간섭이 증가하는 것도 원인이다.

보호구설계를 위한 현대적 시각의 비평형 패러다임이 필요하며, 보호구 설계원리개발을 위한 몇 가지 전제조건을 수반한다. 첫째, 생태계 기능의 건강성을 보전하기 위한 생물보호구 접근(bio-reserve approach)이 필요하다. 생태계에 대한 지식의 확대로 보전대상 자체만을 보전하기보다는 생태계의 자연적 변화(천이와 자연적 간섭)와 인위적 변화(인간의 간섭)가 존재하므로 항상 동적인 대상으로 보아야 한다. 자연적 군집을 구성하는 맥락뿐만 아니라 생태적 과정을 강조하여 생태계 기능의 건강성, 이질성 등 궁극적으로 생물다양성 보전에 목적을 둔다. 현대의 생물보호구 접근은 생물다양성과 생태적 건강성의 두 가지 측면에서 정당화될 수 있다. 생물다양성과 생태적 건강성의 보전을 위해서는 지역을 전제로 해야 하기 때문에 생물보호구 개념이 필요하다. 생물보호구 설계는 지역적인 규모에서 핵심적인 보호구의 네트워크로 구성되어야 한다(그림 8.14). 핵심보호구 설정 후에는 이를 보전하기 위한 완충지역이 필요하며, 코리도에 의한 다른 핵심보호구와의 연결이 중요하다. 각 지역에서 보호의 수준은 핵심지역과 상충되는 토지이용의 위협정도와 제한요인 간

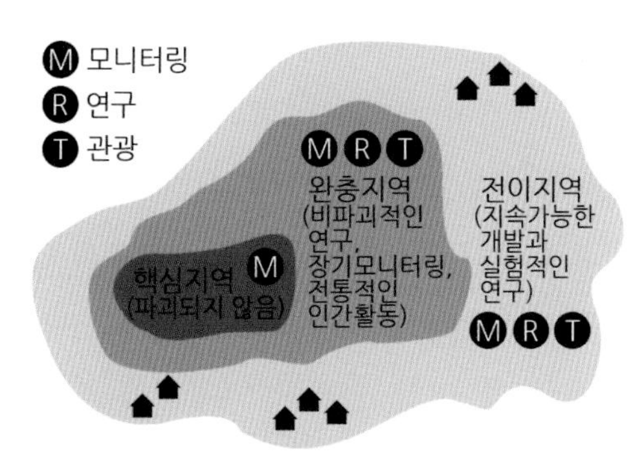

그림 8.14 핵심보호구역을 포함한 UNESCO MAB Reserve의 패턴

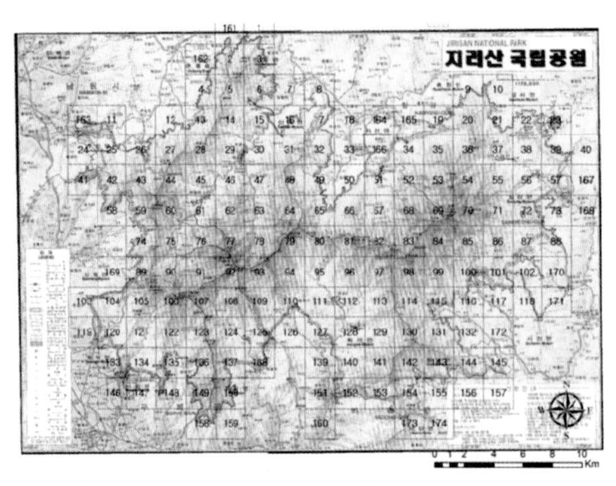

그림 8.15 지리산국립공원의 조사격자 현황도(2 km × 2 km, 178개소)

관련성 속에서 결정되어야 한다.

우리나라 국립공원 특별보호구는 지리산국립공원, 설악산국립공원 등 20개 공원에 지정 · 관리되고 있다. 지정면적은 153개소, 약 288.8 km^2 (공원 면적의 4.3%), 유형별로 식물군락지 80개소, 동물서식지 38개소, 기타 35개소(습지, 계곡 등)이며, 토지소유별로는 국유지 75.8%(218.86 km^2), 공유지 1.3%(3.8 km^2), 사유지 10.8%(31.31 km^2), 종교용지 12.1%(34.86 km^2)로 구성되어 있다. 지리산국립공원의 경우 국립공원 특별보호구 대상지 유형이 모두 포함되어 전체 13개소이다(그림 8.15). 유형별 현황은 야생동식물군락지와 서식지, 멸종위기종 특별보호구, 야생식물 특별보호구, 습지, 계곡 등이며, 유형별 면적은 동물서식지가 182.9 km^2으로 가장 크며, 습지 특별보호구가 61.14 km^2로 가장 작다. 시행기간은 동식물서식지와 습지, 계곡이 각각 20년, 자연휴식년제 5년으로 규정하고 있으나, 시행기간은 현황에 따라 추가 연장이 가능하다. 지리산 칠선계곡의 경우 10년 동안 자연휴식년제를 끝내고 2015년 개방을 재개했다. 칠선계곡은 우리나라 3대 계속의 하나로 자연휴식년제 시행 후 식물종과 양서류 등 13종이 증가하는 등 생물종 다양성이 풍부해졌으며, 한반도 고유종으로 1급수에만 서식하는 왕종개, 쉬리, 꺽지, 얼룩새코미꾸리가 지속적으로 관찰되었다. 특히 식물분야에서는 개체수가 감소했던 멸종위기야생식물 II급인 자주솜대, 땃두릅, 만병초, 산겨릅나무, 백작약 등 보호종의 개체수 증가와 구상나무, 주목, 좀쪽동백나무의 어린묘목도 증가하였다(KNPS 2015).

자연자원의 경제적 가치유형은 이용가치와 비이용가치로 구분된다. 이용가치는 자연자원 자체의 물리적이며 직접적인 이용에 의해 발생하는 직접 이용가치와 간접 이용가치로 나뉜다. 비이용가치는 자신이 이용하지 않더라도 다른 사람이 이용하는 것에 대한 가능성을 남겨 놓는 선택적 가치와 존재가치, 후손이 미래에 자연자산을 이용함으로써 얻는 유산가치로 나뉜다. 특히 국립공원은 그 나라를 대표하는 자연생태계의 보고이며, 자연경관과 역사문화자원의 보유가치를 부여한다(그림 8.16). 또한 공익성과 공공재적 성격이 강하며, 자연으로부터 물려받은 인류의 공동유산으로서 일반자원의 경제적 생산성 이상의 가치 인식이 필요하다.

그림 8.16 우리나라 국립공원의 총자산가치(KNPS 2012)

원주시 지속가능한 도시관리형 환경생태계획

원주시는 강원도의 남서부에 위치하고 북쪽과 동쪽으로 횡성군, 영월군, 서쪽으로 경기도 양평군, 여주군, 남쪽으로 충청북도 충주시, 제천시와 접하고 있다. 총면적은 867.3 km^2로 강원도의 5.14%이다. 임야가 628 km^2로 72.4%, 대지는 19.6 km^2로 2.3%이며 치악산 줄기와 백운산 줄기가 자리한 동남쪽이 높고, 북서쪽은 섬강과 남한강이 흘러 낮은 지대를 형성한다. 원주시는 도농복합도시로서 도시와 농촌이 공존하며, 토지지목으로는 임야, 전답의 비율이 높으나, 행정동 지역을 중심으로 도시적 토지 이용의 확대로 농지와 임야의 구성비가 줄고 대지가 늘어나는 추세이다. 인구는 약 32만 명, 평균인구 밀도는 360인/km^2며 전국인구증가율의 상회하여 기업도시, 혁신도시 등 근교도시로의 개발로 급격한 도시확산과정을 겪고 있다. 따라서 원주시의 비오톱방향은 원주시의 위와 같은 지역특성을 반영하고, 기존 다른 지자체에서 추진한 비오톱 유형 분류체계를 개선하는 방향으로 설정하였다(표 8.7).

표 8.7 원주시 비오톱 유형 중점 분류방향(원주시 2010)

비오톱 유형 분류 여건		중점 분류방향(반영)	적용 지표
원주시 지역 특성 반영	도시개발 확대에 따른 생태계 훼손 가중	산림식생의 상대적 보존 이용 가능지 논경작지 생태적 특성 · 복원 잠재성	식생생성유형 · 발달기간 · 층위구조 지역조건 · 무논유형
	시가지 내 생태적 기반 부족	토지이용 유형별 녹지현황 · 향상 목표 주거지, 상업지, 주상혼합지 건물 에너지 사용량 반영	녹지율 가로수 식재유형 건축물 층고
	도농복합도시의 도시 · 농촌 특성	행정동과 차별화 된 농촌주택 특성 농촌마을 환경의 역사 · 문화적 특성 하천 위계와 산지, 농촌, 도시 차별화	농촌주택 · 마을숲 유형 습지공간 · 경작지 종류
분류 체계 개선	토지이용 위주의 단순한 유형	생물서식지 특성을 고려한 상세유형분류	생성유형 정비유형
	관리방안과 연계되지 못한 기존 유형	자연, 아연형, 인공형 등 보전 및 복원 관리와 연계한 유형 반영 비오톱 유형 세부 공간의 생태적 관리 산림 · 하천 비오톱 세분류 반영	퇴적지 식생유형 저수로 수면 · 둔치 유형 식생발달기간 · 층위구조

비오톱 분류체계는 크게 녹지 비오톱과 시가지 비오톱으로 분류된다. 녹지 비오톱은 대분류 8개(하천, 호소 및 늪지, 산림, 초지, 나지 및 폐허지, 경작지, 공원녹지, 국립공원)이며, 분류지표에 의해 중분류 25개 유형과 소분류 77개 유형으로 구분하였다. 시가지 비오톱은 대분류 9개(주거지, 상업 및 업무지, 주상혼합지, 공공용도지, 공업지, 공급처리시설지, 교통시설지, 문화재, 특수지역)이며, 분류지표에 의해 중분류 42개 유형과 소분류 67개 유형으로 구분하였다.

비오톱 유형별 특성은 행정동 유형(그림 8.17)과 읍면 비오톱 유형(그림 8.18)을 구분하여 도시와 농촌의 특성을 구분하고 전경(경관사진 촬영)을 통해 분석, 정리하였다. 이에 따라 원주시 비오톱의 도시계획구역과 비도시계획구역의 평가대상별 평가목적을 구분하고 평가하여 비오톱 유형 평가등급 및 면적과 비율을 산출하였다. 도시계획지역의 평가목표는 우수비오톱 보호와 자연체험 및 휴식공간 확보, 에너지 저감 및 물순환 회복, 친환경적 도시개발이며, 비도시계획구역은 보전 및 이용가능지역의 구분, 생물종 및 비오톱 보호, 생태적 토지이용, 자연체험 및 휴양공간을 확보하는 데 있다. 비오톱지도의 도시관리분야와 환경행정분야의 활용에 따라 원주시의 도시기본 및 관리계획과 지구단위 · 공원녹지기본

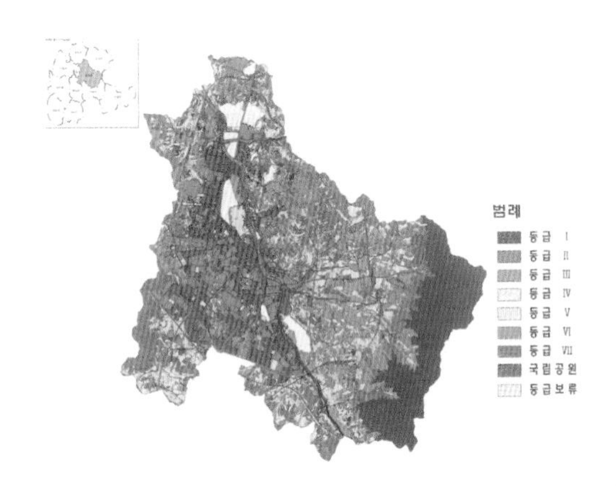

그림 8.17 지역 비오톱 유형 평가등급도(원주시 2010).

그림 8.18 원주시 읍면동 지역 비오톱 유형 평가등급도(원주시 2010)

계획에 활용하고, 사전환경성검토와 환경영향평가, 우수 생태계관리 및 환경보전계획과 환경생태계획에 활용된다.

원주시의 환경생태계획 체계는 비오톱 유형과 평가등급을 활용하여 생태보전계획 구상과 생태네트워크계획 구상 등 6개 분야의 체계로 내용은 표 8.8과 같다.

표 8.8 원주시 환경생태계획 체계(원주시 2010)

구분	계획방향
생태보전계획 구상	비오톱 유형 평가등급을 기반으로 한 생태적 도시관리 평가등급 향상을 위한 환경친화적 비오톱 관리 우수비오톱 보전을 위한 생태경관보전지역 지정
생태네트워크계획 구상	원주시 주요 자연자원 및 생태계 연결체계 수립 주요 생태축 단절지 연결을 위한 방향 설정
생태복원계획 구상	비오톱 유형별 생태복원계획 구상 도심 생태축 및 생태우수 잠재지역 복원 구상 파편화된 인공림 및 산림훼손지 복원 및 관리
도시환경개선계획 구상	도심 열섬현상 개선을 위한 녹화계획 구상 구시가지 녹화를 통한 도시환경 개선
친자연 여가휴양계획 구상	생태자원 발전을 통한 생태휴양 체계마련 비오톱 유형별 여가휴양계획 구상
자연경관보전계획 구상	주요 경관요소 및 조망점 양호지역 경관계획 구상

이 중 원주시의 전체 생태보전계획 구상도(그림 8.19)와 시의 행정동에 대한 생태네트워크계획에 대한 구상도(그림 8.20)의 예는 다음의 그림과 같이 작성할 수 있다.

행정 적용을 위한 제도화는 제도화의 방향에 따른 관련 법률로서 도시관리분야와 환경행정분야로 구분된다. 도시관리분야에서는 도시기본계획 및 관리계획에 적용할 수 있는 근거확충으로 도시계획조례에 조항을 신청하고 도시관리계획 수립지침을 검토해야 한다. 도시생태현황도 작성과 평가방법 등 구체적인 적용기준을 마련하기 위해서 원주시 도시생태현황도 작성 및 관리지침을 신설해야 한다. 환경행정분야에서 우수비오톱을 지정 · 관리할 수 있는 원주시 자연환경보전조례 신설과 강원도 조례 사무위임에 관한 내용을 검토해야 한다. 환경생태계획 수립 및 도시계획 적용 근거는 원주시 환경기본조례를 신설할 수 있으며, 환경영향평가 등은

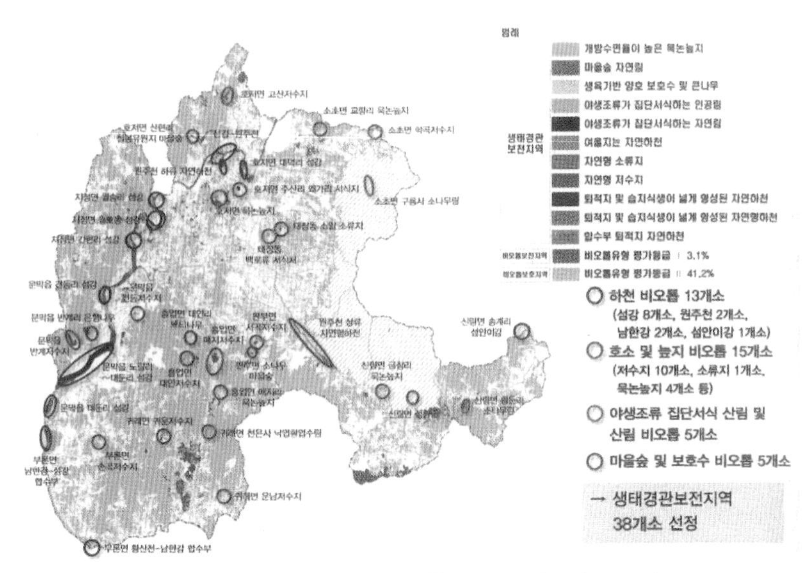

그림 8.19 원주시 생태보존계획 구상도(원주시 2010)

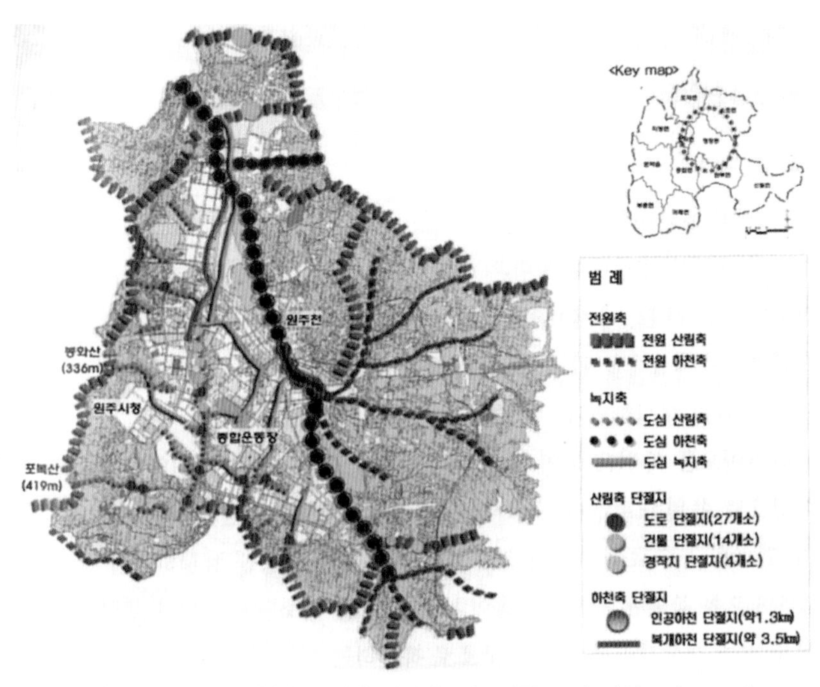

그림 8.20 원주시 행정동 지역 생태네트워크계획 구상도(원주시 2010)

강원도 환경영향평가조례 적용을 검토해야 한다.

전라북도 자연환경보전실천계획

자연환경보전계획은 자연환경을 인위적인 훼손으로부터 보호하고 생태계의 다양성과 균형을 유지하여 주민의 삶의 질을 향상시키며, 지역이 환경적으로 건전하고 지속가능하게 발전될 수 있도록 정책방향을 제시하고, 장기적으로는 지역이 환경 · 공간적으로 발전해야 할 구조적 틀을 제시한다. 자연환경기본방침에 따라 전라북도가 지향해야 할 바람직한 환경보전의 미래상 제시와 장기적인 발전방향을 제시하기 위해 지역의 자연환경 현황, 특성과 여건변화 및 전망을 통한 지역의 자연환경 보전 목표를 설정하고 추진시책을 제시한다(그림 8.21). 시간적 범위는 2006 ~ 2015년 10개년 계획이며, 내용적 범위는 다음과 같다(전북발전연구원 2006).

- 도의 자연환경 보전 목표설정 및 추진전략 제시
- 지역의 보전목표 달성을 위한 추진과제 제시
- 생태축 구축 및 생물자원 보전 · 관리방안 제시
- 생태탐방 및 생태관광 등 자연자원의 지속가능한 이용을 위한 시책
- 사업시행에 소요되는 경비의 산정 및 재원조달방안 제시

목표설정 및 추진시책에 따른 부문별 세부 내용으로는 환경관리역의

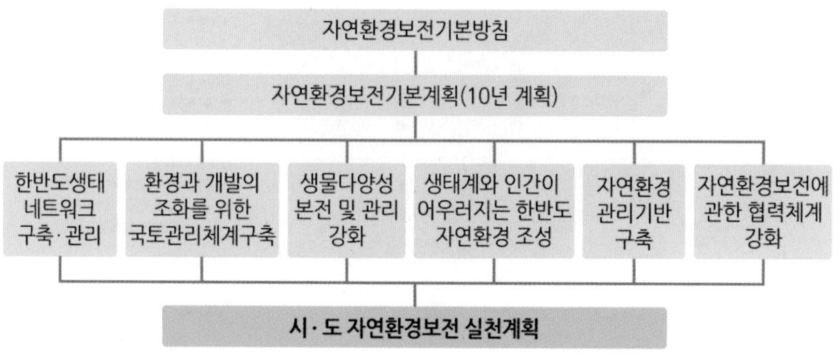

그림 8.21 자연환경보전실천계획 체계도(전북발전연구원 2006)

설정, 생태계 구축, 생태계 우수지역 관리, 생물다양성 증진, 자연경관 관리, 지속가능한 자원이용 등이다. 생태축 구축에서는 보전가치 평가에 따라 핵심지역, 완충지역, 코리더로 구분하고, 생태축의 지속적 유지를 위해 관리시스템 및 모니터링 체계구축방향을 제시한다. 그리고 생태계의 단절여부, 생태통로가 고려되는 지역의 현황 등을 파악하여 야생동물들의 자유롭고 지속적인 이동을 보장할 수 있는 생태통로를 제시한다. 생태계 우수지역 관리는 자연환경보전법상의 보전, 보호지역 및 구역과 생물다양성이 높아 특별히 보호가 필요한 지역, 야생동식물의 중요 서식지 등을 고려한 생태계 우수지역을 선정하고, 생물서식지 기능 향상을 위한 계획 방향을 제시한다. 생물다양성 증진은 야생동식물 서식실태를 조사하여 DB화 및 지도 작성을 통해 야생동식물 보호계획의 방향을 제시하고, 밀렵동물의 특별관리 및 지속적인 밀렵단속의 강화를 위한 수렵관리 및 밀렵방지 계획의 방향을 제시한다. 자연경관 관리는 자연경관 대상지역을 산림, 하천, 호수, 해안 및 도서지역으로 구분하고, 이에 따른 자연경관 확보방안을 위한 계획방향을 제시한다. 지속가능한 자원 이용은 녹지의 이용자관리 측면에서 녹지이용권 분석을 실시하고 녹지이용밀도에 따른 관리방안을 제시한다. 그리고 지역의 자연환경에 대한 SWOT분석을 통해 생태적 · 문화적 · 사회적으로 지속가능한 생태관광계획의 방향을 제시한다.

환경관리지역의 분석을 위해서는 환경정보와 환경부 및 건설교통부, 농림부 등 여러 유관기관에서 생산 · 관리하는 자료를 분석 · 종합하여 지역의 공간구조를 분석해야 하며, 지역의 행 · 재정 여건상 비오톱지도 작성이 어려운 경우는 환경부에서 제시하고 있는 국토환경성평가지도를 활용한다. 환경관리지역의 분석을 위한 지역의 공간구조는 환경부의 「자연환경보전 실천계획 작성지침」에 의거하여 보전지역, 완충지역, 친환경 관리지역의 개념을 포함한 5개 등급으로 구분하였다. 국토환경성평가의 1등급 지역은 절대보전지역으로 원칙적으로 개발 비대상지에 해당하는 최우선 보전지역이다. 2등급은 우선보전지역으로 보전을 우선으로 하되 법령이 허용하는 범위 내에서 소규모의 개발은 부분 허용하는 지역이다. 3등급은 완충지역으로 개발과 보전의 완충을 담당하며 계획적인 개발을 수용하는 지역이며, 4 · 5등급은 친환경적 관리지역으로 세분하였다.

전라북도의 생태계 우수지역 설정을 위해 각종 자연환경보호 및 보전에 관한 법률에 근거하여 도, 시, 군의 현황 자료를 분석하였다(그림 8.22). 생태계 자원이 우수하여 법적으로 지정된 구역 및 지역은 백두대간보호에 관한 법률, 산림법, 야생동식물보호법, 습지보전법, 자연공원법 등의 법령을 검토하여, 백두대간보호지역, 야생동식물보호구역, 상수원보호구역, 습지보호지역, 산림유전자원보호림, 자연공원 등 총 7개 지역이 도출되었다.

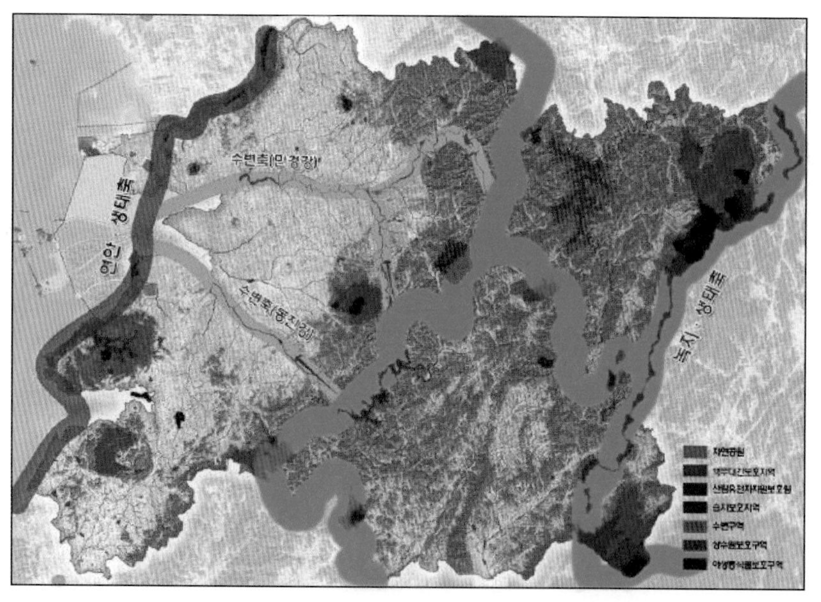

그림 8.22 전라북도 생태축 및 보호구역 구상안(전북발전연구원 2006)

생물다양성 증진을 위해서는 야생동식물보호를 위해 유해 야생동물 및 관리동물의 효율적 관리, 야생동식물 질병관리 및 민간단체와의 파트너십 강화, 대국민 홍보교육이 있다. 생물자원의 보전관리를 위해서는 생물다양성관리계약제도와 수렵관리 및 밀렵방지 등에 대한 관련과의 실천계획을 수립하였다. 철새도래지 등 생태계 우수지역이지만 법정 보호구역으로 지정되지 않는 지역 등을 중심으로 지역주민이 직접 참여하는 생태계 보전활동을 적극적으로 추진한다. 구체적으로 철새의 먹이 또는 휴식공간을 제공하기 위하여 보리재배, 벼 미수확 존치, 볏짚존치, 쉼터조성 등 지역주민의 생태계보전 활동을 지원한다.

자연경관관리에 대해서는, 환경부가 주체인 자연경관관리제도는 자연공원법, 자연환경보전법, 환경정책기본법, 환경 · 교통 · 재해 등에 관한 영향평가법, 환경영향평가서 작성 등에 관한 규정이 있다(유헌석 등 2002). 대상지역은 보전지역의 경계로부터 표 8.9에 규정된 거리 이내의 지역으로 한다.

표 8.9 자연경관영향 협의의 대상이 되는 보전지역 경계로부터 거리

구분		경계로부터 거리
자연공원	최고봉 1,200 m 이상	2,000 m
	최고봉 700 m 이상	1,500 m
	최고봉 700 m 미만 또는 해상형	1,000 m
습지보호지역		300 m
생태 · 경관 보전지역	최고봉 700 m 이상	1,000 m
	최고봉 700 m 미만 또는 해상형	500 m

지속가능한 자원이용은 전라북도 도민이 이용하고 있는 녹지면적을 분석하기 위하여, 시군별 산림면적을 분석하고 1인당 이용가능한 녹지면적을 조사하였다. 또한 녹지면적은 산림지역과 도시공원의 녹지로 분류하여 비교 · 분석하였다. 산림이용 기능밀도의 분석결과 전라북도 전체의 녹지배분의 불균형을 좁히기 위해서 서부권 시군에의 공원녹지 확보에 좀 더 중점을 두고 녹지확보 사업이 지속적으로 이루어져야 할 것이다. 주로 과밀도시나 구도시 등 녹지면적 확보가 어려운 곳에서는 소공원을 중심으로 한 공원 접근성을 높이도록 하며, 도심지 내 임야는 최대한 보전하여 주민의 휴식공간으로 활용할 수 있도록 체계적인 관리계획을 수립하였다.

표 8.10 자연환경보전의 분야별 실천계획사업(전북발전연구원 2006)

분야	사업명
환경관리지역의 설정	전라북도 비오톱지도 작성
생태축 구축 및 생태계 우수지역 관리	백두대간 마루금 잇기 및 훼손지 복구 줄포만 습지보호지역 지정 진안·임실 생태습지 조성 자연환경 우수지역 관리체계 구축 자연환경 보전을 위한 조례작성
생물다양성 증진	유해 야생동물 및 관리동물의 효율적 관리 야생동물 질병관리 및 부상동물 구조·치료 민간단체와의 파트너십 강화 대국민 홍보·교육 강화 생물다양성 관리계약 사업 지속가능한 이용을 위한 수렵제도 운영 개선 밀렵·밀거래 방지 대책
자연경관 관리	생태·경관 보전지역 지정 관리 자연경관 보전을 위한 조례 작성
지속가능한 자원이용	숲속 이야기 수목원 조성 도시녹화 가꾸기 사업, 자연휴식지 조례 작성 상징숲 조성 사업, 수생식물원 조성 망해산 생태공원 조성 사업 만경강 상류지역 생태탐방로 구축
5개 분야	22개 사업

남양주 생태적 주거단지 환경생태계획

남양주 화도읍 월산리 일대는 월산리 유역권을 포함한 면적 11.4 km^2 중 월산 1~6지구 및 주변지역 약 3 km^2에 대하여 남양주도시공사를 포함한 서로 다른 시행사가 주거단지조성을 추진한다. 2011년 남양주의 세계 유기농대회가 열린 지역과 근접하게 위치하고 있어 남양주도시공사에서 생태적 주거단지의 모범사례를 조성하고자 시범단지를 추진하였다. 그러나 시범단지를 제외한 주변 공간에 일반 아파트는 개별 설계로 계획되어 주거단지의 통일성이나 조화가 부재하였다. 이러한 상황에서 이 일대의 무분별한 개발을 제어하고 친환경적인 개발을 유도하며, 차후 남양주시의 도시개발사업에 모범 사례가 될 수 있는 주거단지를 만들고자 환경생태계획 기반의 마스터플랜을 수립하게 되었다(표 8.11). 당초 계획 주거지 면적은 666,742 m^2, 세대수 9,679세대, 가구당 인구 2.6인으로 총 계획인구는 25,169명이다.

표 8.11 남양주 생태계획 마스터플랜 수립 프로세스

단계	분석방법 및 수립내용
환경정보지도 작성	U-IT 생태정보분석 프로그램을 이용하여 관련 현황정보의 중첩, 지형 분석으로 기반자료 구축, 비오톱과 하천 관련 정보도 등 현장 조사가 반드시 필요한 정보도를 구축할 때 고해상도 항공영상 활용
환경생태계획 수립	생태기능공간계획 · 생태연계계획 · 도시어메니티계획 · 보전 및 개발가능지계획 수자원개선 공간계획 시 대상지불투수율은 강우유출모델(WEP모델)
지속가능한 마스터플랜수립	문화와 생태가 함께하는 커뮤니티 주거단지를 실현하기 위한 테마와 구조제시. 생태적인 공간 조성을 위해 지구별로 민간과 공공개발 주체별로 우수유출률, 자연지반녹지율, 생태면적률을 다르게 설정 제시
생태적 외부 공간계획수립	1~2단계 개발계획을 바탕으로 우선 개발지로 잡힌 월산리 1~6지구를 대상으로 대상지 외부공간에 대하여 Green, Blue, Linear, Brown 마스터플랜을 제시. 주요 내용은 Eco Road, 공원녹지 조성, 자연배수시스템 구성과 같이 도시 인프라 시설을 중심으로 생태적인 공간을 조성하는 방향으로 계획안 수립, 생태보상 개념에 입각한 마스터플랜을 통하여 생태도로, 저류녹지 등을 계획

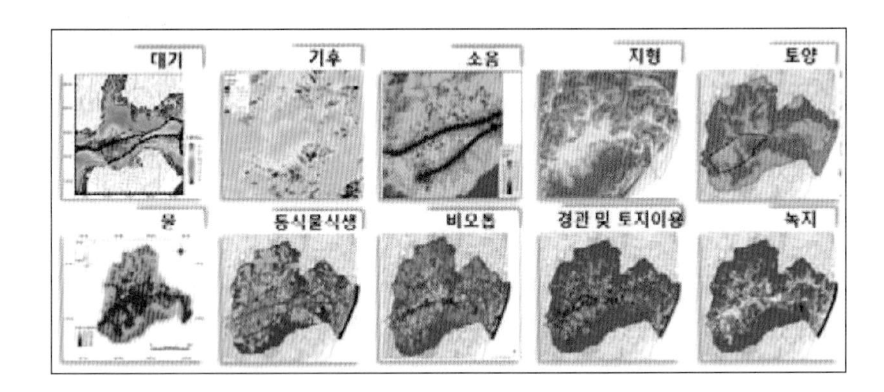

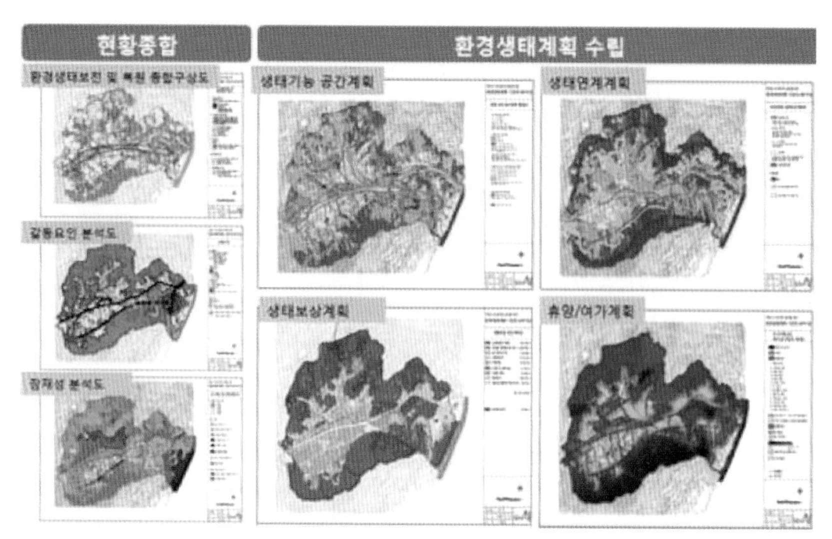

그림 8.23 분야별 현황조사분석과 현황종합 및 환경생태계획 수립

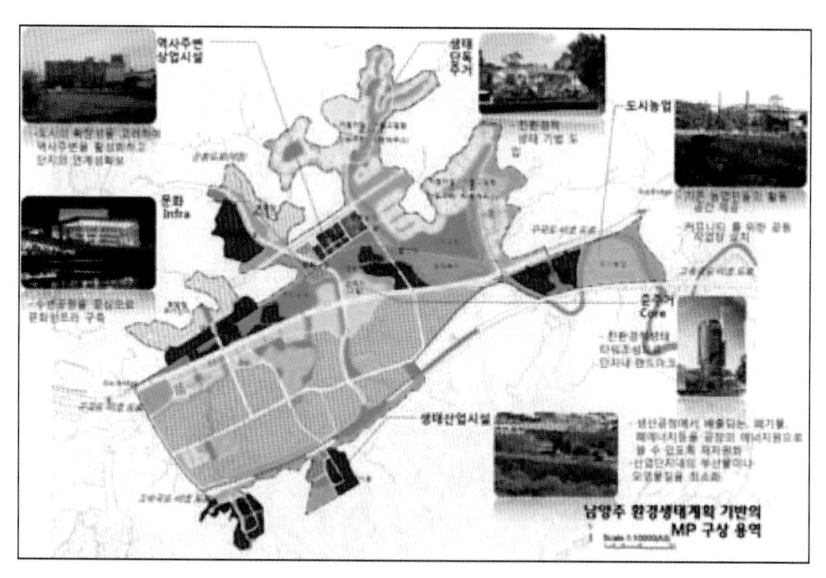

그림 8.24 환경생태계획 기반의 주거단지 마스터플랜 구상도

기후에 대비하기 위한 마스터플랜 수립에 대해 자세히 살펴보면, ① 기존 공원녹지 및 주변 자연환경과의 연계를 통하여 오픈스페이스 네트워크를 구축한다. ② 수변공간, 공원, 녹지 등을 종합적으로 활용한 공원녹지체계를 구상한다. ③ 도시민의 쉼터로서 삶의 질 향상에 기여할 수 있도록 공원이용 활성화 방안을 제안한다 등이다. 위의 세 가지 기본 방

향에 맞추어 White, Green, Blue Network 측면에서 다음과 같이 환경계획을 적용하였다(그림 8.25).

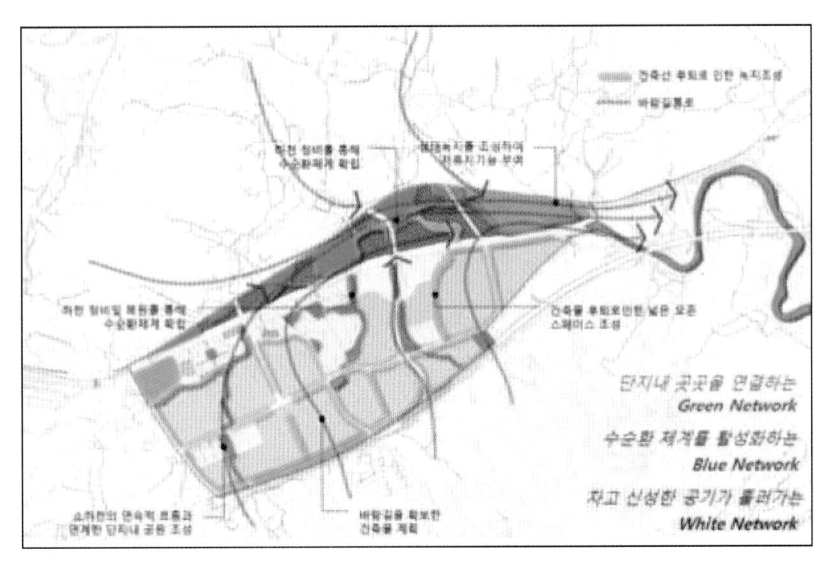

그림 8.25 생태네트워크 기반의 공원·녹지 구상도

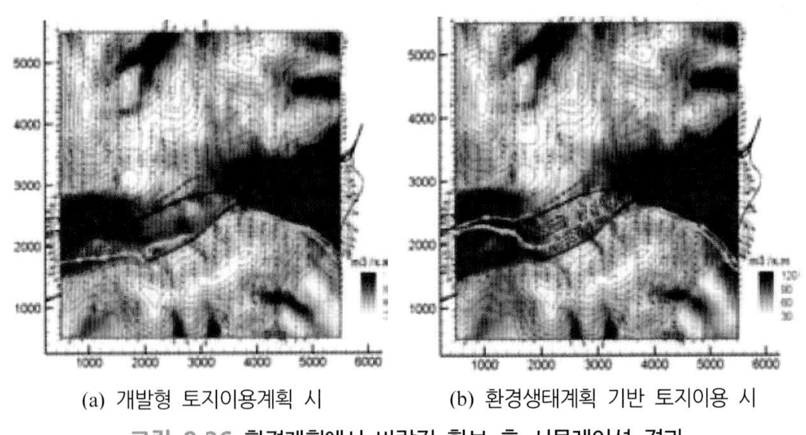

(a) 개발형 토지이용계획 시 (b) 환경생태계획 기반 토지이용 시

그림 8.26 환경계획에서 바람길 확보 후 시뮬레이션 결과

개발 전과 기존의 토지이용계획 수립방법, 환경계획 기반의 토지이용계획 수립 방법으로 계획한 토지이용계획에 대한 3안에 대해 시뮬레이션을 수행하였다(그림 8.27). 전체 단지 중 가장 구체적으로 건축물과 도로, 조경계획이 수립되어 있는 1지구에 정밀한 모델링을 실시하였다. 그 결

과 여름철에는 평균기온과 평균방사온도에서 차이를 나타냄으로서 냉방부하에 직접적인 절감효과와 열쾌적성 측면에서 개선효과가 있었고, 겨울의 경우 여름과 달리 기온이나 평균방사온도에서 거의 차이가 나타나지 않지만, 식재와 투수포장이 설치된 지역에서는 부분적으로 미미한 온도차가 나타나기도 한다. PMV 지수에서는 주거단지 내부에 건물동 주변으로 그림자가 드리운 지역에서는 (A)안이나 (B)안에서 큰 차이를 보이지 않지만, 그 외 공간에서는 (B)안은 0에 가까운 지수가 나타나는 반면 (A)안은 3에 가까운 지수가 나타났다. 즉, 생태적인 공간계획을 통해 건물의 그림자 영향이 없는 지역에 보다 쾌적한 공간을 조성할 수 있음을 알 수 있다.

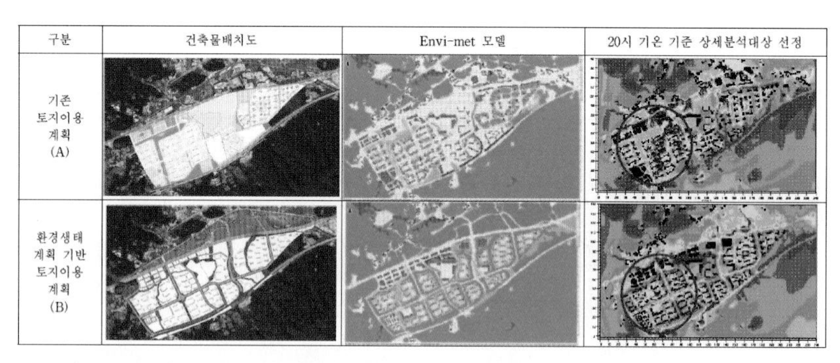

그림 8.27 기존 토지이용계획과 환경생태계획 기반 토지이용계획 비교모형분석

기존의 환경생태계획은 생태적인 기능과 동식물을 비롯한 자연자원의 보전에 초점이 맞추어졌다면 최근의 환경생태계획은 이와 함께 도시 미기후 개선에도 효과가 있음을 증명하고 있다. 이는 환경생태계획을 통해 주변 환경에 어느 정도 환경부하를 낮출 수 있다는 정량적인 결과를 보여주는 데 의의가 있다.

환경영향평가

환경에 대한 법적 근간은 1990년 「환경정책기본법」을 기본법으로 시작하여 환경에 대한 사전예방과 평가를 위해 2003년 7월 '사전환경성검토협의(제25조)'와 '환경영향평가(제28조)'를 실시하도록 개정하였다. 환경영향평가는 구체적으로 「환경·교통·재해등에관한영향평가법(2004년 1월)」으로 구체적인 법령을 마련하였다. 사전환경성검토제도는 개발사업의 계획 단계에서 해당사업의 입지타당성에 대한 검토가 주요 목적이며, 환경영향평가제도는 해당사업의 시행으로 인하여 환경에 미치는 영향을 최소화할 수 있는 방안을 검토하는 것이다. 사전환경성검토는 모든 환경영향평가 대상이 되는 모든 대규모 사업을 대상으로 환경영향평가 이전 단계에서 실시하며, 이외에도 환경영향평가 대상보다 작은 일정 규모 이상의 소규모 개발사업도 해당된다. 환경생태계획에 있어 사전환경성검토는 개발사업의 입지타당성에 대한 검토가 주목적이며, 작은 규모의 사업은 간단한 사전환경성검토로 협의가 완료되므로 자연환경이 우수하거나 생활환경에 미치는 영향이 큰 지역의 사업에 대해선 현황조사가 필요한 경우가 있다. 사전환경성검토는 현황조사 – 영향예측 – 저감대책에서 경관생태적인 영향을 파악한다(표 8.12).

표 8.12 사전환경성검토의 단계와 주요 내용(환경부 2012)

단계	주요 현황 및 검토사항
현황조사	개발사업의 유형(댐, 하천정비, 산업단지, 도시개발, 관광개발 등) 대상지역의 경관(산, 하천, 경작지, 주거지), 경관요소(바탕, 조각, 통로) 배열 환경관련 보전지역현황, 생태자연도, 현존식생도, 녹지자연도(식생보전등급도) 동식물상, 주요종(법적보호종, 희귀종 등) 주요 생물서식공간의 분포현황
영향예측	자연생태계 및 주요 생태통로(혹은 생태축)의 단절여부, 종다양성의 변화정도, 생물서식공간의 파괴 훼손, 축소 정도, 경관변화정도, 보전저감대책 수립가능성
저감대책	생태네트워크 구상(대상지 비오톱, 생물의 연결에 대한 공간형성을 위한 경관요소의 연결과 생태인프라의 구축), 경관생태네트워크의 골격형성(핵심보전지역 설정, 인접 거점생태지역과 연결생태지역), 연결하는 물리적 인자(물, 공기, 토양, 지질지형 등)

환경영향평가에서는 사업의 특성이나 지역에 따라 현장조사의 형태를 결정해야 한다. 도로사업의 경우는 동물이동통로나 생태축의 단절, 댐건설은 하천생태계의 영향, 철새도래지의 경우는 조류에 미치는 영향을 집중적으로 실시해야 한다(그림 8.28). 생태계의 유형별 혹은 서식지 중심으로 이루어질 때, 구체적인 사업계획 및 저감대책은 생물서식공간(혹은

경관요소)의 배열상태와 이들 생물서식공간의 보전우선순위, 연결성의 확보방안에 따라 이루어지고, 생물종도 서식지 중심으로 보전대책이 수립되어야 하기 때문이다. 예를 들어, 보호 및 계획을 위한 동물서식지의 부분은 다음의 3개 범주로 나뉜다. 첫째, 면적인 넓이를 가지면 균일성이 높은 대면적의 생태계(산림, 초원, 경작지, 넓은 호수 등), 둘째, 특정 종류의 대면적 생태계와 매우 근접하여 있거나 다양한 대면적의 생태계 내부에 섬처럼 분포하는 소면적 또는 점상 서식공간(습지나 연못, 절개지 등), 셋째, 가늘고 긴 선상의 형태를 가진 서식지(가장자리, 울타리, 시냇물 등)이다(이동근과 윤소원 1999). 현황조사의 내용은 사전환경성검토와 동일하나 보다 정확한 영양예측과 실질적인 저감대책에 반영되어야 하므로, 해당 분류군의 출현이 왕성한 시기에 충분한 현지조사가 반드시 수반되어야 한다.

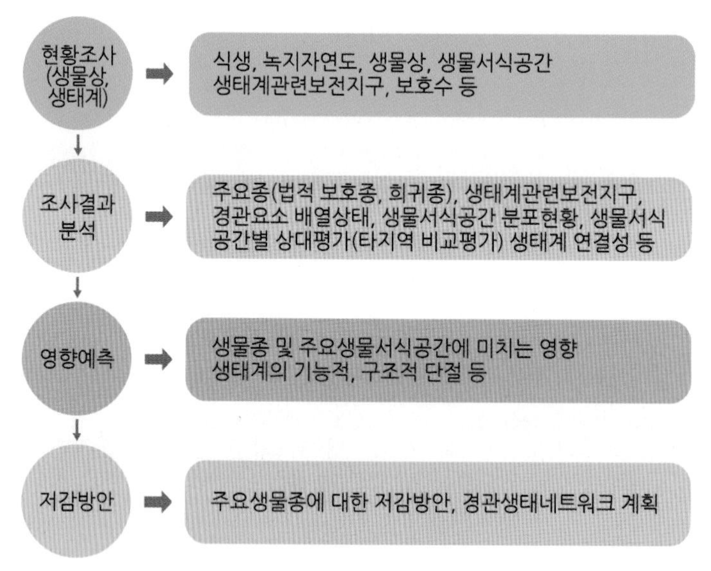

그림 8.28 환경영향평가 시 경관생태학적 개념을 도입한 동식물상 평가의 흐름도(정흥락 등 2003)

또한 2012년 환경부는 환경영향평가 시 환경생태계획을 수립하는 지침을 마련하여 기후변화에 대비토록 하였다. 특히 대규모 도시기후재해의 예방차원에서 개발계획 수립 단계부터 환경생태가 고려된 재해예방 관리체계를 구축하기 위해 마련됐다. 환경생태계획의 주요 내용은 환경 현황, 환경생태구상, 항목별 환경생태계획, 공간상세계획, 실행 방안 등이다(표 8.13).

표 8.13 환경생태계획 수립지침(환경부 2012)

구분	주요 내용
개요	1, 사업내용 2. 환경영향검토 대상지역
환경 현황	1. 광역적(지역적) 맥락의 조사 및 분석 2. 역사적 맥락의 조사 및 분석 3. 생태기반환경의 조사 및 분석 4. 생태환경의 조사 및 분석(서식지, 동식물상) 5. 인문 · 사회환경(토지이용, 자연경관 등) 6. 생활환경(대기질, 악취, 수질, 토양 등)
환경생태 구상	1. 환경생태계획의 목표 및 보전지역 설정 2. 생태네트워크 구상 3. 입지 분석 및 구역경계 설정
분야 및 항목별 환경생태계획	1. 친환경 공간 구조 및 토지이용계획 2. 친환경 교통 계획 3. 바람길을 고려한 기후 순응형 계획 4. 자연지형 순응형 계획 5. 친수형 도시 및 물순환 계획 6. 생태녹지 체계 구축 계획 7. 생물 서식지 복원 계획 8. 에너지 절약형 구조 계획 및 탄소중립도시 계획 9. 폐기물 처리 및 자원순환 계획 10. 이상기후 및 재난 방지 계획
공간별 상세 계획	공간 유형별 상세계획 수립 시 고려사항 등
환경생태계획 실행 방안	환경생태계획 실행 추진 방안

세부 지침에는 폭우, 폭염, 태풍 등 도시이상기후 요소에 대한 대비책으로 토지이용관리와 주변 완충녹지 조성, 물순환계획 수립, 바람길 확보 등이 포함된다. 또한 전략환경영향평가 단계와 환경영향평가 단계에서의 활용 항목을 구분해 환경평가의 충실성과 연속성을 확보한다. 이 지침은 전략환경영향평가와 환경영향평가에 활용해 개발사업 시행자나 공공기관이 도시개발계획을 수립할 때 반영될 수 있도록 유도한다.

참고문헌

김귀곤. 조동길. 2004. 자연환경·생태복원학 원론. 아카데미서적, 서울, 한국. 601pp.

김정호. 윤용한. 2013. 녹색기술과 조경. 문운당, 서울, 한국. 260pp.

남양주. 2009. 저탄소 녹색성장 실천을 위한 환경생태기반의 MP구상, 건설기술연구원.

문석기. 성현찬. 구본학. 변병설. 유헌석. 이동근. 이상문. 이은엽. 이은희. 이재준. 전성우. 전영옥. 2010. 환경계획학. 보문당, 서울, 한국. 467pp.

문수영. 김현수. 이광복. 2010. 환경생태계획의 도시기후변화가능성 연구 - 남양주 월산리 마스터플랜을 중심으로 -, 한국생태건축학회지, Vol10, No 6.

송인주. 2001. 도시생태학과 생태적인 도시계획. 생태도시의 이해. 환경정의 시민연대. 서울. 한국.

원주시. 2010. 도시생태현황(비오톱)조사 및 지도작성, 원주시, 448pp.

이경재. 한봉호. 오충현. 김종엽. 홍석환. 최인태. 최진우. 기경석. 곽정인. 이필연. 장재훈. 박석철. 노태환. 염정헌. 허지연. 2011. 환경생태계획, 광일문화사, 서울, 한국. 361pp.

이동근. 김명수. 구본학. 김경훈. 김동성. 나정화. 윤소원. 이명우. 전성우. 정흥락. 조경두. 제종길. 홍선기. 2004. 경관생태학, 보문당, 서울, 한국. 517pp.

이동근. 윤소원. 1999. 비오토프의 이해, 도서출판 대윤, 서울, 한국. p139.

전북발전연구원. 2006. 전라북도 자연환경보전 실천계획. 전북발전연구원, 전라북도, 한국. 361pp.

정흥락. 2003. 경관생태학적 환경영향 평가기법에 관한 연구, 한국환경정책형가연구원, 서울, 한국.

조동길. 2011. 생태복원계획 · 설계론, 넥서스환경디자인연구원 출판부, 서울, 한국. 741pp.

かめやま　あきら 저. 문석기 역. 2004. 생태공학. 181pp.

すぎやまけいいち,しんじ　いそや 저. 안봉원. 심우경. 송태갑. 최용순 역. 1998. 생태환경계획 · 설계론 - 자연환경복원기술 -, 누리에, 서울, 한국. 195pp.

Colwell, R.N. 1997. History and place of photographic interpretation. In, Philipson, W. R. (ed), Manual of photographic Interpretation(2nd ed.), American Society for Photogrammetry and Remote Sensing.

Forman, R.T.T. and Godron, M. 1986, Landscape ecology, John Wiley : p.620.
Ricahrd B. Primack 저. 김종원. 박용목. 이은주. 주기재. 최기룡 공역. 2004. 보전생물학입문, 월드사이언스, 서울, 한국. 318pp.

권장도서

응용생태공학회. 2016. 뉴스레터. 제17권.
이경재. 한봉호. 오충현. 김종엽. 홍석환. 최인태. 최진우. 기경석. 곽정인. 이필연. 장재훈. 박석철. 노태환. 염정헌. 허지연. 2011. 환경생태계획. 광일문화사, 서울, 한국. 361pp.
이동근. 김명수. 구본학. 김경훈. 김동성. 나정화. 윤소원. 이명우. 전성우. 정흥락. 조경두. 제종길. 홍선기. 2004. 경관생태학. 보문당, 서울, 한국. 517pp.
조동길. 2011. 생태복원계획·설계론. 넥서스환경디자인연구원 출판부, 서울, 한국. 741pp.

3

생태공학과 국토환경

Ecological Engineering

9장 하천환경

10장 도로환경

11장 도시환경

제3부에서는 생태공학을 하천, 도로, 도시 등 국토의 주요 구성요소에 응용하는 원리와 사례를 소개한다. 국토는 이외에도 산림, 농경지, 해안·항만 등으로 구성되어 있으며, 산림의 경우 제4장에서, 농경지의 경우 제7장에서 부분적으로 다루었다. 해안·항만의 경우 앞으로 개정판에서 다루어질 것이다. 제9장 하천환경에서는 하천의 기능을 공학적 기준에서 벗어나 생태계 서비스 차원에서 다루며, 그 결과로 나오는 하천환경유량과 하천복원 등 2대 주요 응용분야를 구체적으로 설명한다. 특히 하천복원에서는 국내외 사례는 물론 소형 댐이나 보 철거 사례까지 다룬다. 제10장 도로환경에서는 도로기술자를 위한 환경영향 최소화 노선설계기술에서부터 시작하여 서식처 단절영향 최소화 기술로서 동물이동통로 등을 다룬다. 마지막으로 생태도로 설계 관련 국내외 사례를 소개한다. 제11장 도시환경에서는 먼저 도시환경의 특성을 설명하고, 도시환경에 응용되는 생태기술의 주요 기작, 그린 인프라 등을 설명하고 마지막으로 저영향개발(LID) 기술에 대해 집중적으로 다룬다.

제 9 장 하천환경

하천은 호소와 같이 국토환경의 주요 구성요소이다. 동시에 역사적으로 인간활동과 많은 관계를 맺어왔다. 인류문명이 대하천변에서 시작한 것을 보면 알 수 있듯이 하천이 제공하는 넓고 비옥한 홍수터는 농경사회의 시작 이후 끊임없이 변형되어 왔다. 하천은 세계적으로 특히 19세기 전후부터 산업혁명의 시작과 도시화의 진전 이후, 국내적으로는 1960년대 산업화/도시화 시작 이후 이수, 치수 및 홍수터 점용 등 하천의 공학적 기능만 강조한 하천관리 관행으로 인해 끊임없이 변형, 훼손된 국토환경이다. 이 장에서는 인간사회와 자연 모두에게 이익(도움)이 되도록 하천환경을 설계하는 생태기술을 이해하기 위해 먼저 하천환경요소를 설명하고, 유량 관점에서 본 하천환경유량 결정방법을 설명하고, 마지막으로 하천생태기술 응용의 종합판 성격인 하천복원의 개념과 지향목표별 모델 그리고 실제 사례를 소개한다.

9.1 하천환경의 이해

하천환경이란 하천의 공학적 기능에 대비하여 하천의 환경적 또는 자연적 기능을 강조한 용어이다. 생태기술은 하천의 환경적 기능을 보전, 증진, 복원하여 자연과 인간 모두에게 이익이 되도록 하는 기술이므로, 하천환경을 이해하는 것은 생태기술의 올바른 적용을 위해 중요하다.

하천의 기능

하천은 유역에 내린 빗물이 모여 중력에 의해 하류로 흘러가면서 만들어진 자연의 수로이다. 하천은 공학적으로 자유수면을 가진 개수로(open channel)이지만, 인공수로와 달리 그 경계면이 자갈, 모래, 실트와 같은 충적재료로 구성되어 있어 흐름에 의해 쉽게 변형, 이송된다. 동시에 하천은 그 자체로서 다양한 동식물의 서식처이다. 따라서 하천을 이해하기 위해서는 하천을 구성하는 흐름, 유사, 지형, 구조물과 같은 무생물적 요소와 하천에 서식하는 생물적 요소 간의 상호작용을 이해하는 것이 바람직하다(우효섭 등 2015).

수변(river corridor) 또는 하천회랑은 경관생태학적 관점에서 본 하천이며, 하도는 물론 경관생태적으로 하도와 직간접적으로 연결되어 있는 홍수터, 샛강, 자연제방, 배후습지 등을 망라한다. 따라서 하천환경이나 하천복원 관점에서 '하천'보다는 '수변'이 더 적합한 표현이나, 여기서는 혼용한다.

생태학적 관점에서 하천의 기능은 일반적으로 하천생태계의 기능이다. 생태계의 기능은 '2.4절 생태계 서비스'에서 설명하였듯이 조절 기능, 생산 기능, 서식처 기능, 정보 기능 등이 있으므로(de Groot 2002, MEA 2005) 하천생태계의 기능도 이에 준할 수 있을 것이다.

하천생태계의 조절 기능은 홍수와 가뭄, 유사공급 등을 스스로 조절하는 기능이다. 나아가 하천의 수용능력 내에서 하천에 들어오는 오염물을 스스로 정화하는 기능도 포함한다. 하천관리 측면에서 말하는 '치수'란 결국 인간활동으로 변형된 하천생태계에서 자연적 조절 기능 이상의 물과 유사 흐름이 발생하는 경우 인간이 적극적으로 간섭하여 그로 인한 위해성을 저감하는 활동이라 할 수 있다.

다음 하천생태계의 생산 기능은 물이용, 수력발전, 수운, 수산, 골재채취 등 인간사회에 가치를 제공하는 기능으로서, 흔히 '이수' 기능이라 한다. 여기서 인간활동에 의해 증진된 치수, 이수 기능을 하천의 공학적 기능이라 한다.

반면에 하천생태계의 서식처 기능은 야생동식물의 피난처 및 생산지로서의 기능이다. 물과 육지가 공존하는 하천은 지구상에서 가장 다양한 생물종이 서식하는 곳 중 하나로서, 생태적 관점에서 수생태계(aquatic ecosystem), 육상생태계(terrestrial ecosystem) 그리고 추이대(ecotone)로 구성되어 있다.

마지막으로 하천생태계의 정보 기능은 인간에게 심미감, 휴식 및 정서 함양 공간을 제공하는 기능이며, 이를 한자어로 친수(親水)라 통칭할 수 있을 것이다. 하천생태계의 서식처 기능 및 정보 기능(또는 친수 기능) 그리고 조절 기능 중 하나인 수질자정 기능 등을 하천의 공학적 기능에 대비하여 환경적 기능이라 한다.

정리하면 하천의 공학적 기능에는 치수와 이수 기능이 있으며, 환경적 기능에는 서식처, 수질자정, 친수 기능 등이 있다. 여기에 인간사회의 역사적, 문화적 활동과 하천과 관련하여 하천의 사회적 기능을 추가할 수 있다. 인류의 고문명이 대하천변에서 시작했다는 역사적 사실부터 시작하여 가깝게는 우리나라 과거 대부분의 왕조가 하천변에 도읍했다는 사실까지 인류 역사는 하천과 뗄 수 없는 관계를 맺어왔다. 역사가 있는 하천에는 문화가 따른다.

하천환경 기능 – 서식처[14)]

하천의 환경적 기능 중에서 가장 기본적인 서식처 기능을 이해하기 위해서는 하천 또는 수변의 경관생태를 이해할 필요가 있다.

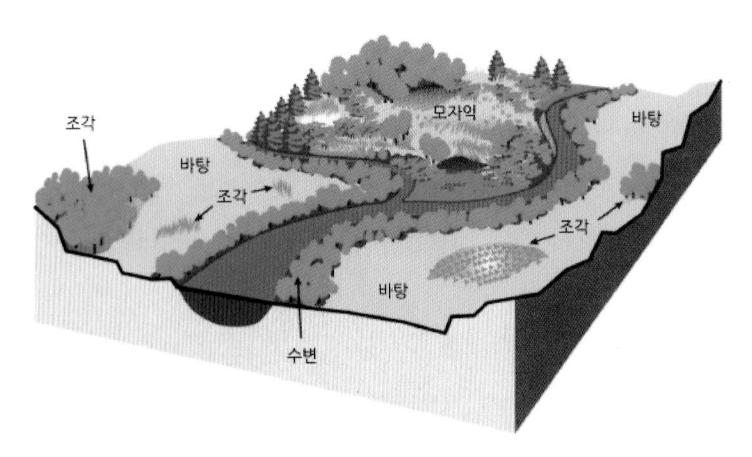

그림 9.1 수변의 경관생태 모식도(FISRWG 1997)

14) 이 항은 주로 우효섭 등(2015) 자료에서 인용하였음. 다른 장에서는 habitat를 서식지로 썼으나 여기서는 물에 관련된 '생육공간'이기 때문에 서식처로 썼음

그림 9.1은 수변을 포함한 주변의 경관생태 모식도이다. 여기서 지배적인 경관생태 요소는 바탕(matrix)이라 한다. 바탕의 구성요소는 대부분 숲, 초원, 농경지 등이다. 8.1절에서 이미 언급하였듯이 조각(patch)은 바탕보다 덜 지배적으로서, 다각형 조각이나 길고 좁은 경관생태 요소이다. 조각들이 모인 것을 모자익(mosaic)이라 하며, 모자익 내 조각들은 각각 서로 단절되어 있다. 여기서 회랑은 띠 모양의 긴 경관생태 조각을 말한다. 따라서 하천회랑 또는 수변은 하도를 따라 형성된 긴 경관생태 조각이다. 나중에 3절에서 구체적으로 다룰 하천복원에서 하도만의 복원으로는 사실상 지속가능한 수변생태계를 만들기 어려우며, 주변 경관생태와 연결통로가 되는 수변복원이 병행되어야 한다.

하천 또는 수변의 서식처 기능을 이해하기 위해서는 우선 물질 및 에너지 순환과 이동의 이해가 필요하다. 하천은 에너지, 물질, 생물개체군을 받아들이고 내부에서 이동하게 하다 밖으로 내보낸다. 구체적으로 하천과 같은 개방형 유수생태계는 많은 에너지가 외부에서 들어왔다 나간다. 자연상태에서 하천으로 들어오는 에너지는 하천변 식물에서 떨어진 낙엽, 나뭇가지 등 쇄설물(detritus)과 지하수를 통해 유입하는 유기물 등이다. 여기에 점오염원, 비점오염원 형태로 들어오는 각종 하폐수는 또 다른 유입 유기물이다. 이러한 유기물은 하천 내에서 생화학작용으로 분해되거나 무척추동물 등에 의해 소비되고, 이는 결국 먹이망의 상위에 있는 동물의 에너지원이 된다.

또한 질소, 인, 칼리와 같은 무기물질은 하천식물의 필수영양소로서, 그 공급량에 의해 하천 내 식물활동은 제한을 받는다. 이같은 영양소의 흡수, 전환, 배출은 다양한 생물적, 비생물적 과정에 의해 이루어진다. 하천 내 영양소의 순환은 식물의 일차 생산에 의한 고정과 미생물에 의한 유기물의 분해과정을 통한다. 그러나 과도한 질소, 인의 유입은 하천의 부영양화(eutrophication)를 야기한다.

한편 경관생태 관점에서 하천의 생태 기능에는 서식처, 전달, 여과, 차단, 공급, 수용 기능 등이 있다(그림 9.2).

서식처(habitat)

하천은 다양한 생물의 삶의 터전이다. 즉, 생물이 생육, 번식, 먹이활동 등을 하는 공간이다. 따라서 하천의 서식처 기능을 도외시한 하천관리나 인위적인 활동으로 인한 크고 작은 서식처의 단절, 훼손은 결국 그 안에 사는 동식물의 다양성에 부정적인 영향을 준다.

전달(conduit)

하천은 앞서 설명한 에너지, 물질, 개체군의 이동통로 역할을 한다. 하천에 의해 전달되는 물질 중 가장 대표적인 것은 물과 유사이다. 그밖에 다양한 형태의 에너지와 물질 그리고 생물체가 하천에 의해 전달된다. 이러한 전달 기능은 하천흐름 방향(종방향)뿐만 아니라 수변을 가로지른 방향(횡방향)으로도 일어난다.

여과(filter)

하천은 위와 같은 에너지, 물질, 개체군을 선택적으로 통과, 전달하는

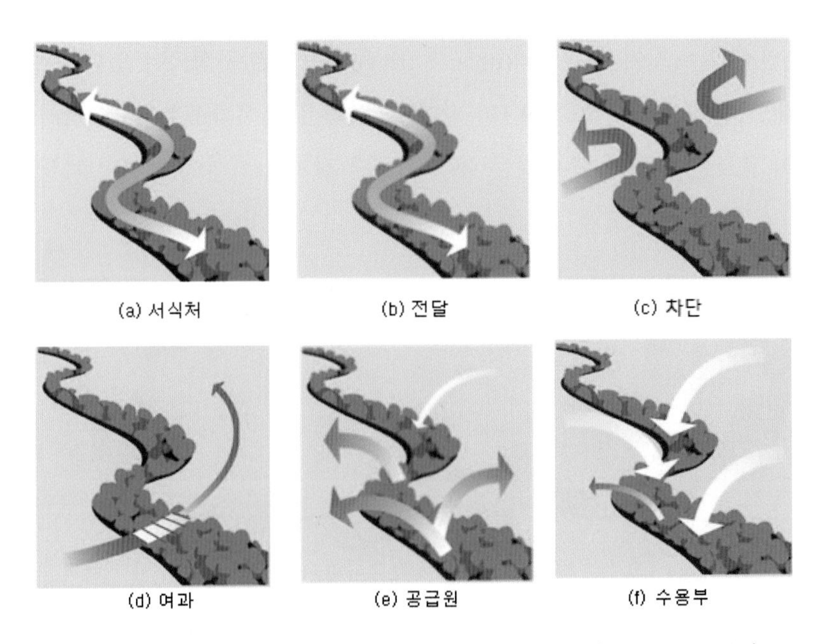

그림 9.2 경관생태 관점에서 하천의 생태 기능 모식도(FISRWG 1997)

기능이 있다. 예를 들면, 하천에 유입된 오염물질, 유기물, 토사 등은 하상에 침전, 흡착, 분해되고 그 일부만 전달된다.

차단(barrier)

하천은 흐름과 수변완충대(riparian buffer strip) 등에 의해 위와 같은 에너지, 물질, 개체군의 전달을 차단하는 기능이 있다. 예를 들면, 육지에서 유입되는 오염물은 하도를 따라 자연적/인위적으로 형성된 완충대에 의해 하천유입이 차단된다.

공급(supply)과 수용부(source)

하천에서 에너지, 물질, 개체군의 유출이 유입보다 크면 공급원으로서 기능을 하고, 그 반대의 경우 수용부로서 기능을 한다. 하천은 하도, 홍수터, 제방, 수림대 등으로 구성된 수변과 주변 서식공간을 연결하여 생물 개체군을 이동시켜 타지역에 공급한다. 동시에 지표수, 지하수, 영양염류, 에너지, 물질 등을 저류하거나 공급한다.

자연하천의 서식처를 횡방향으로 보면 하도, 홍수터 그리고 주변 지형과 연결되는 천이 주변구역(upland fringe) 등으로 구성되어 있다. 이를 생태 측면에서 보면 그림 9.3과 같다. 그림과 같이 주하도는 거의 상시로 물이 흐르는 곳이며, 홍수터는 홍수 시에만 잠기기 때문에 식생이 자생한

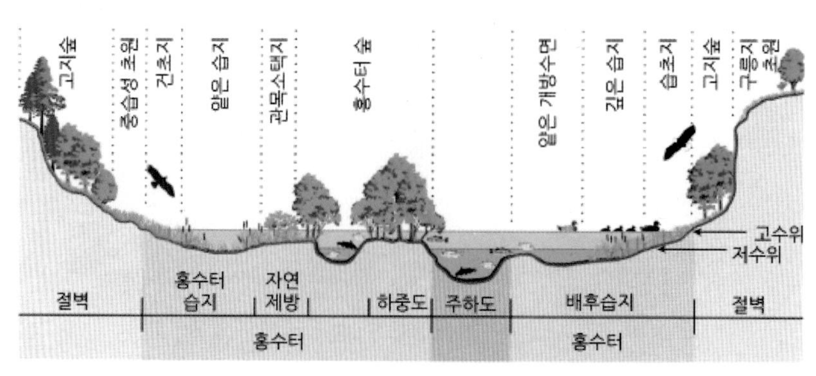

그림 9.3 수변서식처의 횡방향 조망(Sparks 1995)

다. 홍수터 곳곳에는 지형에 따라 샛강이나 습지가 형성된다. 따라서 수변에는 각 위치에 따른 수분조건(물에 감기는 빈도와 지하수위 변화)에 맞는 식물이 자라게 된다. 천이주변구역은 고지(upland)의 숲과 구릉의 풀 등을 포함한다.

하천기술자들은 전통적으로 그림 9.3과 같이 복잡다양한 크고 작은 서식처를 고려하지 않고 오로지 수리계산의 편리성만 강조하여 수변 단면을 도식적으로 다루어왔다. 즉, 하천의 공학적 기능만을 고려한 하천관리에 익숙하였으며, 그에 따라 하천의 고유 기능 중의 하나인 서식처 기능은 대부분 무시하여 왔다.

자연하천의 서식처를 종방향으로 보면 그림 9.4와 같은 Vannote 등

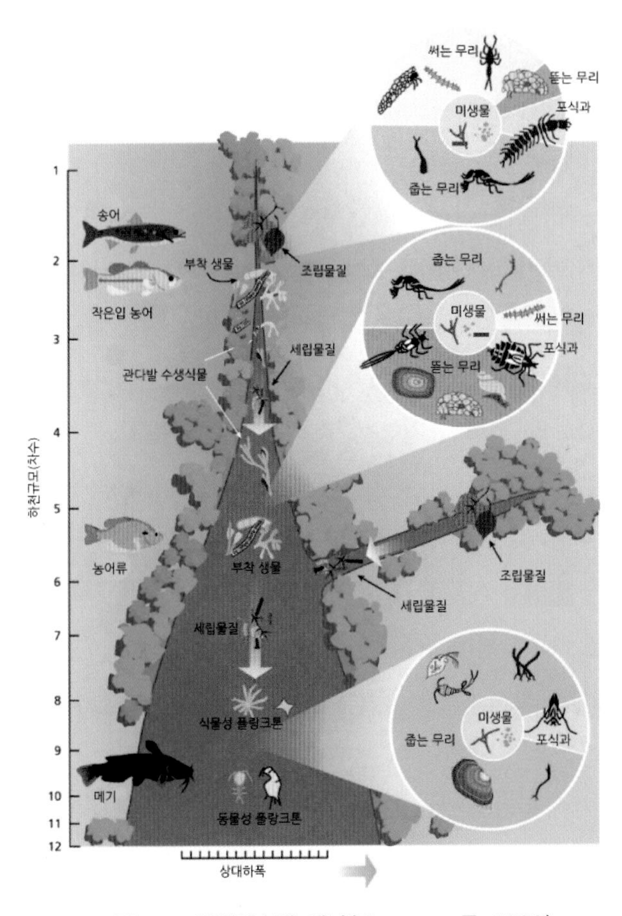

그림 9.4 하천연속체 개념(Vannote 등 1980)

(1980)의 하천연속체 개념(River Continuum Concept, RCC)이 유효하다. 이 개념에 의하면 1~3차[15] 하천의 상류구역에서는 수목의 그림자 등으로 물속의 조류나 기타 수생식물의 성장이 억제된다. 따라서 이 구역에서는 광합성이 활발하지 못하기 때문에 중요한 에너지는 물가 나무와 풀에서 떨어진 낙엽이나 나뭇가지 등이다. 위와 같은 먹이원의 제한과 비교적 낮고 계절 변화가 크지 않은 수온 등의 영향으로 생물종의 다양성은 제한된다. 그러나 하류로 가면서 4~6차 하천과 같은 중류구역에서는 물속에 빛이 더 많이 들어오면서 광합성으로 자체 영양공급이 가능해지고, 특히 상류에서 내려온 유기물 등으로 다양한 무척추동물이 번성하게 된다. 이는 곧 수생서식처의 다양성을 의미한다. 마지막으로 7~12차 하천과 같은 하류구역에서는 하천의 물리적 안정성은 커지지만, 탁도의 증가 등 여러 가지 이유로 수생서식처 상태가 중류와 달라진다. 이렇게 안정된 수역에서는 동물 간 경쟁과 포획 특성이 같이 안정되기 때문에 오히려 종의 다양성은 일부 줄어든다.

이 경우도 마찬가지로 전통적인 하천기술자들은 그림 9.4와 같이 생태적으로 연결되어 있는 하천의 종방향 서식처 변화는 고려하지 않고, 단지 수리계산의 편리성만 강조하여 수변의 종단면을 하천경사와 평균 하폭만 가지고 도식적으로 구분하여 다루어 왔으며, 그에 따라 하천의 고유기능 중의 하나인 서식처 기능은 대부분 무시되었다.

RCC 개념은 하천차수가 낮은 상류하천에서 흐름방향으로 물질교환과 생물이동을 다룬 것으로서, 홍수터가 있는 대하천의 경우 물을 통한 하도와 홍수터 간 횡방향 물질교환 및 생물이동의 중요성은 간과되었다. 이러한 단점을 해소하기 위해 나온 이론이 이른바 홍수맥박 개념(Flood Purse Concept, FPC)으로서, 이에 대해서는 Mitsch와 Jϕrgensen(2004)를 참고할 수 있다.

마지막으로 하천의 기층(substrate) 또는 하상층은 물과 흐름 다음으로 중요한 하천의 서식환경이다. 자갈, 모래, 실트 등 기층재료의 특성에 따

---

15) 여기서 하천의 차수(order)는 Horton-Strahler 방법에 의한 차수임(우효섭 등 2015)

라 그 서식환경에 적합한 생물이 서식한다. 일반적으로 잉어, 붕어 등 따뜻한 물에 서식하는 물고기는 진흙과 수초에, 송어와 연어 등 찬 물에 서식하는 물고기는 자갈하상에 산란한다. 또한 기층 자체는 다양한 무척추동물의 서식처이다. 그림 9.5는 기층의 혼합대(hyporheic zone)를 도식적으로 보여 준다. 혼합대는 하도와 사주의 지하부에서 하천수와 지하수가 상호작용하면서 물리적, 화학적, 생물적 특성이 변하는 곳이다. 혼합대의 두께는 장소에 따라 수cm에서 1 m까지 다양하다.

하천환경 기능 – 수질자정

외부에서 수변에 들어오는 오염물질은 그림 9.2와 같이 일차적으로 수변의 차단 및 여과 기능에 의해 걸러진다. 홍수 시 월류하거나 지류를 통해 들어오는 오염물질은 물리적으로 확산, 분산작용에 의해 흐름에 혼합, 희석된다. 또한 강바닥에 침전되거나 하상재료나 수생식생 표면에 흡착되는 오염물질은 궁극적으로 미생물에 의해 생화학적으로 분해된다. 이를 통틀어 하천의 자정작용이라 한다. 이러한 자정작용은 하천의 오염물질 수용능력 이내에서만 가능하다.

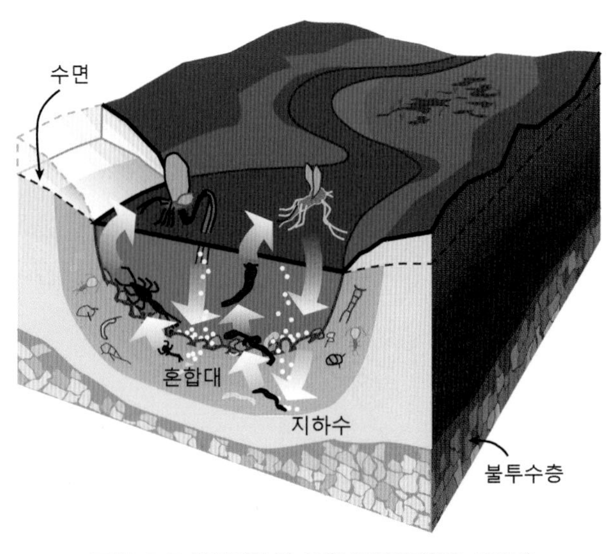

그림 9.5 하천기층의 혼합대(FISRWG 1997)

하천의 수질자정작용의 핵심적 지표 중 하나는 용존산소(DO)이다. 용존산소는 수생생물의 호흡작용에 필수적인 환경인자이다. 용존산소가 3 mg/L 이하가 되면 물고기 개체수에 직접적인 영향을 준다. 용존산소는 유기물의 분해, 질산염의 분해, 재폭기, 유사 산소요구량(SOD), 수생식물의 광합성과 호흡 등에 영향을 받는다. 이밖에 수온과 염도에 따라 달라진다.

생화학적 산소요구량(BOD)은 물속에 있는 유기물량의 척도이다. 따라서 그 자체로서 수생생물에 영향을 주기보다는 용존산소농도에 영향을 주어 수생서식환경을 변화시킨다. 그림 9.6은 하천에서 BOD와 DO의 변화과정을 도식적으로 표시한 것이다.

질소와 인 같은 영양염류는 육상식물은 물론 수생식물의 필수영양소이다. 그러나 과도한 인과 질소는 하천에서 수생식물의 과다 번식을 불러와서 식물체가 죽으면서 분해를 위해 용존산소가 과다하게 소모되고 그에 따라 용존산소 농도가 감소하게 한다. 동시에 사람들에게 시각적, 취각적으로 부정적인 영향을 준다. 이를 부영양화라 한다.

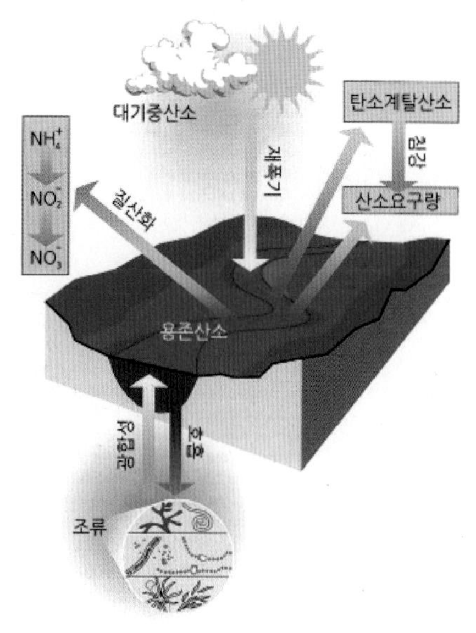

그림 9.6 하천에서 BOD와 DO의 변화과정(FISRWG 1997)

하천환경 기능 – 친수

하천의 친수 기능은 생태학적으로 심미, 위락 등 정보 기능이며, 동시에 하천환경이 인간에게 주는 가치이다. 우리는 흐르는 물과 주변 백사장, 녹색의 식물 등으로 구성된 자연하천에 대해 정서적으로 끌리게 되며, 그 곳에서 휴식과 안식을 취한다. 이러한 심미적, 위락적 기능은 통상 어메너티(쾌적성)로 연결된다. 이러한 기능은 경관미와 같이 하천 관련 역사와 문화라는 사회적 기능을 가져왔다.

9.2 하천환경유량

배경

하천의 환경유량(environmental flow)은 일차적으로 하천생태계를 지속가능하게 하기 위하여 요구되는 수량 및 수질 조건을 만족하는 하천유량을 의미한다. 전 세계적으로 환경유량을 평가하기 위해 무려 200개가 넘는 방법이 제시되어 왔다(Tharme 2003). Linnansaari 등(2012)은 환경유량을 평가하는 방법을 크게 수문적 방법, 수리적 방법, 서식처 모형을 이용한 방법, 전체적 분석 방법 및 해석적인 방법으로 구분하였다. 수문적인 방법에는 Tennant 방법과 7Q10 등이 대표적이며, 수리적인 방법에는 수위–유량 관계곡선을 활용하는 윤변법, R2 Cross 방법이 있다. 두 방법 모두 하천의 정보가 충분하지 않을 경우 간단하게 적용할 수 있는 방법이지만, 서식처 평가도구로는 충분하지 않다.

1960년대 선진국들은 발전 및 홍수피해 방지 등을 위하여 유량을 임의로 조절하였으며, 이로 인한 하류의 유황변동은 수생태계에 큰 영향을 주었다. 이러한 문제를 해결하기 위해 미국에서는 최소유량 개념을 도입하여 연어와 민물송어와 같은 중요 어류에 대해 물리적 서식처를 기본적으로 만족할 수 있는 유량을 경험적인 방법으로 평가하였다. 그 후 최소유량 보장만으로는 건강한 어류 서식처 유지에 한계가 있음이 지적되었으며, 인간활동이 하천의 물리서식 환경에 끼치는 영향에 대한 정량적인 분석이 요구되었다. 이후 1980년대 미국에서 '유지유량 증분법'이라 하는 IFIM(Instream Flow Incremental Methodology)이 개발되어 어류 물리서식처 분석에 널리 사용되었다(Trihey와 Stalnaker 1985). 국내의 경우 1980년대 이후 하천의 수질문제가 대두되었으며, 이로 인해 하천의 수질보전을 위한 유량을 유지유량으로 간주하였다. 1990년대 이후 하천의 환경기능을 고려하기 위해 하천법을 개정하는 등 생태환경보전 문제가 주요 이슈가 되었으며, 수생태계 보전을 위한 '물고기 유량' 또는 환경유량의 개념이 소개되었다(수자원공사/건기연 1995).

물리서식처 모형

수생서식처 보전을 위한 물리서식처를 평가하는 방법으로서 세계적으로 널리 알려진 모형은 1970년대 말 미국에서 개발되어 지속적으로 보완된 PHABSIM(Physical HABitat SIMulation System)이 있다(Stalnaker 등 1995). 이 모형은 IFIM의 핵심적인 부프로그램으로서, PHABSIM에서 물리서식처 평가는 크게 수리해석 및 서식처분석으로 나눌 수 있다. 여기서 서식처분석은 서식처적합도 지수(Habitat Suitability Index, HSI) 방법을 이용한다. 서식처적합도 지수는 대상 생물종의 생애 단계별로 물리서식처의 물리량과 적합도와의 관계를 0(가장 나쁨)에서 1(가장 좋음)로 평가하는 것이다.

그림 9.7(a)과 같이 PHABSIM은 일차원 수리해석 후 두 단면 사이의 구간에서 물리조건이 유사한 격자(셀)로 다시 잘게 나누어 각 셀에서 수심, 유속, 기층 등 서식처적합도를 평가한다. 다음, 복합 서식처적합도 지수(Composit Habitat Suitability, CSI)는 각 셀에서 매겨진 각 물리적 인자의 서식처적합도 지수를 조합하여 하나의 값으로 제시한 것이다. 조합방법은 곱셈법, 기하평균법, 최소치법, 가중치법이 있으며, 각각 다음의 식과 같다.

$$CSI_i = f(v)_i \times f(d)_i \times f(s)_i \tag{9.1}$$

$$CSI_i = \left[f(v)_i \times f(d)_i \times f(s)_i\right]^{1/3} \tag{9.2}$$

$$CSI_i = Min\left[f(v)_i \times f(d)_i \times f(s)_i\right] \tag{9.3}$$

$$CSI_i = f(v)_i^a \times f(d)_i^b \times f(v)_i^c, \quad a+b+c=1 \tag{9.4}$$

여기서 CSI_i는 i번째 격자의 복합 서식처적합도 값이며, $f(v)_i$, $f(d)_i$, $f(s)_i$는 각각 유속, 수심, 기층에 대한 서식처적합도이다. 위와 같은 방법으로 계산된 복합서식처 적합도는 해당 셀면적을 곱한 후 합하여 가중가용면적(Weighted Usable Area, WUA)이 되며, 다음과 같이 표시된다.

$$WUA = \sum_{i=1}^{k} CSI_i \times A_i \tag{9.5}$$

여기서 k는 대상 하천구간에서 전체 셀수이며, A_i는 i번째 셀에서 수면

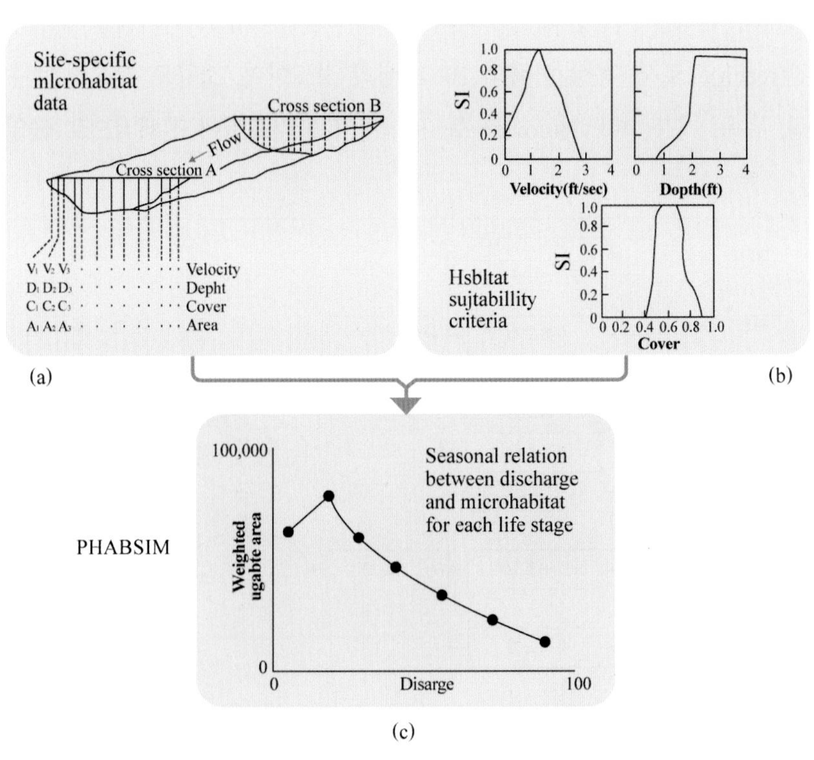

그림 9.7 PHABSIM에 의한 적합도 산정(Stalnaker 등 1995)

적이다. 그림 9.7은 유량과 가중가용면적과의 관계를 나타낸 것이며, 이 그림을 통해 최적의 서식처에 해당하는 유량을 확인할 수 있다.

유지유량 증분법

유지유량 증분법(IFIM)은 미국에서 1970년대 이후 소수력 발전으로 인한 어류 생태계파괴 문제가 대두됨에 따라 어류서식처의 정량적인 분석 및 평가 기준 마련을 위해 제안된 환경유량 평가방법이다. 이 방법은 유량을 조금씩 증가시켜 가며 물리서식처 조건을 유량의 함수로 나타내는 방법이다(Trihrey와 Stalnaker 1985). IFIM은 4단계 과정으로 이루어져 있으며, 각각 문제식별 및 진단과정, 연구계획, 연구이행, 대안분석 및 결론결의 단계로 이루어져 있다. 그림 9.8은 IFIM의 흐름도를 보여 준다.

IFIM에서는 목표어종에 대하여 대규모서식처(macrohabitat)와 소규모서식처(microhabitat)를 고려하며, 물리적, 화학적 적합도 분석을 통하여 서식처 면적을 시공간적으로 나타낸다. 여기서 대규모 서식처는 하천구간(reach)으로서, 통상 하폭의 10~15배의 정도이며, 소규모 서식처는 수심, 유속, 기층, 피난처(cover) 등 서식처의 물리조건이 전체적으로 균일

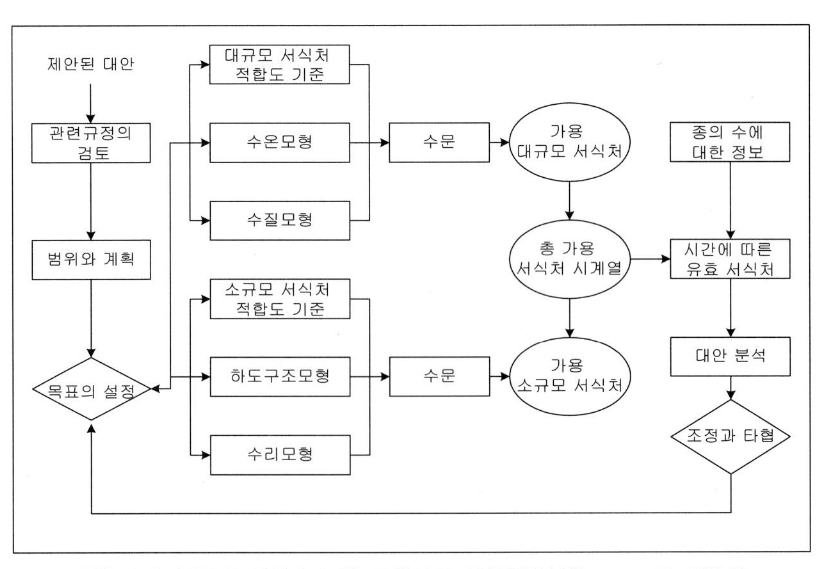

그림 9.8 IFIM의 구성요소 및 모형과의 상호연결성(Bovee 등 1998)

한 곳을 의미한다. IFIM에서 수온 및 수질은 대규모 서식처 요소로 분류되며, 관련된 모형을 이용하며 해석된다. IFIM 개념은 첫 개발 이후 지속적으로 보완되어 미지질조사국(1998)에서 집대성되었으며, 하천평가 분야에 세계적으로 널리 이용된다.

적용 사례

국내에서 물고기 서식처 보호를 위한 환경유량의 개념은 1990년대에 구체적으로 소개되었으며, 우효섭 등(1998)은 우리나라의 실정에 맞는 물고기 서식처 조건을 고려한 하천유지유량 결정방법을 제안하였다. PHABSIM의 경우 국내에서 최초로 남한강 지류인 달천에서 피라미 어종에 대하여 적용되었다(김규호, 1999). 그 후 다양한 사례에서 PHABSIM을 적용한 연구가 진행되었으며, 그중 몇몇 사례를 소개하면 다음과 같다.

임동균 등(2007)은 PHABSIM을 이용하여 경기도 고양시에 위치한 곡릉천 유역에서 보 철거가 어류 물리서식처에 미치는 영향을 분석하였다. 적용대상 구간은 약 1 km이며 연구대상 하천구간의 대표 어종인 피라미의 성장 단계별 서식처 적합도 곡선을 이용하여 보 철거 전과 후의 가중가용면적을 계산하였다. 연구결과 보 철거 후 어류의 물리서식처가 전반적으로 좋아지는 것으로 나타났으며, 이는 물리서식처 분석을 하천복원 사례에 적용한 국내 최초의 사례이다. 이 사례는 나중에 구체적으로 소개한다.

강형식 등(2010)은 ‘River2D’ 모형을 이용하여 달천 괴산댐 하류 약 2.3 km 구간에 대하여 발전방류가 어류 물리서식처에 미치는 영향을 분석하였다. 그림 9.9는 적용 대상구간의 대표 어종인 피라미에 대해 성장단계별 유량에 따른 가중가용면적의 변화를 도시한 것이다. 이 그림에서 성어기의 최적유량은 9 m^3/s, 성장기 및 산란기의 최적유량은 각각 약 4 m^3/s, 2 m^3/s 이었다. 또한 시간별 자연유량 및 발전방류량에 의한 가중가용면적을 계산한 결과, 한 주 동안 발전방류량의 평균은 갈수량보다 크지만 계산된 가중가용면적은 약 60～100% 정도 감소하는 것으로 나타

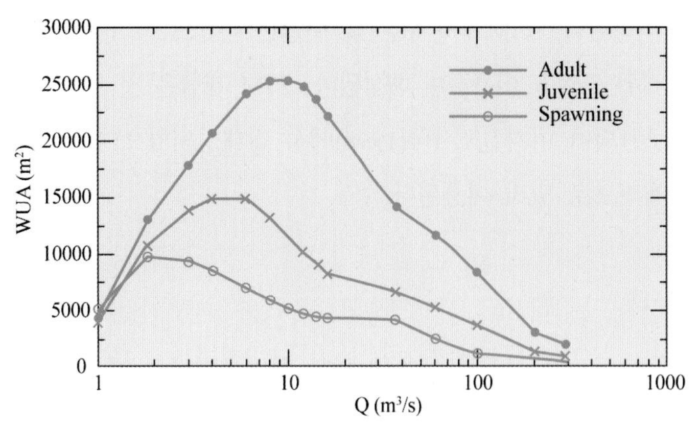

그림 9.9 피라미의 성장단계별 유량에 따른 가중가용면적 변화(강형식 등 2012)

났으며, 이는 발전방류가 어류 물리서식처에 악영향을 끼치는 것을 정량적으로 확인한 것이다. 이 사례는 PHABSIM 개념을 이용하여 댐과 같은 수공구조물의 서식처 영향을 평가한 좋은 사례라 볼 수 있다.

기존 PHABSIM에서 서식처적합도 지수 모형은 '지식기반'의 모형으로서, 전문가의 주관적인 판단이 개입되고 수심, 유속, 기층 등 물리서식처 인자 간 상호연관성을 고려하지 못하는 단점과 연구대상 구간에 대한 시간적, 공간적인 특수성이 반영되지 못하는 한계가 있었다. 이러한 한계를 극복하기 위하여 '자료기반'의 모형을 이용한 물리서식처 분석 방법이 소개되고 있다. 이 분야에 대해서는 Jung과 Choi(2005), Choi와 Choi(2015) 등을 참고할 수 있다.

9.3 하천복원

의의

하천복원(river restoration) 또는 수변복원이란 치수사업이나 기타 여러 목적의 하천사업 또는 불량한 유역관리에 의해 훼손된 하천의 환경적 기능, 즉 서식처, 수질자정, 경관 기능을 되살리기 위해 수변을 원 자연상태에 가깝게 되돌리는 것이다.

하천복원은 하천에 교란을 주는 활동이나 하천생태계의 탄력 또는 복원력(resilience)에 의해 자연적인 회복을 막는 활동을 억제하는 것부터 시작한다. 여기서 하천에 지속적으로 작용하는 교란활동을 제거하거나 저감하는 활동을 '교정(remediation)'이라 한다. 하천복원의 대상은 기본적으로 하도를 포함한 강턱(bank), 홍수터, 제방 등 수변이다.

하천복원이란 무엇인가? 이 분야에서 많이 쓰이는 미국자료에 의하면(FISRWG 1997), 하천복원은 훼손된 하천을 원래 교란 전 그 하천이 가지고 있던 생태적 기능과 구조에 가능하면 최대한 가깝게 되돌리는 것이다. 반면에 하천회복(rehabilitation)은 훼손된 하천에서 생태계가 자연적으로 다시 되살아나도록 형태적, 수문적으로 안정된 환경을 만들어 주는 것이다. 따라서 하천회복은 하천복원과 달리 원 생태계의 구조와 기능으로 똑같게 되돌리는 노력이 반드시 필요하지 않다.

마지막으로 하천간척(reclamation)은 인간을 위해 자연자원을 이용하는 과정으로서, 하천 원 생태계의 생물적, 물리적 능력을 변경하는 것이다. 이는 수변을 농경지나 기타 거주지로 바꾸는 것을 의미하나, 그 의미를 확대하면 홍수터에 하천공원이나 기타 시설을 조성하는 것도 이 범주에 포함될 것이다.

그림 9.10은 이와 같은 하천복원, 회복, 간척 등의 의미를 생태계 기능과 구조의 두 축에서 개념적으로 보여 준다. 이 그림에서 원 생태계 특성에 얼마나 가깝게 되돌리나에 따라 하천회복은 하천복원 선 상에 있거나 조금 떨어져 표시될 수 있을 것이다. 반면에 간척이나 하천공원 조성 등은 원 생태계로부터 상당히 멀리 떨어져 표시될 것이다.

그러나 이같은 전통적인 하천복원의 정의에 대해 회의적인 시각이 대두되었다(Dufour와 Peigay 2009). 그들은 왜 과거 비교란 상태, 즉 자연상태로 되돌려야 하나?, 인간활동에 의해 변형된 하천이 꼭 반자연적인가?, 비교란 상태로 되돌리기 위한 기준(reference)은 무엇이며, 실제 가용한가? 등 자연보전/복원 위주의 하천복원 정의에 근본적인 의문을 제기하였다. 대안으로서 그들은 하천이 주는 사회적, 경제적 가치를 유지하며 동시에 생태적 가치

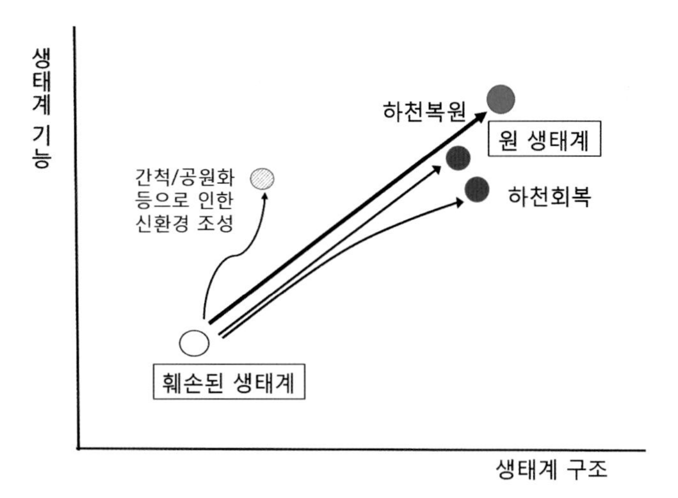

그림 9.10 하천생태계의 구조와 기능 축에서 본 하천복원, 회복, 간척

를 되살릴 수 있는 생태 시스템을 만들어 주는 것이 현실적으로 바람직하다고 하였다. 이를 위해 하천복원사업은 '기준에 기초한(reference-based)' 전략보다는 '목표에 기초한(objective-based)' 전략이 필요하다고 강조하였다.

국내의 경우 사실상 2,000년 전 선조들이 하천변 홍수터를 개간하여 벼농사를 짓기 시작한 후부터 시작하여, 20세기 들어 도시화, 산업화, 경지정리사업, 하천정비사업 등으로 과거의 하천은 상당 부분 사실상 영구히 변형되었다. 이 점에서 하천복원에 대한 Dufour와 Peigay의 접근방식이 우리에게 보다 현실적이며 타당할 것이다. 즉, 하천복원사업은 무조건 하천의 원 생태계 복원에 초점을 맞추기보다는 2.4절에서 설명하였듯이 동식물자원, 친수성, 역사문화성, 홍수조절, 수질자정 등 다양한 서비스 기능을 되살리는 것을 목표로 삼는 것이 많은 경우 합리적일 것이다(우효섭, 김한태 2010).

배경 및 경과

세계적으로 19세기 초를 전후하여 산업혁명 이후 도시화와 산업화의 진전으로 하천의 환경적 기능이 점차 악화되었다. 특히 하천을 단순히 수자원으로 간주하고 이수 기능을 확대하거나, 홍수로부터 도시와 농경지를 보호하기 위해 치수 기능을 인위적으로 확대하는 과정에서 하천의 환경적 기능은 점차 악화되었다.

환경의 보전과 복원 그리고 친수성 차원에서 하천사업이 처음으로 구체화된 곳은 유럽의 독일어권 국가들이다. 독일, 스위스 등에서는 1970년대부터 이른바 근자연형 하천공법(naturnaher wasserbau)이라 하여 기존의 콘크리트나 금속 등 토목재료 대신에 갯버들, 풀 등 살아있는 생물재료와 거석, 통나무 등 자연재료를 이용하여 하천사업을 하기 시작하였다. 이러한 공법은 치수나 이수사업 등 새로운 하천사업에는 물론, 인공화된 하천의 복원, 회복사업에 이용되었다. 이러한 근자연형 하천공법의 개념은 1980년대 일본으로 도입되어 '다자연형(多自然型) 하천공법'이라는 이름으로 소화·개량되었다.

미국에서는 1972년 'Clean Water Act' 이후 하천의 화학적, 물리적, 생물적 과정의 통합적 복원과 정비사업을 시작하였으며, 이는 넓은 의미에서 하천복원사업의 시작으로 볼 수 있다. 여기서 하천복원사업의 2대 목표는 수질적으로 '수영할 수 있는' 하천으로, 생태적으로 물고기가 사는 하천으로 되살리는 것이다. 1990년대 말 미국의 연방정부 관련기관들이 모여서 만든 '하천복원 작업그룹'이 제작한 '수변 복원 – 원칙, 과정, 실무'라는 제목의 수변복원 가이드라인(FISRWG 1997)은 구체적이고, 기술적인 세부사항이 미흡하다는 일부 지적(Shields 1999)에도 불구하고 지금까지 이 분야에서 가장 돋보이는 가이드라인 중 하나이다.

국내의 경우 1960~70년대 들어 급속한 산업화와 도시화로 하천수 오염이 심화되고, 치수 목적만을 위한 인공적, 획일적인 하천개수가 보편화되었다. 그 결과 하천이 원래 가지고 있던 생물서식처 기능과 자정, 친수기능 등 하천환경 기능이 점차 상실되었고, 하천형태도 변형되었다. 1980년대 아시안 게임과 올림픽 게임 개최를 전후하여 하천관리자들은 물론 일반 시민들에게도 하천환경의 보전과 개선의 필요성에 대한 공감대가 형성되기 시작되었다. 특히 도시하천을 복개하여 하천을 소멸시키고 다른 용도로 쓰는 이전까지의 하천관리 관행에 대한 반성과 함께 훼손된 하천을 원 모습으로 되돌리는 하천복원에 대한 필요성이 대두되었다. 이에 따라 1990년대 들어 독일식 이름의 '자연형하천' 기술을 이용한 하천복원 연구가 국가차원에서 처음 시작되었으며(환경부/건기연,1997~2002), 일부 도시하천 구간에 대해 시범사업이 진행되었다.

국내 하천사업의 변천과정을 각각의 상징적인 사진으로 표시하면 그림 9.11과 같다. 그림과 같이 1960~70년대 산업화와 도시화가 진전되기 전에는 대부분 (a)와 같이 '자연하천'이었으나, 그 후 그림 (b)와 같이 치수위주의 '방재하천'으로 변형되었으며, 이 추세는 지금도 일부 계속되고 있다. 도시하천의 경우 1970년대부터 하천의 일부를 점용하여 타용도로 전용되거나, 복개되었으며, 여기서는 이를 '점용하천'(c)이라 한다. 1980년대 중반 이후 대도시 하천을 중심으로 훼손된 하천의 친수 기능을 되살리기 위해 홍수터에 공원을 조성하는 이른바 공원하천사업이 시작되었다(그림 9.11(d) 참조). 나아가 1990년대 중반부터는 하천의 생태 기능회복을 목표로 그림 (e)와 같은 자연형하천사업이 시작되었으며, 이러한 사업은 이름을 조금 달리하여 2010년대까지 이어지고 있다. 이러한 하천

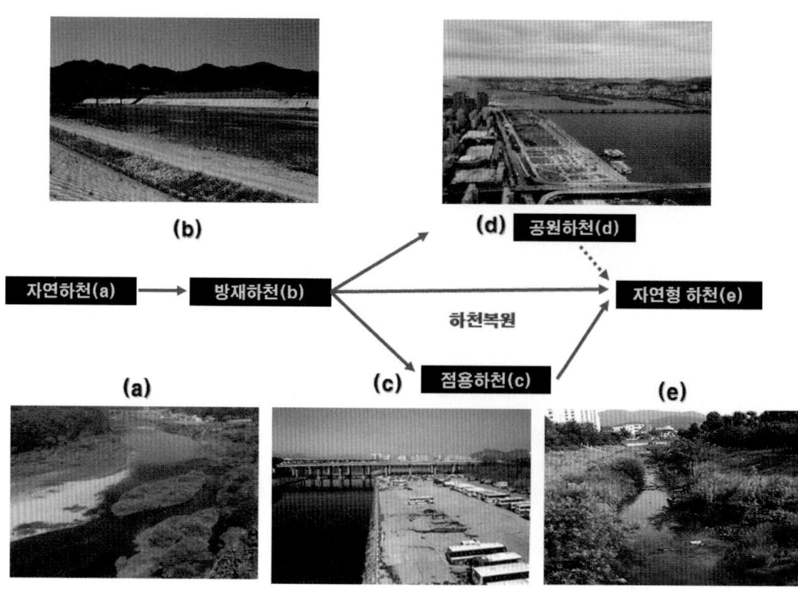

그림 9.11 국내 하천사업의 변천과정(우효섭 등 2001)

사업의 변천과정은 외국의 경우에도 크게 다르지 않을 것이다. 여기서 하천회복 개념을 포함한 넓은 의미의 하천복원은 방재하천이나 점용하천, 나아가 공원하천을 자연형하천으로 만드는 것이다.

절차 및 모형

하천복원을 시작하기 위해서는 먼저 무엇이 현재의 훼손상태를 만들었는가를 확인하는 것이 필요하다. 문제의 원인을 파악하기 위해서는 수변에 가해지는 물리적, 화학적, 생물적 교란과 그에 의한 영향을 이해하는 것이 중요하다. 이를 위해서는 하천의 한 지점이나 짧은 구간 또는 '선'적인 수계 관점에서 보는 것이 아니라 2차원적인 유역차원에서 보는 것이 필요하다. 다만 이 책에서는 하천복원을 위한 계획, 설계에서 반드시 검토해야 하는 유역의 수문과정, 하천의 물리적 과정, 특히 하천지형적 과정 등에 대한 설명은 생략하였다. 이러한 과정들의 이해를 위해서는 미국에서 발간된 수변복원 가이드라인(FISRWG 1997)이나 국내에서 발간된 하천복원 통합매뉴얼(국토부/건설연 2011) 등을 참고할 수 있다.

하천에 가해지는 교란은 기본적으로 자연적인 것과 인위적인 것으로 나눌 수 있다. 자연적 요인으로는 기록적인 홍수, 가뭄, 산불, 지진, 화산, 곤충과 질병, 극단적인 기온 등을 들 수 있다. 그러나 하천생태계는 일반적으로 매우 큰 외부환경변화도 감내하는 회복력이 있기 때문에 외부자극이 끝나면 대부분 원 상태에 가깝게 회복된다.

인간활동에 의한 교란은 댐건설이나 하천정비와 같이 하천에 가해지는 직접적인 교란과 주변 토지이용에 의한 간접적인 교란 등 크게 둘로 나눌 수 있다. 전자는 하천에 가해지는 일종의 '점 교란원'이며, 후자는 '비점 교란원'이다. 여기에 외래종의 도입에 의해 수변생태계 교란이 추가된다.

하천복원사업은 성격상 많은 전문성과 단계를 거치고, 특히 지역주민들의 관심과 참여가 필요하다. 미 연방정부에서 발간한 수변복원 가이드라인에는 이러한 하천복원 절차와 관련 지식 그리고 실제 설계와 시공 관련 기술들이 구체적으로 제시되어 있다. 국내의 경우 하천복원 통합매뉴얼의 '제4장 복원계획수립' 편에 복원사업의 접근방안, 모델의 선정, 마스터플랜의 수립, 사회 · 경제성 평가 등이 소개되어 있다.

통상의 하천사업이든 복원사업이든 하천사업은 일반적으로 생태성, 친수성, 치수성 등 3대 요소를 만족해야 한다. 여기서 생태성은 종의 다양성과 생태계 구조와 기능의 자기지속성을, 친수성은 인간 관점에서 심미와 쾌적함 등을, 치수성은 기술적으로 홍수조절과 안전 기능의 증진을 의미한다.

이러한 하천사업의 세 가지 요소 간 상관관계를 도식적으로 표시하면 그림 9.12와 같다(우효섭, 김한태 2010). 생태성과 치수성의 역 상관관계는 일반적으로 치수 위주의 하천사업이 생태성을 해치는 것에서 잘 알 수 있다. 친수성과 치수성의 역 상관관계 역시 치수 위주의 하천정비사업이 주는 심미성과 쾌적성의 저하에서 유추할 수 있다. 다만 생태성과 친수성은 일정 한도까지 상관성을 보이나, 어느 한도가 넘으면 역 상관관계가 되는 것은 생태성이 100% 보장된 자연하천은 친수성이 오히려 떨어진다는 점에서 알 수 있다.

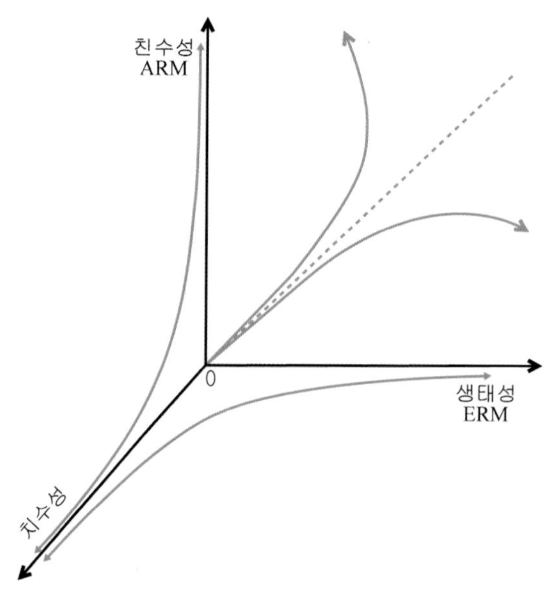

그림 9.12 하천복원의 목표(생태성, 친수성)와 치수성 관계

따라서 어느 하천복원사업이 앞의 세 가지 요소를 모두 만족하는 것은 사실상 불가능하므로 복원모형 또한 앞의 요소 중에서 한 두 요소에 초점을 둔 목표지향적 모형이 되는 것이 현실적이다. Woo와 Kim(2006)은 이를 위해 친수성 복원에 초점을 맞춘 어메너티 복원모형(ARM)과 생태성 복원에 초점을 맞춘 생태복원모형(ERM), 그 중간 성격으로 준 생태복원모형(semi-ERM)을 제안하였다. ARM은 주변이 어느 정도 개발된 도시하천에 적합한 모형으로서, 그 특성상 과거 상태에 기초한 복원보다는 친수성이라는 가시적인 목표에 기초한 복원모형이다. 이모형에서 복원의 거울이 되는 참조하천(reference river)은 반드시 필요하지 않을 것이며, 개별 하천의 자연적, 사회적 특성을 고려하여 친수성이나 역사문화성 등 구체적인 복원목표를 설정할 수 있을 것이다. 이 모형의 성과는 보통 그림 9.11에서 '공원하천' 유형으로 나타난다.

ERM은 주변이 비교적 덜 개발된 비도시 하천에 적합한 모형으로서, 이 모형에서 참조하천은 복원계획의 수립에 큰 도움을 줄 것이다. 구체적인 복원목표로서 그 하천에 서식하였던 상징적인 생물종의 복귀 등을 고려할 수 있을 것이다. 이 모형의 성과는 '이상적' 복원하천으로 나타난다.

표 9.1 하천복원모형의 특징 비교(우효섭 등 2015)

구분	ARM	ERM	semi-ERM
복원 목표	하천의 어메너티(심미, 위락, 정서 등) 및 역사문화성	하천의 생태 서식처 복원	제한된 하천공간에서 생태서식처 복원
지향점	공원하천	이상적 '복원하천'	자연형하천
적합 하천	주변이 개발된 도시하천	주변이 덜 개발된 비도시하천	주변이 개발된 도시하천에서 제한적으로 적용
구체적 복원 목표	개별하천 여건에 맞추어 복원목표 설정	과거 자생하였던 동식물 서식처 복원(참조하천 개념 유효)	새로운 서식처 조성(참조하천 개념 유효)
공간포용 관계	홍수조절공간 > 생태공간, 역사문화공간	생태공간 > 홍수조절공간, 역사문화공간	생태공간 = 홍수조절 공간
지속 가능성	시민의 안전, 시설물 보호 등	생태적 자기지속성	지속적 관리를 통해서만 생태지속성 유지 가능

semi-ERM은 생태성을 지향한다는 점에서 ERM과 같으나 복원 후 지속적인 관리 없이는 생태계 구조와 기능의 자기지속성을 담보하기 어려운 경우이다. 이 모형은 주변이 개발된 도시하천에서 친수성이 아닌 자연성 목표를 지향하는 경우 적용가능한 모형이다. 이 모형의 성과는 보통 그림 9.11에서 '자연형하천'으로 나타난다. 이같은 세 모형의 특성을 비교하면 표 9.1과 같다.

하천복원 기술

하천복원 기술의 기본은 하도형태를 자연하천에 가깝게 만드는 것과 원래 그 하천에 있었던 자연재료를 최대한 이용하는 것이다. 즉, 형태의 자연형과 재료의 자연형으로서 앞서 설명한 독일의 '근자연형하천 만들기'의 기본 개념이다. 여기에 수량과 수질의 복원은 자연형하천 기술의 적용에 선행되거나 병행해야 할 것이다.

하천의 물리적 구조의 설계에서 가장 기본적인 것은 하도설계 기술이다. 수리적 관점에서 하도설계의 기본은 설계유량에서 상류에서 내려오는 유사량과 하류로 이송하는 유사량이 균형을 이루는 안정하도를 만드는 것이다.

유량복원은 유역과 하천에 인위적인 교란으로 변형된 환경유량을 복원하는 것으로서, 특히 도시하천복원에서 현실적으로 중요하다. 수질복원은 하천의 환경기능 중에서 수질자정 능력을 복원하거나 증대하는 것으로서, 전통적인 점오염물질과 비점오염물질 처리를 위한 유역대책과 하천 내 처리를 위한 하천대책 등이 있다. 이 중 하천복원 차원에서 중요한 수질복원은 하천대책으로서, 습지를 이용한 오염물 정화(제5장 참조)와 여울을 이용한 재폭기 등이 대표적이다. 따라서 하천복원에서 고려되는 습지와 여울은 하천 내 서식처 기능 복원은 물론 이같은 물정화 기능 모두를 고려하는 것이 바람직하다.

생물서식처복원은 하천환경 기능 중에서 서식처 기능을 복원하는 것으로서, 크게 하도 내 수생서식처 복원과 주변 강턱(또는 호안)과 홍수터 등 육상서식처 복원 등으로 구분할 수 있다. 수생서식처 복원을 위한 하도 내 서식처구조물 설계순서(Shields 1983)는 일반적으로 배치계획, 구조물 형태의 선정, 구조물 크기 결정, 수리효과 분석, 유사이송영향 분석, 재료선정 및 구조물설계 등이다.

하도 내 구조물 형태는 크게 둔덕(sills, weirs), 변류기(deflectors, dikes), 거석(boulders), 통나무 피난처(covers, lunkers) 등으로 구분되며, 각 형태의 특징에 대해서는 미 토목학회 자료(ASCE 2007)에 자세히 나와 있다. 여기에 추가로 인공여울, 어도 등을 고려할 수 있다. 이러한 하도 내 자연형 하천기술에 대해서는 FISRWG(1997)의 부록이나 통합매뉴얼(국토부/건설연 2011)의 '제6장 공법적용'에 구체적으로 나와 있다.

홍수터의 생물서식처 복원은 크게 하도와 홍수터의 흐름연결, 배후습지나 샛강의 복원 등으로 나눌 수 있다. 하도와 홍수터를 흐름으로 연결하는 것은 인위적으로 단절된 주 하도와 주변 홍수터를 자연하천상태로 되돌려주는 것으로서, 이는 특히 수문변화에 의한 하천역동성을 홍수터로 연결시켜 준다는 점에서 의의가 있다. 이를 위해 통상 제방월류, 세방후퇴, 제방철거 또는 샛강이나 단절된 수로와 본류수로 연결 등을 고려할 수 있다.

배후습지나 샛강의 복원은 과거 자연상태 홍수터에서 흔히 나타났던 배후습지, 웅덩이, 샛강 등을 복원하는 것으로서, 이러한 장소는 하천에 서식하는 무척추동물, 물고기, 물새, 양서파충류, 포유류 등의 귀중한 피난처, 산란처, 양육처 역할을 한다.

식생복원은 물가나 강턱의 보호와 홍수터 복원 등에 이용된다. 물가/강턱은 홍수 시는 물론 평상시에도 침식에 취약하여 지속적으로 훼손될 수 있다. 이를 보호하기 위해 기존에 설치된 콘크리트 (저수)호안은 수생서식처와 육상서식처를 단절하는 주요 요인으로 작용하기 때문에 하천복원사업의 주요 철거대상이 된다. 이같은 물가/강턱의 보호를 위한 식생도입은 초기에는 흐름으로부터 물가 토양을 보호하기 위한 이른바 '붕대효과'

를 기대하며, 장기적으로는 물가에 그늘을 제공하고 물고기 등 수생동물의 피난처를 제공하는 효과가 있다. 이를 위해 생태기술 중 하나인 토양생물기술(soil bioengineering)이 이용된다. 이를 이용한 자연형 호안에는 크게 거석과 돌을 이용한 호안, 식생과 혼합된 호안, 순수 식생호안 등으로 나뉜다.

토양생물기술을 이용한 식생호안의 한 예로 그림 9.13과 같이 사석, 갯

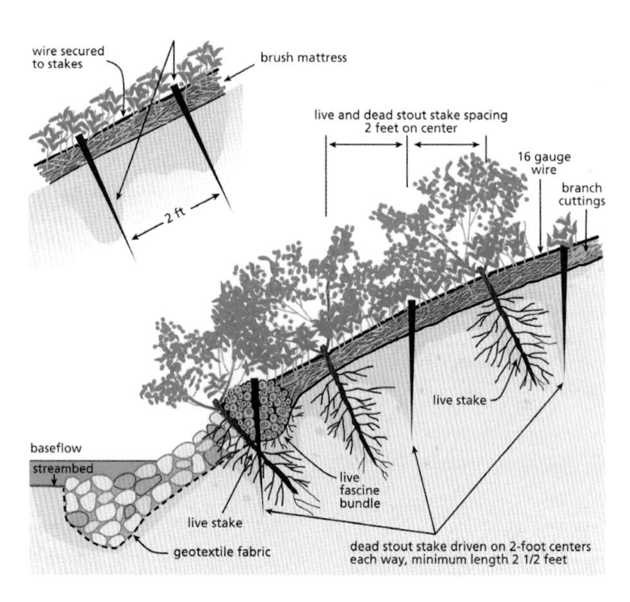

(a) 갯버들 윗가지를 이용한 호안

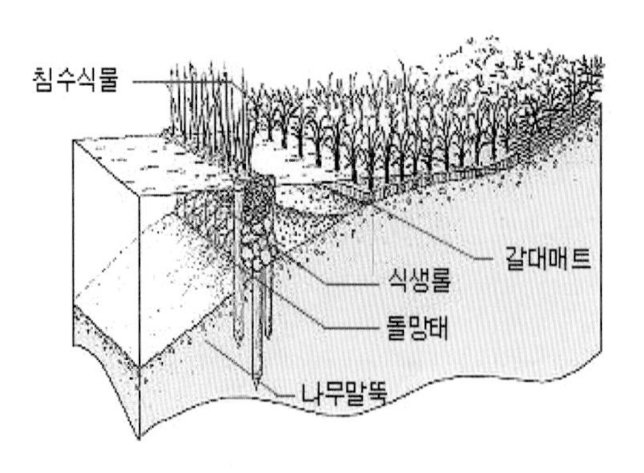

(b) 식생롤과 갈대매트를 이용한 호안

그림 9.13 생물토양기술을 이용한 자연형호안 예(a: FISRWG 1998, b: 국토부/건설연 2011)

버들, 통나무, 토목섬유 등을 이용하여 강턱 경사면에 꺾꽂이하거나, 살아있는 윗가지로 넓게 덮거나, 다발로 물가에 흐름방향으로 묻거나, 강턱 끝에 쌓아놓는 것이다. 갯버들은 특히 활착률이 높고 쉽게 얻을 수 있기 때문에 생물 재료로 적합하다. 여기서 이용되는 토목 섬유는 야자 섬유와 같은 시간이 가면 스스로 썩는 재료가 바람직하다.

홍수터 식생복원은 과거 홍수터에 자생하던 식생이 되살아나도록 환경 여건을 만드는 것으로, 포플러, 버드나무 등 목본류 군집이나 갈대, 달뿌리풀, 대나무 등 초본류 군집의 복원에 초점을 맞추어 설계할 수 있다. 역으로 과거 자연상태에서 모래나 자갈로 덮인 사주 등이 하천 형태 및 유량, 수질 등의 인위적인 변화로 식생으로 덮이게 되는 경우(Woo 등 2010), 식생성장을 억제하고 모래, 자갈 사주를 복원하는 것도 생각할 수 있다.

마지막으로 홍수터복원의 일환으로서 수변이 주는 다양한 생태적 기능 중에서, 특히 차단 및 여과 효과를 되살리기 위한 것으로서 제5장에서 설명한 수변완충대 조성이 있다.

9.4 하천복원의 국내외 사례

하천회복을 포함한 넓은 의미의 하천복원 사례는 국외는 물론 국내에서 다양하게 찾을 수 있다. 국내의 경우 1990년대 중반 과천시 부림동 양재천 구간과 서울시 우면동 양재천 구간에 연구목적의 시범사업을 시작으로 강남구 양재천 사업이 시작이다. 그 후 2000년대 울산시 태화강, 안양시 안양천, 서울시 청계천 등으로 확대되었다. 국외의 경우 미국 플로리다 주의 키시미강 사례가 대표적이며, 그 밖에 일본, 유럽 등에서 크고 작은 하천복원사업이 진행되었다. 국내외 하천복원사업 사례에 대해서는 하천복원사례집(하천복원연구회 2006)과 생명의 강 살리기(생태공학포럼 2011)에 다양한 사례가 소개되고 있다. '생명의 강 살리기' 사례집에는 국내외 사례를 흐름과 서식처 복원, 옛 물길 복원, 생태통로 복원,

도시하천 어메니티 복원 등으로 나누어 소개하고 있다.

여기서는 semi-ERM 사례로서 양재천 시범사업, ARM 사례로서 서울시 청계천 복원사업, ERM 사례로서 미국 플로리다 주의 키시미강 복원사업을 간단히 소개한다. 추가로 용도가 폐기된 보 철거를 통한 생태통로 복원사업의 예로서 경기도 고양시 곡릉천 시범사업을 소개한다.

양재천 시험사업[16)]

이 사업은 서울시 구간에서 한강으로 유입하는 탄천의 1차 지류인 양재천 상하류 두 구간에 시험적으로 적용된 것이다(환경부/건기연 1997~2002). 상류인 과천시 구간에는 저수호안 중심의 식생복원에 초점이 맞추어졌으며, 하류인 서울시 서초구 구간에는 하도복원, 생물서식처 복원, 하천 내 물정화 등에 초점이 맞추어졌다.

상류구간 시험사업은 1996년 말에 과천시 부림동 양재천 300 m 구간에 시공되어, 1997년부터 모니터링이 시작되었다. 모니터링은 특히 국내에서 최초로 토양생물기술을 이용하여 만들어진 물가 호안의 홍수 시 세굴 저항성에 초점이 맞추어졌다(우효섭 등 1999).

하류시험사업은 1998년에 서울시 우면동 양재천 300 m 구간에 시공되어 1999년부터 모니터링이 시작되었다. 모니터링은 주수로/샛강 등 하도설계, 인공여울과 소 등 소규모 서식처 설계, 비점오염물질 제거를 위한 하천 내 습지조성 및 자갈층 지하시설 설치, 홍수터복원 등에 초점이 맞추어졌다.

상류 과천구간은 과천시 부림동을 관류하는 양재천 구간으로서, 시험사업구간을 기준으로 유역면적은 10.5 km^2이고, 하천경사는 약 1/300 정도이다. 이 구간의 하상재료는 직경 약 2~10 mm 정도의 자갈과 일부 모래로 되어 있다. 이 구간은 그림 9.14(a)와 같이 치수기능 확대를 위해 1970년대에 직강화, 콘크리트화, 복단면화되었고, 양안의 고수부지(좁은 홍수

16) 이 항은 주로 하천복원연구회(2006)에서 인용하였음

터)는 깨끗이 정비되었다. 저수로 호안은 콘크리트 블록으로 연결되어 있고, 제방 밑에서 설계 홍수위선까지 제방 비탈면은 콘크리트 블록으로 덮여 있다. 평상시 하천유량은 1 m^3/s 미만, 평균수심은 0.3 m 미만, 평균유속은 0.5 m/s 미만이다. 수질은 BOD 기준으로 3 ~ 10 ppm 정도이다.

그림 9.14(a)와 같은 여건에서 하천생태계의 건전성은 기대하기 어렵다. 이러한 하천에는 외래식물이 일부 번식할 뿐이며, 강바닥에 서식하는 대소형 무척추동물도 오염된 하천의 경우와 크게 다르지 않다. 이 시험사업에서는 다음과 같이 일반적인 설계원칙을 정했다.

- 동식물 서식처 회복을 우선적으로 고려한다.

(a) 사업 직전(1996. 4)

(b) 사업 4년 후(2000. 7)

그림 9.14 양재천 상류시험구간의 사업 전후 비교

• 하도는 만곡으로 하고 좌우 비대칭으로 한다.
• 강턱과 고수부지에는 양재천과 유사한 자연상태 하천에 서식하는 관목류와 초본류를 식재한다.

저수로의 만곡파장은 양재천과 같은 소규모 하천의 만곡파장이 하폭의 5~8배 정도임을 감안하여 약 50 m로 하였다. 양안의 고수부지는 제방 끝부터 저수로 호안까지 완만한 경사를 두어 자연하천의 단면형에 가깝게 하고, 그 위에는 갯버들, 달뿌리풀, 갈대 등 친수성 식물을 심었다. 홍수 시 통수능 감소를 줄이기 위하여 목본류로는 수류에 쉽게 휘어지는 버드나무류를 골랐다.

저수호안은 다양한 자연형 하천공법을 시범적용하였다. 만곡부의 바깥 등 수류가 집중되어 세굴 가능성이 큰 곳에는 사각형 돌망태나 나무틀 등을 이용하여 호안을 설계하였다. 반면에 수류가 호안에 직접 부딪히지 않는 곳에는 사석을 깔고 돌 사이에 갯버들이나 갈대를 심었다. 사석은 미공병단(USACE, 1994)의 경험 공식을 이용하여 25~30 cm 정도의 크기를 이용하였다.

특별한 보호시설이나 재료 없이 호안에 풀과 나무를 심은 곳에는 야자섬유망으로 덮어 홍수 시 수류의 세굴에 저항하게 하였다. 이러한 야자섬유망은 약 5년 정도 썩지 않고 지탱하여 풀과 나무가 땅속에 뿌리를 굳건히 내리기 전 유년기 동안 이들을 홍수류로부터 보호하는 역할을 한다.

시험구간의 생물종에 대해서 정량적, 정성적으로 모니터링하였다. 수변서식처에 대해서는 곤충, 양서류, 파충류, 소형 포유류 등을, 수중에서는 물고기와 하상에 서식하는 대소형 무척추동물, 그리고 하상 자갈에 낀 이끼까지 주기적으로 관찰하였다. 하천식물은 종의 수와 번식밀도에 대해 하천변과 제방에서 관찰하였다. 3년 반 동안의 관찰 결과, 일반적으로 생물종은 다양해진 것으로 나타났다. 특히 과거에 관찰되지 못했던 개구리와 물새류가 관찰되었다. 이렇게 생물종이 다양해지고 하천이 푸르러지고 부드러운 곡선으로 변해 친수성이 높아져 인근 주민들의 호응을 샀다. 그러나 이 시험사업은 300 m라는 짧은 구간에서 이루어졌기 때문에 시험사업 상하류의 영향이 바로 사업구간에 미쳐서 순순한 사업효과를 확인하기 어려웠다.

청계천 복원사업

이 사업은 국내 도시하천관리 정책의 변천을 보여 주는 좋은 사례로서, ARM 복원사업의 전형을 보여 준다.

청계천은 서울 강북 도심을 관류하는 전형적인 도시하천이다. 조선시대에도 하천관리를 위해 준천(하천 바닥을 파서 물길을 정비하는 것)이 지속적으로 시행되었으며, 일제강점기를 거치는 동안 상류부터 서서히 복개되어 해방 전 지금의 광화문까지 복개되었다. 해방 후 도시화의 진전으로 청계천은 사실상 폐천으로 방치되었으며, 하천변은 슬럼화되었다(그림 9.15). 그 후 도시미관 및 도심교통 등의 목적으로 1960~70년대 추가로 복개되고 그 위에 고가도로가 건설되어 사실상 하천은 사라지고 도로가 되었다(그림 9.17).

2000년 들어 사멸된 청계천의 복원을 통해 하천은 물론 주변 도심을 재생하려는 구상이 있었으며, 본격적인 추진은 2003년 7월 당시 서울시장의 결정으로 시작되었다. 사업구간은 광화문 근처부터 시작하여 하류

그림 9.15 복개 전 슬럼화된 1960년대 청계천(http://love.seoul.go.kr)

그림 9.16 하천복개 후 고가도로가 들어선 청계천(서울시 2005)

중랑천 합류점까지 5.84 km이며, 이 사업의 목적은 1) 청계천을 복원하여 도심수변공원으로 재생, 2) 복개사업으로 묻힌 문화재 복원, 3) 홍수 소통 능력 확대 등이다. 더불어 지속적인 유지관리로는 안전을 담보하기 어려운 고가도로를 철거하는 것이다.

사업의 기본구상으로 상류 2 km 구간은 문화재 복원 및 도심휴식 공간으로, 중류 2.1 km 구간은 문화 및 휴식 공간으로, 하류 2 km 구간은 생태 공간으로 계획하였다. 홍수설계빈도는 200년 재현기간의 시간당 118 mm

그림 9.17 청계천 복원사업 전후 비교 사진(연합뉴스)

로 하였다. 평상시 하천흐름은 최소 수심 0.3 m, 평균유속 0.24 m/s로 설계 하였으며, 하천바닥에는 불투수 토목섬유를 깔아 누수를 방지하였다. 이같은 흐름을 유지하기 위한 유량은 청계천 유역 자체로는 감당하기 어려워서 한강에서 120,000 m^3/일, 인근 지하철역 지하수에서 22,000 m^3/일, 총 142,000 m^3/일의 물을 인공적으로 양수하여 공급하였다. 새롭게 태어나는 청계천의 수생서식처 조성을 위해 수질 조건으로 BOD, SS는 각각 3, 25 ppm 이하, DO는 5 ppm 이상, N과 P는 각각 10, 1 ppm 이하로 유지하도록 하였다. 수질을 유지하고 하수의 직접 유입을 최대한 억제하기 위해 기존 합류식 하수관거에 단면적이 3배 되는 합류식 관거를 추가로 설치하여 비가 올 때에도 오수의 직접 유입을 최대한 저감하였다.

복원사업은 일차적으로 고가도로를 철거하고, 다음 복개도로와 기둥을 철거한 후 하도 및 수변 조성사업 순서로 진행하였다. 총 사업비는 약 3,900억 원이었으며, 사업개시 2년 후인 2005년 12월에 완공되었다(그림 9.17).

청계천 복원사업은 사업 전과 중간에 여러 비평이 있었음에도 불구하고 사업 후 시민들에게 큰 호응을 받았으며, 2013년 기준 연간 약 1,800만 명이 찾는 서울의 새 명소로 자리매김하였다. 이 사업은 기본적으로 버려진 도시하천을 어메니티 하천으로 만들어주는 것으로서, 하천복원 모형에서 전형적인 ARM으로 볼 수 있다. 더욱이 청계천은 사업 전에는 사실상 '하수천' 이었으므로 생태계 재생은 복원이 아닌 회복이다. 더욱이 도심 열섬효과나 대기 중 미세먼지 농도 저감 등 추가적인 편익이 생겼다. 또한 하천 주변 50 m 반경의 부동산 가치가 30~50% 증가하는 등 추가적인 사업효과도 발생하였다.

미국 키시미강 복원사례[17)]

키시미강은 미국 플로리다 주 중남부 광활한 저습지를 북에서 남으로 흘러 이곳 최대 호수인 오키초비호로 들어가는 길이 216 km의 강이다.

---

17) 이 항은 주로 생태공학포럼(2011)에서 인용하였음

이 유역에 내리는 강우량은 연평균 약 1.33 m로서, 우리나라 연평균 강우량과 비슷하다.

키시미강은 1960년 이전만 해도 주변 홍수터가 아열대성 소택지여서 많은 물새들과 왜가리, 황새, 물고기와 다양한 야생동식물이 생활하는 귀중한 서식처였다(그림 9.18 참조). 그러나 1947년에 연이은 허리케인의 습격으로 플로리다 주 남부가 큰 피해를 입게 되면서 연방정부는 근본적인 홍수조절의 필요성을 인정하여, 1960년대 미 공병단에서 대대적인 하천정비사업을 추진하였다(그림 9.19).

그러나 이러한 치수 위주의 정비사업은 결국 주변 생태계에 커다란 재앙을 가져왔다. 강은 말라갔고, 물새들은 살아갈 터전을 잃어버렸다. 사람들의 중요한 수입원이던 큰입배스의 출어량은 지속적으로 감소하였다. 더욱이 정비사업 후 많은 비점오염물질이 들어와 이 강은 하류 오키초비

그림 9.18 직강화되기 전 키시미강의 하도와 홍수터(1961년)

그림 9.19 홍수조절을 위해 깊게 파서 직선으로 만든 키시미강(1960~70년대)

호를 오염시키는 주범으로 전락하고 말았다.

이같은 환경재해에 대해 지역주민들의 염려가 계속되자 연방정부는 1992년 키시미강을 원래의 형태로 복원하는 사업을 인준하였으며, 1997년부터 복원사업을 시작하여 2015년에 종료할 계획이었다. 현재 키시미강은 원래의 하천형태는 물론 그동안 사라졌던 생물이 다시 돌아오는 등 옛모습이 살아나고 있다. 이 사업은 그 규모와 성과면에서 세계 최대의 하천복원 성공사업으로 꼽히고 있다.

원래 키시미강은 하류에 있는 오키초비호의 오염원이 아니었으나, 하천정비사업 이후 키시미강은 하류 호수로 들어가는 질소의 25%와 인의 20%를 차지하게 되었다. 그 이유는 자연의 정화능력이 있는 습지가 말라가면서 목장, 낙농, 감귤농장이 들어서자 거기서 나오는 오염물질이 그대로 강으로 들어갔기 때문이다. 이 문제를 해결하기 위해서는 결국 지금까지 해온 하천정비사업을 거슬러 올라가는, 즉 복원사업을 해야 한다는 주장이 거세졌다.

키시미강 복원사업은 연방정부와 주정부가 같이 하는 사업으로서, 첫 삽은 1999년 6월에 떠졌다. 1단계 사업으로 갑문 하나를 철거하고 12 km의 수로를 흙으로 다시 메워서 24 km의 새로운 강과 44 km^{2}의 저습지가 복원되었다. 키시미강 복원사업으로 최종적으로 69 km의 강과 102 km^{2}의 홍수터 저습지가 복원된다.

키시미강 복원사업을 간단히 정리하면 첫 번째로 주변 토지를 사서 강에 돌려주는 것, 두 번째로 예전에 흘렀던 강의 자취를 되살리기 위해 인공적으로 직강화된 C-38 수로의 1/3 정도를 되메우고 옛 물길을 다시 파는 것(그림 9.20), 세 번째로 제방을 철거하고 수량조절시설을 개선하며 사업 구간 내에 홍수방어 및 기간시설물을 개선하는 것 등으로 구분된다. 수로 메우기 공사는 완벽을 기하기 위해서 일부 짧은 구간을 시범적으로 복원하였다.

그림 9.20 되 메워진 직선수로 및 되살아난 구 사행하도

키시미강 복원평가사업의 목표는 첫 번째로 생태적 보전이라는 사업 목표의 달성도를 평가하고, 두 번째로 복원사업과 실제 관찰 결과 사이의 원인과 효과를 확인하고, 세 번째로는 사업 후 필요시 적응관리를 지원하는 것이다. 생태적 보전 목표의 달성도를 평가하기 위해서 이 프로그램에서는 우선 생태 시스템의 주요 비생물적 요소(물순환, 지형, 수질)와 생물 군집(식생, 무척추동물, 물고기, 새) 등을 고려하고 있다. 복원사업의 성공 여부의 평가는 첫째 강 – 홍수터 생태 시스템의 상태를 나타내는 주요 계량인자의 변화를 평가하기 위한 모니터링과 둘째 복원 기대치의 개발에 달려있다. 이러한 평가를 위해서 복원사업 전 직강화된 수로를 베이스라인(비교기준)으로 삼았다. 베이스라인 자료는 공사 후 복원된 상태에서 얻어지는 자료와 비교된다. 사업 지역 내 모니터링으로 나타나는 변화는 개별적인 복원사업 기대치에 의해 그려지는 예상 변화와 비교하여 당초 기대치가 달성되었는지 평가한다. 기대치를 달성하지 못하는 경우 적응관리 전략의 추진 여부를 고려한다.

지금까지 복원된 구간에서 이뤄진 모니터링 결과는 키시미강 복원사업이 얼마나 놀라운 결과를 가져왔는가를 잘 보여 준다. 구체적으로 복원된 강과 홍수터에서 얕은 물을 걷는 새들이 3배 이상 증가하였다(이 수치는 복원 목표를 2배 달성한 것임). 지난 40년간 강이 수로로 바뀌면서 사라졌던 수많은 철새들이 다시 홍수터로 돌아왔고, 다양한 물새들이 복원된 강과 홍수터로 돌아왔다. 강바닥의 유기물이 71%나 줄어들었으며, 모래

그림 9.21 복원된 사행하도 안쪽에 자연적으로 생성된 사주

사주가 만들어져서(그림 9.21) 물새나 조개 같은 무척추동물들의 새로운 서식처가 되어주었다. 장기적으로는 물고기와 다른 수생생물에 중요한 용존산소량이 두 배로 증가하였다. 2006~2007년에는 극심한 가뭄 속에서 물리적으로 복원된 구간은 수로화된 구간보다 극단적인 기후 상태에 훨씬 더 잘 적응하는 것이 확인되기도 하였다. 농어, 개복치(sunfish) 등 원래 서식하던 물고기들도 종전 어류군집의 38% 수준에서 63% 수준으로 증가하였다.

용도폐기된 보 철거사례 – 또 다른 하천복원[18)]

보는 하천에서 수위를 높일 목적으로 하천을 가로질러 축조된 인공구조물로서, 국내 중소하천에 흔한 하천시설물이며, 전국적으로 총 18,000여 개가 있다(건설연 2008). 문제는 이러한 하천시설물이 관리가 제대로 되지 않으면 하천 상하류 생태통로의 차단, 보로 형성된 상류 소의 수질 악화, 식생이입 및 활착으로 인한 하류하도의 육역화 등 하천환경에 부정적인 영향을 준다는 것이다. 특히 주변 농경지가 주거지 등으로 바뀌어 용도면에서 보를 이용한 농업용수 공급 필요성이 없어졌거나, 기능면에서 보가 노후화되어 수위상승 및 용수공급 역할을 제대로 하지 못하는 경우가 많다. 이러한 경우 보를 물리적으로 철거하여 하천의 연속성을 회복하고 수질개선도 꾀할 수 있다. 심지어 미국, 유럽 등지에서는 보나 댐

18) 이 항은 주로 우효섭 등(2015)에서 인용하였음

의 용도나 기능이 유효한 경우에도 그러한 시설물로 인해 회유성 물고기의 이동통로차단 문제가 있게 되면 그러한 시설물의 철거를 진지하게 고려하는 단계까지 가 있다. 이러한 점에서 용도폐기된 보나 소형댐의 철거는 또 다른 하천복원이다.

그림 9.22 곡능천 보 철거 시범사업 전후 사진(위: 철거 전, 아래: 철거 직후)

여기서는 국내에서 최초로 보를 시험적으로 철거한 다음 전후변화를 모니터링한 사례인 곡릉천의 곡릉2보 철거사례를 소개한다(건설연 2008). 곡릉2보는 경기도 고양시 곡릉천 중상류에 위치하며, 과거 주변 농경지의 농업용수 공급을 위해 1970년대에 높이 1.5 m, 길이 75 m, 보 길이 8.8 m로 설치되었다. 그 후 인근 토지가 비닐하우스로 바뀜에 따라 더 이상 보를 통해 농업용수 공급이 필요 없게 되었지만, 그대로 하천에 방치되어 하천 상하류 단절과 상류 소의 수질악화 문제가 지속되었다. 이 시범사업으로 곡릉2보는 2006년 4월 완전철거되고 철거 전후의 물리적, 생태적 모니터링이 시작되었다.

보 철거 전후의 변화를 모니터링하기 위해 철거 전에 보 상하류의 종단 및 횡단 하상고, 하상재료, 수질, 식생, 무척추동물과 물고기 등 수생생물 등을 조사하였다(최성욱 등 2009). 그림 9.23은 보 철거 전후 보에서 197 m 상류단면의 하상재료 입경분포 비교이다. 이 그림에서 보 철거 후 같은 해 7월 홍수로 상류단면의 하상재료가 하류로 쓸려 내려갔고 하상재료가 조립화되어 보 철거 전 평균입경이 0.5 mm 수준에서 2.0 mm 수준으로 변하였다. 하상의 조립화 현상은 보 상류에서 공통적으로 나타났다.

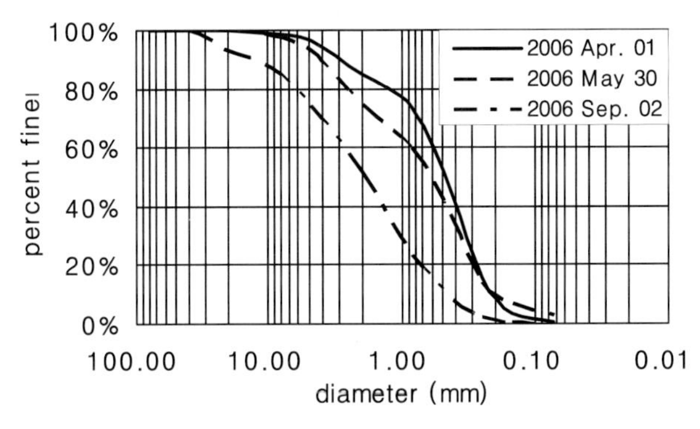

그림 9.23 보 철거 전후 하상재료 입경변화

그림 9.24는 보 철거 전후 하상종단변화를 보여 주는 것으로서, 보가 철거됨에 따라 상류하상은 침식되어 낮아지고 하류하상은 400 m 하류부터 일부 퇴적되었다. 보 철거 전후 하상고 최대변화는 약 1 m 정도로 나타났다. 그에 따른 종단하상경사는 보 철거 전 상류부에서 0.00125, 하류부에서 0.0031 수준이었으나 철거 후 그해 8월에 전체적인 하상경사는 0.00325가 되었다. 이 결과는 그 구간에서 원래 하천경사 0.0031에 근접한 것으로서, 보 철거 후 하상이 급속히 평형을 찾아가는 것으로 나타났다. 이같은 현상은 대상하천구간에 HEC-RAS 프로그램을 이용하여 추정된 무차원 하상소류력의 종단변화도 철거 전에는 상류부가 전체적으로 하상변동의 임계값인 0.06 이하이고 하류는 그 이상이었으나, 철거 후 상

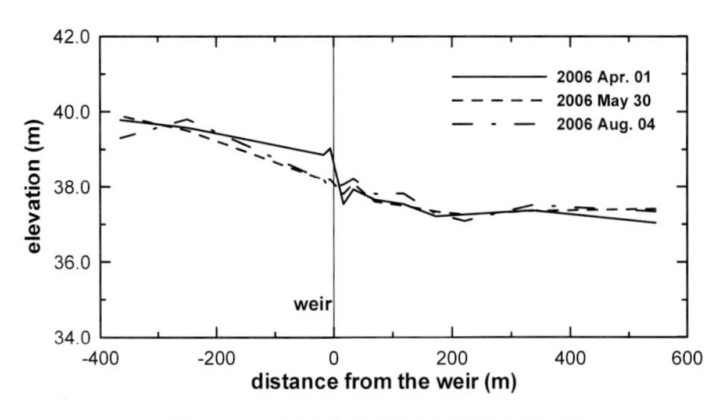

그림 9.24 보 철거 전후 하상종단변화

류는 급격히 증가하고 하류부는 큰 변화가 없는 것으로 알 수 있다.

수질 모니터링 결과 보 철거로 인해 상류 소가 없어지고 하상에 축적된 오염물이 씻겨 내려감에 따라 BOD, SS, TN, TP 등 주요 수질 항목이 전체적으로 개선된 것으로 나타났다(건설연 2008). 보 철거 후 새로이 들어난 물 바닥에는 일년생 교란지 식생이 나타났으나, 점차 시간이 가면서 다년생 식생으로 천이가 일어났다. 철거 전후 상하류 대형무척추동물의 종다양성을 비교하면 호소형 생태계인 상류에서는 13개 종이, 유수형 생태계인 하류에서는 36개 종이 출현하여 상류보다 하류가 종의 수가 더 풍부한 것을 알 수 있다. 보 철거 후에는 상류에서 21개, 하류에서 38개가 출현하여 상류생태계가 점차적으로 하류와 같이 다양해지는 것을 확인할 수 있다. 어류의 경우에도 보 철거 전보다 후에 종의 다양성이 조금 더 크게 나타났으며, 특히 과거 상류에는 보이지 않고 하류에 서식하던 메기와 게가 상류에 출현하여 생태통로가 다시 연결되었음을 확인할 수 있다. 그러나 이같은 수질, 생태 모니터링 결과는 모니터링 기간이 짧았고(1년 이내), 모니터링 구간이 상하류로 개방되었기 때문에 보 철거에 따른 생태적 영향평가 자료로서 충분하지 않은 면이 있다.

참고문헌

강현식. 임동균. 김규호. 2010. 댐 하류하천에서 발전방류로 인한 어류 물리서식처 변화 수치모의. 대한토목학회 논문집. 제30권 제2B, 211~217.

건설연(한국건설기술연구원). 2008. 기능/용도를 상실한 보철거 가이드라인(시안).

국토부/건설연(한국건설기술연구원). 2011. 하천복원통합매뉴얼.

김규호. 1999. 하천 어류서식환경의 평가와 최적유량 산정, 박사학위논문, 연세대학교.

생태공학포럼. 2011. 생명의 강 살리기, 청문각, 서울, 한국.

우효섭. 김원. 지운. 2015. 하천수리학, 청문각, 서울, 한국.

우효섭. 김한태. 2010. 하천복원의 목표 – 자연성에 초점을? 인간 서비스에 초점을?, 대한토목학회 정기학술대회 논문집, 10월, 217~221.

우효섭. 유대영. 박정환. 2001. 국내하천사업의 진화와 전망, 대한토목학회 정기학술대회 논문집, 11월, 1141~1144.

우효섭. 이진원. 김규호. 1998. 물고기 서식처를 고려한 하천 유지유량 결정방법의 개발-금강 본류에의 적용, 대한토목학회논문집, 18(Ⅱ4), 339~350.

우효섭. 이진원. 이두한. 박재로. 1999. 생물 재료를 이용한 저수 호안의 세굴저항성 평가 – 하천복원 시험연구 결과의 기술전파, 대한토목학회지, 47(11), 11월, 77~80.

이성진. 김승기. 최성욱. 2014. 홍수에 의한 하도변형을 고려한 물리서식처 모의, 대한토목학회논문집, 34(3), 805~812.

임동균. 정상화. 안홍규. 김규호. 2007. 피라미에 대한 보 철거 구간에서의 물리서식처 모의 (PHABSIM) 적용, 한국수자원학회 논문집, 40(11), 909~920.

최성욱. 이혜은. 윤병만. 우효섭. 2009. 공릉2보 철거에 따른 하천형태학적 변화, 한국수자원학회 논문집, 42(5), 425~432.

하천복원연구회. 2006. 하천복원사례집, 청문각, 서울, 한국.

한국수자원공사/건기연(한국건설기술연구원). 1995. 하천유지유량 결정방법의 개발 및 적용.

환경부/건기연(한국건설기술연구원). 1997~2002. 국내여건에 맞는 자연형 하천공법의 개발, 제 1~6차년도 연차보고서.

ASCE. 2007. Manuals and reports on engineering practice, sedimentation engineering – process, measurement, modeling and practice. M. H.

edited.

Bovee, K. D, B. L. Lamb, J. M. Bartholow, C. B. Stalnaker, J. Taylor, and J. Henriksen. 1998. Stream habitat analysis using the instream flow incremental methodology, No. USGS/BRD/ITR--1998-0004. Geological Survey, Reston, Va., Biological Resources Div.

Choi, B. and Choi, S. U. 2015. Physical habitat simulations of the Dal River in Korea using the GEP model, Ecological Engineering, 83, 456~465.

Dufour, S. and Peigay, H. 2009. From the myth of a lost paradise to targeted river restoration: forget natural references and focus on human benefits, River Research and Applications, 25, 568～581.

Federal Interagency Stream Restoration Working Group (FISRWG). 1997. Stream corridor restoration-principles, processes, and practices, USDC, National Technical Information Service, Springfield, VA, Oct.

Jung, S. H, and Choi, S. U. 2015. Prediction of composite suitability index for physical habitat simulations using the ANFIS method, Applied Soft Computing, 34, 502~512.

Linnansaari, T, Monk, W. A, Baird, D. J, Curry, R. A. 2012. Review of approaches and methods to assess environmental flows across Canada and internationally, DFO Canadian Science Advisory Secretariat, Research Document, 39.

Millennium Ecosystem Assessment(MEA). 2005. Ecosystems and human well-being : synthesis. Washington, DC, Island Press, ISBN 1-59726-040-1.

Mitsch, W. J. and Jorgensen, S. E. 2004. Ecological engineering and ecosystem restoration, John Wiley & Sons, USA.

Shields, Jr, F. D. 1983. Design of habitat structures in open channels, J. of water resources planning and management, ASCE, 109(4), 331~344.

Shields, Jr, F. D. 1999. Stream corridor restoration: principles, processes, and practice (New Federal Interagency Guidance Document), Forum Article, J. of Hydraulic Engineering, ASCE, May, 440~442

Sparks, R. 1995. Need for ecosystem management of large rivers and their floodplains, Bioscience, 45(3), 168~182.

Stalnaker, C., Lamb, B.L., Henriksen, J., Bovee, K., and Bartholow, J. 1995. The instream flow incremental methodology: a primer for IFIM, National Biological Service, Ft. Collins, Co, Midcontinent Ecological

Science Center.
Tharme, R. E. 2003. A global perspective on environmental flow assessment: emerging trends in the development and application of environmental flow methodologies for rivers. River Research and Applications, 19(5-6), 397~441.
Trihey, E. W, and Stalnaker, C. B. 1985. Evolution and application of instream flow methodologies to small hydropower developments: an overview of the issues, Proceedings of the Symposium on Small Hydropower and Fisheries, 176~183.
US Army Corps of Engineers (USACE). 1994. Engineering and design - hydraulic design of flood control channels, Engineer Manual, 1110-2-1601.
US Geological Survey. 1998. Stream habitat analysis using the instream flow incremental methodology, Information and Technology Report, USGS/BRD/ITR, 1998-0004.
Vannote, R. L., Minshall, G. W., Cummins, K. W., Sedell, J. R., and Cushing, C. E. 1980. The river continuum concept, Canadian J. of Fisheries and Aquatic Sciences, 37(1), 130~137.
Woo, H, Park, M. H, Jeong, S. J, and Kim, H. T. 2010. White river? Green river? - Sand/Gravel bar succession to riparian vegetation in the rivers, Korea, Proceedings of the 17th IAHR-APD, New Zealand, Feb.
Woo, H. and Kim, H. J. 2006. An urban stream restoration model focused on amenity: case of the Cheonggye-cheon, Korea, 7th ICHE, Philadelphia, September.

권장도서

국토부/건설연(한국건설기술연구원). 2011. 하천복원통합매뉴얼.
생태공학포럼. 2011. 생명의 강 살리기, 청문각, 서울, 한국.
우효섭. 김원. 지운. 2015. 하천수리학(13장), 청문각, 서울, 한국.
Federal Interagency Stream Restoration Working Group (FISRWG). 1997. Stream Corridor Restoration - Principles, Processes, and Practices, USDC, National Technical Information Service, Springfield, VA, Oct.

제 10 장 도로환경

도로의 건설은 서식지의 손실, 단절 등 생태환경에 영향을 미친다. 이러한 환경영향을 최소화하기 위해서는 먼저 지형 및 생태영향을 최소화할 수 있도록 터널이나 교량을 활용하여 노선을 설계하는 것이 필요하다. 이후 계획된 노선에서 불가피하게 발생하는 서식지 단절 등의 문제는 생태통로와 같은 기술적 대안을 적용해서 인위적으로 동물의 이동경로를 안전하게 확보하고 대체 서식지 등을 제공할 수 있다. 이 장에서는 이러한 구체적인 기술대안에 대해서 설명하고 국내외의 생태통로의 사례와 적용된 개별 기술을 설명하고자 한다.

10.1 도로와 환경의 이해

도로와 환경영향

길은 예부터 사람과 사람을 이어주고, 소식을 전해주며 우리가 필요한 물자를 전해주는, 우리 삶에 있어서 없어서는 안 되는 삶의 중요한 공간이었다. 실크로드, 문경새재와 같이 우리의 문화와 역사가 살아 숨을 쉬는 공간이었다. 그러나 이러한 길은 자동차 기술이 발달하고 교통량이 증가하면서 변화되기 시작했다. 좀 더 빠르게 움직일 수 있는 훌륭한 기능을 하기 시작하면서 도로 자체가 중요한 경제발전의 지표 역할을 하기 시작했다. 쭉뻗은 신작로, 경부고속도로는 우리나라 경제발전을 나타내는 중요한 지표가 되었다. 사람들이 오가는 발길이 잦아지면서 자연발생적으로 생기던 길에서 이제는 '좀 더 빠르게, 좀 더 효율적으로'라는 가치하에 전 세계에는 고속도로를 포함하여 다양한 종류의 도로가 급속도로 생겨나기 시작했다. 이제 도로는 국가의 중요한 사회기반시설로 사람과 물자를 신속하게 이동시키는 중요한 국가의 동맥 역할을 하게 되었다.

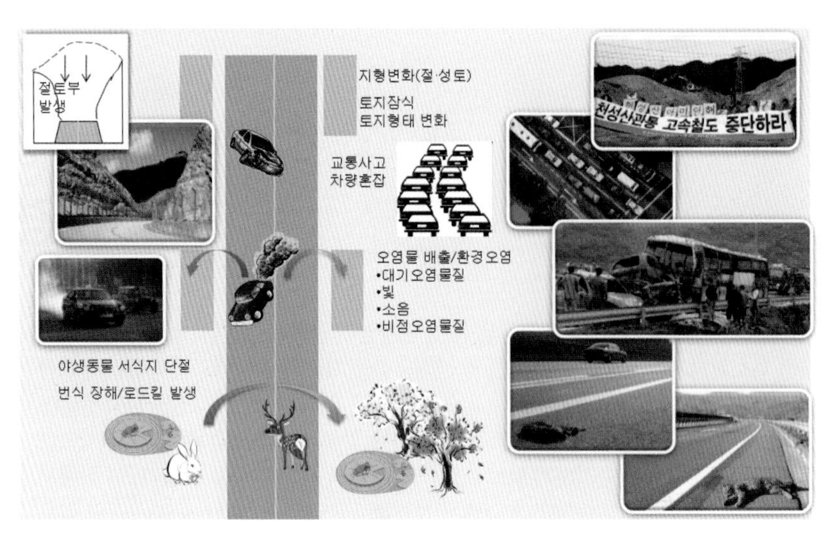

그림 10.1 도로건설공사로 인한 환경영향(조혜진 2007b)

이렇게 도로의 기능 중 빠르고 편리한 도로의 기능만이 강조되면서 부작용들이 발생하기 시작했다.

도로건설이 자연환경에 미치는 영향은 크게 서식지 손실, 서식지 분절화, 종 이동의 장애물, 대기자원의 오염, 수자원의 오염, 소음 · 진동, 인공조명, 서식지의 변화와 인간 · 자동차의 간섭 등으로 분류할 수 있다.

도로건설사업은 공사시작부터 공사완료 후 운영과정에서 단계별로 다양한 환경영향이 발생한다. 도로부지에서는 절 · 성토, 인공사면, 포장노면 등으로 생태계가 소실되고, 도로공사 중에는 소음 · 진동, 수질 · 대기오염 등의 영향을 받고, 도로개설 후에는 삼림벌채 등에 따른 임상 · 식생의 변화(태양광선, 바람 등), 동물서식환경 변화 등 환경변화에 의한 영향을 받으며, 도로운영 중에는 도로교통량에 의해 서식지 분단 · 분절, 조명으로 인한 야생동물의 영향 등이 발생한다.

환경친화적 도로로 패러다임 전환

21세기에 들어서면서 도로교통 분야에서 기존의 이동성, 경제적 효율성 중심의 도로정책에서 지속가능성을 중시하는 정책으로 전환하게 된다. 따라서 주요 정책방향도 형평성 회복, 환경문제 개선, 대중교통 중심, 이용자 안전제고 및 사회적 통합시스템 중심으로 전환하게 되었다.

지금까지의 빠르고 편리한 도로, 비용효과적인 도로에 대한 반성과 대책이 범세계적인 차원에서 그리고 국가적인 차원에서 만들어지기 시작하였다. 가장 중요한 움직임은 '지속가능한 발전'의 기치 하에 기존의 도로가 유발하는 여러 가지 문제점들을 함께 고려하면서 사람과 자연과 공존하는 도로를 만들고자 하는 것이다.

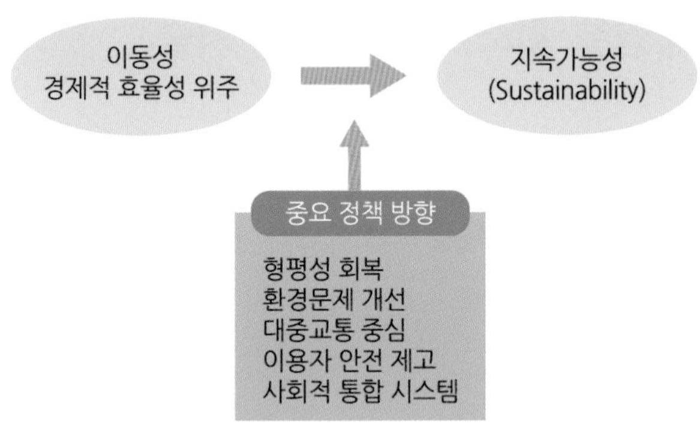

그림 10.2 지속가능한 도로의 패러다임 전환(교통정책연구팀 2005)

국내에서는 이러한 새로운 도로의 방향을 '환경친화적인 도로'로 정의하고, 이에 대해 구체적이고 적극적인 대책을 세우고 시행해 나가게 되었다. 환경친화적인 도로, 생태도로 등 다양한 개념이 등장하며 구체화되기 시작하였다.

먼저 2004년에 '환경친화적인 도로'는 다음과 같이 정의하였다. 환경친화적인 도로란 도로를 계획하고, 설계하고, 건설하고, 운영하는 모든 과정에서 환경에 미치는 영향을 최소화하는 도로이다. 조혜진(2007a)은 환경친화적인 도로를 '환경과 생태건전성을 고려한 도로'로 정의하고, 구체적으로 도로 건설사업의 모든 과정에서 환경성을 고려하고 경제성과 환경성을 고려해서 노선을 선정하며, 설계, 시공, 유지관리 단계에서 환경의 영향을 최소화하는 도로로 정의하였다. 구체적인 목표는 다음과 같다.

- 자연지형의 훼손을 최소화하는 도로
- 절토사면의 완벽한 복원이 가능한 도로
- 동물횡단사고(roadkill)가 사라진 도로
- 서식지 단절을 최소화한 도로
- 도로에서 발생하는 소음의 영향이 최소화된 도로
- 비점오염원 처리가 된 도로

10.2 환경영향 최소화 노선설계 기술

지형훼손 최소화를 위한 노선회피

도로건설로 인한 환경영향을 최소화하기 위해서 가장 먼저 접근할 것은 지형훼손을 최소화하도록 노선을 선정하는 것이다. 이를 위해서는 도로설계 단계에서부터 환경친화적 노선이 선정될 수 있도록 환경분야 전문가가 참여하는 것이 필요하다. 노선검토를 위한 관련계획 검토 및 현장조사 시 도로, 구조, 토질 등의 설계참여자 이외에 환경분야 전문가와 환경영향평가 대행자가 공동으로 참여하는 것이 필요하다.

환경친화적인 생태도로의 노선선정의 원칙은 다음과 같다(한국건설기술연구원 2010).

첫째, 노선을 선정할 때 자연환경 측면에서 보전가치가 있는 지역은 원칙적으로 우회하도록 설계한다. 종전에 도로설계기준 · 경제성 위주로 선정하였던 관행을 개선하여 환경보호를 우선으로 고려하는 노선을 선정하고, 생태 · 환경적으로 보전가치가 있는 상수원보호구역, 수질보전지역, 녹지8등급, 문화재, 집단취락지 등은 우회하도록 설계한다.

둘째, 노선 설계 시 우회가 어려운 경우에는 터널이나 교량을 불가피하게 설치한다. 녹지 8등급 지역 등 보전지역은 터널을 설치하고, 우량농지 잠식 등을 최소화하기 위하여 교량 등을 설치한다.

그림 10.3은 기존도로 확장건설공사의 경우 환경영향 최소화를 위한

노선선정 사례를 설명하고 있다. 기존 도로에서 새로운 노선은 문화재, 천연기념물 등이 있는 지역, 보전가치가 있는 지형, 습지 등을 우회하고 동물이동경로를 우회하도록 설계하였다. 그리고 대형 비탈면 발생을 최소화하기 위해서 비탈면 발생을 최소화할 수 있는 지점에 양방향 터널로 설계하였다.

그림 10.3 신규도로의 노선설계 사례(노성열 2006)

노선선정 단계에서 생태도로 건설을 위해 항목별로 검토해야 할 내용을 환경영향평가 항목에 따라 정리하면 다음과 같다(국토교통부 2010a).

추진절차

- 초기 노선대안 검토 단계에서 환경분야 전문가가 참여하였는가?
- 사전환경성검토 협의는 시행하였는가?
- 초기자문 단계에서 환경분야 전문가가 참여하였는가?

지형과 지질

- 보전가치가 있는 지형 · 지질유산의 보전을 고려하였는가?
- 지역의 특이한 지형형상에 대한 보전을 고려하였는가?
- 대규모 땅깎기구간, 연약지반지역, 폐갱도지역은 지반안정성을 고려

하였는가?

- 대규모의 지형변화를 가져오는 땅깎기 · 흙쌓기의 최소화를 고려하였는가?

동식물

- 생태적 · 환경적 보전가치가 있는 지역에 대하여 고려하였는가?
- 주요 식물종 및 식생의 보전을 고려하였는가?
- 동물의 서식지훼손이나 동물이동로의 단절을 최소화하도록 고려하였는가?
- 멸종위기종, 천연기념물, 법적보호종 등의 서식지 훼손이나 동물이동로의 단절이 최소화되도록 고려하였는가?

토지이용

- 상위계획과의 일관성 및 연계성을 고려하였는가?
- 기존 주거지 및 우량농지의 단절 및 주민불편의 최소화를 고려하였는가?
- 지역특성 및 지역주민 생활터전 보전을 고려하였는가?

대기질

- 대기질 관련 환경기준을 고려하였는가?
- 환경기준을 초과하지 않도록 정온시설, 마을과 이격거리는 확보하였는가?
- 대기질기준 초과 시 대기질 저감시설 설치의 현실적 타당성을 고려하였는가?

지형훼손 최소화를 위한 도로 설계

지형훼손 최소화 터널 설계

기존에는 터널을 설계할 때 경제성에 입각하여 터널길이를 최소화하는

설계 및 시공을 하였고, 이로 인해 대절토 비탈면이 많이 발생하였다. 그러나 환경에 대한 중요성이 커지면서 개착으로 인한 비탈면 발생을 최소화하고 주변 환경에 미치는 영향을 줄이도록 설계하고 있다.

지형훼손을 줄이기 위해서 가장 먼저 비탈면 발생을 최소화하는 것이 필요하다. 터널 설계 시 비탈면 발생을 줄이고 주변경관을 고려하여 터널의 위치와 형식을 선정한다. 그리고 주변 지역의 수종과 어울리는 식재로 조화를 유도하는 것이 필요하다.

일정 높이 이상의 대절토 비탈면이 생길 경우에는 그림 10.4와 같이 터널을 설치하고 터널갱구부 최소화를 위해 양방향을 분리하여 설치한다. 한쪽으로 큰 비탈면 발생 시 그림 10.5와 같이 피암터널을 설치한다. 이 경우 비탈면 보강공법을 적용하여 훼손을 최소화하고 초본이나 나무 식재 등을 통해 비탈면의 안정화를 꾀한다.

터널 입·출구부를 설계할 때는 기존의 구조적인 안전성이나 경제성 위주의 설계에서 벗어나 자연지형 훼손 최소화와 주변 환경, 지역적 특성 등을 고려하여 설계하는 것이 필요하다. 그림 10.6은 공사비를 최소화하

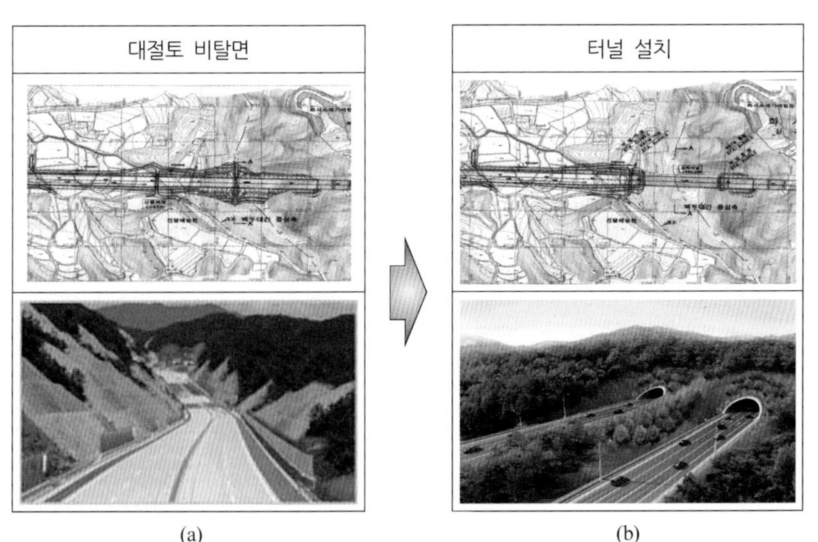

그림 10.4 (a) 대절토 비탈면 시공 사례와 (b) 비탈면 최소화를 위한 터널 설계 사례(국토교통부 2010b)

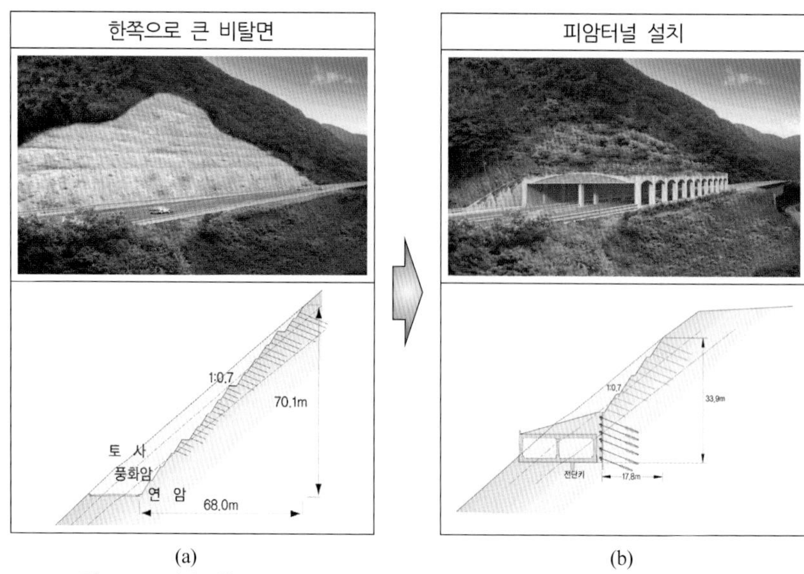

그림 10.5 (a) 한쪽으로 큰 비탈면 발생 사례와 (b) 피암터널 설계 사례 (국토교통부 2010b)

기 위해서 터널연장을 줄이고 대절토 비탈면이 많이 발생되는 과거의 갱구부와 최근 터널연장 최소화를 위해서 방향별로 최소 규모의 터널을 설계한 사례이다.

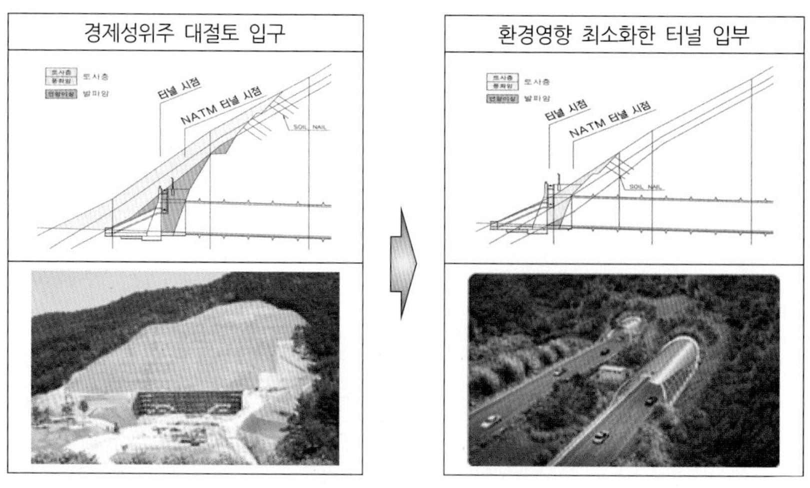

그림 10.6 대절토 터널의 갱구부와 갱구부 최소화 터널(국토교통부 2010a)

지형훼손 최소화를 위한 교량설계

노선 설계 시 우회가 어려운 경우 터널이나 교량을 불가피하게 설계하여 시공하게 된다. 특히 산지부에 설계되는 도로의 경우 지형훼손 최소화를 위해서 터널과 교량을 반복적으로 설치하여 절토 및 성토구간이 최소화하도록 설계한다. 세계 최초로 계획・설계된 오니코베 생태도로에서는 그림 10.7과 같이 지형훼손을 최소화하기 위해서 터널과 교량을 반복적으로 배치하였다.

그림 10.7 일본 최초 생태도로 오니코베의 터널과 교량 배치
(建設省 湯澤建設事務所 1997)

환경과 조화를 이루는 교량의 설치를 위해서는 기능성과 주변경관을 함께 고려하여 교량형식을 선정하는 것이 중요하다. 그리고 기초작업 시 가설 옹벽 등을 활용하여 자연환경 훼손을 최소화하는 것이 필요하다.

지형훼손 최소화를 위한 선형의 조정

도로가 자연환경에 미치는 영향을 중심으로 도로구조를 세부적으로 검토하여 기존 생태계의 변형을 최소화하도록 도로의 선형과 경사, 비탈면 등의 개선방안을 모색한다. 도로를 위해 절취한 비탈면의 면적을 줄이고 절토와 성토의 폭을 짧게 유지하는 옹벽구조물의 설치, 교량으로의 변경, 인공식재 등이 이에 해당한다.

그림 10.8에서는 기존의 설계에서 성토구간으로 설계되었던 도로구간을 교량으로 변경하여 설계하였을 때 도로 비탈면이 축소되고, 기존의 식생을 최대한 보전할 수 있는 경우를 보여 주고 있다.

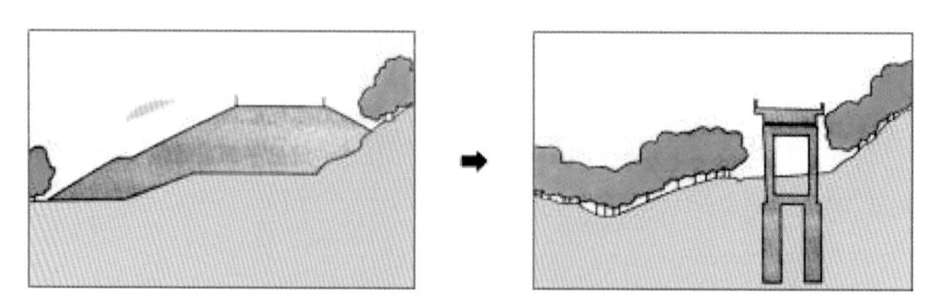

그림 10.8 성토구간 설계를 교량으로 변경하여 비탈면 축소의 사례 (국토교통부 2010a)

터널과 교량화보다 실제 노선설계 시 비탈면 경사 및 절토방식의 변화를 통해서 산지부의 훼손을 최소화할 수 있다. 그림 10.9와 바와 같이 산지부 절토부를 설계할 때 절토부 경사 조절과 관목식재 등을 통해서 환경 훼손을 줄일 수 있다. 그림 10.10의 경우 도로의 절토높이 및 구조물을 최소화하고 기존의 식재를 최대한 활용하여 비탈면을 최소화한 사례이다.

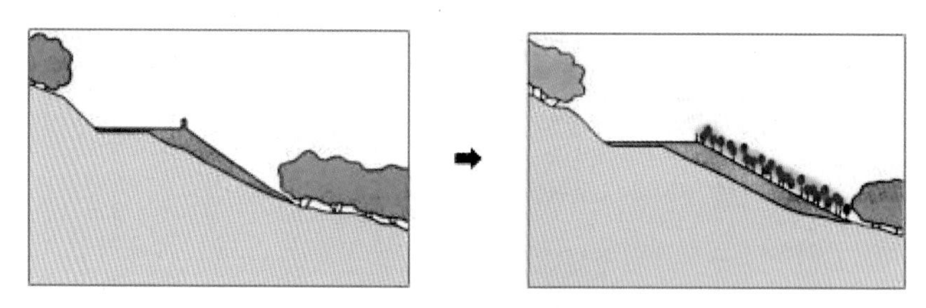

그림 10.9 비탈면 경사도 변경과 관목식재를 통한 환경 개선의 사례 (국토교통부 2010a)

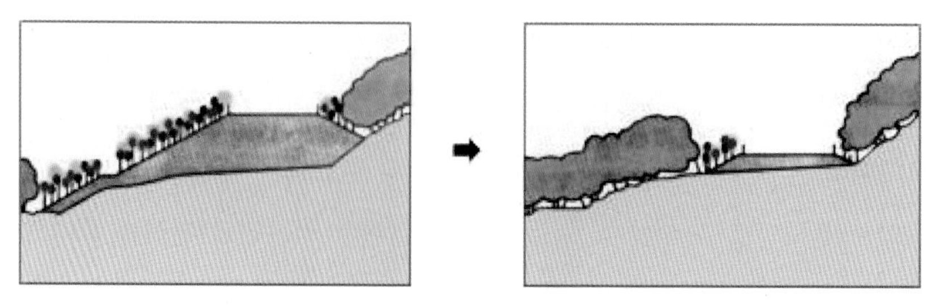

그림 10.10 절토부 종단구조 개선을 통한 비탈면의 최소화 사례 (국토교통부 2010a)

10.3 서식지 단절 최소화 도로 기술

서식지 단절과 로드킬

앞절에서는 도로건설로 인한 환경영향을 최소화하고 서식지 단절이 발생하지 않도록 노선이 회피하도록 설계하는 기술에 대해서 설명하였다. 이 절에서는 노선의 회피나 터널 건설이 가능하지 않는 도로구간에서 이를 대체할 수 있는 기술적인 대안을 설명한다.

도로는 선형시설로 도로가 건설되게 되면서 기존의 서식지를 단절하는 부작용이 발생하게 된다. 이는 마을 내 주민의 분리와 더불어 도로횡단으로 인한 횡단사고를 발생시킨다. 이와 마찬가지로 새로운 도로건설로 인해 기존의 동물들의 서식지가 단절되면서 도로 곳곳에서 야생동물의 로드킬(roadkill)이 발생하고 이러한 로드킬의 확산은 건전한 생태계에까지 부정적인 영향을 준다. 도로건설로 인해서 삼림 등 동식물의 서식지가 물리적으로 훼손되고 서식지의 단편화로 인해 동물의 활동반경이 축소되며, 기존의 이동패턴을 유지하려고 신설도로를 횡단하여 로드킬을 발생시키고, 지형 및 수문변화, 대기오염, 소음 등 서식환경의 교란을 유발시킨다.

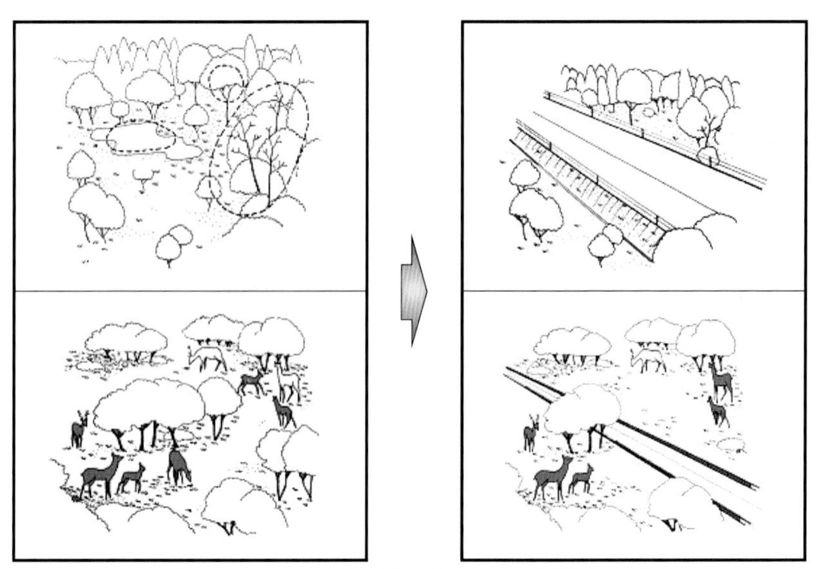

그림 10.11 도로건설 전후 서식지 비교(김정수 2006)

이러한 로드킬의 발생을 최소화하고 야생동물의 서식지 단절로 인한 영향을 최소화하는 도로시설물인 생태통로를 중심으로 그 기능 및 설계 방법 그리고 적용 사례 등에 대해서 소개한다.

생태통로의 기능과 설계

생태통로는 도로 · 댐 · 수중보 · 하구둑언 등으로 인하여 야생동식물의 서식지가 단절되거나 훼손, 파괴되는 것을 방지하고 야생동물의 이동을 돕기 위하여 설치되는 인공구조물과 식생 등으로 구성된 생태적 공간을 말한다. 야생동물 이동통로, 동물 이동통로, 생태 이동통로, 자연통로(이동로) 등 다양한 이름으로 불린다.

생태통로를 설치하는 이유는 다양하다. 생태통로를 설치하면 야생동물

(a)

(b)

그림 10.12 (a) 강원도 정선군 백봉령 생태통로와 (b) 강원도 영동고속도로 생태통로(한국건설기술연구원 2010)

의 이동을 통해 종의 다양성을 높이고, 서식 개체수를 증가시켜 장기적으로 종의 생존 확률을 높일 수 있다. 이동을 통해 국지적으로 사라졌던 야생동물의 새로운 정착을 가능하게 하며, 유전적인 다양성을 높일 수 있다. 행동권, 세력권이 넓은 야생동물의 서식도 가능하게 한다. 단편화된 생태계의 연결을 통해 생태계의 연속성을 유지한다. 이동을 통해 서식지의 위험 요소와 천적, 재난, 질병 등 교란으로부터 도피가 가능하게 한다. 야생동물의 다양한 환경의 서식지를 활용할 수 있는 접근성을 증가시킨다. 과도한 개발의 억제 효과가 있으며, 야생동물과 생태계에 대한 교육적, 심미적인 가치를 제공한다.

생태통로는 기존에 이동하던 통로가 도로에 의해서 단절되었을 때 그 곳을 연결시키기 위해서 설치하는 것이다. 따라서 생태통로의 설계를 위해서는 도로사업의 성격 및 주변환경을 파악하여 도로로 인해 단절된 서식지를 연결하는 생태통로가 필요한지에 대하여 검토하는 것이 필요하다. 먼저 문헌조사를 통해서 모든 생물종, 특히 법정보호종이나 고유한 생태계에 대한 자료, 기타 법적 · 행정적 자료를 통해서 검토지역 내에서 출현하거나 포함되는 법정보호종 또는 지역 · 학술적으로 중요한 의미를 가진 종이나 지역 등을 파악한다. 생태통로를 주로 이용하는 동물과 기존의 이동경로를 파악하고 주변의 여건을 고려해서 생태통로를 설치할

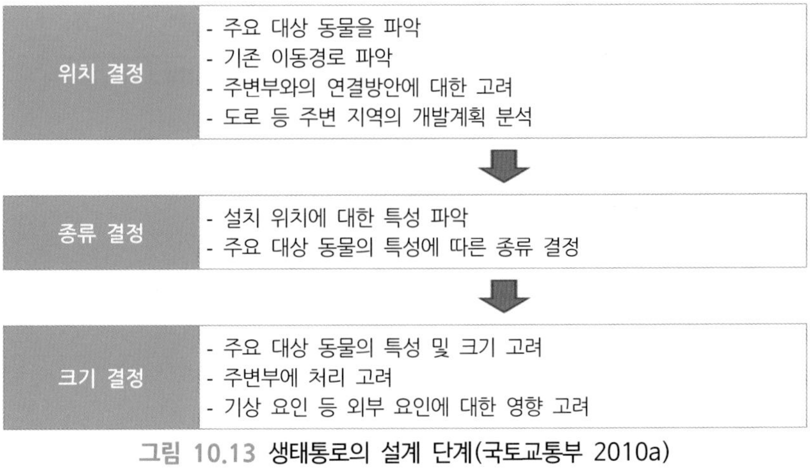

위치 결정	- 주요 대상 동물을 파악 - 기존 이동경로 파악 - 주변부와의 연결방안에 대한 고려 - 도로 등 주변 지역의 개발계획 분석

종류 결정	- 설치 위치에 대한 특성 파악 - 주요 대상 동물의 특성에 따른 종류 결정

크기 결정	- 주요 대상 동물의 특성 및 크기 고려 - 주변부에 처리 고려 - 기상 요인 등 외부 요인에 대한 영향 고려

그림 10.13 생태통로의 설계 단계(국토교통부 2010a)

위치를 결정한다. 그리고 설치 위치 및 주요 이용대상 동물의 특성을 고려해서 설치할 생태통로의 종류를 결정한다.

생태통로의 유형

생태통로의 종류는 국가에 따라서 다양하다. 이는 각 국가의 지형과 동물분포 등에 따라 주로 건설되는 생태통로의 종류가 결정되기 때문이다. 유럽에서는 각국에서 설치된 생태통로와 관련해서 COST 341 프로젝트를 통해 그동안 다양한 생태통로 유형을 정리하여 분류하였다. 그림 10.14는 유럽에서 주로 이용하는 11개의 생태통로와 프랑스의 8개 생태통로 유형이다. 일반적으로 생태통로가 중소형 포유류 동물을 대상으로 설치되는 사례가 많으나, 유럽에서는 소형동물, 어류, 양서류 등 다양한 종을 대상으로 하고 있다.

여기서는 국토교통부와 환경부의 공동 '환경친화적인 도로설계지침(국토교통부 2010a)'과 국토교통부의 '도로설계편람 – 환경시설편(국토교통부 2010b)'에서 제시하고 있는 국내 도로설계 시 적용하는 국내의 기준을 소개한다. 생태통로는 설치하는 위치나 공법에 따라서 크게 육교형,

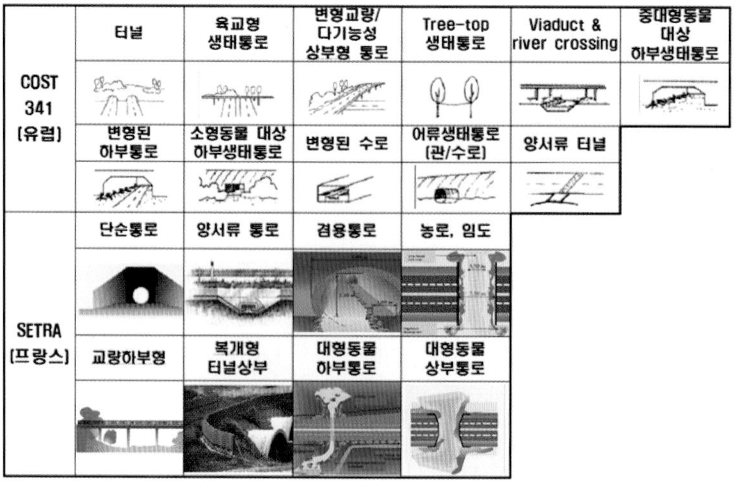

COST 341 (유럽)	터널	육교형 생태통로	변형교량/다기능성 상부형 통로	Tree-top 생태통로	Viaduct & river crossing	중대형동물 대상 하부생태통로
	변형된 하부통로	소형동물 대상 하부생태통로	변형된 수로	어류생태통로 (관/수로)	양서류 터널	
SETRA (프랑스)	단순통로	양서류 통로	겸용통로	농로, 임도		
	교량하부형	복개형 터널상부	대형동물 하부통로	대형동물 상부통로		

그림 10.14 유럽과 프랑스의 생태통로 유형(Damarad와 Bekker 2003; SETRA 2005)

터널형, 선형, 교량하부형으로 나뉜다. 생태통로는 도로의 상부에 놓이면 육교형, 도로의 하부에 놓이면 터널형 또는 교량하부형으로 구분된다. 도로와 평행으로 이어지는 구조물은 선형 생태통로라고 한다. 생태통로의 종류를 결정할 때 대상 지역의 지형 및 이용동물의 이동특성, 도로특성 등을 고려해야 한다(표 10.1).

표 10.1 생태통로의 종류 결정시 고려사항(국토교통부 2010b)

사업지역	해 당 지 역 특 징	육교형	터널형	선형	교량 하부형
산지, 계곡	깎기 지역간 거리가 넓음	●			
	깎기가 깊음	●			
	지표면으로 이동이 불가능	●			
	지상에 장애물 · 오염원 등이 있음	●			
	서식지간 거리가 넓음	●			
중소 하천, 산지 계곡	지상연결이 곤란하다		●		
	사업이 중 · 소하천 위를 횡단		●		
	사업으로 배수로, 개울 등이 폐쇄 가능		●		
	기존 이동로 위로 인공시설(도로) 통과		●		
	이동거리가 짧음		●		
	지상에 장애물 · 오염원 등이 있음		●		
	인간의 통행 · 영향이 빈번함		●		
	계획노선 아래로 서식지가 인접		●		
개활지 경작지 하천	도로, 철도변, 하천변 이용 가능			●	
	서식지간 지표면상 직선 연결 가능			●	
	작은 서식지들간을 지표면 연결 가능			●	
	사업지역과 주변지역 간 구분			●	
교량하부	교량 하부가 생물의 서식지 및 번식지로 이용				●

육교형 생태통로

가장 흔히 볼 수 있는 생태통로로서, 도로 위를 횡단하는 육교형태라서 붙여진 이름이다. 횡단부위가 넓은 곳, 절토지역 혹은 장애물 등으로 동물을 위한 통로 설치가 어려운 곳에 만들어진다. 도로건설로 인하여 생태계 단절이 예상되는 곳에 육교형 통로를 설치하며, 단편화된 생태계를 연결하여 생태계의 연속성을 유지하는 데 목적이 있다. 육교형 생태통로는 주로 도로의 양쪽 모두가 땅깎기 된 지역에 설치한다. 그림 10.15에서 보는 것처럼 육교형 생태통로는 하부도로의 형태에 따라 상부의 형태가 결정된다.

그림 10.15 육교형 생태통로 사례 및 상부(국토교통부 2010b)

육교형 생태통로를 설치하는 경우는 도로 양쪽의 높이가 도로보다 높아 터널형 통로의 설치가 불가능한 경우나 도로 양쪽의 고도차가 심하게 나거나 경사도가 급한 경우이다. 육교형 생태통로의 경우는 공사비가 높아 생태적 가치가 큰 곳이거나 도로로 인한 자연지형의 단절이 심각한 곳에 주로 설치한다.

육교형 생태통로를 설치할 경우 식재, 전이대, 대체 서식지 등을 설치해서 동물들이 이용할 수 있도록 유도하고, 최대한 서식환경과 유사하게 환경을 만들고 유지관리하는 것이 중요하다.

동물 전용터널

동물 전용터널이란 도로통과 지역 중 흙쌓기에 의하여 동물 이동이 단절되는 경우 설치하는 이동통로로서, 중 · 대형 동물들이 많이 이동하는 지역에 설치하는 것이 효과적이다. 설치형태에 따라 박스형 터널과 파이프형 터널로 나뉜다.

박스형 동물전용 터널의 설치장소로 적당한 곳은 도로건설을 위해 성토된 계곡부나 평지이다. 또한 도로가 수로나 작은 도로와 입체교차하는 곳, 횡단거리가 짧고 서식지가 인접한 곳 등에 설치하는 것이 적절하다. 동물 전용터널의 설치규모는 흙쌓기 높이와 지형에 따라 다르다. 파이프형 동물 전용터널의 경우 소형 포유류(족제비, 청설모, 설치류)와 양서 · 파충류의 이동이 예상되는 구간에는 직경 1 m 이상의 파이프를 설치한다.

그림 10.16 박스형 터널(좌)와 파이프형 터널(우) (국토교통부 2010b)

기존의 수로 중에서 인가가 없거나 주변에 인위적인 간섭이 비교적 적어 소형 포유류(청설모, 족제비, 고슴도치)의 서식이 예상되는 곳은 수로겸용 통로를 설치한다. 수로겸용 통로는 농수로, 늪지, 개울 등이 도로통과로 인하여 단절되는 경우 소형동물 이동이 많은 지역의 골짜기를 따라 연결한다.

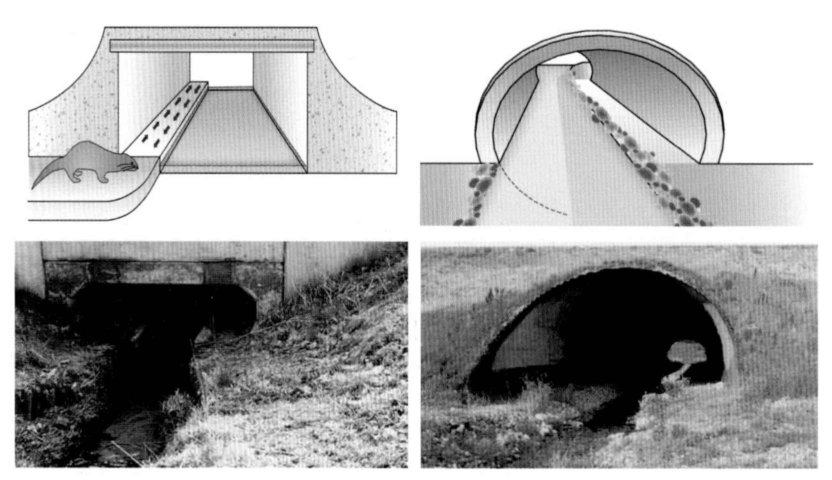

그림 10.17 수로겸용 박스형 터널(좌)와 파이프형 터널(우)
(국토교통부 2010b)

양서 · 파충류 전용터널

양서류는 주로 하천 주변, 논, 웅덩이 등 저지대에 산란하기 때문에 대부분 종의 산란기인 3월부터 5월까지 저지대 및 농경지에서 볼 수 있다. 도로가 농경지와 산 사이를 관통할 경우 3월부터 5월경에 다수의 개체가 도로상에 압사 당할 위험에 처하게 된다. 따라서 도로가 이러한 산란지 및 서식지를 단절하는 경우에는 양서류가 이용할 수 있는 생태통로를 설치하는 것이 바람직하다. 양서류를 위한 생태통로를 설치할 때는 서식지 이동경로를 조사해서 설치 지점을 파악하는 것이 중요하다. 그리고 그림 10.18의 이동통로 형태와 같이 양서 · 파충류 전용터널의 크기는 최소직경 ϕ500 mm 정도는 되어야 하며, 길이가 길어질 경우 터널의 지름은 커져야 한다.

선형 생태통로

선형 생태통로는 서로 떨어지거나 환경이 서로 다른 서식지를 간단하게 연결하여, 이동성을 증진할 필요성이 있는 지점 또는 인공시설물 설치로 인해 생태계의 파괴가 심각하게 우려되는 곳에 설치한다. 이 형태는

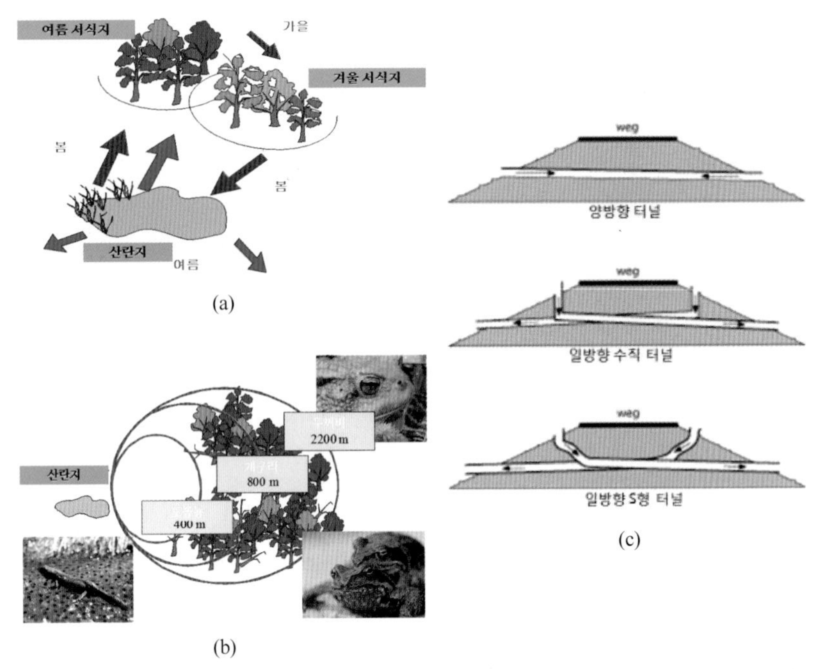

그림 10.18 (a) 양서류 서식지 이동경로, (b) 이동반경, (c) 양서류 전용 이동통로 형태 (a와 b: 김정수 2006, c: 국토교통부 2010a)

폭이 넓지 않기 때문에 인간의 간섭에 어느 정도 적응이 된 종만이 이용할 수 있는 한계가 있다. 일반적으로 도로변에 연속적으로 나무를 심어 동물의 도로진입을 막는 목적으로 설치한다. 또한 도로변에 교목을 식재하여 조류가 교목의 높이보다 높게 날게함으로써 조류를 보호하기 위한 식재 방법도 이용할 수 있다.

대체서식지

대체서식지는 기존 생태통로와 달리 신설도로로 인해 기존 서식지로의 이동에 장애가 있을 경우 인위적으로 서식지와 유사한 환경의 대체서식지를 조성하는 방법이다. 특히 계획된 도로 노선이 특정종이나 희귀종, 또는 환경 변화에 매우 민감한 종의 서식지(특히 번식지)를 부득이 통과하는 경우에는 반드시 대체서식지를 조성하여 특징적인 환경 조건을 보전해야 한다. 공사 중 또는 공사 완료 후 간섭받은 지역에서 서식이 불가

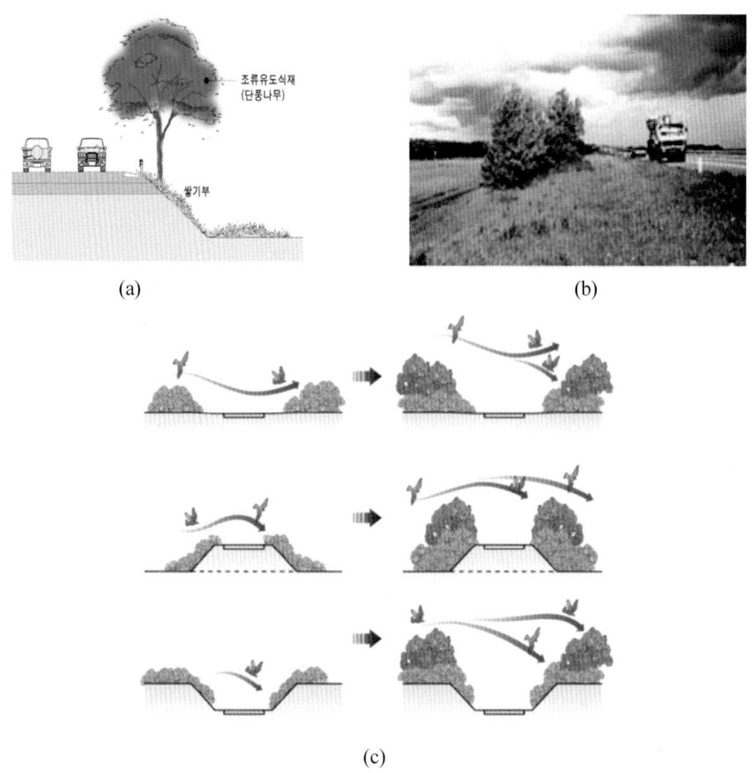

그림 10.19 (a) 선형통로의 식재, (b) 선형통로 설치 사례(네덜란드),
(c) 조류선형통로 패턴(국토교통부 2010a; 2010b)

능하거나 습지환경에 서식하는 종의 경우 대체서식지를 조성해서 제공하는 것이 중요하다. 거북과 개구리 등은 알에서 태어난 장소로 돌아가 산란하려고 하는 습성을 가지고 있기 때문에, 도로의 건설에 의해 번식지로 돌아갈 수 없으면 그 지역의 개체 무리군에 큰 영향을 주게 되며, 이러한 경우에 대체서식지를 마련해 줄 필요가 있다.

기존 1번 국도의 장성호 부근 신설 건설공사에서 신설 성토구간으로 인해 동물들이 이용하는 기존의 '오현제'와 산림이 단절되어 박스형 생태통로를 설치하였다. 그러나 서식지 연결보다는 오현제를 대체할 수 있는 서식지를 인공적으로 설계하여 공사에 추가적으로 반영한 사례이다(그림 10.20).

그림 10.20 신규도로건설로 인한 대체서식지 설치 사례
(기존 1번 국도의 장성호 부근 오현제 대체 서식지)

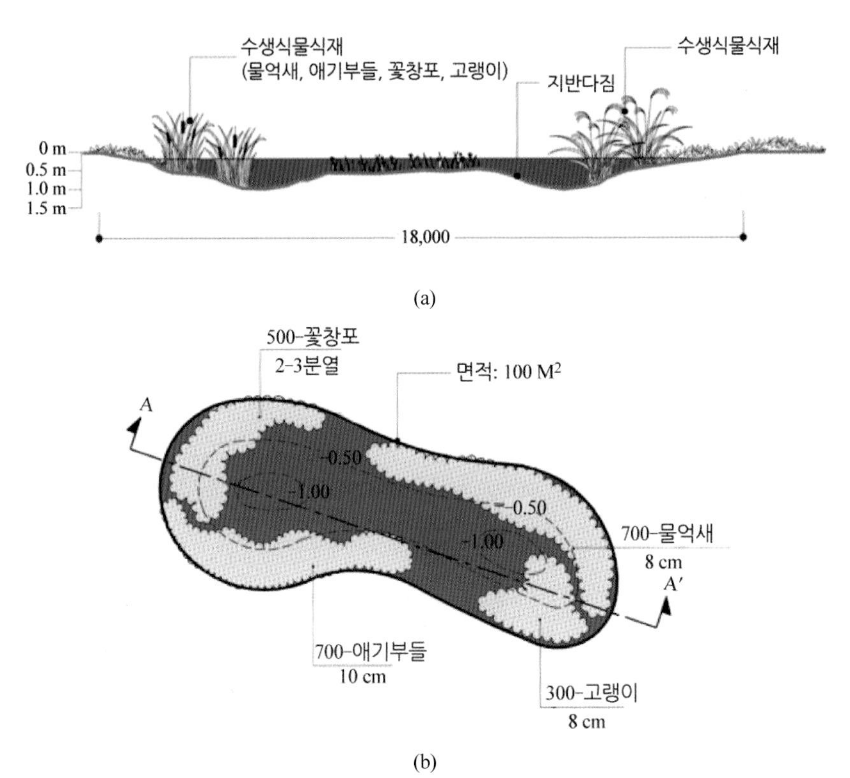

그림 10.21 (a) 대체서식지 설치 단면도와 (b) 평면도(한국건설기술연구원 2010)

10.4 생태도로시설의 설계, 시공, 운영 사례

일본의 생태도로

현황 및 배경

일본은 1950년대부터 도로교통시스템이 급속히 발전하였고, 유료도로 및 휘발유세의 도입으로 5개년 도로개발계획을 진행하였다. 일본의 도로는 국가고속도로, 국도, 현도, 지방도로 구성된다. 일본의 전체 도로 중 지방도가 전체 도로 연장에서 차지하는 비율은 약 84%인 반면, 고속도로는 단지 5.8%에 불과하다. 일본의 도로밀도는 산지가 많은 지형 특성에도 불구하고 매우 높은 편이다.

일본의 고속도로에서 발생하는 로드킬은 교통량과 도로 연장에 비례해서 증가하고 있다. 고속도로의 연장은 전체 도로 연장의 6% 미만이지만 대부분의 로드킬은 고속도로에서 발생하고 있다. 일본 로드킬의 가장 대표적인 대상은 너구리이다. 너구리의 연간 로드킬 현황을 살펴보면 1998년 100,000~370,000마리의 너구리가 로드킬로 희생되었다.

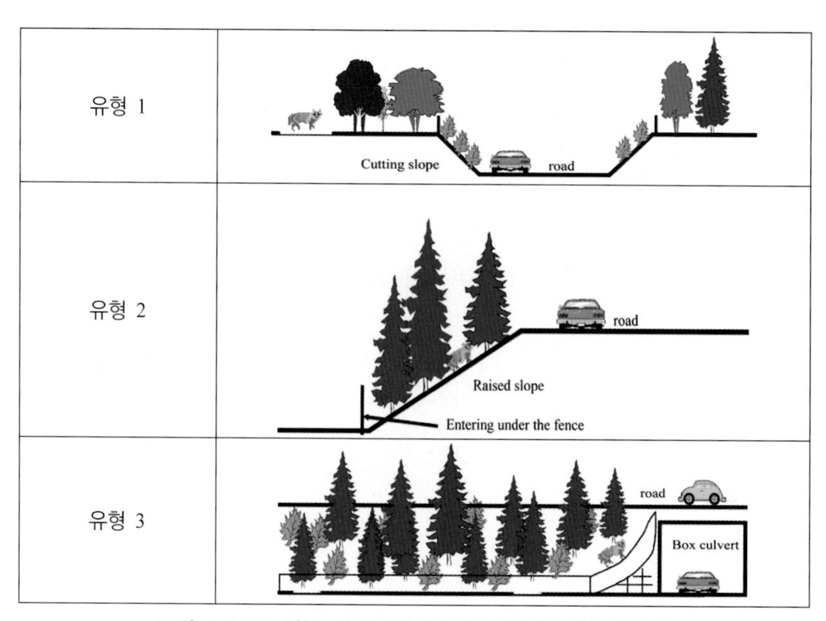

그림 10.22 일본 사고다발 로드킬 유형(Seiki 2006)

일본 고속도로의 경우 비탈면에 식생이 자라서 새로운 형태의 식생대를 구성한다. 비탈면의 단절은 일반적으로 100~200 m 간격으로 발생하며 이 구간에서 로드킬이 자주 발생한다.

일본에서 로드킬 발생률이 높은 도로구간은 세 가지 유형으로 구분 가능하다(그림 10.22). 유형 1은 도로건설 전 동물의 서식지이거나 이동통로로 이동되었던 구간으로, 주로 도로의 양안이 숲으로 이루어져 있고 동물의 횡단을 막는 특별한 장애물이 없으며 절토면이 식생으로 덮여 있는 경우이다. 유형 2는 도로건설 이후 도로의 양안에 형성된 사면에 식생이 발달하여 동물의 서식지로 이용되는 경우로 이 경우는 인공사면에 식생이 발달하고 동물이 주변의 도로를 이용한 흔적이 주로 발견된다. 유형 3은 교량과 같은 인간을 위한 횡단구조물을 피하기 위해서 동물이 비탈면을 사용하는 구간으로서, 주로 교량과 같이 인공사면에 식생이 발달되어 있고 사면이 단절된 경우이다.

세계 최초의 생태도로 오니코베

대표적인 일본의 생태도로는 오니코베 도로이다. 이 도로는 전 세계적으로 환경친화적인 생태도로의 국제적인 벤치마킹 대상이다. 이 도로는 일반국도 108호선으로 국립공원을 통과하는 구 국도를 선형 개량한 사업

(a)

(b)

그림 10.23 (a) 국립공원 도로선형개선 사업과 (b) 교량과 터널로 연결된 도로전경 (오니코베 2007)

표 10.2 오니코베 도로와 구 국도의 제원 비교(오니코베 2007)

구분	오니코베	구 국도
구간연장(km)	13.7	17.0
폭원(m)	9.5	5.0~6.5
최소곡선반경(m)	150	18
곡선반경 100 m 미만의 곡선수	0	83
최급종단경사	4.75	10.39
경사 6%를 넘는 연장(km)	0	3.4
도로부 최고표고(m)	581(仙秋鬼首터널)	820(鬼首재)
통과 소요시간(시:분)	1:10	1:27, 동절기: 2:23
동절기 교통불통 일수	-	142(39%)

이다. 1974년 오니코베 도로 타당성 조사가 시작되고, 1975년 환경영향평가가 수행되었다. 1977년 브라질 리오선언에 맞추어 오니코베 도로의 친환경 도로사업이 의결되었고, 1978년부터 5개년 도로개선프로그램을 시작하여 오니코베도로는 1996년 개통되었다.

오니코베 도로는 절토와 성토를 최소화하여 환경에 미치는 영향을 최소화한 도로이다. 도로구간은 총 7개의 터널과 17개의 생태통로를 설치하여서 터널과 생태통로 구간이 전체 도로의 61%를 차지하였다. 구 국도에서 오니코베 도로로 전환하면서 최소곡선반경이 18 m에서 150 m로 개선되었고, 곡선반경 100 m 미만의 곡선은 모두 제거하였고, 종단경사도 10.39%에서 4.75%로 대폭 개량되었다.

오니코베 도로에서 처음 적용한 터널형 동물전용 생태통로는 도로하부에 건설되었고, 주변을 목재로 마감하여 동물이용을 유도하였고(a), 절토구간에는 동물의 도로 진입을 방지하기 위한 유도울타리(b)를 전 구간에 설치하였다(그림 10.24). 세계 최초로 도로건설로 인해 발생하는 비탈면에 자생종을 식재하였고(c), 교량과 터널을 연결하는 부분에서 교량의 갱구부를 최소화하여 자연의 영향을 최소화하였다(d). 또한 교량 형태 선정 시 주변경관과의 조화를 고려하였다. 야생동물의 원활한 이동을 위한 교

(a) 도로하부의 터널형 생태통로와 목재 마감

(b) 도로로 진입을 막기 위한 유도울타리

(c) 비탈면의 자생종 녹화

(d) 갱구부를 최소화한 터널입구와 교량형태

그림 10.24 오니코베 도로에 적용하였더 다양한 시공 사례(오니코베 2007)

량하부의 터널형 생태통로를 건설하여 운영하였고, 양서・파충류를 위한 도로배수로 탈출구를 만들었다.

오니코베 도로 개통 후 생태통로의 동물 이용빈도수가 동물종별로 다양하게 증가하는 것으로 나타났다.

표 10.3 오니코베 도로의 생태통로 이용동물수 변화(Seiki 2006)

동물유형	1996	1997	1998	2000
토끼	0	7	52	119
쥐	1	1	3	6
너구리	10	14	28	25
여우	7	1	9	11
담비	0	1	3	10
족제비	0	1	13	39
산양	13	13	43	13
기타	12	3	4	3
총 계	43	41	155	226

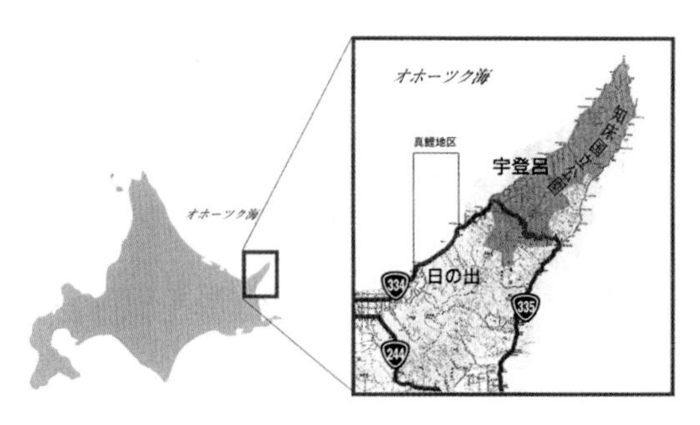

그림 10.25 쉐리 에코로드의 위치(http://www.ab.hkd.mlit.go.jp/douro/ecoroad/index.html)

사슴 로드킬 방지를 위한 에코 쉐리로드

오니코베 도로가 식물, 동물, 지형 등 전반적인 생태도로였다면 홋카이도 북부에 설치된 에코 쉐리로드는 세계 유일의 사슴 로드킬을 예방하기 위해 설계 시공된 도로구간이다.

쉐리로드의 배경을 살펴보면 일본국도 334호선의 마코이 구간에서 표 10.4에서 보는 바와 같이 전체 쉐리타운의 절반 이상의 사슴 로드킬 사고가 지속적으로 발생했다. 쉐리 에코로드는 심각한 사슴의 로드킬을 예방하기 위해서 1993년 위원회가 결성되어, 1994년부터 2.4 km 구간에 대한 대책을 1차적으로 시행하였고, 그 결과가 만족스러워 1997년에 관련 시설을 4.7 km로 연장하고, 2004년 6 km로 연장하여 운영하고 있다.

그림 10.26 쉐리로드 구간(http://www.ab.hkd.mlit.go.jp/douro/ecoroad/index.html)

표 10.4 사슴 로드킬 자료(http://www.ab.hkd.mlit.go.jp/douro/ecoroad/index.html)

연도	쉐리	마코이
1988	9	3(33%)
1989	5	2(40%)
1990	12	7(58%)
1991	24	13(54%)
1992	16	6(38%)
1993	10	5(50%)
1994	13	2(15%)
총 계	89	38(43%)

로드킬의 주 피해대상이었던 사슴을 위해서 그림 10.27과 같은 다양한 시설을 설치하였다. 식생펜스(①)는 사슴의 도로 진입을 방지하기 위해 설치하였고, 대나무를 활용해 프레임을 만들고 성토부 비탈면에도 식생을 심었다. ④ 교량하부 사슴 생태통로는 교량연장은 16.9 km이고, 교량하부에 사슴이 물을 마실 수 있도록 하천에 접근하고, 교량하부에서 이동할 수 있도록 평탄부를 확보하여 설계 · 시공하였다. 시설 설치 후 그림 10.28에서 보는 바와 같이 사슴의 이동이 활발한 것으로 나타났다.

도로건설 후 로드킬이 발생하는 주요 이유 중 하나는 선형시설인 도로로 들어온 동물이 가드레일이나 도로의 성토/절토 등으로 인해서 다시 탈출하는 것이 어렵기 때문이다. 에코 쉐리로드의 경우 중대형 동물에 속하

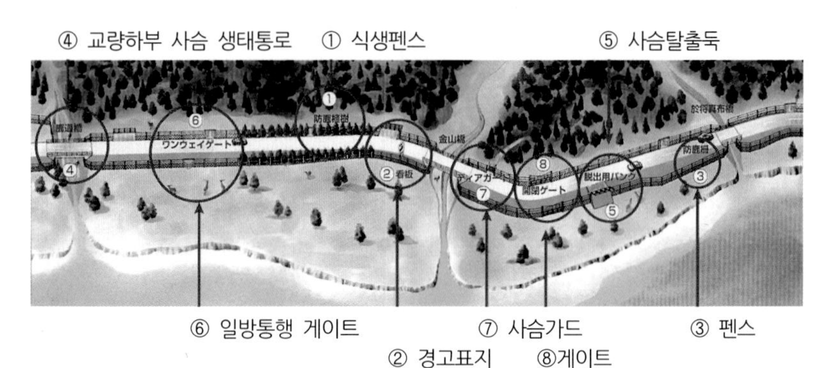

그림 10.27 쉐리로드의 다양한 로드킬 방지대책 및 배치도(Seiko 2006)

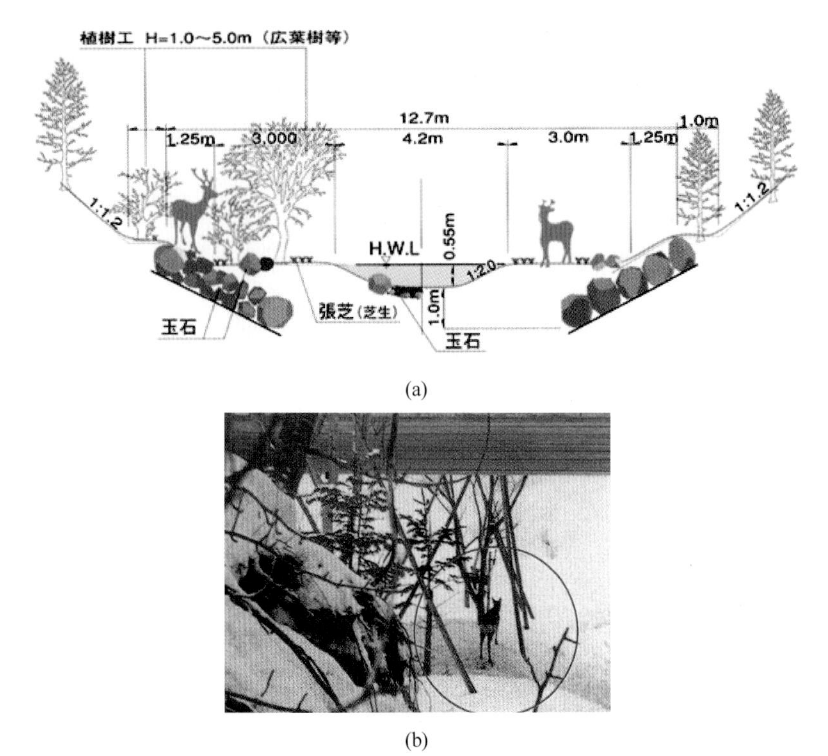

(a)

(b)

그림 10.28 (a) 교량하부 사슴 생태통로 설계와 (b) 실제 이용하는 사슴 사례 (Seiko 2006)

는 사슴의 도약능력을 고려해서 사슴이 도로시설로 잘못 들어왔을 때 탈출할 수 있도록 사슴탈출둑(⑤)을 설계하여 시공하였다. 그림 10.29에서 보는 것처럼 사슴이 도약해서 탈출할 수 있도록 기존의 수직형태의 도로 가드레일을 도로바깥방향으로 경사지게 설계하였다.

사슴을 위한 일방통행게이트(⑤)는 그림 10.30에서 보는 것처럼 사슴이 도로로부터 진출은 가능하되 진입은 하지 않도록 설치한 시설물이다. 게이트 주변은 다른 동물이 진입하지 못하도록 펜스를 둘러 차단하고, 게이트의 크기는 사슴 크기를 고려해 설계하였다. 사슴가드(⑦)는 목재로 작은 브릿지 구간을 만들어서 사슴이 이 구간을 통과하지 못하게 해서 물리적으로 도로 진입을 방지하는 시설이다.

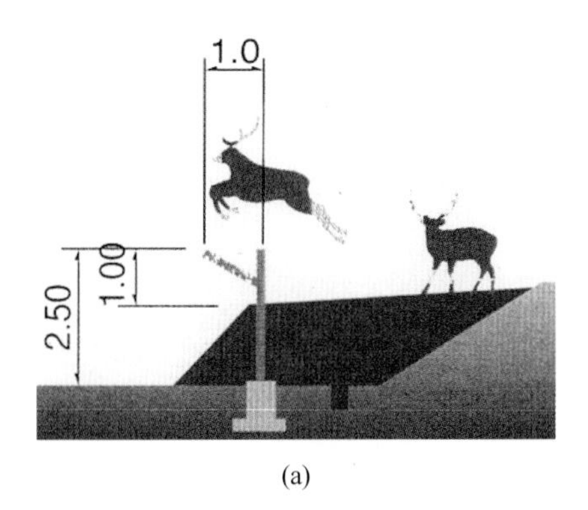

(a)

(b)

(c)

그림 10.29 (a) 사슴탈출둑설치 사례, (b) 하절기, (c) 동절기 적설 시 (Seiko 2006)

이러한 다양한 시설의 설치 및 운영관리로 인해서 대상구간에서는 그림 10.31과 같이 시설의 설치운영 후에 교량하부 생태통로의 이용빈도가 증가하였고, 사슴의 로드킬도 크게 감소한 것으로 나타났다. 전체 대상도

(a)

(b)

그림 10.30 (a) 사슴의 도로탈출을 위한 일방통행 게이트와 (b) 사슴가드 (Seiko 2006)

로구간에서는 설치 전(1988~1996) 전체 로드킬 중 46%에서 설치 후 (1997~1999) 29.5%로 감소하였고, 테스트 구간의 경우 설치 전 19.7%에서 설치 후 7.7% 감소한 것으로 나타났다.

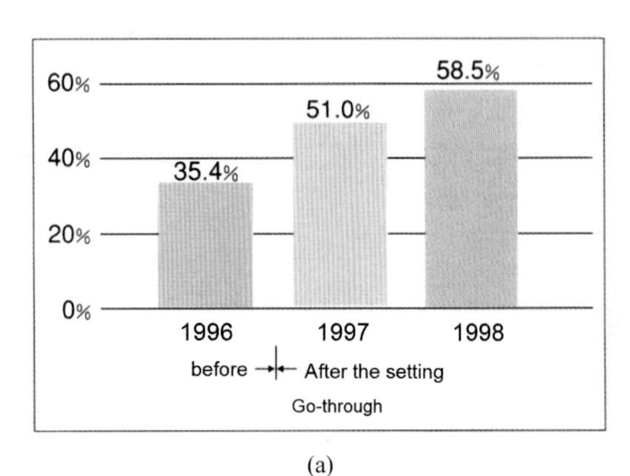

(a)

(b)

그림 10.31 (a) 쉐리도로 시설설치 전·후 생태통로 이용현황과 (b) 로드킬 비교

네덜란드의 자연연결로

생태축 단절 극복을 위한 도로정책

네덜란드는 1970년대부터 환경친화적인 도로건설에 대한 필요성을 인식하고, 생태통로 등을 통한 시설의 확보와 생태 시스템 네트워크와 도로 네트워크를 고려하는 등 친환경 도로정책을 추진하였다.

일반적으로 도로건설이 환경에 미치는 영향을 감소시키기 위해서는 도로를 계획할 때 도로가 환경에 미치는 영향을 저감할 수 있도록 설계하고 건설하는 것이 필요하다. 네덜란드에서는 '교통기본계획(SVVII; Structural plan for traffic and transportation II)'과 자연정책계획에 근거하여 서식지 단절에 대해서 국가적인 차원의 전략적인 접근을 하였다. 1990년 농림수산환경관리부, 교통공공사업수자원부, 주거공간계획환경부가 공동으로 '자연환경의 가치를 향상시키기 위한 고속도로망 대책'을 마련하였다. 이 대책에서는 네덜란드에서 도로와 생태 시스템 네트워크 간 상충지점을 파악하고 해당 지역의 개선방안을 제시하였다. 중앙정부 차원에서 자연생태계의 지속적인 보전과 복구, 개발정책 원리를 기본으로 도로네트워크에 다양한 환경영향 저감 · 상쇄 방안을 적용하는 것을 계획하였다.

이 계획에 근거하여 네덜란드에서는 1992년 도로나 수로에 의해 생태축의 단절되는 300개 지점을 확인하고, 2004년에 해당지점의 40%에 대책을 수립하였고, 2010년 90%까지 해결하는 것을 목표로 하였다. 1999년부터 공공사업과 수자원관리 이사회와 농림수산부가 합동으로 서식지 단절대책의 평가와 시행계획에 따른 사업진행상황을 모니터링하고 있다(우효섭과 남경필 2008).

2000년까지 모든 주정부는 서식지 단절에 따른 대책을 마련하고, 단절된 생태축의 연결을 위해 사업을 시작하였다. 2003년 생태축과 도로 간 상충지점, 도로와 자연환경 간 교차지점을 조사하여 Veluwe, Maasduien, Utrechstse Heuvelrug 등 우선적으로 10개 지역을 생태축 연결 대상지역으로 선정하고 그에 따른 국가 시행계획을 마련하였다. 이 계획에 근거해서 철도네트워크, 수로, 도로로 인해 생태축이 단절되는 지점, 주요 도로의 교차지점, 생태학적으로 중요한 지점 등을 대상으로 2004년 장기사업계획(2004~2018년)을 수립하였다. 서식지의 단절은 생태축을 도로가 횡단하면서 발생하는 것으로서, 생태통로와 같은 시설을 설치하여 횡단지점에서의 대안을 제시하는 것이 일반적이다. 네덜란드에서는 생태통로와 같은 시설을 통해 단절을 극복하는 것과 더불어 도로나 운하와 평행하게 생태도로가 연결되도록 하는 데 주안점을 두었다. Gelderland 주의

Veluwe 지역에서는 'Veluwe 2010'이라는 계획을 수립해서 대형포유류의 서식지 면적을 증가시키고, 야생동물 이동로와 더불어서 생태통로를 설치해서 생태적으로 지역이 연속될 수 있도록 계획하고 적용하고 있다(조혜진 2008).

그림 10.32 고속도로에 의한 생태축 단절지점 분포도(조혜진 2008)

Gooi 지역의 자연연결로

네덜란드는 Gooi 지역에 Scope 프로젝트를 통해 세계에서 가장 큰 일종의 생태통로, 즉 자연연결로를 건설하였다. 자연연결로는 기존의 생태통로와는 다른 개념인데 Gooi 지역의 자연보전 지역과 생태적으로 가치있는 지역이 도로나 철로에 의해서 단절되는 것을 막기 위해 Bussum시와 Hilversum시 사이에 대규모 자연연결로를 건설하여 서식지의 단절을 최소화하기 위한 것이다. 자연연결로의 개념은 단절구간을 생태축을 연결하는 대규모의 통로, 즉 자연환경을 재창출하는 것이다. 일종의 생태통로인 자연연결로의 연장은 800 m, 최소 폭원이 50 m로 동식물의 이동을 방해하는 장애물, 즉 Naarderweg 주도로, Hilversuum-Bussum간의 철도, NS

비즈니스 구역, Crailo 스포츠센터를 연결하여 준다(표 10.5). 이 연결로는 자연보호구역의 방문객이 산책, 하이킹, 승마를 할 수 있도록 이동로를 제공하고, 더불어 동물과 인간이 함께 이용할 수 있는 대규모 공간을 제공하고 있다.

표 10.5 Gooi 자연연결로의 제원(2016 환율적용 1 euro=1,700원, www.natuurbrug.nl)

자연연결로 제원	
연장	800 m
최소폭원	50 m
제방폭	150 m 이하
높이	해발 10.5 ~ 14.5 m
성토량	50만 m^3
개발비용	약 13,500만 유로(2,295억 원)

그림 10.33 Gooi 자연연결로 상부 전경(사진 : 조혜진)

네덜란드의 자연연결로 건설 후 야생동물의 서식지가 확장되어 노루, 다람쥐, 습지개구리, 들뱀, 스컹크, 도마뱀들이 자연연결로로 새롭게 연결된 지역을 중심으로 번식하고 있고, 생태적인 장애물이 감소하여 동식물의 종다양성이 크게 증가한 것으로 나타났다. 승마, 하이킹, 산책 등 여가활동을 위한 방문객의 증가와 생태적인 효과를 고려해 볼 때 자연연결로 건설로 인해 많은 건설비용이 투입되었으나, 그로 인한 편익이 더 큰 것으로 평가되고 있다.

(a)

(b)

그림 10.34 Gooi 자연연결로 하부 (a) 철도노선 교차와 (b) 도로교차 (www.natuurbrug.nl)

국내 최초의 계획생태도로

국내에서도 2004년 환경친화적인 도로건설과 관련된 기준이 마련되고 모든 설계 및 시공 단계에서 관련 기술이 적용되었다. 이에 2009년 국내에서도 벤치마킹할 수 있도록 최초의 생태도로를 계획하여 설계에 반영하였고, 2016년 도로가 준공되었다. 선정된 구간은 내장산과 장성호와 인접

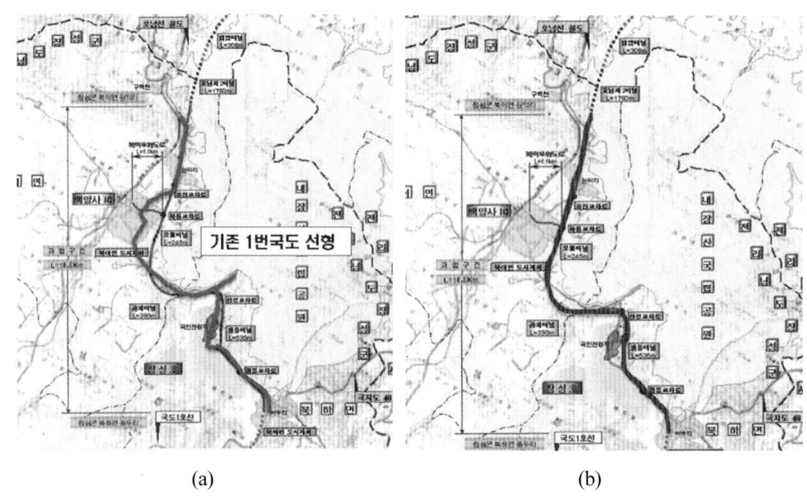

(a) (b)

그림 10.35 (a) 기존 국도노선과 (b) 개량 노선(한국건설기술연구원 2009)

한 '정읍~원덕 간(제1공구) 국도선형개선사업' 구간이다. 이 구간은 국토교통부에서 각 지방청에서 후보 구간을 선정한 후 GIS작업과 다양한 평가결과 환경성이 가장 우수한 구간으로 선정된 곳이다. 그림 10.35는 구국도 1호선의 선형(좌)과 선형개량 후(우)의 노선을 보여 주고 있다. 기존의 2차로에서 3차로로 확대하고 설계속도는 60 km/h에서 80 km/h로 상향조정되고, 터널이 3개소(총 1.17 km), 교량이 13개소(0.9 km)로 구성되어 있다. 이 도로구간도 지형훼손을 최소화하기 위해 전체 연장의 20%를 터널과 교량으로 설계하였다.

본 사업은 시공 중인 도로구간을 친환경 도로요소를 반영하여 설계변경하여 시공한 구간이다. 이를 위해서 먼저 기존의 환경영향평가 결과를 최대한 반영하고, 문헌상 제시된 동식물 조사결과를 바탕으로 지역 전문가가 현장조사를 재실시하였다. 문헌조사에 따르면 하늘다람쥐(멸종위기 II, 천연기념물), 사향노루(멸종위기 I)와 새홀리기, 새매, 붉은배새매, 원앙(천연기념물), 구렁이(멸종위기 II)가 발견되었다. 현장재조사 결과 생태통로가 계획된 STA 3+300 지점에서 멸종위기종인 삵의 출현이 확인되었고, 황조이황조롱이, 소쩍새(천연기념물), 말똥가리(멸종위기Ⅱ등급)가 장성호 변 경작지와 산림 임연부에서 확인되었다.

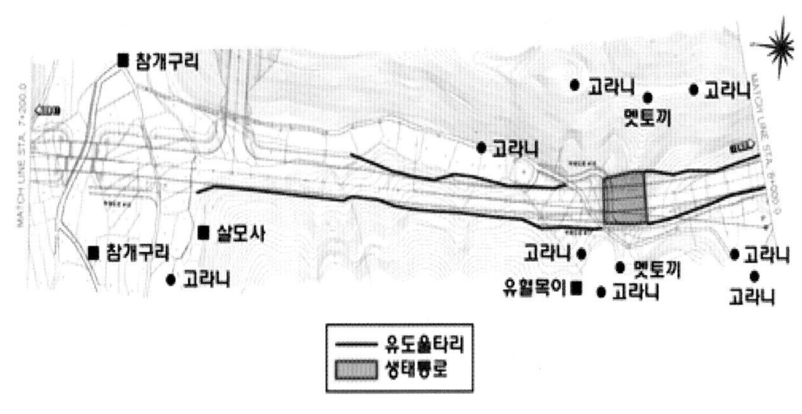

그림 10.36 출현동물 결과를 반영한 생태통로 위치선정(한국건설기술연구원 2009)

신설도로로 인해 서식지 단절이 우려되는 곳의 야생동물 출현 조사결과를 바탕으로 포유류의 출현이 다수 발견되는 지점에 생태통로 2개소를 계획 시공하였다. 신성 생태통로와 조산 지하차도 상부 생태통로를 건설하였다. 환경도로 시범사업 구간인 '정읍 – 원덕(1공구)'은 환경영향평가

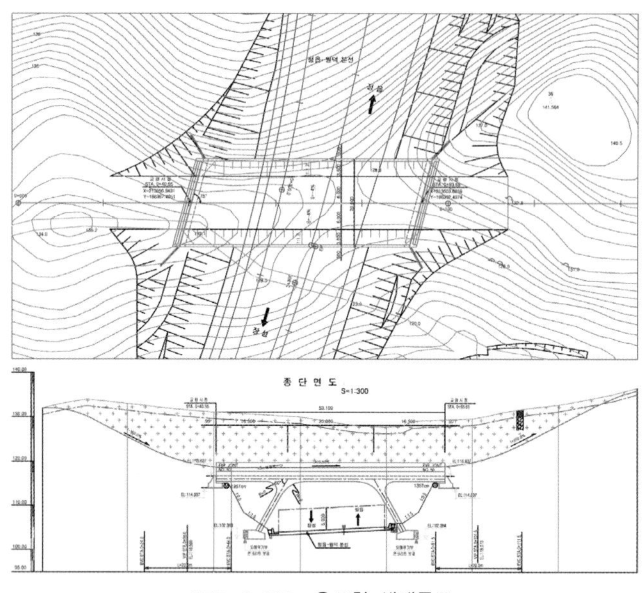

STA. 3+300 육교형 생태통로

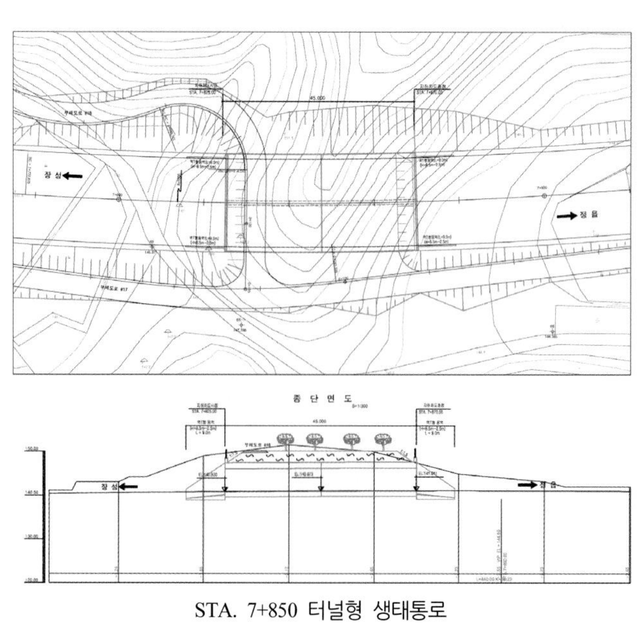

STA. 7+850 터널형 생태통로

그림 10.37 생태통로 설계도(한국건설기술연구원 2009)

협의결과에 따라 그림 10.37과 같이 총 2개소의 생태통로가 계획되었다. 신성 생태통로(STA. 3+300)는 절토로 인한 동물이동로의 단절 지점에 육교형 생태통로를 설치하였고, 조산 지하차도(STA. 7+850)는 터널형 동물전용 생태통로로 만들었다.

본 친환경 도로사업구간은 지방1급 하천인 황룡강, 지방2급 하천인 북하천, 약수천 등을 통과하며 주요 용수원인 장성호에 인접해 있다. 각종 조류 서식지인 장성호(조수보호구역)의 수질 변화는 인간 및 야생동물에게 치명적일 수 있다. 따라서 국내 최초로 자연형 비점오염 저감시설을 설계에 반영하였다. 비점오염 저감계획 의무화에 따라 하천과 도로가 교차하는 횡단구간(쌍웅교, 신성1교)의 하부에 식재 침투도랑을 설계하여 사업에 적용하였다.

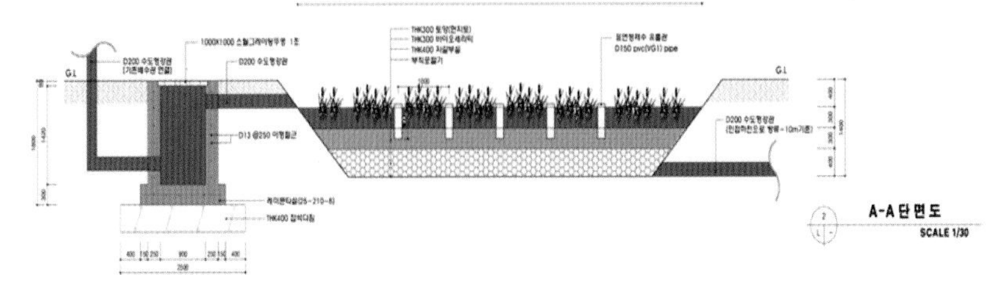

그림 10.38 자연형 비점저감시설 설계도 및 시공 대상지(한국건설기술연구원 2009)

참고문헌

건설교통부 환경부. 2004. 환경친화적인 도로건설 지침.

교통정책연구팀. 2005. 지속가능한 교통정책, PCSD VIP 국정보고 발표자료

국토교통부 환경부. 2010a. 환경친화적인 도로건설 지침.

국토해양부. 2010b. 도로설계편람 환경시설편.

김정수. 2006. 생태이동통로 성공실패요인과 개선방안, 환경친화적 도로세미나 발표자료, 서울 과학기술회관.

노성열. 2006. 환경친화적인 도로건설 지침, 환경친화적인 도로건설 국내세미나 발표자료, 한국건설기술연구원.

오니코베. 2007. 오니코베 도로관리청 자체 자료.

우효섭. 남경필 등. 2008. 생태공학: 생태학과 건설공학의 가교, 청문각, 서울, 한국(번역).

조혜진. 2007a. 환경친화적인 도로건설을 위한 국내 기술 수준 분석 및 시범사업 추진 전략, 친환경도로 연찬회 - 도로와 환경의 공존 III.

조혜진. 2007b. 환경친화적인 도로건설을 위한 설계기준 개발과 적용, 제3회 대한토목학회 생태공학분과 심포지엄 발표자료.

조혜진. 2008. 네덜란드의 친환경 도로정책 동향, 도로브리프, 국토연구원.

조혜진. 2014. 도로의 설계, 시공과 환경과 생태의 접목사례, 응용생태기술 심포지움, 2014.11.19.

한국건설기술연구원(2007~2010), 환경친화적인 도로건설기준 개선방안 연구, 1~3차 최종보고서.

建設省 湯澤建設事務所. 1997. 一般國道108号 鬼首エコロードガイドブック.

高橋輝昌 等. 2002. 植物發生材の粒徑および窒素施肥が分解特性·土壤の性質·植物生育に及ぼす影響. 일본녹화공학회지, 28(1):263~266.

國土交通省, 土木研究所, 日蘭ワークショッ-プ 「道路による生息域の分斷防止と生態系ネットワークの形成に向けて」土木研究所資料第3820号, 2001.

小橋登治·材井 宏·龜山 章. 1997. 環境綠化工學 p.13~136.

永野正浩·梅原徹. 1980. 森林表土のまきだしによる植生回復法の 檢討. 大阪府.

E.C. 2003. COST 341 Habitat Fragmentation due to Transportation Infrastructure, WILDLIFE AND TRAFFIC A European Handbook for Identifying Conflicts and Designing Solutions.

FHWA, Handbook for Design and Evaluation of Wildlife Crossing

Structures in North America.
Hein van Bohemen. 2005. Ecological Engineering : Bridging between ecology and civil engineering.
http://www.ab.hkd.mlit.go.jp/douro/ecoroad/index.html
Lucken, J. O. 1990. Directing ecological succession. Chapman and Hall.
Seiki, M, Current Condition of Road kills and Good Practice Examples of the Counter Measure in Japn, 도로와 환경의 공존 II －국제세미나 발표자료, 2006.
SETRA. 2005. Facilities and measures for small fauna.
Wade, G. L. 1989. Grass competition and establishment of native species from forest soil seed banks. Journal of Ecology 78(4) : 1079~1093.

권장도서

우효섭. 남경필 등. 2008. 생태공학: 생태학과 건설공학의 가교, 청문각, 서울, 한국(번역).

제 11 장
도시환경

도시화는 인간의 삶의 질 향상을 위한 공간창출과정이며 자연적 피복이 인위적 피복으로 바뀌는 필연적 과정이다. 도시의 다양한 토지이용은 건물, 주차장, 도로 등의 불투수층 증가를 초래하여 물순환 왜곡, 환경오염물질 배출, 도시열섬현상, 생태계 훼손 등과 같은 많은 문제를 발생시킨다. 생태기술은 생태계의 물질순환과 에너지 흐름을 이용하는 기술이며, 그중에서 생태계의 생명체 근본인 물의 현명한 활용은 도시화 문제해결을 위한 기술적 출발점이다. 도시화로 발생하는 환경학적, 수문학적, 생태학적 문제를 해결하고 지속가능한 도시환경 조성을 위한 방안으로는 물순환 도시(Water Circulation City), 물 친화 도시(Water-Wise City), 스폰지 도시(Sponge City) 등이 있다. 물 친화형 도시환경 조성을 위한 기술적 접근방식으로는 저영향개발(Low Impact Development, LID), 그린 인프라(Green Infrastructure, GI), 지속가능한 도시 배수시스템(Sustainable Urban Drainage System, SUDS), 물 순응 도시설계(Water Sensitive Urban Design, WSUD), 더 좋은 설계(Better Site Design, BSD) 등이 다양하게 적용되고 있다. 이 장에서는 지속가능한 도시환경 조성을 위하여 도시화로 인한 도시환경문제, 도시환경 조성위한 생태기술, 생태기술 적용 사례 등을 제시하고자 한다.

11.1 도시환경의 이해

도시개발과 환경문제

UN 경제사회국의 세계 인구 예측보고서(UN DESA 2014)는 2014년 세계인구의 절반이 도시지역에 살고 있으며, 2050년까지 약 70%의 인구가 도시에 거주할 것으로 예측하고 있다. 인구가 가장 많은 대륙인 아시아에서는 2020년까지 약 절반이 도시에 거주할 것으로 예측하였다(그림 11.1).

일반적으로 인구 1,000만 이상의 도시는 메가시티(megacity)로 분류하는데, 2015년 기준으로 전 세계적으로 약 34개에 달하고 있으며, 이 중에서 19개 도시가 아시아에 위치하고 있다. 상위 10개의 메가시티 중에서

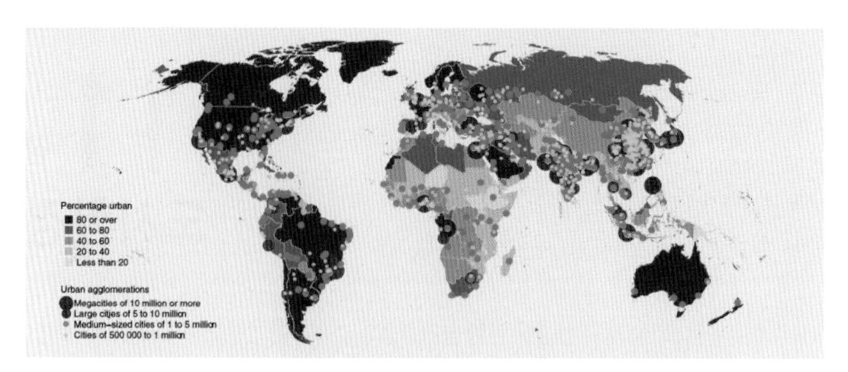

그림 11.1 세계의 인구 50만 이상의 도시 분포(UN DESA 2014)

한국의 서울과 일본의 동경을 비롯하여 9개의 도시가 아시아 지역에 분포하고 있다는 것이다(Angel 2014). 이러한 메가시티의 등장은 급속한 도시화의 영향이며, 도시계획뿐만 아니라 수도, 전기, 위생 등 도시 주민 서비스에 대해 재정상의 어려움과 공급용량 부족 등 심각한 문제를 유발한다. 특히 저개발 국가에서 거대도시는 매우 복잡한 관료적 형태의 관리로 인하여 토지와 공간관리 및 새로운 기술의 도입과 적용이 어려운 상황이다. 도시화는 인간생활의 편리함을 위해 피할 수 없는 개발과정이며, 세계적인 동적변화(글로벌 변화)는 메가시티 조성을 촉진하고 있다. 메가시티는 다음과 같은 특징을 가진다.

- 세계적으로 절반 이상의 메가시티는 아시아 지역에 위치하고 있으며 지속적으로 늘어날 전망이다.
- 상위 20개의 메가시티가 세계 에너지의 80%를 사용하고, 80% 이상의 온실가스를 배출하기 때문에 기후변화 대책의 성공 여부를 불확실하게 한다.
- 메가시티는 인프라 조성 및 관리비용의 상승을 유발시켜 경제, 공공 및 민간의 협력 등 다양한 분야에 큰 투자가 요구된다.
- 메가시티의 성장은 주변 도시의 동반 성장을 유도하여 심각한 교통문제를 야기한다.
- 위험에 노출된 지역(하천변, 침수지역 등)에 위치하는 거주지는 홍

수, 가뭄 등과 같은 기후변화 영향에 취약하다.

- 메가시티는 긍정적 효과도 있는데 메가시티는 정보화 기술의 효과적 적용이 가능하여 차별화된 도시개발이 가능하다. 예를 들어, 인터넷은 도시계획 및 관리에 중요한 도구로 사용되고 있다.
- 메가시티는 경제적, 사회적, 정치적으로 중요한 영향력을 가지고 있다. 메가시티는 주변 도시와 도시 시스템을 만들면서 성장하고, 다양한 중심도시를 형성한다. 이러한 도시 형태는 국내뿐만 아니라 국제적인 공간으로 경제, 사회, 환경, 과학 등 다양한 분야의 공간으로 활용된다.
- 메가시티는 선진국이나 개발도상국의 국가 패러다임이 아닌 세계화의 상호연결과 경제적인 기능에 따라 그 규모가 결정된다.

도시화는 물, 대기 및 폐기물 등과 같은 다양한 도시환경 오염을 유발한다. 일반적으로 도시 환경오염 문제는 도시의 경제발전 단계에 따라 점차 감소되는 것으로 보고되고 있으나 경제적 기반이 취약한 도시는 가정위생, 수질, 연료공급 등에 심각한 문제를 보인다(그림 11.2). 특히 도시화와 산업화가 상당히 진행된 도시에서는 물오염, 대기오염, 폐기물 및 각종 환경호르몬 등으로 인하여 생태계와 사람의 건강성 훼손 등의 문제

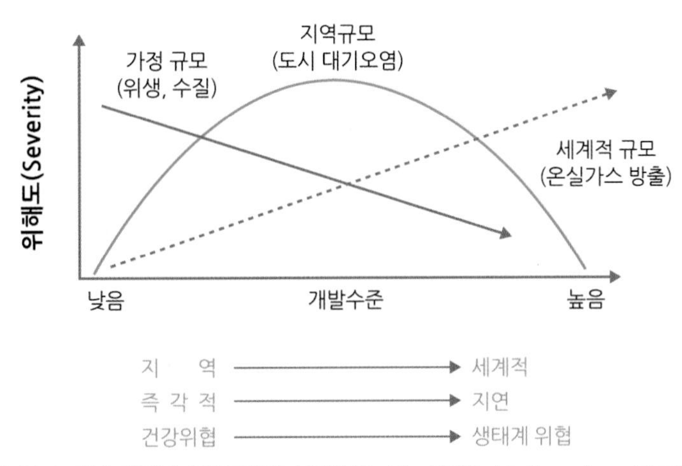

그림 11.2 개발 단계와 위해도와의 상관성(Smith 1997; McGranahan 등 2001)

가 나타난다. 이미 도시화와 산업화를 통해 다양한 규모의 환경문제를 경험한 기존 도시의 사례는 도시환경문제와 인간의 건강문제의 상관성을 이해할 수 있는 좋은 본보기이다(Smith와 Ezzati 2005).

도시에서 발생하는 환경오염은 인간과 환경에 유해하지만 주민의 소득은 증가시킨다. 이러한 이론은 환경 쿠즈네츠 커브(Environmental Kuznets Curve, EKC)라는 U자형 곡선으로 설명된다(그림 11.3). EKC 곡선은 환경의 질 정도와 국가 경제개발의 관계를 설명하고 있다. 초기 도시화 진행과정에서는 도시개발과 환경파괴가 필연적이다. 즉, 초기 도시화 진행과정에서는 천연자원의 소모와 오염물질 배출 증가 및 환경영향을 고려하지 않은 기술의 적용 등으로 인하여 환경의 질에 대한 고려는 상당히 배제되고 있다. 그러나 지속적인 경제발전, 수명연장 및 소득증가는 공공과 민간에서 환경의 질과 환경보호에 대해 관심을 증가시킨다. 이러한 과정을 통해 환경에 관한 규제가 강화되면서 지역수준의 환경 위해도는 감소하게 된다. 후기 도시산업화 단계에서는 청정기술 및 정보와 서비스를 기반으로 하는 환경보호 활동의 발전 가능성이 높아진다(Kuznets 1955; Hettige 등 1992; Antle와 Heidebrink 1995; Munasinghe 1999; Lindmark 2002).

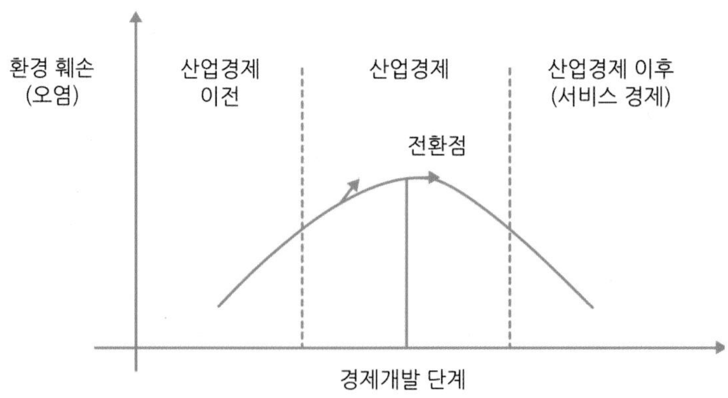

그림 11.3 환경 쿠즈네츠 곡선(Panayotou 1993)

한국의 도시화와 불투수율 증가에 따른 생태계 영향

1960년대 이후 한국은 급속한 산업화 과정을 거치면서 급격한 토지이용의 변화를 겪었다. 향후에도 인구의 증가와 생활수준의 향상 등은 지속적인 토지이용의 변화를 초래할 예정이다. 한국의 도시화는 1950년대 본격적으로 시작되었으며, 이 시기는 전후복구 시기로서 비계획적 시가지 확장형태의 도시개발이었다. 1960년대 들어 공업화 및 경제개발정책의 본격 가동과 더불어 현대적 의미의 신도시가 성남, 영동지구 및 여의도에 최초로 건설되기 시작하였다. 1970년대에는 정부의 중화학공업 육성정책에 따라 임해지역에 산업기지 도시건설이 추진되면서 '신도시'라는 용어가 처음으로 사용되기 시작하였으며, 이때 신공업도시인 계획인구 30만의 창원시가 조성되기 시작하였다. 이 시기에 대덕연구학원도시, 창원과 여천 공업도시, 구미공단 배후도시, 서울강남 신시가지, 과천과 반월 등의 도시도 조성되었다. 1980년대에는 목동과 상계동에 주택중심의 도시 내 신도시 건설이 추진되었으며, 주택 200만 호 건설의 일환으로 제1기 수도권 5개 신도시(분당, 일산, 산본, 중동, 평촌)가 조성되었다. 대전둔산

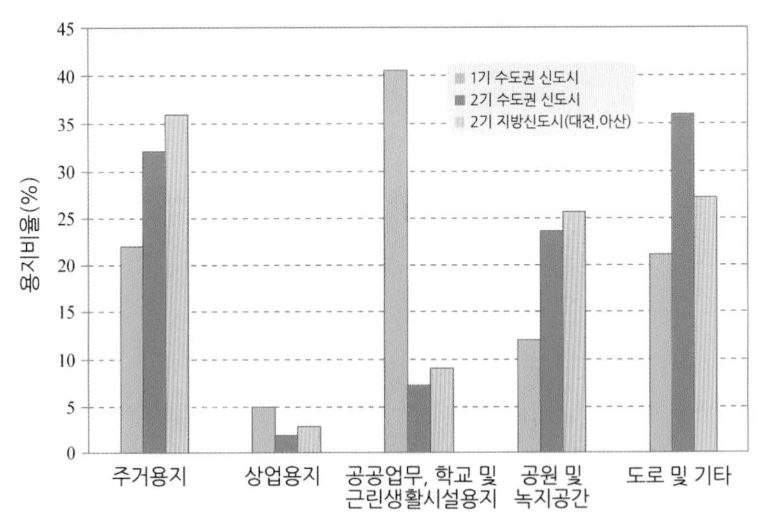

그림 11.4 국내 제1기 및 제2기 신도시의 토지이용계획의 변화(1기 수도권 신도시는 분당, 일산, 산본, 중동 및 평촌 등 5개 신도시, 2기 수도권 신도시는 판교, 화성, 김포 및 파주 등 4개 신도시, 2기 지방 신도시는 대전의 서구와 유성구 일대와 아산 신도시 일원)(국토교통부 2016)

및 계룡지구 등 일부 행정기능 이전을 위한 신도시 건설도 이 시기에 추진되었다. 1990년대에는 대규모의 신도시를 일시적으로 개발함에 따른 경제적, 사회적 및 환경적 비용 상승에 따라 소규모 분산적 택지개발과 준농림지 개발 허용으로 정책 방향을 선회하였으나, 오히려 기반시설 부족 등 심각한 난개발을 초래하였다. 따라서 2000년대 들어 과거 신도시에 대한 부정적 이미지 전환 및 소규모 분산적 개발을 대체하는 계획도시 개념의 제 2기 신도시 건설이 추진되었다. 대표적인 개발사례로 성남판교, 화성동탄, 김포한강, 파주운정, 광교, 양주, 위례, 고덕국제화, 인천검단, 아산, 대전도안 신도시 등이다(그림 11.4, 국토교통부 2016).

(a) 수도권의 도시화

(b) 물과 녹지의 단절과 녹지 파편화

그림 11.5 수도권의 도시화 현황 및 녹지 파편화 (국토지리정보원 2016)

제1기와 제2기 신도시의 토지이용계획의 차이점은 공공업무, 학교 및 근린생활시설용지의 비율이 줄고 주거용지, 공원 및 녹지공간과 도로 등의 비율이 상승되었다는 것이다. 제1기 신도시 개발과정에서는 인간 행동의 편이성에 근거한 토지이용계획 수립이었다면, 제2기 신도시는 인간행동의 편이성과 주민들의 삶의 질 향상을 목표로 인간행동, 녹지공간(산림지역과 공원), 물과 바람이 연계된 계획수립이라고 할 수 있다. 그러나 삶의 질 향상의 개념이 정립되지 않은 상태에서 추진된 도시계획은 녹지면적의 확대에도 불구하고, 파편화된 녹지공간, 물과 연계되지 못한 녹지조성, 불투수층(도로, 주거용지 등) 확대 등의 문제를 노출하였다. 특히 불투수층의 증가로 야기된 물순환 왜곡은 도시홍수, 지하수위 하강, 도시 열섬효과 상승, 비점오염물질 배출 증가 등의 문제를 야기했다(그림 11.5와 그

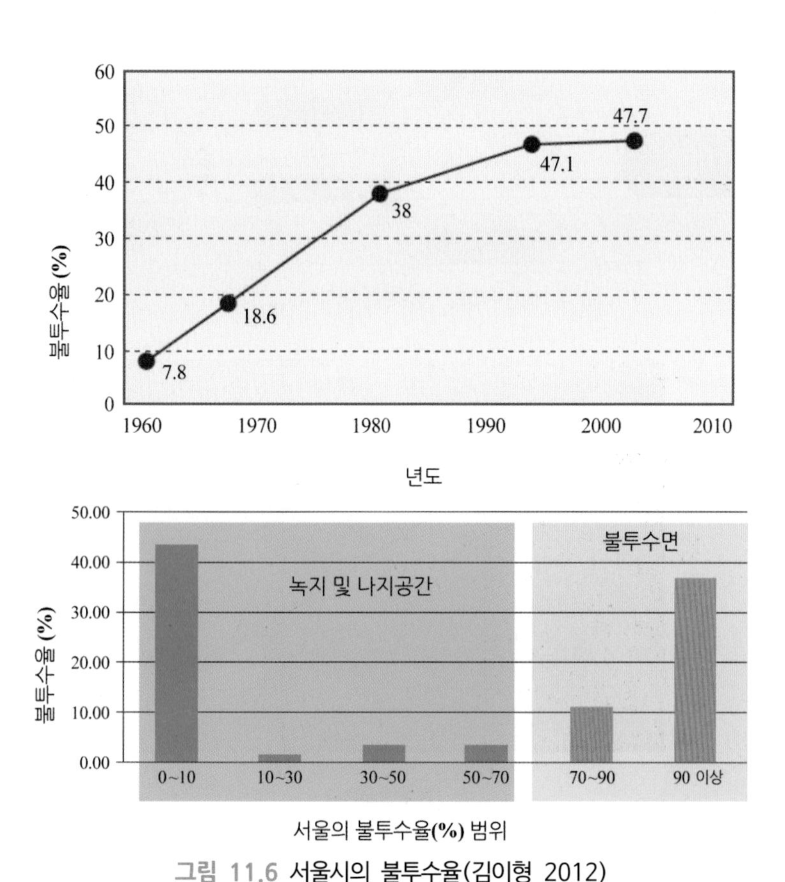

그림 11.6 서울시의 불투수율(김이형 2012)

림 11.6). 인간의 삶의 질이란 인간이 지구생태계의 구성성분(동식물과 같은 생명체와 살아가는데 필요한 환경)과 조화를 이룰 때 가능하다.

인간이 살아가는데 필요한 도로, 건물, 주차장, 교량 등의 다양한 사회 인프라는 인간이라는 생명체가 살아가는 환경이기에 생태계의 환경과 긴밀하게 연계될 수 있도록 조성해야 한다. 그러나 전통적인 개발방식으로 조성된 도시의 사회 인프라는 물과 녹지 연계 부족, 에너지 흐름 차단, 물순환 및 물질순환 왜곡 등의 문제를 야기함으로써 생태계의 환경기능에 부합되지 못하였다. 생태계의 환경기능에 부합하지 못한 유역의 토지 이용 변화는 물순환 왜곡을 통하여 강우시 유출수의 증가와 비강우시 환경생태용수의 부족과 더불어 비점오염물질의 유출을 야기하여 하천 수질

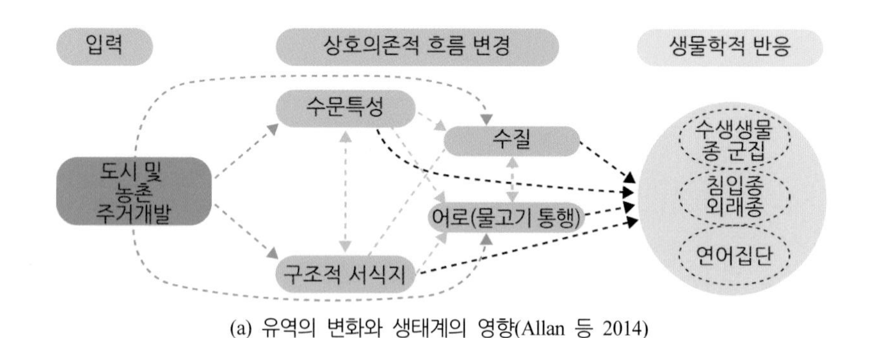

(a) 유역의 변화와 생태계의 영향(Allan 등 2014)

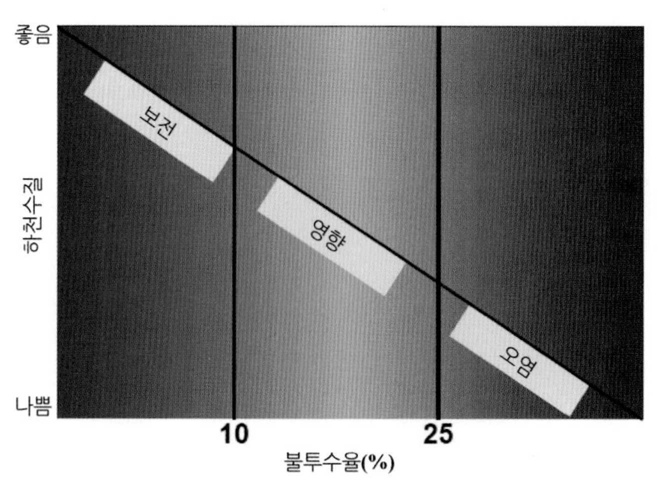

(b) 불투수율과 하천서식지 질과의 관계

그림 11.7 개발로 인한 유역의 변화와 수질 및 생태계의 영향

악화와 수생태계의 건전성에 영향을 끼친다. 특히 심각한 유량의 변동과 유속의 변화 및 비점오염물질 배출 증가는 하천 내의 수생태 서식지를 훼손하고 호흡에 영향을 주어 수생생물의 종다양성과 생물량에 큰 영향을 끼치게 된다(그림 11.7).

도시화와 불투수면 증가로 인한 물순환 왜곡

국내의 불투수율은 국토면적의 약 4.45%(4,452 km^2)로 세계 평균인 0.43%(579,703 km^2)에 비해 매우 높다. 불투수층의 70% 이상은 도로 및 교통과 관련이 높은 것으로 알려져 있다(김영란 2013; Maniquiz 등 2010c). 도시화로 인한 급격한 포장면적의 증가는 도시홍수와 비점오염물질의 유출을 증가시키며 사회적, 경제적 및 환경적 비용을 상승시킨다. 지표면에 내리는 강우는 주변 환경, 즉 도시적 토지이용이나 농업적 토지

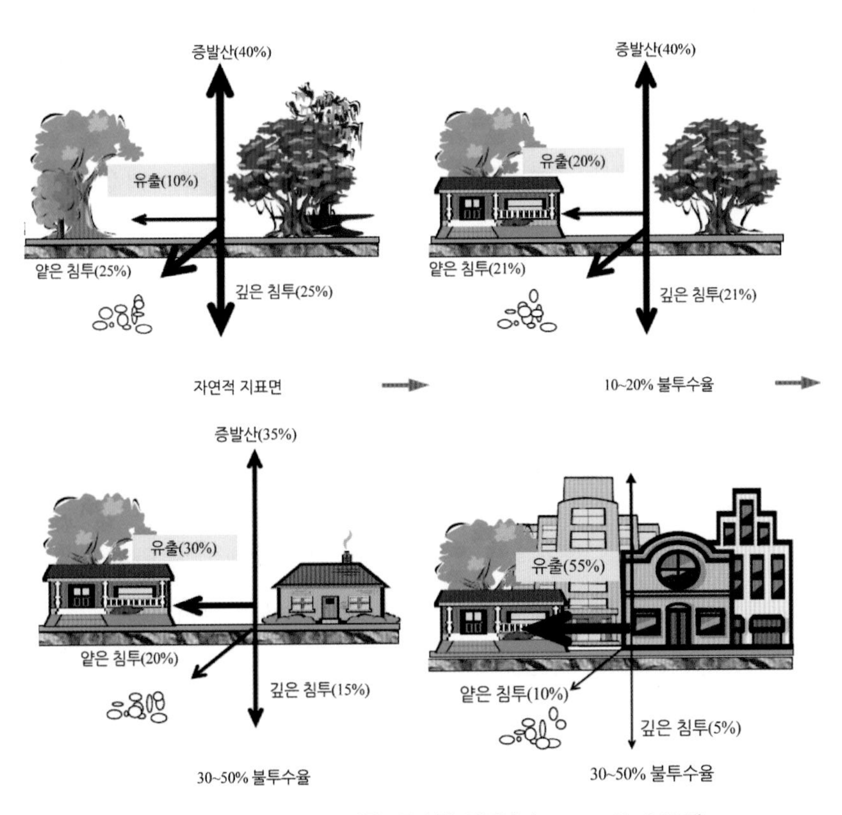

그림 11.8 도시화로 인한 물순환 변화(Chester 등 1996)

이용에 따라 유출되는 양과 경로가 다르다. 도시화로 인한 토지이용의 변화는 증발산, 침투, 저류 등에 영향을 끼쳐 강우시 유역으로부터 배출되는 유출량을 증가시킨다(그림 11.8). 도시지역의 높은 포장률은 토양 침투률을 감소시키고 유출을 증가시켜 지하수위 저하, 도시 홍수 유발, 도시 열섬효과 증대, 대기 및 수질오염 증가 및 생태계 파괴 등을 유발하는 중요한 원인이다.

도시화와 불투수면 증가로 인한 비점오염물질 유출

도시지역은 인간의 생활과 활동에 필요한 물품과 공간을 제공하기 위하여 상업지역, 주거지역, 공공지역, 산업지역, 공항, 골프장, 공원 등과 같이 다양한 토지이용으로 구성되어 있다. 도시지역의 모든 토지이용은 사람과 자동차의 활동을 위한 공간, 즉 건물, 주차장 및 도로와 공원녹지 등으로 구성되어 있다. 이 중에서 주차장 및 도로는 강우시 빗물이 침투하지 못하는 불투수율이 매우 높은 토지이용이며, 사람과 자동차의 활동으로 인하여 건기 시 입자물질, 중금속, 유기물질, 유해화학물질 등이 축적되는 공간이다. 도시지역의 대기 및 수질 관련 오염물질은 강우시 유출되어 수질악화와 수생태계 파괴 등을 유발하는 비점오염물질로 작용한다(Maniquiz 등 2010a).

도시지역은 높은 불투수율과 오염물질의 축적으로 인하여 강우시 초기에 높은 농도의 오염물질을 유출시키는 초기강우 현상(first flush effect)을 나타내는 토지이용이다(그림 11.9). 초기강우현상은 유역특성(면적, 경사, 토지이용, 형상 등), 강우특성(강우량, 강우지속시간, 강우전 건조일수, 강우강도 등) 및 오염물질 항목에 따라 다르지만 대체적으로 1시간 이내 발생하며, 5~10 mm 누적강우량이 발생할 때까지 지속되는 것으로 보고되고 있다(이소영 등 2008; 김이형과 강주현 2004). 비점오염물질의 유출량은 강우와 유역특성에 의하여 결정되기에 불확실성이 매우 높다. 따라서 다양한 강우사상에서 유량을 가중하여 획득된 평균농도, 즉 유량

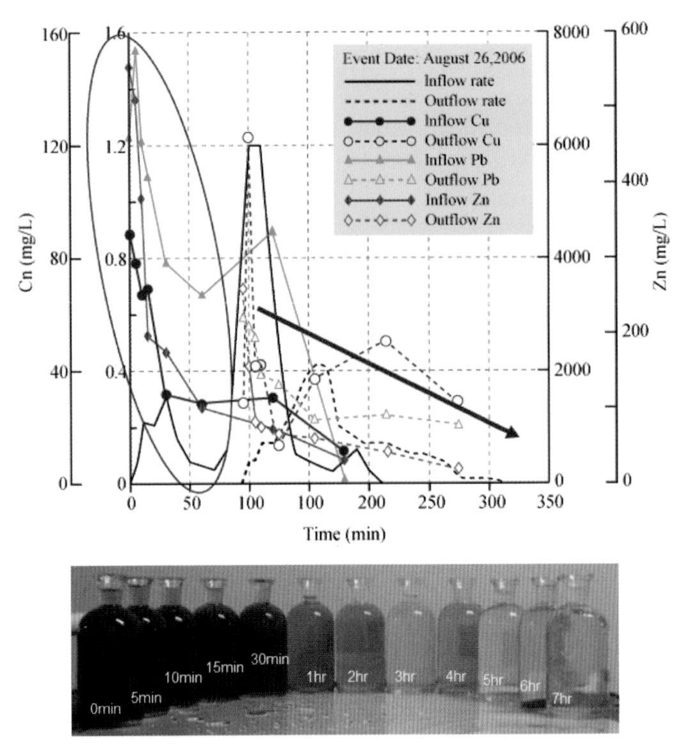

그림 11.9 도시지역의 도로에서 발생하는 초기 강우(김이형 2012)

가중평균농도(event mean concentrations, EMCs)를 이용하여 부하량을 산정한다.

표 11.1 한국에서의 교통시설과 지붕 빗물 유출수에서의 EMCs(이소영 등 2008)

항목		43번 국도	45번 국도	251번 고속도로	주차장	지붕
위치		천안	용인	대전	천안	천안
집수면적(m^2)		8,812	5,000	1,120	379	200
불투수율(%)		100	100	100	100	100
유출률		0.44	0.28	0.88	0.24	0.62
EMCs (mg/L)	TSS	30.9	96.1	85.7	43.5	15.4
	COD	71.3	35.5	71.4	41.8	2.6
	T-N	5.0	4.6	2.9	3.4	8.2
	T-P	0.52	0.78	0.41	0.60	0.26
	Total Zn	0.33	0.32	0.20	0.30	0.17
	Total Pb	0.17	2.05	0.02	0.18	0.38

표 11.2 도시지역 산업단지와 도로 비점오염 부하량 비교(Maniquiz과 Kim 2014)

참고문헌	토지이용	TSS	COD	TN	TP	Pb
		kg/km²/day				
Kim 등(2012)	산업단지	143.9	52.5	6.7	1.75	0.10
MOE(1999)	도시지역			13.7	2.10	
Lee 등(2008)	고속도로	399.5	356.3	12.3	2.46	
Go 등(2009)	도로	580.1	331.2	14.7	1.43	
NFWMD(1994)	산업단지	213.7		3.1	1.46	
Novotny 등(1997)	산업단지	262.2			0.41	0.74

$$\mathrm{EMC} = \frac{\text{Discharged mass during an event}}{\text{Discharged volume}} = \frac{\int_0^T C(t) \cdot Q_{TRv}(t)\,dt}{\int_0^T Q_{TRv}(t)\,dt} \tag{11.1}$$

토지이용별로 비점오염 EMC 및 부하량이 차이를 보이는 이유는 비점오염 유출량이 유역특성과 기후특성에 영향을 받기 때문이다(표 11.1과 표 11.2). 일반적으로 도시지역의 모든 토지이용에서 발생하는 비점오염물질은 최종적으로 도로로 유입되어 우수 관거나 합류식 관거를 통해 배출된다. 국내 교통과 관련하여 다양한 도로형태에서 비점오염물질 유출부하량을 보면 TSS를 기준으로 톨게이트, 고속도로, 교량이 타 토지이용

표 11.3 국내 교통관련 토지이용에서의 비점오염 부하량(이소영 등 2008)

토지이용	TSS	COD	DOC	TN	TP	Pb	Zn
	kg/km²/day						
고속도로	43.8	46.8	8.7	2.24	0.25	0.02	0.18
요금정산소	77.6	36.8	17.2	4.56	0.60	0.72	0.30
휴게소	9.8	5.9	1.6	0.48	0.07	0.17	0.02
교량	33.3	29.3	4.7	0.64	0.13	0.00	0.02
일반 도로	21.4	8.0	4.3	1.25	0.26	0.08	0.06
주차장	21.8	12.4	5.5	1.59	0.29	0.07	0.12
평균	60.3	45.0	11.0	2.54	0.42	0.35	0.14

보다 높게 나타난다(표 11.3). 일반적으로 자동차 운행이 많은 지역이나, 급정거나 급출발이 많은 지역 및 아스팔트로 포장된 지역에서 마찰력의 증가로 인하여 비점오염물질의 유출이 높다(Maniquiz 등 2010b).

도시화로 인한 열섬현상

열섬현상(heat island)이란 도시의 기온이 주변 지역의 기온에 비해 높게 나타나는 현상이다(그림 11.10). 일반적으로 도시와 주변 지역 사이의 온도차는 낮보다는 밤에, 여름보다는 겨울에 더 크게 나타나며 바람이 약할 때 두드러진다. 열섬현상은 도시지역의 공장 매연, 자동차 배기가스, 냉·난방기기의 사용에 의한 인공열의 발산, 아스팔트나 콘크리트 면적 확대로 인한 지표면의 보온 효과, 녹지 면적 축소 등이 주된 원인이다. 또한 도시 내 고층건물과 각종 인공시설물은 공기의 흐름을 막으면서 열을 가두어 도시지역의 기온을 높이는 역할을 한다.

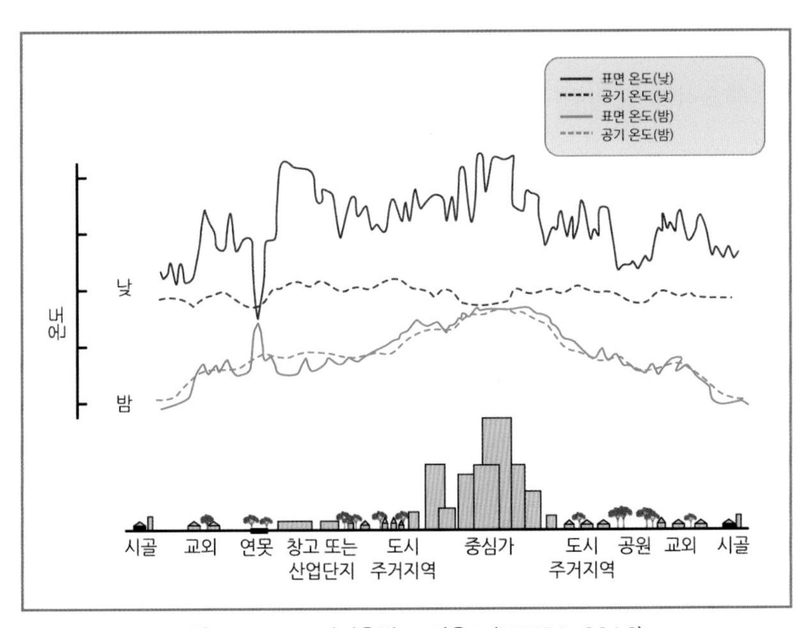

그림 11.10 토지이용별 도시온도(USEPA 2016)

급속한 도시화는 전 세계적인 기후변화와 함께 지구생태계에 주요한 위협요소이다. 특히 기후변화의 주요 요인인 온실가스 방출량은 1970년에서 2004년 사이 70% 가량 증가되었는데, 그 이유는 에너지 사용량 및 운송 증가, 산업 부분의 성장과 삼림의 감소 및 토지이용 변화 때문이다. 도시화는 인간과 자동차의 활동을 위하여 투수층을 감소시키고 인공지표면을 늘림으로써 모든 환경문제의 중심에 있다.

생태공학 기술의 도입

도시개발은 인간의 주거 및 생활환경 조성을 위한 인위적인 공간개발로 필연적인 과정이다. 도시개발 및 각종 사회인프라 개발기술에 생태공학적 지식의 도입은 인위적인 환경조성 과정에서 발생하는 부작용을 줄일 수 있는 방안이다. 일반적으로 생태공학적 기술은 생태계에서 가장 중요한 구성요소인 물을 기반으로 하기에 물관리 기술이 생태기술의 주요 관점으로 인식되고 있다. 과거 도시 강우유출수 관리는 수량과 수질관리에 치중한 반면 최근 들어 생물다양성, 자원확보, 편의공간 제공 등의 기능도 중요하게 고려된다(표 11.4).

표 11.4 지속가능 강우유출수 관리의 변화(USEPA 2016)

항목	전통적 강우유출수 관리	LID/GI 강우유출수 관리
수량관리	도시지역의 강우유출수 발생지점으로부터 빠른 배수	강우유출수 발생지점에서 침투, 저류 후 지속적으로 천천히 수계로 배수
수질관리	합류식관거시스템을 이용하여 하수처리장에서 일부 오염물질 제거후 방류	자연에 존재하는 환경 및 생태매체(토양, 여재, 식물 등)와 물순환을 이용하여 오염물질 관리
레크레이션 및 편의공간	고려되지 않음	레크레이션 공간을 제공하면서 도시 조경/경관 향상을 고려하여 강우유출수 관리시설 설계
생물다양성	고려되지 않음	도시생태계를 보전하고 빗물을 생태계에 활용함으로써 생물다양성 확보
자원	고려되지 않음	수자원(빗물이용, 지하수 확보, 하천 환경생태용수, 관개용수 등) 확보

도시계획 및 도시조성 단계에서의 생태기술 접목은 사회인프라에 조

경, 토목, 환경, 디자인, 에너지 기술 등이 연계된 형태로 조성된다. 일반적으로 Low Impact Development(LID), Sustainable Urban Drainage System(SUDS), Water Sensitive Urban Design(WSUD), Better Site Design(BSD), Green Infrastructure(GI) 등은 다양한 형태로 접목되고 있는 생태공학 기술의 대표적 사례이다(그림 11.11).

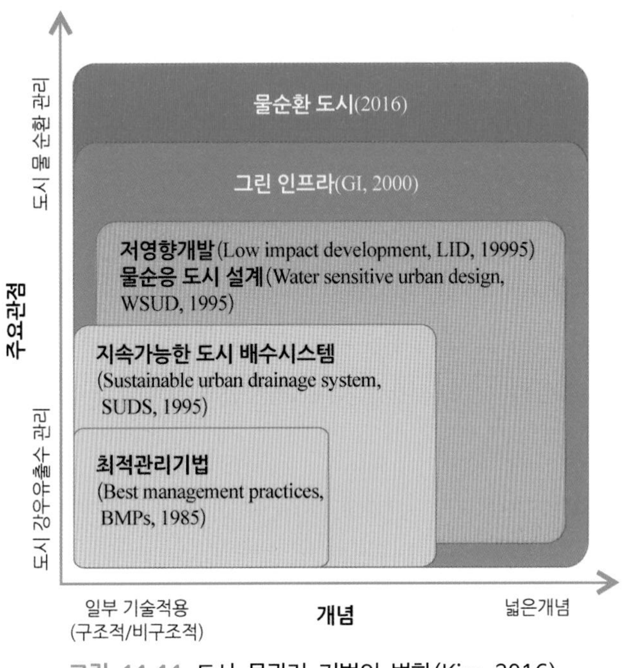

그림 11.11 도시 물관리 기법의 변화(Kim 2016)

LID(저영향 개발)는 강우유출 발생지에서부터 침투, 저류를 유도하여 도시화에 따른 수생태계 훼손 및 수질악화를 최소화함으로써 개발 이전의 상태에 가깝게 만들기 위한 토지이용 계획 및 도시개발 기법을 말한다. 1990년대 후반에 미국의 메릴랜드에서 전형적인 친환경 우수관리 실천수단인 BMP's(Best Management Practices)를 기반으로 LID에 대한 개념이 확립되었다. 최근 들어 미국의 북서부를 중심으로 도시계획 차원에서 배수 시스템을 개선하는 방향으로 LID가 적극적으로 활용되고 있다. 적용기법은 지역의 기후와 지형 등에 따라 다르지만 투수면적을 늘려 강우유출수의 침투를 증가시킴으로써 홍수 저감 및 오염물질 정화기능을 향상시키면서 친환경적인 배수환경을 조성하여 건강한 물순환체계를 구축하는 것을 목표로 한다.

Sustainable Urban Drainage System(SUDS)은 영국에서 시작된 도시화 과정에서 발생하는 물 문제를 줄이기 위한 지표유출수 관리시스템이다. 도시화나 개발사업은 식생피복을 줄이고 불투수층(콘크리트, 아스팔트, 지붕 등)을 늘리게 되면서 토양의 빗물흡수 능력을 저하시키고 지표수의 유출을 증가시킨다. 이렇게 늘어난 지표유출수를 효과적으로 관리하는 시스템이 SUDS이며, 여기에는 빗물 근원관리, 투수포장 및 투수블록, 강우유출수 지체, 강우유출수의 침투 및 증발산 향상 등의 기법이 사용된다.

Water Sensitive Urban Design(WSUD)은 강우유출수, 지하수 및 도시하수 관리를 포함하는 도시 물순환 시스템을 통합하는 공학적 설계와 토지이용계획 기법이다. 호주에서 사용되고 있는 WSUD는 미국에서 적용

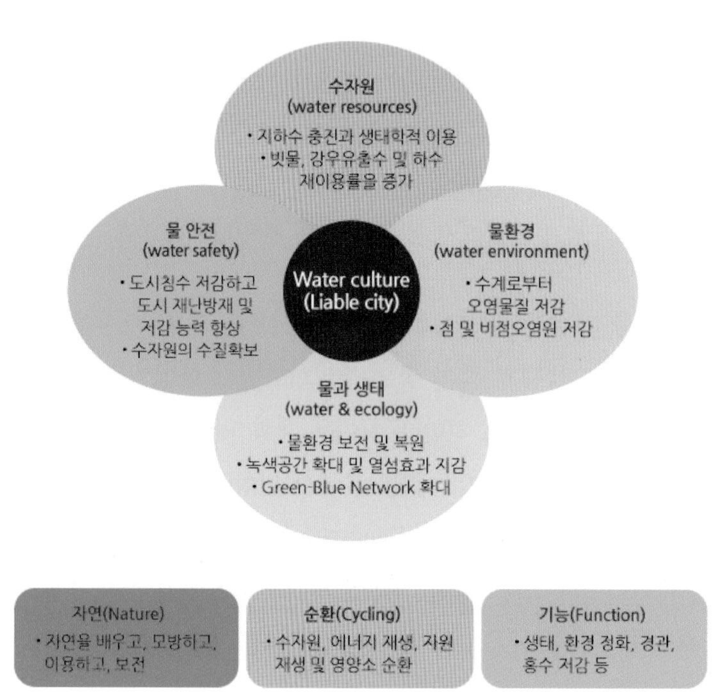

그림 11.12 물순환 도시의 주요 구성요소(Kim 2016)

되는 LID와 영국에서 적용되는 SUDS와 유사한 개념이다. WSUD에서 적용되는 주요 기법으로는 수돗물 절약을 위한 물효율 기기의 사용, 중수도 사용 확대, 강우유출수의 빠른 배제보다는 지체와 저장 및 이용, 강우유출수의 여과목적으로서 식물활용, 수돗물의 정원수 사용을 줄이기 위한 물효율이 높은 정원조성, 물과 연계되는 환경의 보전 등의 다양한 기법의 적용이 있다.

최근 들어 미국 등 선진국에서는 토지이용계획 수립 시 적용되는 계획적 접근보다는 조경, 토목, 환경, 디자인, 에너지 기술 등의 사회인프라 분야에 생태공학적 지식의 접목을 추진하고 있는데, 이를 '그린 인프라스트럭쳐(green infrastructure)'라고 한다. 기존의 개발방식에서 환경성과 생태성을 고려하지 않고 적용해왔던 사회인프라 조성기술을 '그레이 인프라(grey infrastructure)'라고 지칭하면서 이에 대비되는 개념으로서 '그린 인프라'라고 지칭하고 있다(그림 11.12).

11.2 도시환경 적용 생태기술

생태기술은 도시화 및 개발사업으로 인해 발생하는 생태계 훼손, 수질악화, 홍수 발생, 에너지 문제 등의 다양한 도시환경문제를 줄이기 위하여 적용되고 있다. 생태기술은 사회인프라 조성기술에 생태계의 주요 구성원인 토양 및 여재(media), 식물, 미생물 등을 효율적으로 적용하는 것이다. 생태기술이 적용되는 저영향개발(LID)의 효과는 이러한 구성요소의 물리적, 화학적 및 생물학적 상호기능을 통해 나타난다.

토양 및 여재의 기능

저영향개발 기술에서 토양은 중요한 환경 구성인자로서 토양의 밀도와 공극량은 보수성, 배수성, 통기성, 물의 이동 또는 뿌리의 활력 등에 영향을 미친다. 토양은 3상계라 불리는 흙입자와 공기 및 물로 구성되어 있다. 토양의 3상계 사이에 침투하여 분포하고 있는 식물의 뿌리는 양분과 수분을 흡수하여 생장하기 때문에 토양은 생명현상의 근원이다. 생태기술이 접목되는 LID 기술에서 토양은 식물의 성장을 유도하며, 미생물을 흡착하여 오염물질을 제거하고, 식물을 지지하며, 강우유출수를 유도하는 역할을 수행한다. 토양의 공극은 물에 의해서 포화되지 않는 경우 공기가 들어 있기에 대기와 상호 가스교환을 한다. 또한 토양에는 미생물이 서식하고 있어 이들의 호흡과 뿌리의 호흡에 의해서 발생되는 이산화탄소는 대기 중으로 확산되며, 산소는 토양 중으로 확산된다. LID에 적용되는 토양은 물순환적인 측면에서 통기성, 보수력, 배수성 등이 필요하며, 토양의 물리적 성질인 토성, 토양구조, 토양입자 크기 등에 따라서 달라진다(표 11.5). 식물과 미생물의 정화 기작을 이용하는 LID에서의 토양은 식물생육에 필요한 조건(빛, 산소, 물, 온도, 적당량의 양분, 유해인자가 없어야 하는 것 등)이 필요한데, 이 중에서 빛을 제외한 5가지 인자는 토양에 의하여 결정된다. 특히 식물의 뿌리는 땅속에 침투 및 분포하여 양분과 수분을 흡수하기 때문에 식물의 성장이 필요한 LID 시설에서는 표토보다도 근권토양의 특성이 중요하다. 환경분야의 정화기능으로서 토양의 3상의 구성 분포는 고체상 45%, 유기물 5%, 물과 공기는 각각 25% 정도가 적정하다.

표 11.5 NRCS(Natural Resources Conservation Service) 수문학적 토양그룹별 특징(USDA 1999)

토양그룹	토양의 특성	침투속도(mm/h)
Type A	유출이 가장 적음. 침투율이 가장 큼 실트와 점토를 약간 포함한 모래층 및 자갈층으로 배수양호	7.62 – 11.43
Type B	비교적 낮은 유출률, 비교적 높은 침투율 자갈이 섞인 사질토로 배수가 대체로 양호	3.61 – 7.62
Type C	비교적 높은 유출률, 비교적 낮은 침투율 상당수의 점토와 콜로이드 물질을 포함하고 있어 배수불량	1.27 – 3.81
Type D	유출률이 가장 큼, 침투율이 가장 낮음 대부분이 점토질로 이루어져 배수가 대단히 불량	0 – 1.27

토양입자 중에서 점토는 pH에 따라 다르지만 일반적으로 음전하로 되어 있기에 양이온 흡착능력에 의하여 다양한 여재로 개발되어 생태기술에 적용되고 있다. 그러나 강우유출수에 함유되어 있는 질산성 질소(NO_3-N)나 염소 이온(Cl^-)과 같은 음이온은 점토입자에 흡착되지 않고 물에 의하여 쉽게 통과되는 특성을 가지고 있다. 토양에 흡착된 Ca, Mg, K 등은 교환성으로 인하여 식물에 의해 쉽게 이용된다. 암모니아성 질소(NH_4^+)나 칼륨이온(K^+) 등도 양이온이기에 토양입자에 흡착되어 토양에 저장된다. 일반적으로 양이온 교환용량(cation exchange capacity, CEC)은 토양이 양이온 양분을 저장할 수 있는 능력을 의미하며, CEC가 가장 큰 것은 부식질 토양으로 사질토보다 약 10배의 양분을 보관할 수 있다. 우리나라 토양에서는 유기물 함량이 적고 카올리나이트(kaolinite)가 점토광물의 주가 되기에 양이온 교환용량은 평균 100 meq/100 g 정도이다. CEC 값을 증가시킬 수 있는 방법은 토양에 유기물을 넣어주거나 양이온 교환용량이 큰 무기물인 지올라이트(zeolite)와 같은 광물질을 넣어주면 된다. 산성 토양인 경우에는 양이온인 수소(H^+)가 큰 부분을 차지하고 있기에 석회(칼슘)를 넣어 수소를 탈리시킴으로써 CEC를 증가시킬 수 있다(김계훈 2006).

물순환 목적으로 적용되는 LID 기술에서 토양의 침투능은 중요하다. 토양의 침투능이 감소할수록 강우시 유출량은 증가되기에 토양의 침투능은 저류량과 유출량 산정에 중요한 인자이다. LID 시설 설계 시 고려해야 할 요소에는 유역면적, 시설의 표면적 및 시설용량 등이 있으나, 모든 LID 시설은 물순환 구축이 필수조건이기에 저류량 향상을 위한 토양의 깊이, 침투속도 또는 침투율 및 토양의 공극률 등을 설계 시 중요하게 고려된다. 토양의 저류량 향상과 침투능 증대를 위해서는 공극 및 유효공극이 높은 토양 및 여재를 사용하는 것이 적정하다. LID에 적용 가능한 토양선정 시 저류량과 침투량만으로 토양을 선정하는 것은 종합적인 LID 효과를 도출하는 데 한계가 있다. 즉, LID 시설에는 식물과 토양미생물을 이용하는 오염물질 저감 기작이 있어야 하기에, 너무 빠른 침투량과 저류량은 식물의 성장을 저해하고 오염물질 분해와 흡착에 영향을 줄 수 있어 적정한 토양과 여재의 혼합이 필요하다.

식물의 기능19)

식물은 생태계에서 물질순환과 에너지 흐름의 기본을 이루는 생명체이다. 식물의 뿌리는 지지기능, 흡수기능, 호흡기능 및 저장기능 등을 수행한다. 식물은 토양 속에 뿌리를 내려 몸체의 안정을 꾀하며, 뿌리털에서 물과 무기양분을 흡수하여 물관을 통해 식물 몸체에 공급한다. 식물의 뿌리는 산소를 받아들이고 이산화탄소를 방출시키는 호흡에 중요한 역할을 하며, 뿌리털과 표피 세포에서 사용하고 남은 양분을 저장하는 역할도 수행한다. 이러한 뿌리의 기본적 역할과 더불어 식물의 뿌리는 토양 속의 미생물에게 먹이를 공급함으로써 토양의 건강성에 중요한 기능을 한다.

$$6CO_2 + 6H_2O \xrightarrow[\text{엽록소}]{\text{빛에너지}} C_6H_{12}O_6 + 6O_2$$

식물의 광합성은 빛에너지를 이용해 이산화탄소와 물로부터 유기물을 합성하는 작용이다. 광합성은 식물의 세포에 들어있는 엽록체에서 일어난다. 광합성의 전체 반응을 보면 광합성의 명반응에서 O_2가 생성되고, 암반응을 통해 포도당이 합성되고 물이 생성되는 것이다. LID 기술에서 식물은 광합성을 통해 대기오염물질과 수질오염물질을 고정하는 역할을 수행하며, 물을 대기 중으로 배출함으로써 물순환에 기여한다. 일반적으로 식물은 광합성을 통해 만들어낸 양분의 약 90%는 자신의 몸체를 키우는데 활용하며, 약 10%는 뿌리를 통해 토양 속 미생물에게 공급한다. 식물뿌리의 생리작용에 영향을 받는 토양권역, 즉 근권(rhizosphere)은 뿌리 표면으로부터 수 mm~1 cm 범위에 해당된다. 식물뿌리는 토양에서 수분과 무기양분, 산소를 흡수하면서 탄산가스나 유기물을 생성하고 아미노산, 유기산, 탄수화물, 핵산유도체, 생육인자, 효소, 옥신 등을 분비한

---

19) 8장 참조

다. 그리고 노화된 뿌리는 식물체에서 떨어져 나와 토양에 유기물 원(organic sources)으로 남게 된다. 이러한 결과로 뿌리 주변의 근권 토양은 뿌리에서 멀리 떨어진 비근권 토양과 구별되는 유기물함량, 토양 미생물상과 미생물 밀도 및 토양 pH를 보인다. 근권의 범위를 결정하기는 어려우나 일반적으로 토양유기물의 종류, 미생물상, 미생물 밀도 등이 고려되며, 이들은 토성이나 수분상태 등 토양환경에 따라서 영향을 받을 수 있다(김성하 등 2014).

식물은 토양 내의 염분에 의하여 생육에 영향을 받는다. 즉, 토양 내 염분의 함량이 식물의 필요 기준치를 넘어서면 삼투압 현상에 의하여 식물이 고사하거나 성장에 장애를 일으키게 된다. 일반적으로 LID 기술은 불투수면이 높은 도로나 주차장 및 지붕유출수를 저류 및 침투시키면서 물순환을 구축하고, 오염물질을 제거하기 위해 조성되기 때문에 포장면 인근의 녹지공간에 조성된다. 우리나라는 겨울철 제설제 사용에 의한 식물의 영향이 있기에 LID에 적용되는 식물 선정 시 염해에 강한 식물을 선정해야 한다. 제설제는 가로수 및 도로 시설물 부식, 염화물에 지하수 오염, 차량 부식 및 호흡기 질환 등 환경적으로 악영향을 주며, 도로변 2 m 이내의 토양을 오염시키는 것으로 보고되고 있다. 식물의 생육에 미치는 염분의 한계 농도는 수목의 경우 0.05%, 잔디의 경우 0.1%로써 수

표 11.6 염분에 강한 수종 및 약한 수종(안동만 2008)

구분	주요 수종
염분에 강한 수종	• 초화: 버뮤다글래스, 땅채송화, 갯방풍, 해당화, 골담초, 모감주 등 • 관목: 눈향, 다정큼나무, 팔손이, 우묵사스레피, 협죽도, 개비자, 사철나무, 돈나무, 매자, 병아리꽃, 붉은 병꽃, 개나리, 쥐똥나무 등 • 교목: 동백, 곰솔, 녹나무, 후박나무, 벚나무, 생달나무, 가시나무, 가중나무, 갈참, 감나무, 굴피나무, 말채나무, 모과나무, 물푸레나무, 태산목, 히말라야시다, 리기다소나무, 해송, 비자나무, 노간주 나무, 누운향나무, 섬쥐똥나무, 해당화, 사철나무, 회양목, 찔레나무, 위성류 등
염분에 약한 수종	• 삼나무, 독일 가문비나무, 소나무, 낙엽송, 히말라야시다, 목련, 가시나무, 오리나무, 일본목련, 중국단풍, 피나무, 왕벚나무, 메타세콰이어, 칠엽수, 느티나무, 산벚나무 등

목에 비하여 잔디가 염해에 강한 것으로 알려져 있다(최혜선 등 2016). 제설제가 사용되는 지역의 인근에 조성되는 LID 시설에 적용가능한 식물의 종은 기본적으로 척박한 토양에서도 성장률이 높으며 염분의 영향을 적게 받는 수종을 적정하다(표 11.6). 그러나 지붕유출수가 유입되는 LID 시설은 염분의 영향을 고려할 필요가 없다.

토양 미생물의 기능

토양 속에는 매우 많은 수의 미생물이 존재하며, LID 시설에서 강우유출수에 함유된 오염물질을 제거하고 저감하는 데 중요한 역할을 수행한다. 일반적으로 토양 미생물은 '일반 세균군'과 '특수 세균군'으로 나누어진다. 일반세균군에는 유포자세균과 무포자세균류가 있고, 특수세균군은 특수한 생리작용을 하는 토양세균군이다. 특수세균군에는 공기 속의 유리질소를 고정하여 화합질소로 만드는 유리질소고정세균, 토양 속의 암모니아성 질소(NH_4^+N)를 질산성 질소(NO_3-N)로 변화시키는 질화세균(nitrifying bacteria), 질산에서 질소가스 또는 산화질소를 생기게 하는 탈질세균(denitrifying bacteria), 황 또는 그 화합물을 산화시키는 황세균(sulfur bacteria), 철화합물을 불용성으로 하는 철세균(iron bacteria), 섬유소(cellulose)를 분해하는 섬유소분해균(cellulose decomposing fungi) 등이 있다(표 11.7).

토양 중 미생물의 종류와 양은 토질, 온도, 수분, 식생의 유무, 깊이 등에 의해서 영향을 받으며 복잡한 생태계를 보인다. 토양 중의 미생물의 수량은 환경조건, 측정방법 등에 따라 다르지만 세균, 방선균, 곰팡이, 원생동물의 순서이고 토양세균은 *Bacillus*, *Clostridium*, *Pseudomonas*, *Vibrio*, *Micrococcus* 속, 방선균 *Streptomyces*, 곰팡이의 *Penicillium*, *Aspergillus*, *Fusarium*속 등이 많다(식품과학기술대사전 2008). 토양미생물은 중성토양(pH 7 주위)의 27~28℃ 온도 범위에서 가장 활발하게 성장하며, 토양이 건조하면 활동을 멈춘다. 대체적으로 에너지는 유기물을 분해하여 얻으며, 유기물 분해과정에 산소가 필요하다. 독립영양미생물은 탄소 원으

표 11.7 토양미생물의 종류와 특징(식품과학기술대사전 2008)

종류		특징
세균 (bacteria)		• 단세포 미생물로 분열에 의해 번식 • 토양 내 세균: 아르트로박터(*Arthrobacter*), 슈도모나스(*Pseudomonas*), 바실루스(*Bacillus*), 아크로모박터(*Achrmobacter*), 클로스트리듐(*Clostridium*), 미크로코쿠스(*Micrococcus*), 플라보박테륨(*Flavobacterium*) 속
	독립영양세균 (autotrophic bacteria)	• 빛에너지나 무기물(NH_4^+, NO_2^-, H_2S, Fe^{2+}, H_2, CO 등)을 에너지원으로 하고 이산화탄소에서 모든 필요한 유기물을 합성 • 광영양세균(photosynthetic autotroph, 광합성 세균): 광합성 작용에 의해 태양광에서 필요한 에너지를 얻는 세균(조류) • 화학영양세균(chemoautotroph, 화학합성 세균): 무기화합물을 산화시켜 에너지를 얻는 세균(질산산화균-*Nitrosomonas*, *Nitrobacter*, *Thiobacillus*-황산산화균 등)
	종속영양세균 (heterotrophic bacteria)	• 복잡한 유기화합물을 분해하여 에너지와 탄소를 얻는 세균 • 종류: 질소고정균, 암모늄화균, 셀룰로오스분해균 등
진균 (곰팡이, fungi)		• 엽록소가 없어서 에너지와 탄소를 유기화합물로부터 얻어야 하는 종속영양균으로 내산성 미생물 • 효모, 곰팡이, 버섯 등 크기나 형태의 종류가 다양하며 내산성 미생물(pH 2.0~3.0에도 견딤) • 토양미생물 중 생체 중량이 가장 많이 나가며 리그닌(난분해 물질)도 진균에 의해 분해 • *Penicillium*(푸른곰팡이), *Aspergillus*(누룩곰팡이), *Fusarium*(붉은곰팡이) 속 등이 많으며 *Penicillium*은 항생물질을 생산
방선균 (actinomycetes)		• 세균에 가까운 원핵생물, 즉 세균의 방선균목으로 분류하고 있음 • 자연계 모든 매체에 존재하나 토양에서 검출되는 방선균의 종류가 다양하고 자연계에 존재하는 방선균의 대부분을 차지 • 세포의 크기는 세균과 거의 비슷하며, 세포가 마치 곰팡이의 균사처럼 실 모양으로 연결되어 발육하며, 끝에 포자를 형성하는 특징이 있음 • 토양 중 방선균은 각종 유기물의 분해, 특히 난분해성 유기물 분해에 중요한 역할을 수행 • 토양의 내수성 입단을 형성하는데 기여하며 토양에서 흙냄새의 원인
조류 (algae)		• 엽록소가 있어 광합성 작용을 수행 • 토양표면에 서식하고 녹조류, 남조류, 황녹조류, 규조류 등으로 구분 • 남조류는 질소고정능력을 가짐
균근 (mycorrhiza)		• 기생 또는 공생관계인 균류와 긴밀하게 협력하며 수분 및 영양을 공급하는 고등식물의 뿌리 • 사상균 중 담자균이 식물뿌리에 붙어서 공생관계를 맺어 균근이라는 특수한 형태를 형성 • 진균에 속하는 것은 단세포인 효모로부터 다세포인 곰팡이와 버섯에 이르기까지 크기, 모양, 기능이 매우 다양 • 균근이란 식물뿌리와 공생하면서 식물뿌리의 양분, 수분 흡수를 돕는 사상균을 의미 • 자급영양 미생물은 탄소원으로 CO_2가 필요하며, 질소고정균은 유리질소 요구

로 CO_2가 필요하며, 질소 고정균은 유리질소(NH_4^+, NO_2^-)를 요구한다. 토양미생물의 활동이 활발할수록 토양공기 중에는 CO_2 농도가 증가하여 공기 중으로 배출되는데, 이를 토양호흡이라고 한다. 토양호흡은 토양 속의 고등식물의 뿌리, 세균, 균류, 지중동물 등의 호흡에 의한다. 뿌리가 잘 발달된 군락에서는 뿌리에 의한 호흡이 전체의 30%에 이르는 경우도 있지만, 일반적으로 호기성 미생물에 의한 것이 거의 대부분을 차지하고 있다. 따라서 호기성 미생물의 활동에 최적 조건, 즉 토양 속에 유기물이나 영양염류가 많고 적당한 온도와 습도 및 적정한 통풍이 좋은 경우에 토양호흡이 커진다. 토양호흡량은 군락의 종류나 계절에 따라서 변화하며, 깊이 0～20 cm의 표층에서 가장 크다. 토양호흡에 의한 CO_2 배출량은 지구 전체 녹색식물의 광합성으로 고정되는 양에 가깝다고 한다. 토양호흡속도(단위 $CO_2/m^2/hr$)는 열대 다우림에서 0.4~1.0, 난대상록수림에서 0.2~0.6, 온대낙엽수림에서 0.15~0.4, 토양미생물에 의한 호흡부분은 용해성 유기탄소량과 밀접한 관계가 있다. 토양호흡은 탄소순환에 큰 역할을 하며 공기 중의 이산화탄소의 농도를 지표면 부근에서 크게 하여 지표식물의 광합성을 유리하게 한다(생명과학대사전 2014).

토지이용계획 단계에 생태기술 적용

저영향 개발기법은 도시 물관리의 다양한 전략과 요소를 유출수 발생원 단계의 설계 안에 포함시킴으로써 유출수를 분산식으로 관리하는 접근 방법이다. 즉, 개발 이전 상태와 크게 다르지 않게 수문학적 물순환 기능이 복원되도록 소규모의 자연적인 저류, 체류, 방지, 처리 기술을 적용하는 것이다. LID는 물과 관련된 생태적 기능을 보존하면서 개발을 가능하도록 하는 기술로서, 개발지역에 새로운 설계 원리의 소규모 관리 시설에 적용할 수 있다. 또한 여기에는 친환경적 기능과 경관을 창출하여 오염을 방지하는 기능 및 생태계를 분리하지 않고 수용할 수 있는 기능들이 포함되어 있다. 토지이용계획 단계에서 고려하는 저영향개발기법은 사전관리기법에 포함되며 도시환경 문제의 발생을 사전에 최소화하는 과정이다. 이러한 사전관리기법을 적용하더라도 사회인프라 조성 이후 도시환경문제는 발생할 수 있기에 이를 저감하는 사후기술이 생태공학적 원리를 적용하는 저영향개발기술의 적용이다. 도시 물관리는 8개의 도구를 통해서 수행가능하며 이 중에서 토지이용계획, 토지보존, 완충지역 확보와 구축 등은 사전 물관리에 해당하는 도구이며, 하수 및 중수관리와 같은 비 강우유출수 관리, 침식 및 퇴적물 관리, 더 좋은 설계기법 도입, 강우유출 최적관리, 유역관리프로그램 구축 등은 사후 물관리기술에 포함된다(그림 11.13).

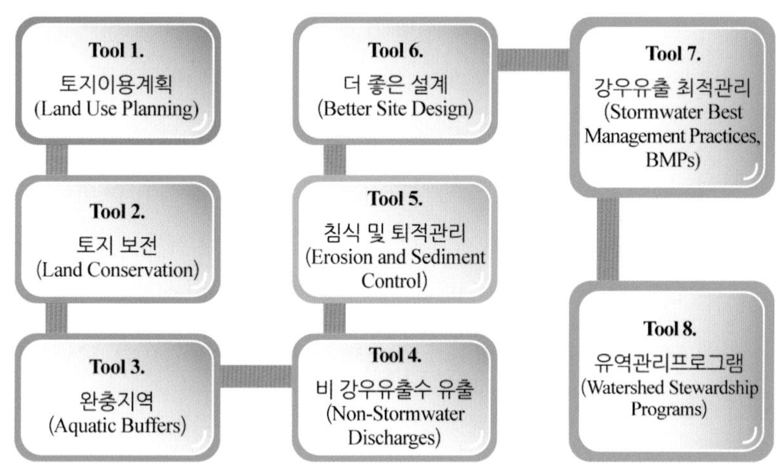

그림 11.13 도시 물관리를 위한 8개의 도구(USEPA 2016)

도시개발 과정에서 LID의 진행 절차는 협력 단계, 조례 검토 및 지역사회와의 협의 단계, 현장 검토 및 분석의 3단계로 나뉘어진다.

- 협력 단계: 기존의 개발방식에서 협력 단계에서는 기술자팀이나 소수의 전문가를 개발 단계별로 순차적으로 투입하여 활용하였으나, LID 기법 방식에서는 현장분석과 혁신적인 해결방안 제시 및 환경적 편익의 극대화를 위해 다양한 전문가(경관설계 전문가, 엔지니어, 수문학자, 지리학자, 생물 및 생태학자, 환경학자 등)가 함께 협력하도록 한다.

- 조례 검토 및 지역사회와의 협의 단계: 기존 개발방식에서는 인가 회의에 있어 공무원들의 의견교환이 제한되고 설계에 있어 공공의 의견 반영이 부족하였으나, LID에서는 개발 전 회의에 적극적으로 공무원의 의견을 반영시키고, 사업 설계에 있어 지역사회의 이익이 반영될 수 있도록 지역사회 구성원이 참여할 기회를 마련한다. 또한 현장이 제공할 수 있는 것에는 무엇이 있는지 확인하기 위해 자원 분석을 실시하고, 제안된 설계에 잠재적인 장애물이 있을지 조례를 검토하게 된다.
- 현장 검토 및 분석 단계: 기존의 개발방식에서는 규제의 장벽을 확인하기 위해 토지이용계획 관련 조례를 분석하고 단일 설계 계획을 개발하기 위한 검토 및 만족도조사도 실시하였으며, 규제요소의 만족에만 치중된 절차상의 모습을 보였다. 그러나 LID 기법에서는 자원 활용의 기회와 제한을 파악하기 위해 토지와 조례를 분석하는 목적을 자원 활용의 기회와 제한의 대한 파악으로 명시하고, 심사에 있어 다수의 토지 설계 대안을 만들기 위해 모든 의견을 검토하고, 설계 단계에서부터 유연성을 확보하기 위해 공무원과의 협동을 단행하는 모습을 보인다.

LID 기법은 부지 선정 단계에서부터 통합 강우유출수 관리 계획을 수립하는 것이며, 종합적인 관점에서의 물순환 기능을 확보하는 것이다. LID에서 방지와 예방은 중요하게 고려되는 기법이며, 이를 통해 사후 관리비용을 줄이는 개념을 포함하고 있다. 유역관리기법에 자연상태와 유사한 관리기법을 적용하며, 소규모 기술의 분산식 적용을 통해 자연상태의 물순환 기능을 유지하도록 구축하는 것이다(표 11.8).

미국의 워싱턴 주 Puget Sound Action Team의 LID 매뉴얼에서 제시하고 있는 전통적인 개발방식과 LID 개발방식을 비교한 사례를 보면, LID 개발지역에서는 물이 연계되는 녹지확보율을 높이고 불투수면을 감소시켜 개발로 인한 환경적 영향을 줄이고 있다. 또한 건물의 배치형태,

표 11.8 LID 접근방법의 전략(국립환경과학원 2012)

구분	내용
식생과 토양의 보전과 재생	• 자연 배수 패턴, 지형, 함몰지 등을 그대로 유지하고 원래의 토양에 가능한 식생을 최대한 보전 • 재래 식생을 회복시킬 수 있도록 식물종을 선택하여 다시 식재 • 특히 배수가 좋은 수문학적 토양형의 A와 B 그룹을 최대한 보존 • 토양의 압밀 최소화 및 교란 최소화 • 공사로 인하여 압밀된 토양의 건강성을 회복시키기 위하여 퇴비 이용 • 자연배수기능과 부지의 지형을 유지시키며 이를 부지 설계시 고려 • 부지의 기존 지형을 이용하여 지표유출을 지연시키고 침투 기능이 증대될 수 있도록 부지 정비 • 개방형 식생수로와 자연식생 배수패턴을 사용하여 유로연장 및 흐름분산 • 식생수로나 빗물정원 등 자연의 체류시스템을 활용하여 흐름저지 • 연석이나 우수 배제 우회수로를 최소화하고 불투수성 지표면이 연속되지 않도록 설계 • 불투수면과 식생대를 연결시켜 빗물이 발생원에 체류되는 시간 연장 • 낮은 경사도 유지
불투수면 최소화	• 부지 설계자, 계획자, 엔지니어, 경관 설계자, 건축가가 함께 업무를 진행하여 공통의 가치 혹은 합의가 필요 • 토지피복유형, 불투수율과 연결성, 수문학적 토양 유형, 자연의 배수패턴과 저류특성 유지 • 교란 최소화, 개방식 식생도랑, 침투율이 높은 토양의 보전, 침투율이 높은 토양에 비점오염저감 시설의 설치 등 • 지붕, 도로, 주차장 등의 불투수성 지표면적 최소화 • 건물, 도로, 주차장 등의 불투수면은 침투율이 높은 토양을 피해서 설치 • 불투수면이 연속되지 않도록 단절 • 강우유출수를 수문학적 토양형 A나 B 그룹에 해당하는 토양으로 분산
강우 유출발생원에서 관리	• IMP(Integrated Management Practices) 관리 기법 적용(집중식 BMP와 구분) • 환경을 보전하는 매력적인 경관을 조성하기 위하여 우수관리기능을 부지 설계안으로 통합 • 강우유출을 지연시키고 부지 내에 체류하는 빗물의 단위시간량을 증가시키기 위한 경관 조성 • 유출수 발생원 단계에서 저류와 침투가 가능하도록 설계 • 소규모 저습지, 투수성 포장, 녹화 지붕 등을 조합한 통합적 우수관리 • 빗물정원, 침투도랑, 옥상저장, 연못 등의 오염저감시설을 유출지점에 분산식으로 배치 • 다양한 시설을 복합적으로 활용함으로써 우수관리시스템의 신뢰도 향상 및 실패가능성 감소 • 기존 우수관리에 사용하던 우수관, 하수관 및 연못 등에 대한 의존도 감소 • 우수관로, 연석, 차도와 보도 사이의 우수배제수로의 설치는 피함 • 유출수 발생원에서 BMPs를 설치하여 오염방지 및 유지관리
유지관리 및 교육	• 모든 관계자들의 이해와 교육이 중요 • 저영향개발 방법으로 조경과 경관에 통합되어 유출수가 제어되는 시스템을 이해하고 이를 관리하는 방법을 아는 것이 중요 • 저영향개발 장치의 적절한 유지관리를 위하여 주택 또는 빌딩 소유자, 설계자 양성 필요 • 토지소유자는 이러한 경관 요소가 자신의 재산가치를 높인다는 것을 신뢰하고, 환경보호에 기여한다는 점에 보람을 느낄 수 있어야 하며, 경관유지에 소요되는 비용에 대한 지불의사를 가질 수 있어야 함 • 명확하고 실시가능한 가이드라인을 가진 장기적인 보수계획의 개발 필요

지형을 고려한 배수구역의 조정, 녹지공간과 수공간의 연계 등도 LID 계획에서 중요한 고려대상이다(PSAT 2012).

개발계획 수립 시 LID 기법 적용 시에는 다음 질문을 중요하게 고려해야 한다.

- 녹지공간을 어떻게 확보하고 늘릴 것인가?
- 생태계를 위한 녹지축과 개발을 어떻게 연계할 것인가?
- 생태계의 근원인 물이 있는 저지대를 어떻게 보전할 것인가?
- 개발로 인해 증가하는 유출유량을 어떻게 저류 및 침투시킬 것인가?
- 토양으로의 침투를 어떻게 증가시킬 것인가?

토지이용계획 및 설계 시에는 다음의 사항을 고려해야 한다(그림 11.14).

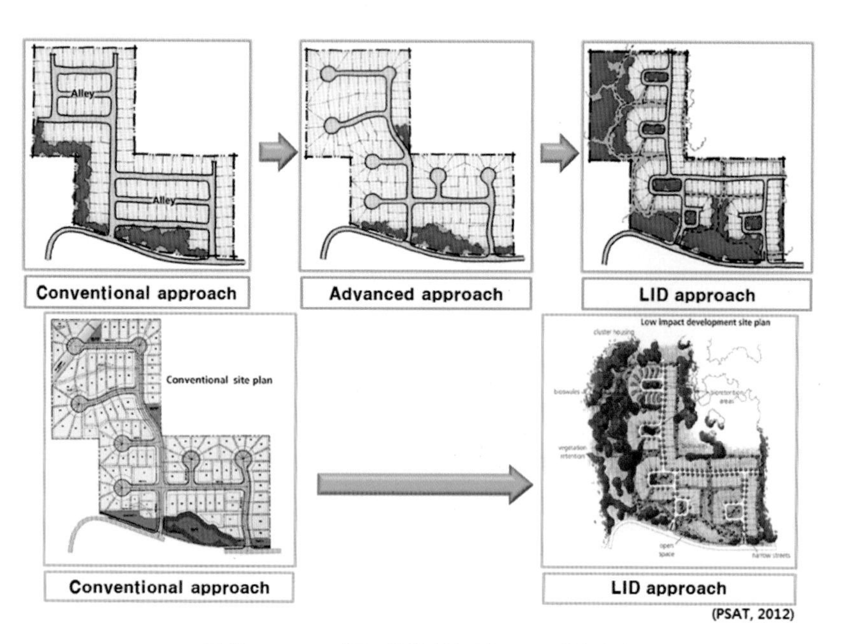

그림 11.14 기존 개발방식 및 LID 개발방식

- 토지이용 공간 배치 시 물과 녹지공간은 상호 연계시켜야 한다.
- 물이 있는 저지대는 보존하며, 생태공간으로서 수변공간을 충분히 확보해야 한다.
- 토지이용 계획 수립 시 저지대로부터의 일정 구간은 완충지역으로 확보하고 토지이용계획을 수립한다.
- 토지이용 계획수립 시 저오염 토지이용(연구, 교육, 공공, 위락, 공원 등의 공공기관 또는 시설)을 수계와 가까운 곳에 배치하고, 고오염 토지이용(상업지역, 산업지역 등)은 수변지역에서 배제하여 계획해야 한다.
- 개발로 인한 유역의 강우유출 증가분의 관리를 위하여 대규모 저류지 또는 인공습지 등의 조성을 위한 지역관리 공간을 확보하여 계획에 반영해야 한다.
- 불투수율이 높은 간선도로와 주차장의 강우유출수 관리를 위하여 충분한 녹지 또는 완충공간을 확보해야 한다.
- 토지이용 계획수립 시 절토와 성토를 고려하여 녹지공간이 넓고 물순환이 가능한 토지이용은 성토부에 계획하며, 녹지공간이 좁고 포장률이 높은 토지이용은 절토부에 계획한다.

사회인프라 조성 시 필요한 생태기술 소개 및 설계 시 고려사항

도시 물관리 기법을 기술적 적용으로 분류하면 4단계로 구분가능하다. 1단계는 물관리에 대한 제도와 정책도입을 통해 주민들의 적극적인 참여를 유도하여 물의 절약과 이용을 확대하고 배출되는 물의 양을 최소화시키는 근원관리로 주민의 역할이 가장 중요하다. 2단계는 강우유출수와 물의 유출이 시작되는 지점에서 기술적으로 물을 관리하는 현장관리로, 소규모 분산형으로 구축가능하며 우수관거로의 유입을 최소화하는 기술이다. 현장관리 단계에서는 기술자의 전문적 지식을 통한 인프라의 구축이 가능하며 주민들에 의한 유지관리가 가능하다. 3단계는 우수관거로 유입된 물이 하천으로 유입되기 전에 질적 및 양적관리를 수행하는 지역

관리로 유역 또는 배수분구의 면적에 따라 중규모 또는 대규모로 조성되며, 조성과정과 건설비용 및 유지관리 전분야에 걸쳐 기술자의 역할이 중요하게 고려된다. 물관리의 마지막 단계는 친환경적 하천관리로 생태하천복원사업이나 생태하천조성사업 등을 통해 가능하다(그림 11.15). 일반적으로 LID는 도시계획 단계에서부터 설계와 시공에 이르기까지 강우에 기반한 물순환 관리를 위한 생태기술의 적용을 의미한다. 그린 인프라는 상수, 하수, 중수, 지하수, 지표수, 강우유출수 등을 포함하는 전반적 도시 물관리를 수행할 수 있는 기술을 의미한다. 따라서 이 장에서는 LID보다 넓은 의미의 그린 인프라 기술의 종류와 특징 및 적용 사례를 보여주고자 한다.

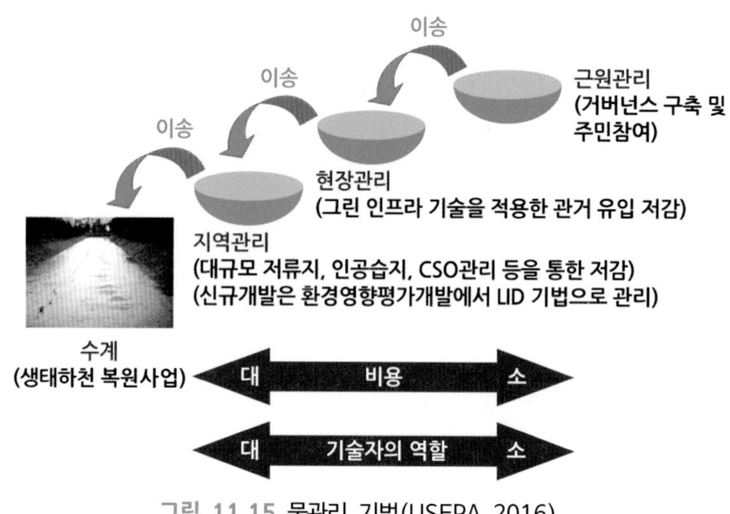

그림 11.15 물관리 기법(USEPA 2016)

그린 인프라 기술의 종류 및 특징

강우유출수 관리를 위한 그린 인프라 기술은 물리적 기술, 화학적 기술, 생물학적 기술로 분류할 수 있으며, 이러한 기술적 접근을 그린 인프라 기술로 지칭한다. 물리적 기술에는 강우유출수를 저류하고 땅속 침투 능력을 증대시키며, 물의 증발량을 최대화시키고, 강우에 의한 침식 및 유사유출을 방지하는 것이 있다. 화학적 기술에는 흡착, 이온교환 유기물의 합성 등의 기술이 있으며, 생물학적 기술에는 물의 증산, 영양물질의 순환, 식생을 이용한 수문저장, 미생물 분해 등이 있다. 그러나 일반적으로 그린 인프라 기술은 토양과 여재, 식물과 미생물 등의 복합적 작용으로 인하여 다양한 기능이 나타난다.

그린 인프라 기술의 종류는 크게 식생체류형, 침투형, 여과형, 습지형 및 기타로 분류가능하며, 각 기술의 종류별 다양한 기술요소가 포함된다(표 11.9). 식생체류형은 강우유출수를 식생으로 피복된 공간으로 유입시켜 식물, 미생물, 토양과 여재 등의 구성요소를 이용하여 물순환을 구축하고, 환경오염저감 기능 등을 유도하는 시설로 대표적인 그린 인프라 기술이다. 식생체류형에는 생태저류지 또는 식생체류지, 식생수로 또는 생태수로, 식물재배화분(planter box), 옥상녹화, 나무여과상자 등이 있다. 침투형은 토양 또는 여재로 구성되어 있으며, 배수구역 내 강우유출수를 차집한 후 불포화지층을 통해 지하로 침투시켜 여과와 흡착 작용에 따라 효과를 얻는 기법으로, 식생사면, 투수블록, 잔디블록, 투수포장, 침투도

표 11.9 그린 인프라 기술의 종류 및 특징(WMG 2012)

기법 분류	그린 인프라 기술의 종류	기법 특징
식생 체류형 (bioretention type)	생태저류지 또는 식생체류지, 식생수로 또는 생태수로, 식물재배화분, 옥상녹화, 나무여과상자	• 강우유출수를 식생으로 피복된 공간으로 유입시켜 식물, 미생물 및 토양과 여재를 이용하여 물리·화학적 및 생물학적으로 물순환을 구축하고, 오염물질을 제거하는 기법
침투형 (infiltration type)	식생사면, 투수블록), 잔디블록), 투수포장, 침투도랑	• 토양 또는 여재로 구성되어 있으며, 배수구역 내 강우유출수를 차집한 후 불포화지층을 통해 지하로 침투시켜 물순환을 구축하며 여과와 흡착을 통해 오염물질을 제거하는 기법
여과형 (filtration type)	모래여과	• 모래 또는 여재로 구성되어 있으며 강우유출수를 시설로 유도·여과하여 오염물질 저감효과를 얻는 기법
습지형 (watlands type)	자유수면형 인공습지, 수평흐름형 인공습지, 수직흐름형 인공습지, 하이브리드 습지, 소규모 습지	• 생태계 조성기법이며 저류 및 증발산을 통해 물순환을 구축하고, 식물과 미생물 등의 물리화학 및 생물학적 저감기법을 통해 오염물질을 제거하는 기법
기타	단절, 재조림 흐름분배기, 토양개량, 빗물통	• 자연적 설계기법으로 강우유출수를 저감하는 기법이며 부가적인 기법으로 활용

랑 등이 있다. 여과형은 강우유출수를 모래 또는 여과재로 충진되어 있는 공간으로 유도하여 물리적 여과작용을 통해 오염물질 저감효과를 얻는 기법으로, 모래여과가 대표적이다. 습지형은 강우유출수를 저류, 증발산을 통해 물순환시키고, 식물 및 미생물 등의 저감기법을 활용하여 오염물질을 제거하는 기법으로, 물의 흐름에 따라 자유수면형 인공습지, 수평흐름형 인공습지, 수직흐름형 인공습지로 분류하며, 각 인공습지를 상호 연계하여 조성하는 하이브리드 습지와 도로나 도시지역의 좁은 공간에 적용가능한 소규모 습지가 포함된다. 이러한 강우유출수 관리기법 이외에도 강우유출수를 자연적 설계기법으로 저감하는 기법으로 단절, 재조림, 흐름분배기(flow splitter), 토양개량 등도 그린 인프라 기술로 포함된다. 여기서 식생체류형과 습지형은 빗물정원이라고도 하며 저영향개발 기술 또는 그린 인프라 기술로 가장 넓게 이용되는 기술이다(표 11.10).

표 11.10 그린 인프라 기술요소별 특징 및 설계 시 중점사항(WMG 2012)

기술요소	특징	설계 시 중점사항
생태저류지 또는 식생체류지 (bioretention)	• 강우유출수 관리를 위해 조성된 토양, 식물 및 미생물이 구축된 체류지로 물리·화학적 및 생물학적 기작을 통한 물순환(침투, 저류 및 증발산 등) 구축과 오염물질 제거능력을 가진 소규모 형태 • 대표적인 빗물정원(rain garden) 기술	• 최고 지하수위나 기반암의 깊이와 침투율에 따라 0.3~0.9 m의 깊이로 굴착하여 조성 • 내염성 높은 식물의 식재 필요
식생수로 또는 생태수로 (vegetated swale)	• 강우유출수를 이송, 여과, 침투시키기 위해 넓고 얕은 수로로 설계되며, 수로의 바닥과 측면에는 식생을 식재하여 오염물질 저감	• 하부 토양층의 투수성이 낮거나 토양층의 두께가 얕은 지역의 경우 암거 적용 • 측면 경사는 3H:1V보다 급해서는 안되고 구배는 5% 이하로 설계하고, 유속을 느리게 설계
식물재배 화분 (planter box)	• 강우유출수를 식물이 조성되어 있는 공간으로 유도하여 물순환과 오염물질을 관리하는 기술이며, 도시지역의 좁은 환경에서도 적용 가능하여 주로 도로, 주차장 및 건물 주위에 조성 가능	• 식물의 생장 및 지속성을 보장하기 위하여 적절한 토양 혼합 및 관개 시설이 요구 • 내염성 높은 식물의 식재가 필요

(계속)

기술요소	특징	설계 시 중점사항
옥상녹화 (green roof)	• 건물의 옥상에 조성하는 녹색공간 조성 기술이며, 식생토와 식물로 구성된 공간으로 강우유출수를 일시적으로 저류하여 증발산과 빗물 이용에 활용	• 건기 시 척박한 환경에서도 생육 가능한 식물의 식재가 필요 • 비료나 농약의 사용이 필요하지 않은 식물의 식재가 필요 • 건물의 안정성을 위하여 가벼운 소재의 식생토 또는 여재를 이용
나무 여과상자 (tree box filter)	• 도로의 가로수나 조경공간의 조경수 공간에 설치가능하며, 식물과 토양 및 자갈 등으로 구성되어 있으며, 강우유출수를 저류, 침투 및 증발산시키는 기술	• 도로나 인도의 강우유출수가 유입될 수 있도록 연석보다 낮게 조성 • 도로나 주차장의 안정성에 영향을 주지 않도록 조성
식생사면 (bio slope)	• 생태제방으로도 알려진 식생사면은 수질개선을 위한 친환경적인 토양으로 구성되며, 유출량 및 세류침식을 저감할 수 있는 기술	• 폭은 인접한 배수 면적을 모두 처리할 만큼 충분해야 하며 최소 0.6 m 이상의 폭을 유지
투수블록 (permeable block), 잔디블록 (grass block), 투수포장 (porous pavement)	• 강우유출수의 즉각적 침투와 저류를 위한 기술로 투수블록이나 잔디블록 및 투수성 포장 하부에 쇄석 또는 모래 등을 이용하여 충분한 공극을 확보해야 함	• 부등침하를 예방할 수 있도록 조성해야 하며, 인근 조경공간으로부터 토사가 유입되지 않도록 조성
침투도랑 (infiltration trench)	• 하부는 쇄석, 모래 또는 여재로 구성되며 상부는 돌로 채워진 형태의 도랑으로 강우시 유출수를 일시적으로 저류하여 침투시키는 기술이며, 물순환과 오염물질 저감에 기여	• 부지 상태에 따라 암반 사이 0.6~1.2 m의 여유 공간이 유지 • 인근 조경공간으로부터 토사가 유입되지 않도록 조성
모래여과 (sand filter)	• 불투수성 배수지역인 경우 모래를 이용하여 유출되는 물을 천천히 여과하여 강우유출수의 수질을 개선시키는 기술로 좁은 면적에 적용가능	• 중력여과가 가능하도록 설계해야 하며, 여재의 교체가 용이하도록 조성 • 여재의 막힘현상을 저감시키기 위하여 입자상 물질의 제거를 위한 전처리 시설 설치 필수
인공습지 (constructed wetlands	• 빗물정원의 기술에 포함되는 생태계 조성 기술로 미생물, 식물, 여재 등의 물리 · 화학적 및 생물학적 기작을 통해 물순환을 구축하며 오염물질을 제거하는 기술 • 다양한 형태(자유수면, 수평지하흐름, 수직지하흐름, 하이브리드, 소규모 습지 등)로 조성가능	• 습지 및 정수식물은 물이 있어야 성장이 가능하기에 침투기능을 최소화

(계속)

기술요소	특징	설계 시 중점사항
재조림 (reforestation)	• 과거에 식물들이 번성했던 지역에 씨, 묘목, 반성숙한 나무를 심어 증발산과 차단을 통해 유출수 용량을 저감시키고 침투 용량을 증가시키는 기술	• 물의 보유력을 높이고 침식을 감소시키기 위해 뿌리덮개(mulching)를 사용할 경우 토양의 안정성을 증가
토양개량 (soil amendments)	• 수분보유능력이 낮거나 식물의 생장이 어려운 토양인 경우 물순환 구축과 오염물질 저감능력 향상을 위해 토양을 교체하거나 개량하는 기술	• 토양 특성, 식물 종류, 배수 및 관개 시설에 대한 특성을 파악하여 설계를 수행
집수정 (retention-pond)	• 퇴적물, 기름, 부유물질, 우수시스템에서의 협잡물 또는 첨두유량을 제어하거나 방지하는 기술 요소이며, 강우유출수를 침전시켜 저류하는 기술	• 집수정은 물질이나 유형은 제조업자에 의해 달라지며, 대부분 와류원리로 구동
조경기술 (landscaping)	• 조경이나 재녹화에 녹화, 나무, 관목, 풀, 지피식물과 같은 질병에 강하고 유지관리를 많이 필요로 하지 않는 토착식물들을 사용하여 유출수를 저감하는 기술요소	• 관목, 풀 등의 식물과 같이 질병에 강하고 유지관리를 많이 필요로 하지 않는 토착식물들을 사용

그린 인프라 기술의 선정 및 적용 시 고려사항

그린 인프라 기술은 물리화학적 및 생물학적 기작에 의하여 물순환, 환경오염저감, 경관성, 심미성, 생태성, 수자원 확보, 자산가치, 에너지 사용 절감 등의 다양한 기능을 가지며, 이를 통해 주민들의 삶의 질을 향상시키는 역할을 수행한다. 이러한 그린 인프라 기술을 설치하기 위해서는 다음의 조건을 만족하도록 설계되어야 한다(환경부 2014).

- 강우유출수의 유입 및 유출이 원활한 구조로 설계되어야 하며, 식생의 활착 및 생육에 유리한 구조로 설계되어야 한다.
- 그린 인프라 시설은 침수에 안전하며, 인근 도시기반시설의 성능 및 안전성을 저해하지 말아야 한다.
- 그린 인프라 시설의 규모(용량)는 설치 목적과 현장여건에 따라 적절히 산정되어야 하며, 침투능력과 지하수 영향 및 지반침하 등을 검토 후 설치되어야 한다.
- 그린 인프라 시설의 목표효율, 설치비 및 유지관리 비용 등을 고려

하여 체류시간, 여과속도, 식생종류, 지반치환, 처리시간, 여재종류 등을 결정해야 하며, 기술요소의 효과를 극대화하기 위해 다른 시설과 조합하여 설계할 경우 그 효과가 상승한다.

- 그린 인프라 시설의 지속적인 기능유지를 위하여 토사유입 원인을 분석하여 최소화 방안을 설계에 고려해야 한다.

그린 인프라 기술 요소의 선정과 적용 시에는 다음과 같은 기본원칙을 최대한 활용해야 한다.

- 개발지역의 물순환이 개발 전과 최대한 유사하도록 해야 하며, 빗물은 최대한 발생지점에서 관리되도록 하며, 사회기반시설 고유의 기능이 저하되지 않아야 한다.
- 심미적, 경관적 편익제공이 가능해야 하며, 다기능화를 최대한 고려해야 하며, 설계기법과 기술요소가 효과적으로 복합 적용해야 한다.
- 저영향개발 기술요소의 기능유지 및 유지관리가 가능한 형태로 조성되도록 해야 하며, 유지관리 및 효과분석이 가능하도록 모니터링이 가능한 구조로 조성한다.

미국 캘리포니아 로스엔젤레스 카운티(Los Angeles County)의 LID 적용방안

미국 캘리포니아의 로스엔젤레스 카운티는 강우유출수 관리를 위하여 각종 개발사업을 규모에 따라 '지정개발사업(designated project)'과 '비지정개발사업(non-designated project)'으로 분류하였다. 지정개발사업은 다음의 항목 중 한 개 이상의 항목에 해당하는 중규모 이상의 개발사업을 의미한다(Los Angeles County 2016).

- 교란되는 면적이 4,000 m^2 이상이고 불투수 면적이 930 m^2(10,000 ft^2) 이상인 모든 개발사업

- 면적이 930 m^2 이상 되는 산업단지
- 면적이 930 m^2 이상 되는 상가
- 면적이 460 m^2 이상 되는 소매 주유소
- 면적이 460 m^2 이상 되는 식당
- 불투수 면적이 460 m^2 이상 되는 주차장이나 25대 이상의 주차공간을 가진 주차장
- 면적이 460 m^2 이상 되는 자동차 정비서비스 업체
- 강우유출수가 주요 생태보호지역으로 직접 배출되거나 생태보호지역과 인접하고 있는 모든 개발사업 중에서 민감한 생물종이나 생물서식에 영향을 주면서 230 m^2 이상 되는 불투수면을 가진 개발사업
- 재정비 또는 면적이 추가되는 재개발사업: ① 위에 언급된 사업항목(토지이용) 중에서 460 m^2 이상의 불투수 면적이 재개발되거나, ② 불투수 면적이 930 m^2 이상 되는 단독주택의 재개발 사업

로스엔젤레스 카운티는 소규모 개발사업에 대해서는 '비지정개발사업'으로 분류하여 강우유출수 관리를 하고 있다. 소규모 개발사업은 효율적인 강우유출수 관리를 위하여 '소규모 비지정 주택 개발사업'과 '대규모 비지정개발사업'으로 분류하고 있다.

- 소규모 비지정 주택 개발사업(small-scale non-designated residential projects): 4가구 이하의 주택개발사업이나 주택 재건축사업
- 대규모 비지정개발사업(large-scale non-designated projects): 5가구 이상의 모든 주택개발사업과 주택 재개발사업이나 주택 이외의 모든 개발사업 및 재개발사업
  - 기존의 개발사업에 강우유출수의 수질 관리수단이 없는 경우 불투수 면적의 50% 이상이 새롭게 교란될 경우 전체면적에 대해 LID 표준매뉴얼에 맞추어 강우유출수 관리계획을 수립해야 함
  - 기존의 개발사업에 강우유출수의 수질 관리수단이 없는 경우 불

투수 면적의 50% 이하가 새롭게 교란될 경우 교란된 면적에 대해 LID 표준매뉴얼에 맞추어 강우유출수 관리계획을 수립해야 함

로스엔젤레스 카운티의 LID 표준매뉴얼에서는 4가구 이하의 '소규모 비지정개발사업'의 주택개발사업이나 재개발사업에서는 설계 시 다음의 BMPs 중에서 최소한 2개 기법 이상 적용할 것을 요구하고 있다.

- 투수포장(porous pavement): 강우유출수를 침투시키기 위하여 투수포장을 적용하며, 여기에는 투수성 아스팔트, 투수성 콘크리트, 투수블록이나 잔디블록 및 자갈 포장 등이 포함된다. 최소한 50% 이상의 포장이 투수성이어야 한다.
- 낙수 홈통 유도로(downspout routing): 지붕의 낙수홈통은 빗물통이나 빗물정원 또는 침투화분 등에 직접적으로 연계되어야 하며, 그 용량은 760리터 이상이 되어야 한다.
- 불투수면의 단절(disconnect impervious surfaces): 자동차 진입로나 불투수면은 투수면 방향으로 경사지도록 해야 한다. 강우유출수는 수질관리를 위하여 가능한 식생이 조성된 공간으로 흐르도록 유도해야 한다. 부지의 1/3은 조경공간, 자갈부 또는 투수포장과 같은 투수면이 되어야 하며, 식생부나 강우유출수 관리시설로 유도되지 않는 면적은 전체의 10% 이하가 되어야 한다.
- 건조정(dry well): 건조정은 강우유출수의 침투를 위하여 조성되며, 96시간 강우지속시간에서 최소한 760리터의 강우유출수가 저류되어 침투되어야 한다.
- 조경 및 조경관개(landscaping and landscape irrigation): 불투수면 주위에는 강우를 차단하기 위한 식물을 조성해야 한다. 불투수면 주위의 식물은 강우 발생 시 차단효과를 통해 직접유출량을 줄이는 효과가 있다. 최소 57리터 규모의 2개의 나무가 불투수면으로부터 최대 3 m에 식재되어야 한다.

• 옥상녹화(green roof): 지붕의 강우유출수를 저류하고 처리하기 위하여 옥상녹화를 시행한다. 옥상녹화는 전체 지붕면적의 최소 50% 이상이 되어야 한다.

'대규모 비지정개발사업'에서의 강우유출수 관리를 위한 수질설계용량은 개발사업 전체 면적에 대하여 개발 이전과 개발 이후의 수문상태를 고려하여 산정한다. 다음 식을 통해 산정된 강우유출수 증가분에 대하여 100%를 저류, 증발산, 침투, 차집 및 이용 등의 계획수립을 요구하고 있다.

$$\triangle SWQD_v = V_{after} - V_{before} \tag{11.2}$$

여기서 $\triangle SWQD_v$ = 개발로 인해 증가한 강우유출수 설계 용량(m^3)
V_{after} = 개발 이후 강우시 발생하는 유출수량(m^3)
V_{before} = 개발 이전 강우시 발생하는 유출수량(m^3)

'지정개발사업'의 강우유출수 관리를 위한 수질설계용량(Stormwater Quality Design Volume, SWQDv)은 오염물질의 함량이 높을 것으로 예상되는 초기 강우유출량이며, 다음의 과정을 따른다.

수질설계용량을 통해 산정된 설계 강우량은 다음의 강우량보다 커야 한다.

• 24시간 20 mm 강우사상
• 로스엔젤레스 카운티의 24시간 강우사상의 85%에 해당하는 강우사상

수질설계용량(SWQDv) 산정 과정은 다음과 같다.

• 단계 1(초기 도달시간 가정): 초기 도달시간을 가정
• 단계 2(강우강도 산정): 가정한 초기 도달시간을 지속시간으로 두고 다음 식을 이용하여 강우강도 계산

$$I_t = I_{1440} \cdot \left(\frac{1440}{t}\right)^{0.47}$$

여기서 t = 초기 도달시간으로 가정한 강우지속시간(min), I_t = 강우지속시간에서의 강우강도(in/hr), I_{1440} = 24시간 강우강도(in/hr)

- 단계 3(불투수면적과 강우유출계수 산정): 다음 식 또는 기타 방식을 이용하여 불투수면적률과 강우유출계수 산정

$$IMP = \frac{\sum_{i=1}^{n}(IMP_i \cdot A_i)}{A_T}$$

여기서 IMP = 평면도에서의 불투수 면적률, IMP_i = 불투수면 i의 불투수율, A_i = 불투수 면 i의 면적, A_T = 평면도에서의 전체 면적(ft^2)

$$C_d = (0.9 \cdot IMP) + (1.0 - IMP) \cdot C_u$$

여기서 C_d = 개발상태에서의 강우유출 계수, IMP = 평면도에서의 불투수 면적률, C_u=미개발상태에서의 강우유출 계수

- 단계 4(도달시간 산정): 다음 식을 이용하여 도달시간(T_c) 산정

$$T_c = \frac{0.31 \cdot L^{0.483}}{(C_d \cdot I_t)^{0.519} \cdot S^{0.135}}$$

여기서 T_c = 도달시간(min), L = 배수구역의 말단부에서 가장 긴 흐름의 거리(ft), C_d = 개발 상태에서 강우유출 계수, I_t = 강우지속시간동안 강우강도(in/hr), S = 가장 긴 흐름의 경사(ft/ft)

- 단계 5(T_c를 초기 가정치와 비교): 단계 4에서 산정된 도달시간이 S 단계 1에서 가정한 도달시간과 0.5분 이내에 있다면, 산정된 도달시간을 이용. 만약 0.5분 이상 차이가 나면 단계 4에서 산정된 값을 단계 1의 가정치로 두고 다시 반복하여 도달시간 산정
- 단계 6(첨두유출률 산정): 재산정된 도달시간에 해당하는 값을 이용

하여 강우강도와 강우유출계수를 재산정하고, 다음의 합리식을 이용하여 첨두유출량 산정

$$Q = \frac{C_d \cdot I \cdot A}{43,560}$$

여기서 Q = 첨두유출률(cfs), C_d = 개발상태에서의 강우유출 계수, I = 강우강도(in/hr), A = 개발면적(ft^2)

- 단계 7(수질설계용량 산정 = SWQDv)

'대규모 비지정개발사업'과 '지정개발사업'의 강우유출수 수질관리를 위한 그린 인프라 기술 수단은 저류형, 식생형, 식생형, 여과처리형 등 다양하게 적용가능하다. 토지이용별로 발생하는 오염물질이 다르기 때문에 그린 인프라 기술 적용 시 이를 고려하여 적정 관리수단을 선정해야 한다.

한국의 그린 인프라 기술용량 산정방안

한국의 그린 인프라 기술의 용량산정은 환경부의 '비점오염 저감시설의 설치 및 관리 운영 매뉴얼'에 근거하고 있다. 그린 인프라 시설의 규

표 11.11 그린 인프라 기술의 적용 규모 설계기준(환경부 2014)

저감시설 구분		규모 설계기준
저류시설	저류지 지하저류조	WQv
인공습지	인공습지	
침투시설	유공포장(투수성포장) 침투저류지 침투도랑	
식생형 시설	식생여과대 식생수로	WQF
	식생체류지 식물재배화분 나무여과상자	WQv

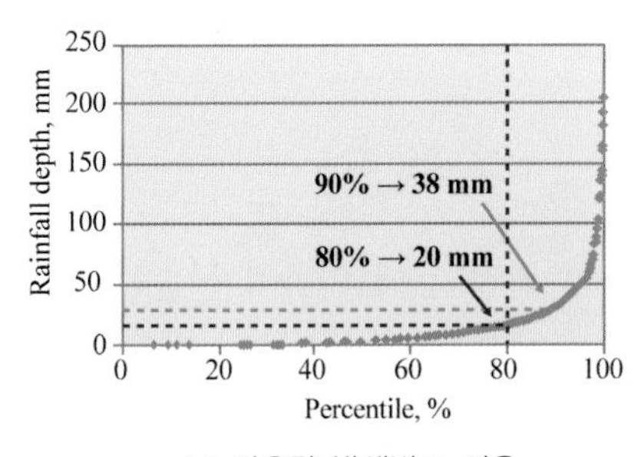

(a) 강우량 발생빈도 이용

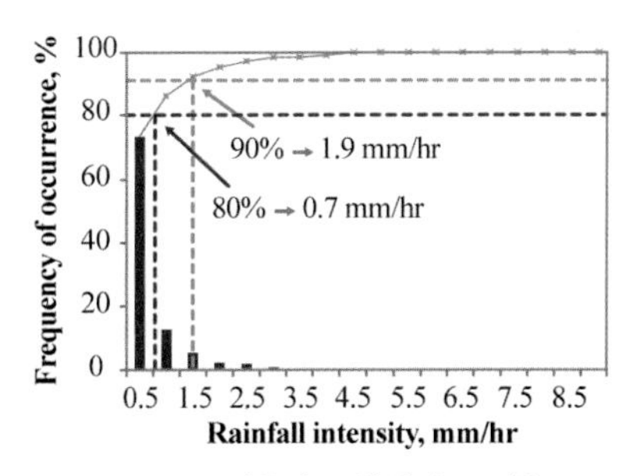

(b) 강우강도 발생빈도 이용

그림 11.16 수질처리용량 산정방법(환경부 2016)

모는 해당지역의 강우빈도 및 유출수량, 오염도 분석에 따른 비용효과적인 삭감 목표량 및 기타 정책적인 삭감 목표량, 관련 규정 등에 따라 설계 강우량을 설정하여 규모를 산정할 수 있다(표 11.11).

수질처리용량(Water Quality Volume, WQv)은 다음의 식을 이용하여 산정한다.

$$WQv = P1 \times A \times 10^{-3} \tag{11.3}$$

여기서 WQ_v = 수질처리용량(Water Quality Volume, m^3), $P1$ =설계강우량으로부터 환산된 누적유출고(mm), A = 배수면적(m^2)

수질처리유량(Water Quality Flow, WQF)은 합리식을 이용하여 산정하며 기준강우강도를 적용하여 결정할 수 있다. 기준강우강도는 최근 10년 이상의 시강우 자료를 활용하여 연간 누적발생빈도 80%에 해당하는 강우강도로 산정한다(그림 11.16).

$$WQF = C \times I \times A \times 10^{-3} \tag{11.4}$$

여기서 WQF = 수질처리유량(m^3/h), C = 처리대상구역의 유출계수, I = 기준강우강도(mm/h), A = 처리대상구역의 면적(m^2)

11.3 LID 기법의 세부설계와 적용 사례

저류형시설의 설계 시 고려사항

저류형 시설은 강우유출수를 저류하여 침전 등에 의하여 물순환을 구축하고 비점오염물질을 저감하는 시설이며, 저류지 및 지하저류조 등이 있다(그림 11.17). 강우유출수에 함유된 입자상 물질의 제거를 위하여 저류형 시설 앞에 침강지를 설치할 수 있다. 침강지의 용량은 수질처리용량

(a) 저류지(캐나다 퀘벡 도로)

(b) 인공습지(캘리포니아 Oakhurst시 주차장)

(c) 저류지(영국 스코틀랜드 주거지역)

(d) 인공습지(호주 Perth 지붕유출수)

(e) 소규모 인공습지(한국 충남의 국도)

(f) HSSF 인공습지(한국 충남의 국도)

그림 11.17 저류시설 및 인공습지 조성 사례

(WQv)의 10% 이상으로 해야 하며, 최대수심은 1.2~1.8 m 정도가 적당하다. 저류시설은 길이 대 폭의 최소 비율을 1.5 : 1로 하고 유로는 가급적 길고 불규칙적으로 만드는 것이 처리효율을 높이는 데 유리하다. 저류시설의 최소 소요 수면적은 포착대상 입도와 포착대상 입경의 침강속도를 이용하여 Hazen 공식을 통해 산정한다(환경부 2014).

$$A = 1.2 \cdot \frac{Q}{V_s} \tag{11.5}$$

여기서 A = 저류시설의 최소 소요 수면적(m^2), Q = 침사지 설계대상 유량(m^3/sec), V_s = 포착대상 입경의 침강속도(m/sec).

침투시설의 설계 시 고려사항

침투시설은 강우유출수를 지하로 침투시켜 토양의 여과와 흡착 기작을 통해 비점오염물질을 줄이는 시설이며, 침투도랑, 침투저류지, 침투조, 투

(a) 침투도랑(미국 메릴랜드 대학 캠퍼스 도로)

(b) 침투저류지(미국 리버사이드)

(c) 투수블록(독일 프라이부르크)

(d) 침투저류지(한국 용인)

그림 11.18 침투시설 조성 사례

수포장 등이 포함된다(그림 11.18). 침투시설의 하층에 위치한 토양의 침투속도는 13 mm/h 이상이어야 하며, 침투수에 의한 지하수 오염을 방지하기 위하여 최고 지하수위 또는 기반암으로부터 수직으로 최소 1.2 m 이상의 거리를 두는 것이 바람직하다. 침투시설의 막힘 현상을 방지하기 위해 수질처리용량의 25% 용량을 처리할 수 있는 전처리시설이 필요하다. 일반적으로 토양의 침투속도는 강우유출수가 침투시설에 유입되는 속도에 비해 매우 느리므로 침투가 이루어지는 동안 수질처리용량을 저류할 수 있도록 계획한다. 이때 침투시설 내부를 자갈이나 돌로 충전한 경우에는 해당 충전재의 공극률을 계산에 포함하여 시설규모를 결정한다. 침투시설의 처리용량은 저류가능 용량과 유입시간 중에 침투되는 양의 합으로 산정하며, 수질처리용량 이상이 되도록 계획한다(환경부 2014).

$$V = V_f \cdot n + 10^{-3} \cdot k \cdot T_f \cdot A_i \geq WQ_v \tag{11.6}$$

여기서 V = 처리용량(m^3), V_f = 침투시설의 체적(㎥), n = 시설 내 충전재의 공극률(충전재 정보 불충분 시 0.32 적용), k = 하부토양의 침투속도(mm/h, 13~210 mm/h 범위 내), T_f = 유입시간(h, 유입시간에 대한 자료가 있는 경우 해당 자료를 활용하고 그렇지 못할 경우 2시간 적용), A_i = 침투면적(m^2, 하부토양과 접하여 침투를 유도하는 면적)

$$A_i = \frac{WQ_v}{d \cdot n + 10^{-3} \cdot k \cdot T_f} \tag{11.7}$$

침투시설은 강우 후 최대 3일(72시간) 이내에 수질처리용량을 배제하도록 설계되어야 한다. 침투시설은 강우 시 강우유출수를 받아 처리한 후 배수되며, 건기동안에는 시설 주위의 토양에 공기가 공급된다. 이러한 과정을 통하여 지하토층에서 호기성 상태를 유지하여 박테리아의 유기물 분해작용을 촉진시킬 수 있으며, 다음 강우사상에 대비할 수 있다. 침투시설의 배제용량은 다음의 식으로 산정하되 수질처리용량 이상이 되도록 계획한다(환경부 2014).

$$V_i = A_i \cdot 10^{-3} \cdot k \cdot T_d \geq WQ_v \qquad (11.8)$$

여기서 V_i = 침투시설의 배제용량, A_i = 침투면적(m^2, 하부토양과 접하여 침투를 유도하는 면적), k = 하부토양의 침투속도(mm/h, 13~210 m/h 범위 내), T_d = 배제시간(최대 72시간)

식생형 시설의 설계 시 고려사항

식생형 시설은 토양의 여과와 흡착 및 식물의 흡입작용으로 비점오염물질을 줄이는 시설로, 식생여과대와 식생수로 등이 포함된다(그림 11.19). 또한 동물과 식물의 서식공간을 제공하면서 녹지경관의 기능도 수행한다. 식생여과대는 2~5% 범위의 경사가 적당하며, 식생수로는 1~2%의 경사가 타당하며, 최소 1% 및 최대 4%의 경사를 초과하지 않도록 설계한다. 식생여과대의 단위폭당 설계용량은 Manning 공식을 이용하여 산정한다. 식생여과대의 경우 유속이 느릴수록 강우유출수가 식생 및 토양층과 오래 접촉하므로 여과, 흡착 작용에 의해 오염물질의 제거율을 높일 수 있다. 전체 표면으로 면상류가 이루어져야 오염물질 제거에 효과가 있기에 식생여과대 내 최대 유속은 0.4 m/s 이하로 설계한다(표 11.12, 환경부 2014).

(a) 식생수로(오스트리아 Salzburg 주차장)

(b) 미국 신시내티 산업단지

그림 11.19 식생형 시설 조성 사례

표 11.12 식생형 시설의 설계항목 및 적용 공식(환경부 2014)

시설명	항목	설계 공식
식생여과대	단위폭당 유량 산정 (Manning 공식)	$q=\frac{1}{n}\cdot y^{5/3}\cdot S^{1/2}$ 여기서 q = 식생여과대 단위폭당 유량(m^3/sec/m), y = 최대 허용수심(0.0254 m), n = 조도계수, S = 식생여과대의 흐름방향 경사
	바닥폭	$q=\frac{Q}{Q}$ → $W=\frac{WQF}{q}$ 여기서 WQF = 수질처리용량(m^3/sec), W = 식생여과대 바닥폭(m), q = 식생여과대 단위폭당 유량(m^3/sec/m)
	유속	$V=\frac{q}{y}<0.4\,m/\mathrm{sec}$ 여기서 V = 식생여과대 유속(m/sec), q = 식생여과대 단위폭당 유량(m^3/sec/m), y = 최대 허용수심(0.0254 m)
	길이	• 소단이 없는 경우 $T_r=\frac{L}{V},\quad L=V\cdot T_r$ 여기서 V = 식생여과대 유속(m/sec), Tr = 유하시간(sec), L = 식생여과대 길이(m) • 소단이 있는 경우 $\frac{WQv}{2}=\frac{1}{2}\cdot W\cdot h\cdot L,\quad WQv=W\cdot h\cdot L$ $L=\frac{WQv}{W\cdot h}$ 여기서 WQF = 수질처리용량(m^3), L = 식생여과대 길이(m), W = 식생여과대 폭(m), h = 소단의 높이(m)
식생수로	바닥폭	$W=\frac{n\cdot WQF}{D^{5/3}\cdot S^{1/2}}$ 여기서 W = 식생여과대 바닥 폭(m, 최대 2.5 m), WQF = 수질처리용량(m^3/sec, 식생수로 저류시설을 통과하여 식생수로로 유입되는 평균유량), D = WQF 통수가능 깊이(m, 최대 0.1 m), S = 식생수로의 종단경사
	유속	$V=\frac{Q}{A}=\frac{WQF}{W\cdot D}<0.8m/\mathrm{sec}$ 여기서 Q = 유량(m^3/sec), 0.8 m/sec = 식생수로 최대 허용 유속당 폭 산정
	길이	$L=V\cdot T_r$ 여기서 L = 식생수로 길이(m), T_r = 유하시간(수리학적 체류시간, sec)

식생체류형 시설의 설계 시 고려사항

식생체류지는 식물이 식재된 토양층과 모래층 및 자갈층 등으로 구성된다. 강우유출수가 식재토양층 및 지하침투 과정에서 비점오염물질을 저감시키는 시설이다. 식생체류지의 상부 담수심은 15~30 cm의 범위로 하며, 폭은 최소 0.5 m 이상으로 하고, 토양층은 30~60 cm로 조성한다. 물의 저류 및 침투를 위하여 내부 공극은 최소 0.35 이상을 확보한다(그림 11.20). 식생체류지의 식생은 다년초 및 관목 등을 적절히 구성하여 식재한다. 그러나 시설이 도로 또는 시내에 설치될 때는 시야확보와 경관을 위하여 관목의 경우 1.2 m 이하로 조성함이 바람직하다. 식생체류지의 규모는 설계용량에 근거하여 산정하며 다음의 식을 따른다. 이 식은 식생체류지, 나무여과상자, 식물재배화분, 유공포장(하부유공관 있는 경우) 등에 공통으로 적용될 수 있다(환경부 2014, 그림 11.21).

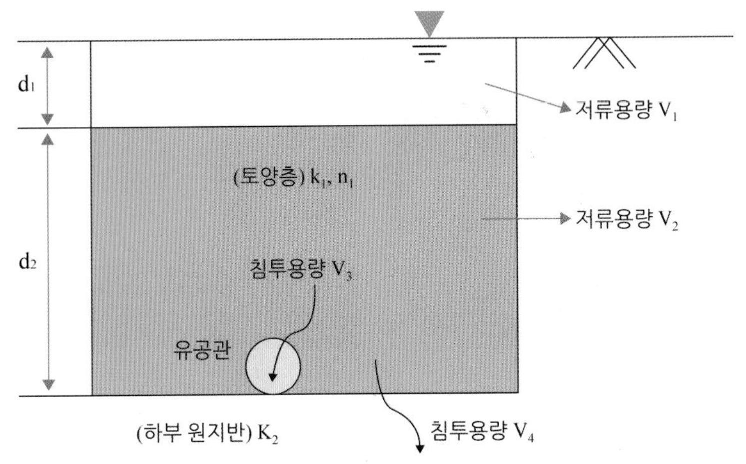

그림 11.20 식생체류지의 용량산정 개념도(환경부 2014)

$$V_1 = A \cdot d_1, \qquad V_2 = n_1 \cdot A \cdot d_2,$$
$$V_3 = k_1 \cdot A \cdot T, \qquad V_4 = k_2 \cdot A \cdot T \tag{11.9}$$

$$
\begin{aligned}
&\text{시설의 용량} \sum V \geq WQv \\
&= V_1 + V_2 + V_3 + V_4 \\
&= (A \cdot d_1) + (n_1 \cdot A \cdot d_2) + (k_1 \cdot A \cdot T) + (k_2 \cdot A \cdot T) \\
&= A(d_1 + n_1 \cdot d_2 + k_1 \cdot T + k_2 \cdot T)
\end{aligned} \tag{11.10}
$$

식생체류지의 표면적 A_f

$$A_f = \frac{WQv}{d_1 + n_1 \cdot d_2 + T_f(k_1 + k_2) \cdot 10^{-3}} \tag{11.11}$$

여기서 A_f = 식생체류지 표면적(m^2), WQV = 수질처리용량(m^3), d_1 = 담수심 깊이(m), n_1 = 식재토양층의 공극률, d_2 = 식재토양층의 깊이(m), k_1 = 식재토양층의 투수속도(mm/hr), k_2 = 하부토양의 침투속도(mm/h), T_f = 유입시간(h, 2시간 적용)

(a) 식생체류지(공주대학교 도로)

(b) 식생체류지(미국 메릴랜드 주거지역)

(c) 나무여과 상자(미국 빌라노바대학교)

(d) 식물재배화분(공주대학교 지붕유출수)

그림 11.21 식생체류형 시설 조성 사례

식물재배화분은 처리된 강우유출수가 전량 유공관으로 유출되는 경우와 유공관과 하부토양으로 침투되는 경우로 구분할 수 있다. 유공관과 하부토양으로 침투되는 경우에는 식생체류시설의 산정식을 이용할 수 있으며, 유공관으로 유출되는 경우에는 다음의 식으로 규모를 산정한다(환경부 2014).

$$A_f = \frac{WQv}{d_1 + n_1 \cdot d_2 + T_f \cdot k_1 \cdot 10^{-3}} \quad (11.12)$$

여기서 A_f = 식물재배화분 표면적(m^2), WQV = 수질처리용량(m^3), d_1 = 담수심 깊이(m), n_1 = 식재토양층의 공극률, d_2 = 식재토양층의 깊이(m), k_1 = 식재토양층의 투수속도(mm/hr), T_f = 유입시간(h, 2시간 적용)

그린 인프라 및 저영향개발 기술의 적용 사례와 이점

최근 들어 도시조성 및 각종 개발사업 과정에서 발생하는 도시환경문제를 줄이기 위하여 다양한 토지 이용에 그린 인프라 및 저영향개발 기술의 적용이 확대되고 있다. 도로, 주거지역, 관공서, 학교, 산업단지 및 상업지역 등에 다양하게 그린 인프라 기술이 조성되고 있으며, 오염물질 저감, 경관성과 심미성 및 생태성 향상 등 다양한 기능을 가지도록 창의적인 디자인으로 조성되고 있다(표 11.13). 복합적 기능향상을 위하여 초

표 11.13 그린 인프라 적용 토지이용 및 적용 사례

토지 이용	적용 사례
도로	• 사례 1: 한국 45번 국도(아산시 배방 – 세종시 소정) – 적용 목적: 국토부의 도로 비점오염저감시설 시범사업으로 조성하여 도로 비점오염저감시설 설계 가이드라인 도출 목적 – 적용 시설: 식생수로, 소규모 인공습지, 지표하흐름 인공습지, 자유수면형 인공습지, 침투도랑, 빗물정원(식생체류지) 등으로 6개의 시설

(계속)

토지 이용	적용 사례
	   • 사례 2: 영국 스코틀랜드 도로 비점오염물질 저감 및 물순환 구축 – 적용목적: 효율적인 도로 비점오염물질을 저감하고 물순환을 구축하기 위하여 소규모 분산형 비점오염저감시설 설치 – 적용 시설: 인공습지, 저류지, 침투도랑 등 다양 – 특징: 다양한 기능(오염물질 저감, 경관성, 심미성, 창의적 디자인, 생태성)   
학교	• 사례 1: 미국 메릴랜드 고등학교 및 대학 캠퍼스 – 적용 목적: 학생들에게 그린 인프라 및 저영향개발 기술의 환경성을 교육하고 기술의 적용확대를 위한 목적 – 적용 시설: 침투도랑, 식생체류지, 인공습지, 빗물정원 등 다양하게 조성 – 특징: 환경과 생태개념은 학생들이 초등학교에 다닐 때부터 교육이 이루어져야 성인이 되어서도 환경적 개념이 생활 속에서 실천하게 된다. 따라서 미국 및 유럽 선진국에서는 초등학교 교정에서부터 대학교 교정에까지 생태친화적 비점오염저감시설을 설치하여 친숙하도록 유도    • 사례 2: 한국 공주대학교 캠퍼스 – 적용 목적: 한국형 LID 및 그린 인프라 기술의 적용성 평가, 학생에게 조기 선진환경 교육 및 기술의 가이드라인 작성 목적 – 적용 시설: 빗물정원, 나무여과상자, 투수블록, 침투도랑, 식생체류지, 인공습지 등 다양하게 조성 – 특징: 모니터링을 하여 기술적 평가를 가능하게 하며, 유지관리 용이성 등을 평가

(계속)

<table>
<tr><th>토지 이용</th><th>적용 사례</th></tr>
<tr><td></td><td></td></tr>
<tr><td>공공 기관 및 관공서</td><td>• 사례: 미국 캘리포니아 리버사이드 홍수통제소
- 적용 목적: 공공기관 및 관공서는 국가적 제도와 정책이 시행되는 곳으로 주민들의 왕래가 잦으며, 개발과 관련되는 사업자, 입주자, 기술자 등이 각종 인허가를 위하여 방문하는 곳이기에 그린 인프라 및 저영향개발기술을 조성하여 확대를 위한 홍보와 교육 목적
- 적용 시설: 빗물정원, 침투저류지, 침투화분, 침투도랑, 투수블록, 식생체류지, 인공습지 등 다양하게 조성
</td></tr>
<tr><td>상업 및 산업 단지</td><td>• 사례: 미국 캘리포니아 상업지역 및 오하이오 산업단지
- 적용 목적: 상업지역과 산업단지는 다양한 사업장이 위치하는 공간으로 사람과 차량의 왕래가 높은 곳이기에 비점오염저감, 물순환 및 생태축 구축목적
- 적용 시설: 저류지, 인공습지, 빗물정원, 침투저류지, 식생체류지 등 다양
- 특징: 상업지역은 비점오염저감을 위한 넓은 공간이 부족하므로 소규모 분산형 그린 인프라 시설을 설치하고 있으나, 산업단지에서는 유해화학물질 등의 유출이 있기 때문에 이를 사전에 저감하기 위하여 비점오염저감시설과 저류지를 연계하여 설치
  </td></tr>
</table>

(계속)

토지 이용	적용 사례
주거 지역	• 사례: 미국 메릴랜드 Hyattsvile 및 캐나다 퀘벡의 주거단지 - 적용 목적: 주거지역에서 발생되는 비점오염물질은 차량과 정원에 살포되는 비료와 퇴비 등에서 유출되는 오염물질이기에, 정온하고 깨끗한 환경조성 및 생태친화형 비점오염을 저감하기 위하여 설치 - 적용 시설: 저류지, 인공습지, 빗물정원, 침투저류지, 식생체류지 등 다양 - 특징: 주거지역의 생태친화형 시설은 지역의 토지 값어치를 향상시켜 지역주민들의 경제에 기여하기에 주민들에 의한 유지관리가 수행되고 있음   

본과 목본을 적절히 혼합하여 생태성과 경관성을 높인 설계, 토양 내 물의 저류와 침투를 확대하는 물순환 기능 설계, 오목형과 볼록형의 조합을 통한 비용효율적 디자인 기술 등이 적용되고 있다.

그린 인프라 개발은 다양한 이점을 가지고 있다(표 11.14). 환경적 이점으로는 건전한 물순환 시스템 구축, 홍수방지 및 생물의 서식지 제공, 강우유출수에 포함된 오염물질 정화 및 수목 등의 식생 보전과 회복 등이 있다. 개발자에서는 부지배치계획과 강우조절장치의 설치나 개조에 대한 새로운 대안을 제시할 수 있으며, 매력적인 근린지구 조성이 가능하여 시장가치를 향상시키며 우수관리나 비점오염물질 저감을 위한 시설의 건설비와 관리운영비를 저감할 수 있다. 또한 기존 개발사업에서 필요한 대규모 저류지에 소요되는 부지를 다른 다양한 가치 생산에 이용가능하게 함으로써 개발자에게 이점으로 작용한다. 그린 인프라 개발은 지역사회 및 지방자치단체에게도 다양한 이점을 준다. 여기에는 홍수방지, 생물서식지 보호, 식수공급 유지, 우수관리시설 및 비점오염물질 저감시설의 유지비 축소, 도로와 연석 등 다른 기초 설비의 비용을 줄일 수 있다. 또한 지역사회의 외관과 미적가치를 향상시켜 부지의 자산가치를 증대시키

표 11.14 그린 인프라 및 저영향개발 기술의 장점(USEPA 2016)

분야	이점
경제적 이점	• 에너지 비용 절감 • 조경 유지비용 절감 • 이미지 및 경관성 향상 • 녹색공간 및 그린에너지로 인해 집값 등 자산가치 향상 • 녹색공간, 물이 연계되는 도시개발로 도시 이미지 향상 • 매력적인 도시조성으로 기업 및 투자 확대 • 지표수 관리 및 확보에 비용절감 • 주민들의 에너지 사용 절감 효과
사회적 이점	• 건강한 커뮤니티 조성 • 자동차 의존도 낮춤 • 편안한 도보 환경 제공 • 친근한 이웃 관계 • 조용한 교통운행으로 인한 정주환경 조성 • 각종 여가, 친목 및 사교공간으로서의 녹색공간 조성 • 어린이들에게 보다 나은 놀이공간 제공 • 녹색네트워크를 통해 커뮤니티 간 또는 공간 간 물리적 연계성 개선 • 녹색 생태공간 유지를 위한 커뮤니티의 참여 기회 및 참여도 향상 • 관광기회 확대 및 지방재정 기여 • 생태녹지 공간 확대로 정신적 웰빙 효과
환경적 이점	• 탄소 footprints 절감 • 자동차 사용 저감으로 대기오염 및 비점오염 발생량 감소 • 생물서식지 제공 • 도시 열섬효과 저감 • 지하수 충진 효과 증대 • 친수도시 조성 및 완충지 조성으로 수질오염 저감 • 생물서식지와 자연자원 연결 • 적절한 수변서식지 관리로 수생태계 건전성 확보 • 생물서식지의 단절 방지
기후 변화	• 자동차 운행을 줄이고 녹색생태공간에서 도보 및 자전거를 통해 CO_2 발생 저감 • 화석연료 의존도 감소 • 식물에 탄소저장 확대 • 극단적 기후로 인한 생태계 피해 최소화 및 대피소 제공 • 홍수저감 효과 • 첨두유량 관리 및 지표수 저류량 증대 • 대기, 물 및 토양 정화 및 온도저감 효과로 열섬효과 저감 • 인공적 수단보다는 자연적 수단을 통한 에너지 절감 • 겨울철 온도 향상 및 여름철 온도 낮춤 효과

며 비용효율이 높은 도시를 건설할 수 있으며 하수처리시설의 비용을 줄일 수 있다. 이러한 그린 인프라 기술은 신규도시 설계시에는 큰 효과를 기대할 수 있지만 기존 도시에 적용하기 위해서는 그린 인프라 구축을

위한 공간확보 및 기존 인프라와의 연계 등을 위해서는 비용이 발생하기에 충분한 검토를 거쳐 비용효율적 그린 인프라 선정이 필요하다. 또한 그린 인프라 시설은 지표에 노출되기 때문에 미관한 경관을 위하여 지속적 유지관리가 필요하며, 시민단체 및 주민들의 참여를 통한 거버넌스 구축을 통한 유지관리가 효과적이다.

참고문헌

국립환경과학원. 2012. 수질오염총량관리를 위한 비점오염원 최적관리지침. 서울. 한국.

국토교통부. 2016. 신도시 개념 및 건설현황, 국토교통부 정책자료(2016년 2월 1일). 한국.

국토지리정보원. 2016. 국토정보맵(http://map.ngii.go.kr/ms/map/NlipMap.do). 한국.

김계훈. 2006. 토양학. 향문사. 서울. 한국.

김성하. 강혜순. 권혁빈. 2014. 식물학, 라이프사이언스, 서울, 한국.

김영란. 2013. 도시 투수율 평가 및 제고방안, 기후변화와 물순환 도시 학술 심포지엄, 서울, 한국.

김이형. 2012. 서울시 수자원과 이를 이용한 물순환 체계 구축방안: 기후변화 환경문제 적극 대응 위해서는 도시 물순환 체계 구축 필수. 워터저널 97: 36-40.

김이형. 강주현. 2004. 고속도로 강우 유출수내 오염물질의 EMC 및 부하량 원단위 산정. 한국물환경학회지 20(6): 631-640.

생명과학대사전. 2014. 한국생물과학협회. 서울. 한국.

식품과학기술대사전. 2008. 한국식품과학회. 서울. 한국.

안동만. 조경학. 2008. 보문당, 서울, 한국.

이소영. 이은주. Marla C. Maniquiz. 김이형. 2008. 포장지역 비점오염원에서의 오염물질 유출원단위 산정. 한국물환경학회지 24(5): 543-549.

환경부. 2014. 비점오염저감시설의 설치 및 관리·운영 매뉴얼, 서울, 한국.

Allan, E., Bossdorf, O., Dormann, C.F., Prati, D., Gossner, M.M., and Tscharntke, T. 2014. Interannual variation in land-use intensity enhances grassland multidiversity. Proc. Natl. Acad. Sci. 111: 308~313.

Angel, S. 2014. 11th Annual demographia international housing affordability survey, Performance Urban Planning. USA.

Antle, J.M., and Heidebrink, G. 1995. Environment and development: Theory and international evidence. Economic Development and Cultural Change 43(3): 603~25.

Chester, A., Gibbons, J., and James, C. 1996. Impervious surface coverage: The emergence of a key environmental indicator. Journal of the American Planning Association 62(2): 243-258.

Hettige, H., Lucas, R.E.B., and Wheeler, D. 1992. The toxic intensity of industrial production: global patterns, trends, and trade policy. American, Economic Review 82: 478-481.

Kim, LH. 2016. Overview－Issues and challenges for managing water quality, Proceeding of 2016 IWA World Water Congress & Exhibition. Oct. 9-12, Brisbane, Queensland, Australia.

Kuznets, S. 1955. Economic growth and income inequality. American Economic Review 45(1): 1~28.

Lindmark M. 2002. An EKC-pattern in historical perspective: carbon dioxide emissions, technology, fuel prices and growth in Sweden 1870－1997. Ecological Economics 42: 333~347

Los Angeles County, Department of Public Works, https://dpw.lacounty.gov/wmd/NPDES/.

Maniquiz M.C., Kim, L.H. 2014. Fractionation of heavy metals in runoff and discharge of a stormwater management system and its implications for treatment. Journal of Environmental Sciences 26(6): 1214-1222.

Maniquiz, M.C., Choi, J., Lee, S., Cho, H.J., and Kim, L.H. 2010a. Appropriate methods in determining the event mean concentration and pollutant removal efficiency of a best management practice. Environmental Engineering Research 15(4): 215-223.

Maniquiz, M.C., Geronimo, F.K.F., and Kim, L.H. 2014. Investigation on the effectiveness of pretreatment in stormwater management technologies. Journal of Environmental Sciences 26(9): 1824-1830.

Maniquiz, M.C., Lee, S., and Kim, L.H. 2010b. Long-term monitoring of infiltration trench for nonpoint source pollution control. Water Air Soil Pollution 212: 13-26.

Maniquiz, M.C., Lee, S., and Kim, L.H. 2010c. Multiple linear regression models of urban runoff pollutant load and event mean concentration considering rainfall variables. Journal of Environmental Sciences 22(6): 946-952.

McGranahan, G., Jacobi, P., Songsore, J., Surjadi, C., and Kjellen, M. 2001. The citizens at risk, From Urban Sanitation to Sustainable Cities. Earthscan. London.

Munasinghe, M. 1999. Is environmental degradation an inevitable consequence of economic growth: tunneling through the environmental Kuznets curve. Ecological Economics 29(1): 89~109.

Panayotou, T. 1993. Empirical tests and policy analysis of environmental degradation at different stages of economic development, Working Paper WP238, Technology and Employment Programme, Geneva: International Labor Office.

PSAT(Puget Sound Action Team). 2012. Low impact development: technical guidance manual for Puget Sound.

Smith B.C. 1997. The decentralization of health care in developing countries: organizational options. Public Administration and Development 17(4): 399~412.

Smith, K.R., and Ezzati, M. 2005. How environmental health risks change with development: the epidemiologic and environmental risk transitions revisited. Annual Review of Environment and Resources 30: 291-333.

UN DESA(UN Department of Economic and Social Affairs). 2014. World urbanization prospects. USA.

US EPA. 2016. https://cfpub.epa.gov/watertrain/moduleFrame.cfm?parent_object_id=1278#. USA.

US EPA. 2016. https://www.epa.gov/green-infrastructure. USA.

US EPA. 2016. Reducing urban heat islands: Compendium of Strategies Urban Heat Island Basics. US EPA 보고서. (https://www.epa.gov/sites/production/files/2014-06/documents/basicscompendium.pdf). USA.

USDA. 1999. Soil Taxonomy: A basic system of soil classification for making and interpreting soil surveys, USDA. USA.

WMG(Watershed Management Group). 2012. Green infrastructure for southwestern neighborhoods. Watershed Management Group. USA.

용어정리

- Phytoextraction 식물이 뿌리를 통하여 토양 내 오염물질을 흡수하여, 줄기, 잎 등 식물체 상부로 이동시켜 농축하는 작용, 또는 이를 이용하는 식생정화 방법
- Phytodegradation 식물 내부로 흡수된 오염물질이 식물의 대사 작용으로 분해되거나 식물 외부의 오염물질이 식물이 배출하는 효소에 의하여 분해되는 작용, 또는 이를 이용하는 식생정화 방법
- Phytostabilization 식물 뿌리 및 근권에서 일어나는 물리, 생물, 화학적 작용을 이용하여 오염물질의 이동성을 저감하는 작용, 또는 이를 이용하는 식생정화 방법
- Phytovolatilization 식물이 오염물질을 토양으로부터 흡수하여 잎으로 이동시켜 기공에서 증산작용을 통하여 공기 중으로 배출하는 작용, 또는 이를 이용하는 식생정화 방법
- Representative Concentration Pathways 8.5 (RCP 8.5) 현재 추세대로 온실가스를 계속 배출해 2100년 이산화탄소가 940 ppm에 도달할 것으로 전망한 지구 기온변화 시나리오
- Rhizodegradation 식물 근권에서 미생물 활성을 이용하여 오염물질을 분해하는 작용, 또는 이를 이용하는 식생정화 방법
- Rhizofiltration 식물 근권의 오염수 내 오염물질이 뿌리에서 일어나는 흡착, 침전, 흡수 등의 기작으로 제거되는 작용, 또는 이를 이용하는 식생정화 방법
- **개체군** 같은 장소에 서식하고 있는 같은 생물종 개체의 집단
- **견인영역** 국부적으로 안정적인 하나의 평형점으로 회복이 가능한 모든 범위의 시스템 상태 공간
- **공원하천** 하천의 친수기능만을 고려하여 정비된 하천을 특징적으로 부르는 말

- **군집** 한 서식지에 함께 서식하고 있는 2개 이상의 생물종 개체군의 집합
- **귀화종** 외부에서 들어와 자연적인 혹은 반(半)자연적인 생태계나 서식지에 정착하여 변화를 일으키고, 토착 생물다양성을 위협하는 외래종
- **그린 인프라** 우수관거와 하수처리장 같은 그레이 인프라에 대응하는 용어로서, 도시지역에서 비점오염물질의 근원적 처리와 우수의 지하침투를 촉진하기 위해 생태공학적으로 조성한 식생－토양－물 관리 시스템(미국식 개념), 나아가 그린(식생)－블루(물)로 구성된 생태네트워트(EU 개념). 최근에는 자연재해 위험저감 방안으로까지 확대됨
- **그린투어리즘** 도시인들에게 도시적 생활환경에서 벗어나 농촌의 자연환경·전통문화를 체험할 수 있는 공간과 서비스를 제공하고, 농업인들에게는 그 대가로 보다 높은 농외소득을 획득할 수 있도록 마련된 정책 대안
- **근자연형 하천공법** 나무, 풀, 돌 등 자연재료를 이용하여 자연형태에 가깝게 하천을 조성하는 공법으로서, 독일어 국가에서 처음 시작되어 일본에서는 다자연형 하천공법, 한국에서는 자연형 하천공법이라 함
- **기층** 하상면과 하상을 이루는 재료들로 구성된 하상층
- **남획** 원래의 개체군으로 되돌아갈 수 있는 능력 이상으로 야생생물을 잡아들이거나 채집하는 것으로 야생동물 밀렵, 희귀식물 채취, 지나친 고기잡이 등을 예로 들 수 있음
- **닫힌 시스템** 환경으로부터 물질과 에너지의 유입과 유출이 없는 시스템
- **대규모서식처** 서식처의 물리적 규모가 하천구간(reach) 규모로서, 수심, 유속, 기층, 피난처 등 서식처의 물리조건이 서로 다른 곳. 통상 하폭의 10~15배의 정도임.
- **되먹임 과정** 입력과 출력이 있는 시스템에서 출력의 일부를 입력으로 되돌려 입력으로 사용하는 과정
- **매개변수화** 모델을 구성하는 변수들을 정의하고 결정하는 과정
- **문턱** 시스템의 나머지 부분에 대한 피드백이 변화하는 시스템의 기본적 통제변수의 값으로서, 문턱을 경계로 서로 다른 평형상태를 가지는 시스템이 됨
- **물 순응 도시설계** 호주의 도시 물관리 제도로 강우유출수, 지하수 및 도시

하수 관리를 포함하는 도시 물순환 시스템을 통합하는 공학적 설계와 토지이용계획 기법

- **민감도 분석** 모델을 구성하고 있는 각각의 독립변수가 종속변수에 어떠한 영향을 미치는지 측정하는 분석법
- **방재하천** 하천의 치수기능 증진만을 고려하여 정비된 하천을 특징적으로 부르는 말
- **비오톱유형화** 비오톱 전체를 세부적으로 파악할 수 없고 표현할 수 없는 복잡한 현실을 특정 기준에 의해 속성이 유사한 것들을 묶어 단순화하는 것
- **생물 농약** 자연에서 기원하는 물질이나 생명체로서 잡초, 해충, 병원균 등을 제거하기 위하여 사용되는 물질
- **생물 비료** 살아있는 미생물을 포함하는 물질로서, 토양에 적용하여 영양분 공급, 영양분 이용성 향상, 뿌리의 생장 및 발달 촉진 등을 목적으로 토양에 적용하는 물질
- **생물다양성관리계약제도** 멸종위기 야생동식물, 철새도래지, 생물다양성 우수지역 등을 보전하기 위하여 지방자치단체장이 토지 소유자 또는 관리인과 경작방식 변경, 철새먹이의 제공, 습지 조성 등을 내용으로 하는 계약을 체결하고, 그 계약의 내용을 성실히 이행하는 것으로서, 네덜란드, 일본 등에서 널리 시행하고 있는 제도
- **생물학적 정화** 토양 내 미생물 및 토양에서 생장하는 식물의 오염물질 변환과 분해 기능을 활용하는 오염 부지의 정화방법
- **생태계** 시스템 내에서 상호작용하는 생물의 군집과 환경인자들의 총합
- **생태계 피라미드** 상위단계 생물이 바로 아래 하위단계 생물을 소비하는 것을 나타낸 관계 구조
- **생태공학적 기술** 사회인프라 조성기술에 생태계의 주요 구성원인 토양 및 여재, 식물, 미생물 등을 효율적으로 적용하는 것
- **생태적 리질리언스** 외부 교란이나 충격을 받더라도 그것을 시스템이 흡수하여 다른 평형상태로 전환되지 않고 여전히 기존의 안정적 평형상태로 회복할 수 있는 시스템 수준의 능력을 의미한다.
- **서식지 파괴** 생물종의 생활공간인 서식지가 기능상 유지할 수 없는 상태가

되는 것

- **서식지 파편화** 도로, 철도 등의 설치에 의해 서식지가 나뉘어 하나의 생태계가 여러 개의 작은 생태계로 분리되는 현상
- **서식처적합도** 대상 생물종의 생애단계별로 수심, 유속, 기층, 커버 등 물리서식처의 물리 특성과 서식처의 적합도 간 관계를 0(가장 나쁨)에서 1(가장 좋음)로 평가하는 것
- **소규모서식처** 서식처의 물리적 규모가 수심 규모로서, 수심, 유속, 기층, 피난처 등 서식처 물리조건이 서로 같은 곳
- **수변** 경관생태학 관점에서 하도를 따라 길고 좁게 형성된 생태계 조각. 하도와 직간접적으로 연결되어 있는 홍수터, 샛강, 자연제방, 배후습지 등을 망라하며, '하천회랑'이라고도 함
- **수변구역** 4대강(한강, 낙동강, 금강, 영산강) 수질개선을 위해 범정부 합동으로 수립한 물 관리 종합대책과 이를 법적으로 뒷받침하기 위한 특별법에서 토지이용규제, 배출허용기준 규제강화, 오염물질의 하천 직유입을 차단하고 여과과정을 거쳐 자연정화기능을 높이기 위해 설정한 호소주변지역과 유입하천 및 지천의 일정구간
- **수지상근균** 식물 뿌리에 부착하거나 뿌리 내부에 침투하여 식물과 공생 관계를 갖고 생장하는 균류
- **시스템 생태학** 전체론적 관점에서 생태계의 현상을 계량적으로 분석하고 설명하는 생태학의 한 분야
- **식물성장촉진근권세균** 근권에서 식물과 공생 관계를 갖고 생장하는 세균 중 숙주의 성장을 자극하는 세균
- **식생정화** 살아있는 식물의 자연능력을 이용하는 오염부지의 생물학적 정화기술
- **식생체류형 시설** 식물이 식재된 토양층과 모래층 및 자갈층 등으로 구성되어 있는 비점오염물질 저감시설로서, 식생체류지, 나무여과상자, 식물재배화분 등이 포함됨
- **식생형 시설** 토양의 여과와 흡착 및 식물의 흡입작용으로 비점오염물질 저감시설로서, 식생여과대와 식생수로 등이 포함됨

- **안정적 평형상태** 시스템 상태가 어떤 평형상태 또는 평형점에서 약간 벗어나더라도 곧 다시 복귀하는 상태
- **어메니티** 사람이 생태적(또는 문화적, 역사적) 가치가 있는 환경과 접하면서 느끼는 매력, 쾌적함, 즐거움이나 이러한 감정을 불러일으키는 장소
- **엔트로피** 열역학적 원리에 지배를 받은 폐쇄 시스템 내에 유효하게 이용할 수 있는 에너지의 감소 정도나 불용에너지의 증가 정도를 나타내는 양
- **열린 시스템** 환경과의 상호작용을 통해 물질과 에너지의 유입과 유출이 있는 시스템
- **유량가중평균농도** 강우시 비점오염물질의 유출농도는 강우와 유역특성에 따라 상이함을 감안하여 유량을 가중하여 산정한 평균농도
- **자기설계** 자기조직화 기능을 적용하여 생태계를 설계하는 것
- **자기조직화** 생태계가 외부의 자극이나 힘에 의해서 발생하는 것이 아니라 시스템 내부에서 구성요소들 사이의 피드백을 통해서 계의 특성과 모습을 만들어가는 능력
- **자기조직화 시스템** 시스템 자체의 원인과 논리를 가지고 시스템을 구성하는 인자들을 가지고 자기 스스로 생산, 재생산하는 시스템
- **자연보호구** 자연의 모든 요소들을 자연상태 그대로 보호하고 증식시키는 자연보호사업을 대중화하려는 실물교양장소
- **자연침해조정** 자연침해가 발생하지 않게 회피하고 인위적인 자연훼손에 대한 보상(균형, 대체)의 양을 산정하며 보상조치 방법을 도출하는 것
- **자연형 하천** 하천의 서식처 기능과 수질자정을 회복하기 위해 복원된 하천을 특징적으로 부르는 말
- **저류형 시설** 강우유출수를 저류하여 침전 등에 의하여 물순환을 구축하고 비점오염물질을 저감하는 시설(저류지 및 지하저류조 등)
- **저영향 개발** 강우유출 발생지에서부터 침투, 저류를 유도하여 도시화에 따른 수생태계 훼손 및 수질악화를 최소화함으로써 개발 이전의 상태에 가깝게 만들기 위한 토지이용 계획 및 도시개발 기법
- **적응주기** 생태계가 대부분 빠른성장, 보존, 해체, 재구성이라는 4단계로 이루어진 주기를 반복한다는 패턴을 비유적으로 나타내는 개념

- **전이대** 인접하는 생태계의 경계에 위치하는 지역을 말하며, 한 생태계가 다른 생태계와 만날 때 생태계가 뚜렷하게 구분되지 않고 생물종과 구조가 뒤섞여 나타나게 되는 구역
- **전체론** 전체를 구성하는 부분들은 서로 연결되어 있어 전체와 분리되어 독립적으로 설명될 수 없다는 이론
- **점용하천** 하천의 고유기능 이외의 목적을 위해 정비된 하천을 특징적으로 부르는 말
- **지속 가능한 도시 배수시스템** 영국에서 시작된, 도시화 과정에서 발생하는 물 문제를 줄이기 위한 지표유출수 관리시스템
- **참조하천** 하천복원의 목표 설정을 위해 참조하는 하천으로서, 보통 훼손되기 전 원 하천이나 인근의 유사한 자연상태의 하천을 이용함
- **창발성** 시스템을 구성하는 인자들의 상호작용 속에서 각각의 인자들은 가지고 있지 않은 속성이 시스템 수준에서 나타나는 것
- **초기강우 현상** 도시지역의 높은 불투수율로 인하여 강우초기에 높은 농도의 비점오염물질이 유출되는 현상
- **최소율의 법칙** 생물의 생존과 성장은 필요한 요소 중 가장 낮게 공급되는 요소에 의하여 결정된다는 이론
- **침입종** 귀화하여 한 생애주기 이상의 시간에 걸쳐 인간의 직접적인 개입을 받지 않았거나 혹은 개입을 받았음에도 불구하고 해당 군집을 지탱하는 외래종
- **침투시설** 강우유출수를 지하로 침투시켜 토양의 여과와 흡착 기작을 통해 비점오염물질을 줄이는 시설(침투도랑, 침투저류지, 침투조, 투수포장 등)
- **토양생물기술** 식물이나 미생물을 이용하여 절성토면이나 제방 등의 외력 저항성을 높이는 기술
- **파국적 전환** 어떤 외부 요인이 미세하게 변하였으나 시스템의 상태가 근본적으로 급격하게 변화된 경우
- **피난처** 물고기 등 물속에 서식하는 동물의 피난이나 휴식 장소로 이용될 수 있는 통나무, 거석, 웅덩이 등을 지칭함
- **하천복원** 치수사업이나 기타 여러 목적의 하천사업, 또는 불량한 유역관리

에 의해 훼손된 하천의 서식처, 수질자정, 심미 등 환경적 기능을 되살리기 위해 수변을 원 자연상태에 가깝게 되돌리는 행위

- **하천연속체 개념** 하천차수가 낮은 상류하천에서 차수가 높은 하류방향으로 물질교환과 생물이동 특성을 정성적으로 설명한 개념
- **하천환경** 하천의 공학적 기능에 대비하여 하천의 환경적, 또는 자연적 기능을 강조한 용어로서, 일반적으로 생물서식처, 수질, 심미 기능 등을 의미함
- **하천회복** 훼손된 하천에서 생태계가 자연적으로 다시 되살아나도록 형태적, 수문적으로 안정된 환경을 만들어 주는 것
- **현존량** 특정 개체군이 단위면적에서 살아있는 물질의 생체량
- **혼농임업** 대지에 작물 또는 가축과 함께 나무나 관목을 키우는 방식
- **혼합대** 하도와 사주의 지하부에서 하천수와 지하수가 상호 작용하면서 물리적, 화학적, 생물적 특성이 변하는 곳
- **확률변수** 한 시행에서 표본 공간을 정의역으로 하는 실수 함수
- **환경 쿠즈네츠 커브** 환경의 질 정도와 국가 경제개발의 관계를 설명하는 곡선
- **환경유량** 하천의 환경적 기능(서식처, 수질자정, 심미 등)을 유지하는 조건의 하천유량
- **환경이원론** 환경을 유입환경(input environment)과 유출환경(output environment) 두 개로 구별하여 인식하는 이론
- **환원주의** 하나의 현상은 그 현상들을 구성하고 있는 각각의 독립적인 기작들을 밝힘으로서 가능하다는 이론

찾아보기

ㅇ

ㅈ

생태공학 - 원리와 응용

2017년 02월 15일 제1판 1쇄 인쇄 | 2017년 02월 20일 제1판 1쇄 펴냄
지은이 구경아 · 김이형 · 김정규 · 남경필 · 박제량 · 안홍규 · 오종민 · 우효섭
유제훈 · 이애란 · 전성우 · 정진호 · 조혜진 · 최성욱 · 최용주
펴낸이 류원식 | **펴낸곳** **청문각출판**

편집팀장 우종현 | **본문편집** 네임북스 | **표지디자인** 네임북스 | **제작** 김선형
홍보 김은주 | **영업** 함승형 · 박현수 · 이훈섭 | **인쇄** 영프린팅 | **제본** 한진제본
주소 (10881) 경기도 파주시 문발로 116(문발동 536-2) | **전화** 1644-0965(대표)
팩스 070-8650-0965 | **등록** 2015. 01. 08. 제406-2015-000005호
홈페이지 www.cmgpg.co.kr | **E-mail** cmg@cmgpg.co.kr
ISBN 978-89-6364-313-7 (93530) | **값** 31,000원

* 잘못된 책은 바꿔 드립니다.